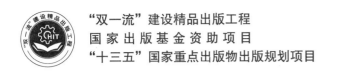

"双一流"建设精品出版工程
国家出版基金资助项目
"十三五"国家重点出版物出版规划项目

无机聚合物及其复合材料

（第2版）

CEOPOLYMER AND GEOPOLYMER MATRIX
COMPOSITES

贾德昌　何培刚　等著　周　玉　主审

U0222746

哈爾濱工業大學出版社
HARBIN INSTITUTE OF TECHNOLOGY PRESS

内容简介

本书在介绍新型无机聚合物(也称地聚合物或矿聚合物)的概念与内涵、发展史、分类与特点的基础上,从材料学角度出发,较为系统地阐述了无机聚合物的晶体化学基础、聚合反应机理、制备工艺、组织结构与性能,铝硅酸盐无机聚合物的热演化行为机制与结晶动力学,无机聚合物基复合材料的制备工艺方法,无机聚合物基复合材料的组织性能与断裂行为,无机聚合物转化法制备陶瓷基复合材料的组织与性能、高温断裂与损伤机制等;进而分析并展望了无机聚合物及其复合材料在新型绿色建筑、冶金化工、航空航天、有毒与核废料固封、海上石油钻井平台和海上风力发电设施等领域的初步应用与潜在应用。

本书可作为高等学校材料学科相关专业的本科生和研究生教材或参考书,也可供从事无机聚合物及其复合材料、先进陶瓷及其复合材料、有机/无机复合材料等领域科学研究、生产开发以及科技管理等方面的人员参考。

图书在版编目(CIP)数据

无机聚合物及其复合材料/贾德昌等著. —2版—

哈尔滨:哈尔滨工业大学出版社,2020.6

ISBN 978 - 7 - 5603 - 8720 - 8

Ⅰ.①无… Ⅱ.①贾… Ⅲ.①无机物–聚合物–复合材料 Ⅳ.①TB33

中国版本图书馆 CIP 数据核字(2020)第 032059 号

材料科学与工程
图书工作室

策划编辑　许雅莹　杨　桦
责任编辑　许雅莹
封面设计　屈　佳
出版发行　哈尔滨工业大学出版社
社　　址　哈尔滨市南岗区复华四道街 10 号　邮编 150006
传　　真　0451 - 86414749
网　　址　http://hitpress.hit.edu.cn
印　　刷　黑龙江艺德印刷有限责任公司
开　　本　787mm×1092mm　1/16　印张 28.75　字数 718 千字
版　　次　2014 年 3 月第 1 版　2020 年 6 月第 2 版
　　　　　2020 年 6 月第 1 次印刷
书　　号　ISBN 978 - 7 - 5603 - 8720 - 8
定　　价　98.00 元

第 2 版前言

新型无机聚合物(亦称地聚合物或矿聚合物)材料是 20 世纪 70 年代,法国科学家开发的一种特殊的具有非晶结构或部分晶化的无机非金属材料,它不但具有低温制备(30~150 ℃)、原料来源广、能耗低、工艺过程绿色无污染等特点,而且还具有轻质、热导率低、耐热、阻燃、受热不释放毒气、耐腐蚀、抗侵蚀、抗核辐射、不溶于有机溶剂、抗渗漏等特点,可在 1 200 ℃或更高的温度下稳定使用。尤其是通过各种途径对其进行强化、改性或适当温度陶瓷化处理后,所得无机聚合物基复合材料及其转化陶瓷基复合材料,在保持了无机聚合物基体特性的基础上,强度、韧性、耐热性等方面又有大幅提高,因而在新型绿色建筑、航空航天、冶金化工、有毒与核废料固封、海上石油钻井平台与海上风电设施、海水淡化工程、脱硫环保工程、舰船等诸多领域显示出诱人的应用前景。

国外对无机聚合物及其复合材料进行了较为深入的研究,并已在实际工程应用方面取得突破;而国内相关研究仍处于仅针对建筑材料为主要应用对象的初级阶段,在将其作为高性能工程材料的相关基础理论和应用研究方面更是少之又少。在当今社会面临能源与环境双重危机,建设发展低能耗绿色无污染的可持续经济、走可持续发展道路成为历史必然选择的背景下,推广普及无机聚合物及其复合材料方面的知识、发展未来的相关产业,无疑具有重要的现实意义。

在本人联系国家留学基金委公派留学接收单位时,美国前工程陶瓷学会主席、著名陶瓷相变研究专家以及无机聚合物研究专家和倡导者之一、美国伊利诺伊大学香槟分校(UIUC)Kriven 教授希望本人到她研究组从事关于无机聚合物的项目研究。于是,本人先期在国内开始查阅研读有关文献,对无机聚合物这个新型无机非金属材料体系产生了浓厚兴趣,并结合自己原来先进陶瓷与复合材料及其航天防热应用的主体研究方向对其开始了初步探索研究,进而逐步聚焦到无机聚合物聚合反应与陶瓷化及其复合材料等研究方向。2006 年回国后,该方向先后得到黑龙江省杰出青年科学基金、哈工大首批优秀科技创新团队、国际科工委优秀科技创新团队、国家自然科学基金委优秀创新群体、哈工大国际知名学者培育计划等的支持资助,到目前带领课题组在无机聚合物及其复合材料相关领域已经持续了 15 年有余,取得了一些初步成绩。本领域国际权威无机聚合物化学创始人、法国的 Davidovits 教授对我们的成果给以充分肯定,不仅在其新版(第 3 版)专著 *Geopolymer Chemistry & Applications* 中多处大段引用我们的成果,还邀请本人参加由他创办的无机聚合物领域的国际专题研讨会并做主题报告。

感激于哈尔滨工业大学出版社曾经在本人出版教材《电子材料》方面给予的鼓励支持和此次相邀出书希望之恳切,同时考虑到国内该领域科学研究发展之迟缓,目前尚无一本我国自己的无机聚合物材料方面的专著或教材,遂将本课题组 15 年多来在无机聚合物及其复合材料领域的研究成果进行了较为系统的归纳总结,成书一部。令人高兴的是,该书于 2011 年列入了"十二五"国家重点图书并获得国家出版基金项目资助。成书过程中,Davidovits 教授告知他的 *Geopolymer Chemistry & Applications* 中文版即将在我国出版发行,不久便看到了国防工业出版社出版的由王克俭译的《地聚合物化学及应用》面世,这更加督促激励了我努力工作,以便尽快出版早日呈现给读者。

本书第 1 版自 2014 年出版以来,得到了广大读者的好评。本次修订主要对其中一部分内容进行修改和补充,将作者课题组近年来的部分科研成果融入其中,同时将该领域具有代表性的最新成果纳入书中。主要修订内容包括:更新了本领域的最新研究进展情况(截至 2019 年);增加了原位还原石墨烯增强无机聚合物复合材料的内容;增加了无机聚合物在放射性离子固封领域的相关研究成果;此外,本次修订对第 1 版中存在的纰漏(如错别字和不通顺之处)也进行了更正。

本书在介绍无机聚合物的概念与内涵、发展史、分类与特点的基础上,从材料学角度出发,较为系统地阐述了无机聚合物的晶体化学基础、制备工艺、组织结构与性能、热演化机制与结晶动力学,无机聚合物基复合材料的组织性能与断裂行为、无机聚合物转化制备陶瓷基复合材料、无机聚合物及其转化陶瓷基复合材料的高温断裂与损伤机制,进而分析并展望了无机聚合物及其复合材料在新型绿色建筑、冶金化工、航空航天、有毒与核废料固封、海上石油钻井平台和海上风力发电设施等领域的初步应用和潜在应用。

本书以著者课题组的研究成果为基础,吸收了本领域的国际新近科研成果,重点关注了铝硅酸盐系无机聚合物、纤维增强铝硅酸盐系无机聚合物基复合材料及其转化法制备的陶瓷基复合材料领域的最新成果,同时指出了无机聚合物及其复合材料学术研究、工程化研制与应用等方面需要重点关注的问题。本书是我国学者在该领域的首部专著,在国际上也是从材料学角度对无机聚合物与复合材料及其转化法制备陶瓷基复合材料等相关学术问题进行系统探究的首次尝试。希望本书能起到抛砖引玉之功效,借以推动我国在无机聚合物与复合材料及其转化法制备的陶瓷基复合材料领域的教学、研究开发与工程应用,促进我国无机聚合物及其复合材料相关产业发展之春天早日来到。

全书共分 12 章,由贾德昌教授负责整体内容的规划安排以及统稿定稿。撰写人员分工为:贾德昌撰写前言和第 1、3、4、5、9、12 章及第 6.1 ~ 6.4 节、6.6 节,段小明撰写第 2 章,林铁松撰写第 7 章,何培刚撰写第 8、11 章和第 6.5 节,杨治华撰写第 10 章;附录中各章的英文专业词汇索引由对应章节撰写人负责甄选翻译。

本书得到中国工程院院士、哈尔滨工业大学周玉教授的鼓励和支持,他还亲自担任本书主审并进行了详细审阅。哈尔滨工业大学材料学院张东兴教授,交通学院道路材料工程系、建筑材料研究所所长葛勇教授也在百忙之中分别细致审阅了书稿,他们详细专业的意见和建议,确保了本书质量得到进一步提高。在此特向他们所提供的真诚帮助和细致指导表示衷心的感谢!

本书内容涵盖了本人所指导的博士研究生林铁松、王美荣、闫姝和硕士研究生高蓓、郑斌义以及本科生梁德富、徐兰兰和王金艳等的毕业论文中的有关内容,没有他们辛勤劳动积累的成果就无以成此书。在本书撰写过程中,在读博士研究生苑景坤和阳华龙,硕士研究生王猛、王美玲、赵晟坚和贾占林等在文献资料查阅、图片与表格处理、书稿校对及校对稿文字修改录入等方面也给予了很多帮助。在此一并向他们表示衷心的感谢!

感谢黑龙江省杰出青年科学基金、哈工大首批优秀科技创新团队、国防科工委优秀科技创新团队、国家自然科学基金委优秀创新群体项目和哈工大国际知名学者培育计划等对该方向研究的支持!

限于作者水平,书中疏漏及不足之处在所难免,敬请读者不吝指正。

贾德昌

于哈尔滨工业大学

2019 年 10 月

目　　录

第1章 绪 论

经过40余年尤其是近10余年的发展,无机聚合物(inorganic polymer)—— 也称地聚合物或矿聚合物(geopolymer)—— 作为一类性能、特点等非常突出的新型无机非金属材料,越来越受到广大材料科技工作者的关注。作为碱激发胶凝材料的一种(Davidovits 2011),无机聚合物是经过流体料浆在一定条件下成型固化或养护,本质上通过组成单元的聚合获得强度,这非常类似于有机聚合物(即有机高分子材料),同时具有非晶或部分结晶的特点。

无机聚合物按材料体系可划分为钙基聚合物($n(Si)/n(Al)$ = 1,2,3)、岩石基无机聚合物($1 < n(Si)/n(Al) < 5$)、石英基聚合物($n(Si)/n(Al) > 5$)、粉煤灰硅酸盐基聚合物和磷酸盐基聚合物等(Davidovits 2011);按激发离子的种类划分,无机聚合物还可分为 Li^+、Na^+、K^+、Rb^+、Cs^+ 和 Ba^{2+} 等碱土金属离子及其复合碱金属离子激发的无机聚合物。

无机聚合物具有密度低、热导率低、耐热、不燃、高温下不释放毒气、耐腐蚀、抗核辐射、不溶于有机溶剂、抗渗漏等特性,具有原料来源广泛、工艺简单、低温制备、能耗少、环境污染小(Davidovits 1984,Palomo et al 1992,贾德昌 何培刚 2007)等优点。但无机聚合物也存在强度较低,且质脆等不足。不过,通过引入增强相可对其实现有效的强韧化,强度和韧性得到大幅提高,承载破坏模式由脆性断裂转变为韧性断裂(Davidovits et al 1991,Lyon et al 1997,Giancaspro et al 2003,Zhao et al 2007,Lin et al 2008,林铁松 2009,He et al 2010,何培刚 2011),同时可望赋予无机聚合物一些新的特性,如导电、吸波、热控等;另外,通过对无机聚合物及其复合材料的陶瓷化处理还可以制备力学性能、热学和耐热性能等更加优异的新型陶瓷及陶瓷基复合材料,如比强度、比刚度和断裂韧性高,抗疲劳、耐腐蚀和耐热等。所以,无机聚合物及其复合材料在近些年越来越多地得到了世界各国的广泛重视,现已在建筑装饰、耐热、隔热、防火和阻燃等领域得到初步应用,并在新兴能源开发与利用、有毒与核废料管理、航空航天等尖端科技领域展现出广阔的应用前景(Davidovits 2011,贾德昌 何培刚 2007)。

本章将从无机聚合物的发展历史回顾与现状、概念与内涵、分类、特点与性能优势、未来发展展望等几个方面对其进行简要概述。

1.1 无机聚合物的发展历史与现状

1.1.1 发展历史回顾

无机聚合物材料学是与现代无机化学、物理化学、胶体化学、矿物学和地质学相关联,并与材料学相互交叉融合的一个新兴分支学科。确切地说,它起源于铝硅酸盐化学,因此,可以从铝硅酸盐化学早期一些里程碑意义的事件(表1.1)开始,回顾一下无机聚合物材料的发展历史。

表1.1　铝硅酸盐化学一些里程碑事件(Davidovits 2011)

年代	沸石分子筛 (Zeolite molecular sieve)	碱激发矿渣 (Alkali-activation slag)	水化方钠石(高岭土) (Hydrosodalite (kaolin))	无机聚合物 (Geopolymer)
1930			1934：Olsen (Netherland)	
1940	1945：Barrer (UK)	1940：Purdon (Belgium)	1945：US Bureau of Standard (USA) 1949：Borchert Keidel (Germany)	
1950	1953：Barrer, White (UK) 1956：Milton (USA)	1953：Trief Cement (USA) 1957：Glukovsky (Ukraine) Soil-silicate concrete		
1960			1963：Howell (USA) 1964：Berg et al (USSR) 1969：Besson et al (France)	
1970			1972：Davidovits (France) Siliface Process (蛭石工艺)	1976：Davidovits (IUPAC terminology) 1979：Davidovits (France) Geopolymer

　　20世纪30年代,NaOH和KOH溶液首先被用于检测磨细的炼钢高炉矿渣粉加入波特兰水泥的固化特性。这其中包括:德国的Kuhl于1930年研究了矿渣粉和KOH溶液混合物的凝结特性;1934年,荷兰的Olsen开始尝试用高岭土与碱溶液反应的工业应用,但未成功;Chassevent于1937年用NaOH和KOH溶液测试了矿渣的活性。

　　1940年,比利时科学家Purdon首次对由矿渣和NaOH或由矿渣、碱及碱性盐组成的无熟料水泥进行了广泛的实验室研究,并发现因碱性物质的加入而生成了一种新型快速硬化黏结剂。

　　1946年,美国国家标注局(National Bureau of Standards,NBS)的Flint等人在开发从黏土和高石英含量的铝矾土(bauxites)中提取氧化铝的工艺研究中,发现其中一个中间步骤就包含了一种类似方钠石(sodalite)相的析出。

　　1949年,Borchert和Keidel使用高岭石与NaOH反应,在100 ℃的环境下制备出水化方钠石或水合方钠石(hydrosodalite/hydrated sodalite)。

　　20世纪50年代,碱激发矿渣水泥(被称为Trief水泥)开始大规模应用于建筑。通常所用的如美国军队工程师水道实验站(Waterways Experiment Station,WES)1953年研发的碱激发水泥的成分,是质量分数为1.5%的NaCl、1.5%的NaOH和97%的磨细矿渣混合物。

　　1957年,乌克兰(苏联)基辅市政工程研究院的科学家Glukhovsky研究关于碱激发矿渣黏结剂的难题。1959年,他发现当岩石或黏土与水玻璃溶液反应后,其产物分别为含硅酸钙水合物(或称水化硅酸盐)(calcium silicate hydrates)和铝硅酸钠水合物(sodium alumino-silicate hydrates),即沸石(zeolite)。

　　1963年,Howell使用煅烧后的高岭土(kaolin)即偏高岭土(metakaolin)取代高岭土为原料,避免了水化方钠石的生成,得到了A型沸石。

　　1964年,Berg等领导的一个俄罗斯团队也试图开发高岭土与碱溶液反应的工业应用,也未成功。

　　1969年,法国国家自然历史博物馆的Besson、Caillère和Hénin采用不同种类的层状硅酸盐(phyllosilicates)、高岭石(kaolinite)、蒙脱石(montmorillonite)和埃洛石(halloysite,也称多水高岭土)与浓 NaOH 溶液在 100 ℃ 下合成了水化方钠石。

1972 年,Jean Paul Latapie 和 Michel Davidovics 证实,在低于 450 ℃,不经烧制也可制备出耐水瓷砖。

1972 年,J. Davidovits 在法国圣康坦(Saint-Quentin)创建了一个私人研究实验室——Cordi SA(后被称为 Cordi-Géopolymère),致力于开发新型无机聚合物材料研究,并开发一项基于无机合成的新技术,申报了多项关于该工艺(被称为"siliface-process")应用的相关专利。他采用质量比为 1∶1 的天然高岭土和石英与特定浓度的 NaOH 溶液混合,合成出一种具有特殊非晶至半结晶的三维硅铝酸盐材料,由此开创了无机聚合物材料现代研究的先河。

1975 年,J. Davidovits 的 Cordi 实验室取得了实质性突破,他们发明了一种基于偏高岭土和可溶性碱硅酸盐的无机聚合物的液体黏结剂。它是世界上第一种矿物树脂,专利名称"Mineral Polymer"(即矿物聚合物),商品名称"Geopolymite ™",其耐火性能显著优于有机聚合物。

1976 年,在国际理论与应用化学联合会(IUPAC)的大分子会议上,J. Davidovits 提出了这类碱激活材料统一的术语——聚铝硅酸盐(polysialate, sialate 是 silicon-oxo-aluminate 的缩写)。

1979 年,Davidovits 创立了专门从事无机聚合物研究的非盈利性科学研究机构——无机聚合物研究所(Geopolymer Institute),并致力于无机聚合物的工业应用研究。

1983 年,J. Davidovits 与 James Sawyer 发现了磨细高炉矿渣(ground blast furnace slag, GBFS)(也称水淬高炉矿渣或粒化高炉矿渣)添加到聚硅酸盐类无机聚合物中,可以加速其养护过程,并大大提高压缩和弯曲强度,得到一种高强无机聚合物水泥材料。1984 年二人就此研究成果申请了一项名为"早强矿物聚合物"的美国专利,1985 年申请了欧洲专利,名称为"早强水泥的组成"。

1984 年,Richard Heitzmann 与 James Sawyer 同样地将波特兰(Portland)水泥与无机聚合物混合,得到了 Pyrament® Blend Cement (PBC),它包含 80％ 波特兰水泥和 20％ 的无机聚合物原材料[①]。它是一种理想的水泥跑道、工业道路和高速公路的修复材料。

1986 年,Malek 等人研制了一些可用于固化放射性废物的碱 - 激发水泥。1989 年,Roy 和 Langton 发现这些碱 - 激发水泥与古代的混凝土有一定的相似之处(史才军 等 2008)。

1987 年,宾州大学 Della M. Roy 教授在 *Science* 杂志上发表了名为 *New strong cement-material chemically bonded ceramics* 的综述性文章。文章以水泥为对比,详细阐述了化学键合陶瓷(碱激活聚铝硅酸盐材料)的优异性能,并对其应用前景进行了乐观的预测。

1988 年 6 月,受欧洲经济委员会(The European Economic Commission)赞助,在法国贡皮埃涅技术大学(University of Technology of Compiègne)召开了第一届欧洲软矿物学大会,即 Geopolymer'88,会议由 Geopolymer Institute 组织承办。

---

① 按水泥国家标准(GB 175—2007),如掺合料的质量分数小于 20％ 时,则仍属于普通硅酸盐水泥(即普通波特兰水泥);如果掺合料的质量分数大于等于 20％,则按所用掺合料的种类,称之为矿渣水泥、粉煤灰硅酸盐水泥等。

　　1994 年,Krivenko 也发现当溶液中碱的浓度足够高时,无论是否有钙存在,碱的硅酸盐、铝酸盐、硅铝酸盐和黏土矿物、天然的或人造的玻璃体均能反应形成耐火的水化硅铝酸盐或水化硅铝酸盐 – 碱土金属水化物,这些水化产物的结构与天然的沸石和云母有相似之处(史才军等 2008)。

　　1994 年和 1999 年,乌克兰基辅国立土建大学举办了两届碱 – 激发水泥和混凝土国际会议。

　　1999 年 6 ~ 7 月,再次由 Geopolymer Institute 组织,在法国圣康坦(Saint-Quentin)召开了第二届无机聚合物国际会议(Geopolymer'99),该次会议吸引了超过 12 个国家的 100 余位科学家,会议出版了论文集,收集了 32 篇论文,初步显示了世界对无机聚合物的认知和兴趣。

　　2002 年 10 月,第三届无机聚合物国际会议在澳大利亚召开,由墨尔本大学组织承办,J. S. J. van Deventer 任大会主席,会议议题集中于将无机聚合物的潜能变成盈利所需要的方法。

　　2003 年,美国陶瓷学会在田纳西的纳什维尔(Nashville, Tennessee)举行的第 105 届美国陶瓷学会年度会议上,首次设立了无机聚合物专题会议(Geopolymer Focused Session);其后又分别在 2004 年和 2005 年的第 106 届和第 107 届美国陶瓷学会年度会议上先后两次设立了 Geopolymer 专题会议。

　　2005 年,迎来了矿物聚合物方面的重要盛会。为了庆祝 J. Davidovits 教授创建 Geopolymer Institute 26 周年,召开了无机聚合物世界大会,会议主题是“无机聚合物化学和可持续发展”。它包含了两个主要事件,一个是在 6 ~ 7 月份由无机聚合物研究所主办、在法国圣康坦(Saint-Quentin)召开的第四届无机聚合物国际会议;另一个是由美国国家自然科学基金委资助、澳大利亚科廷科技大学与美国阿拉巴马大学主办,于 9 月份在澳大利亚珀斯召开的“无机聚合物水泥与混凝土国际研讨会”。大会交流范围覆盖了无机聚合物科学及其工程应用,吸引了世界上 85 个公立和私人研究机构的 200 多位科学家,提交论文 75 篇,论文内容覆盖了无机聚合物化学、工业废料与原材料,无机聚合物水泥,无机聚合物混凝土(包含了粉煤灰基无机聚合物),无机聚合物在建筑材料、高技术材料和耐火/耐热复合材料基体上的应用,无机聚合物在考古方面的应用等。大会精选了其中 60 篇论文,以“无机聚合物 – 绿色化学和可持续发展的答案”为题结集出版。

　　2007 年,已经在美国陶瓷学会年度会议上连续举办三届的无机聚合物专题会议被转到“第 31 届先进陶瓷与复合材料国际会议(International Conference and Exposition on Advanced Ceramics and Composites, ICACC)”上举行,会议吸引了众多来自世界各地的无机聚合物方面的学者,其中有 22 位在一天半的专题会议上分别进行了口头报告。该专题会议得到了美国科学研究空军办公室(The US Air Force Office of Scientific Research)的大力支持。自此以后直到 2012 年的第 36 届先进陶瓷与复合材料国际会议,每年都设立无机聚合物专题。

　　2009 年,在加拿大温哥华召开的第 8 届环太平洋陶瓷玻璃技术会议(The 8th Pacific Rim Conference on Ceramic and Glass Technology, PACRIM8)上,无机聚合材料也作为主要专题之一进入该会议。

　　2010 年,无机聚合物材料也登陆在意大利举办的第 12 届国际陶瓷大会(The 12th International Conferences Materials And Technologies, CIMTEC 2010),所设立的无机聚合物材料分会会议主题是“无机聚合物和无机聚合物水泥:低环境影响的陶瓷材料”,并分设了制备、表征和工业化 3 个专题。

　　2017 年, 在中国南昌召开的第 10 届先进陶瓷国际研讨会(China International Conference on High – Performance Ceramics, CICC) 上, 无机聚合物作为主要专题之一进入该会议。哈尔滨工业大学特种陶瓷研究所作为该专题的召集单位, 至 2019 年已经成功举办 2 次, 吸引了众多国内外无机聚合物研究人员参会。

　　自此, 无机聚合物材料的科学研究已经全面进入了先进陶瓷材料与玻璃领域的最重要几个国际会议。这表明, 无机聚合物材料作为无机非金属材料家族中的一位新成员, 日益被陶瓷材料学家们所接受和认同。

　　2011 年, 澳大利亚 ROCLA 预制混凝土公司宣称实现无机聚合物"世界首次"商业化规模生产, ROCLA 公司为其客户提供了 2 500 吨的无机聚合物材料。

　　2013 年, 昆士兰大学全球变化研究所(GCI) 是世界上第一个成功地将无机聚合物混凝土用于结构的建筑, 其所采用的材料由 Wagners 公司提供, 是一种以矿渣/粉煤灰为原料的无机聚合物混凝土。2014 年, Wagners 公司成功将无机聚合物混凝土应用于 Wellcamp 机场, 在该机场建设过程中使用了 3 万多立方米的无机聚合物混凝土, 减少了 6 600 多吨的碳排放。

　　自 2009 年始, Davidovits 创办了 Geopolymer Camp 系列学术活动, 每次都吸引一批无机聚合物材料学者们前去交流切磋, 也日益受到各国工业界的关注。2019 年举办了第 11 届 Geopolymer Camp(暨 Geopolymer Institute 成立 40 周年), Davidovits 教授做主题报告, 列举了世界上 35 个无机聚合物的商业化应用, 发布了首个无机聚合物用偏高岭土测试标准。

　　无机聚合物材料具有性能优良独特、原料来源丰富、制备工艺简单等特点, 是一类绿色环保材料。但总体来说, 自 1972 年之后的近 30 年里, 无机聚合物材料一直不太为人所关注, 科学研究仅仅限于少数实验室和研究机构, 发展比较缓慢; 到最近 10 年, 其科学研究与开发才逐渐获得世界各国普遍重视, 有关无机聚合物材料的科学研究开始迅速增长, 相关的研究论文数量随年份几乎呈指数形式增加(图 1.1)。近 10 年来申报无机聚合物方面的国际专利数量也随年份呈显著增加的态势(图 1.2)。

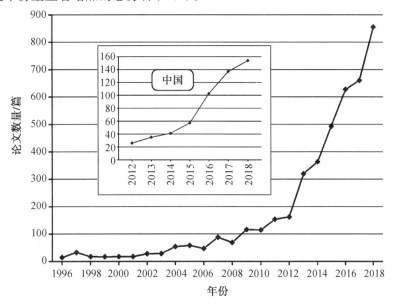

图 1.1　关于无机聚合物方面的文章随年份变化的情况

(数据来源: *Science Direct + Springer Link*, 以"geopolymer"为关键词的检索结果)

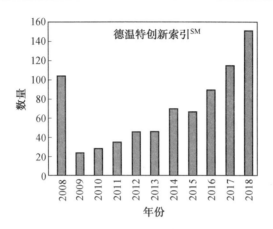

图 1.2　申报的国际专利数量随年份的变化

（数据来源：*Derwent Innovations Index*[SM]，以"geopolymer"为关键词的检索结果）

J. Davidovits 在 2010 年 *Geopolymer Camp* 上公布了 1999 年至 2011 年间，世界上开展无机聚合物材料研究单位呈现明显增长趋势。

1.1.2　国内外研究现状

目前，国外开展此领域研究的主要国家包括法国、澳大利亚、美国、印度、伊朗、新西兰、西班牙、英国、日本、德国、韩国和马来西亚等。国外有许多专门的研究机构，除了大家熟知的法国无机聚合物研究所（Institut Géopolymère）、美国军队工程师水道实验站（Waterways Experiment Station）、美国联邦航空管理局（Federal Aviation Administration，FAA）、伊利诺伊大学香槟分校（University of Illinois at Urbana-Champaign，UIUC）和澳大利亚科廷科技大学（Curtin University of Technology）、墨尔本大学（The University of Melbourne）外，还有比利时的 Center Technologique de Cetamique Nouvelle 和德国的 Huds Troisdoreage AG 等。其中，发表论文数量占据前 10 位的国家分布情况如图 1.3 所示。

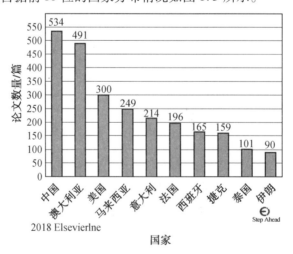

图 1.3　世界各个国家发表的无机聚合物方面的论文情况
（采用关键词"geopolymer"进行搜索的结果）

中国内地开始无机聚合物方面的研究起步较国际上晚些,但发展较快,截至 2018 年,发表论文总数已经超越澳大利亚,跃居世界第一(图 1.3)。开展相关研究的单位主要包括清华大学、中国地质大学(北京)、重庆大学、南京工业大学、北京化工大学、北京工业大学、中国矿业大学、同济大学、东南大学、华南理工大学和哈尔滨工业大学等。近些年来,中国台湾地区也有多家研究院所从事该领域的研究。我国开展相关领域研究的主要单位及所开展的主要研究方向见表 1.2。

表 1.2 国内外从事无机聚合物材料研发的单位及主要研究方向

国家／地区	研究单位	主要研究领域、方向
法国	法国无机聚合物研究所[7~13] Davidovits 研究组	地聚物的反应机理(NaOH/ KOH 激发偏高岭土) 地聚物胶凝材料制备(黏土制备) 压力法制备地聚物 地聚物的增强增韧(玻璃纤维、碳纤维、碳化硅纤维) 地聚物的机械性能、热性能、抗化学腐蚀性能系统研究 非晶态金属纤维增强无机聚合物制备核废弃容器
美国	伊利诺伊大学香槟分校[1~3,20~23,34,37] 工学院材料系 Kriven 课题组	地聚物基复合材料的增韧研究(玄武岩连续纤维等) 钾基无机聚合物前驱体制备白榴石玻璃陶瓷 铝硅酸钾基／铯基无机聚合物的原子结构研究 混凝土中钢筋用无机聚合物涂层防护 金属－陶瓷连接用无机聚合物耐火胶黏材料 无机聚合物材料的剪切转变 玻璃工业用无机聚合物耐火材料
美国	联邦航空管理局[26] 罗格斯新泽西州立大学新伯朗士威校区(Rutgers the State University of New Jersey)	防火阻燃用铝硅酸盐无机聚合物基复合材料
美国	水道实验站	无机聚合物掺微米级硅灰制备模具材料
美国	宾州大学(University of Pennsylvania) Della M. Roy 课题组	热压法制备类岩石胶凝体
澳大利亚	墨尔本大学[14,17,27] (The University of Melbourne)	
澳大利亚	van Deventer 研究组	粉煤灰／矿渣基无机聚合物在碳捕获溶剂中的耐久性 粉煤灰基无机聚合物在碱性环境中的结构演变 工业固体废物制备地质聚合物固化有毒金属及其化合物 无机聚合物黏结／胶凝材料的制备、聚合机理及腐蚀性研究 单组分混合无机聚合物的制备及其热激活研究(钠长石等)
澳大利亚	Damian 研究组	包含无机地质聚合物树脂的建材用防火涂料(HIPS)

续表 1.2

国家／地区	研究单位	主要研究领域、方向
澳大利亚	科廷科技大学 (Curtin University of Technology)	
	Arie van Riessen 研究组	以粉煤灰为原料的地聚物材料研究 偏高岭土为原料制备地聚物 纤维增强低密度偏高岭土地聚物在模拟火灾环境下的服役行为 地聚物涂层的热学性能研究 Na – PSS 型地聚物的热机械性能和微观组织研究
	Terry Gourley 研究组	粉煤灰制备地聚物水泥的循环寿命研究
新西兰	惠灵顿维多利亚大学[19] (Victoria University of Wellington) 化学与物理科学学院, MacDiarmid 先进材料与纳米技术研究所 Kenneth J. D MacKenzie 研究组	用粉煤灰、火山灰、镁矿石制备地聚物的研究 铝硅酸及铝锗酸盐(Na、K)合成地聚物的研究 碱激发偏高岭土制备地聚物的相变研究 无机聚合物的热学性能及力学性能研究 羊毛纤维、碳纳米管增强无机聚合物材料(力学、热学、电学性能) 多孔无机聚合物的持水性研究
德国	HÜLS TROISDORF AG(德国) (Huds troisdoreage AG)	无机聚合物在建材及工业材料上的应用
	魏玛大学 (Bauhaus-Universität Weimar)[4,5,36]	无机聚合物胶凝材料
日本	东北大学(Tohoku University)[30]	多孔硅质材料制备轻质无机聚合物材料
	东京工业大学 (Tokyo Institute of Technology)[28,29]	多孔无机聚合物制备 多孔无机聚合物的保湿性在冷却中的应用
	三重大学(Mie University)[6]	超细粉煤灰制备高强无机聚合物
意大利	国家研究委员会 (Natl Res Council)	碱激活 SiC 空心球原位自生无机聚合物空心球 碱激活铝硅酸盐黏结剂制备 SiC 基耐火涂料
	波罗尼亚大学(Polonia university)	纤维增强无机聚合物基复合材料
	那不勒斯费德里克二世大学 (Federico II University in Naples)	粉煤灰／高岭土渣制备无机聚合物 固体废弃物制备无机聚合物混凝土
中国内地	清华大学 材料科学与工程系[46,52] 土木工程系[56]	无机聚合物陶瓷在内燃机排气管上的应用("八五"攻关项目) 改性地聚物、纤维增强地聚合物材料加固混凝土
	中国地质大学(北京)[53] 材料科学与工程学院矿物材料国家专业实验室	工业固体废物资源化与矿物聚合材料 矿物聚合材料基体相的形成过程研究 铝硅酸盐体系化学平衡与材料设计 偏高岭石基无机 – 有机聚合物复合材料的制备
	北京化工大学 机电工程学院[57~59]	粉煤灰和偏高岭土矿聚物的制备、结构与性能表征

续表 1.2

国家／地区	研究单位	主要研究领域、方向
中国内地	北京工业大学 建筑工程学院[49,70]	粉煤灰活性激发微观机理 掺粉煤灰的硅酸盐和铝硅酸盐复合水泥
	东南大学[77] 材料科学与工程系	粉煤灰地聚合物混凝土的制备、特性及机理 用于重金属废弃物固封的无机聚合物材料
	华南理工大学 材料科学与工程学院	地聚物 - 有机物复合材料 无机聚合物胶凝材料
	广西大学 化学与化工学院[50,51,73]	有机 - 无机(地聚合物)复合建筑外墙保温材料 地聚合物多孔材料 地聚合物基反射隔热涂料
	重庆大学[63~66,69] 材料科学与工程学院	地聚物的橡胶粉掺杂韧化 碱矿渣水泥水化特性 碱矿渣水泥砂浆抗渗性能 碱矿渣水泥与混凝土化学收缩和干缩行为 表面活性剂在碱矿渣水泥系统中的吸附特征 水玻璃激发碱 - 矿渣水泥
	南京工业大学[67,68,76,78,80,81] 材料科学与工程学院	偏高岭土、粉煤灰及水玻璃为硅铝源对地聚物的影响 硅酸钠模数对无机聚合物力学性能影响 钢渣掺合料单掺或复掺对混凝土 Cl⁻ 渗透性能及力学性能的影响
	西南科技大学 建筑材料实验室[43]	地聚合物基聚苯乙烯泡沫(expanded polystyrene, EPS)轻质隔热板
	中国矿业大学(北京) 化学工程系[45,54]	Na - 粉煤灰地质聚合物的制备工艺优化及保温耐腐蚀性能
	同济大学　材料科学与工程系[61]	粉煤灰在水泥、混凝土中的应用
	哈尔滨工业大学 材料科学与工程学院[18,24,25,42,44,47,48] 特种陶瓷研究所	无机聚合物的强韧化(增强相包括碳纤维、碳化硅纤维、陶瓷颗粒、金属纤维网与颗粒等) 防火阻燃、耐火保温无机聚合基复合材料 无机聚合反应机制与陶瓷化机理及工艺 无机聚合物转化法制备陶瓷基复合材料 无机聚合物转化陶瓷复合材料的力学与热学性能 无机聚合物转化陶瓷复合材料热震烧蚀性能及其损伤行为 多功能化无机聚合物基复合材料
	哈工大深圳研究生院[71] 材料科学与工程学院	无机聚合物及复合材料的合成物理化学 快速固化无机聚合物材料在军用机场抢修中的应用研究

续表 1.2

国家/地区	研究单位	主要研究领域、方向
台湾地区[79]	台北科技大学 资源工程研究所 材料及资源工程系	无机聚合物聚合反应机制 无机聚合物防火绝热材料与涂料 各种废弃物制成无机聚合物及其特性 无机聚合物重金属吸附材料、有害废弃物固化与稳定化 无机聚合陶瓷材料 节能减碳绿色水泥 混凝土修补及补强材料
	台北科技大学 土木与防火研究所	结构补强及防火材料 发泡及耐热材料 控制性低强度材料(Controlled Low Strength Material,CLSM)等
	台湾科技大学 土木与建筑工程系	无机聚合物轻质混凝土 粉煤灰及无机聚合物力学性质与混凝土补强等
	成功大学 土木工程系	含硅质废弃物的无机聚合物 水库淤泥作为无机聚合物原料之强度性质等
	明志科技大学 化工与材料工程研究所	无机聚合技术纸币陶瓷过滤材料
	台湾工研院能环所	无机聚合物建筑材料及其结构强度分析 绿色环保材料、改质型环保胶合剂开发等

　　至于无机聚合物材料的主要研究方向,根据最近几次无机聚合物材料方面的国际专业会议和相关国际会议(如 CIMTEC、ICACC 和 PACRIM 等)所开设的无机聚合物材料专题情况,可概括为以下 3 个方面:

　　(1)材料制备相关研究方面。主要关注点有无机聚合物合成及其复合材料的制备工艺、无机聚合动力学、无机聚合物的陶瓷化工艺等。

　　(2)材料组织性能表征方面。主要有显微组织与多孔性、力学性能与抗热震性、热稳定性与化学稳定性、复合材料与界面、涂层材料及其黏结性质等。

　　(3)工业化应用方面。有免混无机聚合物水泥,无机聚合物的设计、生产、可靠性和长期耐久性,在研应用案例分析(如耐火材料、密封剂、模具、土木工程、航空航天、有毒和放射性废料固封),其他新型应用、商业化问题等。

　　在中国内地,关于无机聚合物材料的研究领域也已经覆盖无机聚合物合成工艺、聚合机理、力学与热学性能、高性能复合材料和矿聚物陶瓷化等诸多方面。多数研究以建筑和耐火工业领域为应用背景,研制开发新型耐热保温材料、筑路与快速修复材料。笔者所带领的小组从 2004 年起,开始尝试通过对无机聚合物掺杂、复合化和陶瓷化等改善无机聚合物的力学性能获得新型陶瓷基复合材料,具体包括:无机聚合物聚合反应机制;碳纤维、碳化硅纤维、金属纤维网等对无机聚合物的强韧化;防火阻燃、耐火保温无机聚合基复合材料;无机聚合物陶瓷化工艺及机理;无机聚合物转化法制备陶瓷基复合材料及其力学、热学、抗热震、烧蚀性能及其损伤行为;多功能化无机聚合物基复合材料等;同时拟拓展其在新型能源与发电装备、新型轻质阻燃机舱内衬、多功能轻质防热部件等航空航天尖端工业与民用领域的应用奠定基础。国内外从事无机聚合物材料研发的单位及所开展的主要研究方向详见表 1.2。

在台湾学术界,开展无机聚合物材料研究的高校和研究院所主要包括台北科技大学、台湾科技大学、成功大学、明志科技大学和台湾工研院能环所等。其中,以台北科技大学的研究最为活跃,包括资源工程研究所、材料及资源工程系和土木与防火研究所 3 家单位,研究涉及无机聚合物的反应机制、无机聚合防火绝热材料与涂料、各种废弃物制成无机聚合物及其特性、无机聚合物重金属吸附材料、无机聚合陶瓷材料、有害废弃物固化与稳定化、节能减碳绿色水泥、混凝土修补及补强材料、无机聚合物的力学机制与性能分析、结构补强及防火材料、发泡及耐热材料、控制性低强度材料等。但总体来说,台湾地区的研究仍然以应用为主,基础研究较少。未来可望有更多不同领域背景的研究人才投入到基础研究之中(郑大伟 2010)。

1.2 无机聚合物的概念与内涵

国际上,表示"无机聚合物"这一类材料的名字有许多,如 Geopolymer, aluminosilicate polymer, mineral polymer, geopolymeric materials, geopolymer resin, inorganic polymeric materials, potassium aluminosilicate, inorganic resin (Davidovits 1976, 1985, 1989, 2011; Kriven 2003; Rowles 2004; Giancaspro et al 2007)。同国外学者们一样,国内学者依据不同专业背景,选用的英文词汇也各异,给出的翻译自然也是五花八门。例如,有地质矿物专业背景或从事矿物、土木材料研究的学者们的叫法有:地质聚合物、地聚物、(天然或人造)矿物聚合物、矿聚合物、矿聚物树脂、矿聚物黏结剂和土壤聚合物等(马鸿文 2002,张云升 2003,倪文 2003,翁履谦 2005);水泥行业的专家则愿意称其为矿聚物水泥、土聚水泥(代新祥 2001,袁玲 2002)或碱激发胶凝材料;而陶瓷材料工作者看重其陶瓷的属性,依据无机聚合物在聚合过程中是在电解质中进行的而称其为"电解陶瓷",考虑其不像普通陶瓷和精细陶瓷那样需要高温烧结而称其为"低温免烧陶瓷"(袁鸿昌 江尧忠 1998)等。国内外学者对无机聚合物的称谓汇总情况如图 1.4 所示。

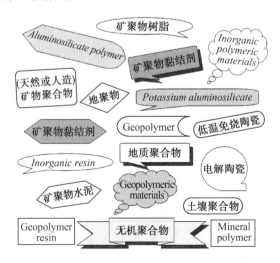

图 1.4　国内外学者对无机聚合物的称谓

　　国内外对"无机聚合物(Geopolymer)"的定义或描述也尚未形成统一的权威说法。在2013年召开的美国第37届先进陶瓷与复合材料国际会议(ICACC – 37th)的宣传册中给出了这样的定义:"Geopolymers are a class of totally inorganic, alumino-silicate based ceramics that are charge balanced by group I oxides (e. g., Na, K, Rb, Cs).",即:"无机聚合物是由第Ⅰ族碱金属氧化物实现电荷平衡的一类完全无机的铝硅酸盐基陶瓷材料"。

　　而2013年在美国召开的第10届环太平洋陶瓷与玻璃技术大会(PACRIM10)宣传册把无机聚合物描述成:"Geopolymers are alkali activated cement obtained basically from alunimosilicates matrixes either from industrial by-products or wastes.",即"无机聚合物是主要从铝硅酸盐或者工业副产品或废物所获得的碱激发水泥"。

　　但不管如何定义或描述,构成无机聚合物的本质特征因素或是必要条件是大家所共识的,即包括:

　　(1) 靠碱金属离子激发作用下的缩聚反应实现化学键合。

　　(2) 结构类似于某些天然矿物,为具有一定量化学结合水的非晶或部分结晶相。

　　(3) 耐高温、化学惰性强、抗老化等性质与陶瓷材料类似。

　　(4) 继承了传统水泥和有机高分子材料的流体浇注、低温养护固化成型的特性。

　　而其他因素,如原料是天然还是人造,是工业副产品还是工业和生活废品,碱激发离子是第Ⅰ族碱金属离子还是其他具有激发作用的离子,是铝酸盐还是磷酸盐系等,我们在理解或给其下定义时均可以抛开。

　　值得提出:① 无机聚合物的某些性质虽类似陶瓷,但它具有化学结合水,故不是陶瓷;② 无机聚合物具有非晶或部分结晶的结构,但它不是传统的玻璃,也谈不上玻璃陶瓷;③ 它具有传统水泥浆体浇注、低温养护固化成型的特点,但又不同于传统的水泥。

　　现在,多数学者逐渐认可无机聚合物实际上是一类新型碱激发水泥或碱激发胶凝材料。因为"Polymer"传统上为人所接受的中文名字是"有机聚合物"或"有机树脂",考虑其本质特征、无机非金属材料的本性,以及与该领域同行学术交流的需要,作者从材料系角度出发更倾向于将"Geopolymer"翻译成"无机聚合物①",这与台湾地区学者对它的称谓也不谋而合。

　　综上,笔者从材料学角度对无机聚合物给出如下定义:无机聚合物是指由铝硅酸盐等系胶凝成分在适当工艺条件下,在碱金属离子激发作用下通过缩聚反应实现化学键合的非晶或部分结晶的一类新型无机非金属材料。其组成元素为硅、铝、氧、碱金属离子以及少量的化学结合水和物理吸附水(Davidovits 1989, 2002)。

　　从晶体结构化学角度讲,铝硅酸盐无机聚合物具有AlO_4和SiO_4四面体单元相互交联形成的三维空间网络结构,其中SiO_4和AlO_4四面体通过桥氧聚合在一起形成无机聚合物的主链,并通过分布于网络孔隙间的Li^+、Na^+、K^+、Cs^+、Ca^{2+}、Ba^{2+}、NH_4^+或H_3O^+等阳离子来平衡四配位铝的

---

　　① 20世纪60年代,Stone(1962年)在其名为 Inorganic Polymers 的专著中指出,无机聚合物通常是指主链上不含碳原子的聚合物。他认为无机聚合物是一种普遍存在的形式,许多简单的无机化合物实质上是以聚合状态存在。他所指的无机聚合物在固态时稳定,在液态或溶于溶剂时,有许多常解释为低分子物质,有些则发生水解作用;它按链的组成大致可分为均链聚合物和杂链聚合物两大类。显然,Stone所述"无机聚合物"并非本书中所介绍的"无机聚合物",因此请读者注意区分。

多余负电荷(Davidovits 1989, 1991, 2002;Kriven et al 2004),使整个体系显示电中性,化学键合以离子键和共价键为主、以分子间作用力为辅,AlO_4 和 SiO_4 的分布有随机性,每个 AlO_4 周围最多只有 4 个 SiO_4,不存在 Al – O – Al 的结合形式。Davidovits (2002 年) 给出的未完全反应的铝硅酸盐无机聚合物的空间结构模型示意图如图1.5 所示;而此前,Davidovits(1989 年) 给出的不同硅铝比的铝硅酸盐无机聚合物空间结构单元模型如图1.6 所示。

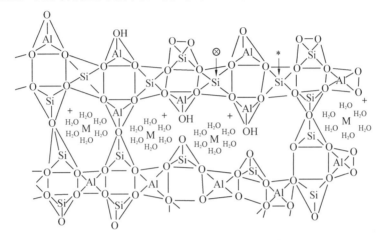

M:碱性阳离子 Li^+、Na^+、K^+、Cs^+、Ca^{2+}、Ba^{2+}、NH_4^+ 或 H_3O^+ 等

图 1.5　未完全反应的铝硅酸盐无机聚合物的空间结构模型示意图(Davidovits 2002)

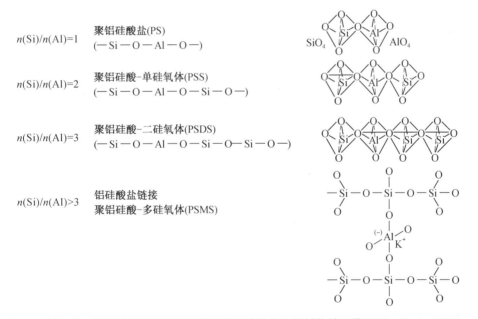

$n(Si)/n(Al)=1$　聚铝硅酸盐(PS)　(一 Si 一 O 一 Al 一 O 一)

$n(Si)/n(Al)=2$　聚铝硅酸-单硅氧体(PSS)　(一 Si 一 O 一 Al 一 O 一 Si 一 O 一)

$n(Si)/n(Al)=3$　聚铝硅酸-二硅氧体(PSDS)　(一 Si 一 O 一 Al 一 O 一 Si 一 O 一 Si 一 O 一)

$n(Si)/n(Al)>3$　铝硅酸盐链接 聚铝硅酸-多硅氧体(PSMS)

图 1.6　不同硅铝比的铝硅酸盐无机聚合物的空间结构单元模型(Davidovits 1989)

铝硅酸盐聚合物的经验结构为

$$M_n \{(SiO_2)_z - AlO_2\}_n \cdot w(H_2O) \tag{1.1}$$

其中,M 代表碱性阳离子, 如 Li^+、Na^+、K^+、Rb^+、Cs^+、Ca^{2+} 等;n 为聚合度 (degree of polycondensation/polycondensation degree/polymerization degree);z 为 1,2,3,代表 SiO_2 与

Al_2O_3 的摩尔比值;$w(H_2O)$ 为结晶水的质量分数。

　　铝硅酸盐聚合物材料不仅化学组成多样,其晶态结构和显微组织也较为复杂,可同时包含玻璃态、晶态、胶凝态及气孔等多种晶态和多相聚集体。其基体相含有多种非晶质至半晶质相,含氧量不同,结晶程度不同,则结构也有很大差异。铝硅酸盐聚合物的晶化与合成条件有关,在室温下一般会产生非晶态结构,随着合成温度的升高则趋于晶化。

1.3　　无机聚合物材料的分类

　　宏观上,无机聚合物按材料体系有铝硅酸盐体系和磷酸盐体系之分,而铝硅酸盐体系是现今无机聚合物材料的主体,故下面主要针对铝硅酸盐系无机聚合物进行分类。

　　(1)依据原材料种类,可将其划分为钙基聚合物($n(Si)/n(Al) = 1,2,3$)、岩石基无机聚合物($1 < n(Si)/n(Al) < 5$)、石英基聚合物($n(Si)/n(Al) > 5$)、粉煤灰硅酸盐基和磷酸盐基聚合物等(Davidovits,2011)。

　　(2)根据其单体中 AlO_4 单元和 SiO_4 单元含量的多少,Davidovits(2002,2011)将铝硅酸盐系聚合物主要分为以下 4 类:聚铝硅酸盐(poly(sialate) $n(Si)/n(Al) = 1$,PS)、聚铝硅酸盐 – 硅氧(poly(sialate-siloxo) $n(Si)/n(Al) = 2$,PSS)、聚铝硅酸盐 – 二硅氧(poly(sialate-disiloxo) $n(Si)/n(Al) = 3$,PSDS)和铝硅酸盐链接(sialate link)即聚铝硅酸盐 – 多硅氧(poly(sialate-multisiloxo) $n(Si)/n(Al) > 3$,PSMS),如图 1.6 所示。

　　(3)按激发离子种类和匹配方式来划分,无机聚合物还可分为 Li^+、Na^+、K^+、Rb^+、Cs^+、Ba^{2+} 等单一碱(土)金属离子,两种或多种碱(土)金属离子复合激发的无机聚合物,如 KGP 和 $Cs_xK_{(1-x)}GP$ 等。

　　(4)依据碱激发反应的程度,无机聚合物可以分为未完全反应型和完全反应型。未完全反应的无机聚合物,天然矿物粒子表面生成反应层阻止了反应的进一步进行,各粒子靠表面的反应层连接在一起,内部未反应的部分以填充相形式存在,起到增强作用。完全反应的无机聚合物则由偏高岭石制备,具有非晶网状结构,其组成单元是 AlO_4 和 SiO_4。

1.4　　无机聚合物材料的特点与性能优势

　　作为以烧黏土(偏高岭土)或其他以硅、铝、氧为主要元素的硅铝质材料为主要原料,通过碱金属离子激发作用下的缩聚反应实现化学键合的一类新型无机非金属材料,它兼具水泥、玻璃、陶瓷和有机高分子材料等的一些优良特性,同时又避免了有机高分子材料、水泥和一些金属、玻璃和陶瓷的一些性能的不足,特点鲜明。例如,它具有有机高分子材料和水泥的低温固化成型特性,但耐热性显著优于有机高分子材料,甚至明显高于某些常用的金属材料;它具有陶瓷材料的耐热性、化学稳定性,但却不像陶瓷材料那样需要在高温下烧结。下面对其特点和性能优势分述如下。

　　(1)原料来源丰富、价格低廉,还能促进废旧物品的回收再利用。这是因为它以烧黏土(偏高岭土)或其他以硅、铝、氧为主要元素的硅铝质材料为主要原料,甚至可以消耗工业副产物(如水淬高炉矿渣、电厂粉煤灰、采煤洗煤过程中排放的废物 – 煤矸石(coal gangue))或是工业和生活废料(如废旧玻璃)。但当与水泥相比时,若以偏高岭土(metakaolin)为原料,价格仍然会偏高些,因为偏高岭土是高岭土(kaolin)经 600 ~ 800 ℃下煅烧而成;而当采用水淬高炉矿渣和粉煤灰为原料时,价格则会有所降低。

(2)工艺简单,节能降耗,减排降碳,绿色环保。因为它从原料的开采、加工、材料的制备等各个工艺环节,相对于传统水泥行业,能耗显著降低,同时明显减少 CO_2 排放量,环境友好性强,非常符合当今世界和我们国家提出的节能降碳的需要。例如,因其是在常温或低温下(室温 ~ 150 ℃)成型养护、快速固化,其生产能耗仅为传统陶瓷的 1/20,钢材的 1/70 (Davidovits 2011);1990 年在美国宾州州立大学的材料研究实验室所做的研究表明,生产 1 t 高岭土基铝硅酸盐聚合物仅释放 0.18 t CO_2,不及生产 1 t 波特兰水泥所释放 CO_2 排放量(1 t)的 1/5。另外,无机聚合物的制备加工可以沿用某些有机高分子材料,甚至水泥的工艺设备,沿用传统水泥产业某些工艺环节和有机高分子材料的生产工艺装备,将有利于减小生产的固定资产的投入,减小开支。

(3)性能优势非常突出。目前,无机聚合物材料的主要物理性能指标均优于水泥和玻璃,在某些声、光、电、耐腐蚀、耐高温性能上更同时具有传统材料所不具有的一些特殊性能料。具体来说:

① 密度低(2.2 ~ 2.7 g/cm^3),主要力学性能指标优于水泥和玻璃,可与传统陶瓷、有机高分子(有机聚合物或树脂)甚至是铝合金相媲美。对于碳纤维增强的无机聚合物基复合材料来说,其主要力学性能指标如比模量、比抗弯强度和耐热性等甚至具有更强的竞争优势。表 1.3 给出了碳纤维增强无机聚合物与常用结构材料的典型性能数据比较。

② 热导率低(0.24 ~ 0.38 $W/(m \cdot K)$)、耐高温、抗老化,可在 1 000 ~ 1 200 ℃下长期稳定使用(Davidovits 1991),这大大优于有机高分子(有机聚合物或树脂)甚至是绝大多数常用金属结构材料。

表 1.3 碳纤维增强无机聚合物与常用结构材料的典型性能数据比较(Lyon et al 1997)

材 料	密度 /(kg·m⁻³)	弹性模量 /GPa	比弹性模量 /(MPa·m³·kg⁻¹)	抗弯强度 /MPa	比抗弯强度 /(MPa·m³·kg⁻¹)	强度半损温度*/℃
碳纤维增强混凝土	2 300	30	13.0	14	0.006	400
结构钢	7 860	200	25.4	400	0.053	500
7000 系列铝	2 700	70	25.9	275	0.102	300
酚醛树脂/碳布层板	1 550	49	31.6	290	0.187	200
酚醛树脂/玻璃布层板	1 900	21	11.0	150	0.074	200
无机聚合物/碳布层板	1 850	79	42.7	245	0.132	≥ 800

* 强度降低到室温强度一半时所对应的温度

③ 具有不燃烧特性,且高温下不释放毒气。Lyon et al (1996,1997)在典型的火灾旺燃热流(50 kW/m^2)辐照条件下,采用玻璃纤维或碳纤维分别增强的热固性树脂、先进热固性树脂、酚醛树脂和工程塑料等复合材料不仅很容易被点燃,而且会释放大量的有毒烟气;采用碳纤维增强的无机聚合物基复合材料即使在更长的热辐照作用下也不燃烧、不释放有毒烟气。图 1.7 为上述各种复合材料发生闪燃时间的对比。

④ 耐腐蚀、耐化学侵蚀、抗核辐射、不溶于有机溶剂、抗渗漏等(Davidovits 1984,Palomo 1992),因此,它在有毒废料、核废料固封等领域有重要潜在应用。

无机聚合物性能特点的详细情况可参见第 4 章"无机聚合物的制备工艺、组织结构与性

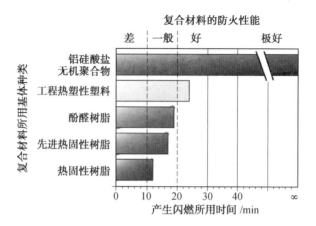

图 1.7　各种结构复合材料作为墙体材料在防火测试时预测的闪燃时间(根据 ISO 9705 标准)(Lyon et al 1996)
(其中,热固性树脂包括聚酯、乙烯酯和环氧树脂;先进热固性树脂包括氰酸酯、双马来酰亚胺和聚酰胺;
工程热塑性塑料包括聚苯硫醚(polyphenylenessulfide)、聚芳砜(polyarylsulfone)、聚醚砜(polyethersulfone)、
聚醚醚酮(polyetheretherketone)和聚醚酮酮(polyetherkitoneketone)等)

能”和第 12 章“无机聚合物及其复合材料的工程应用”的相关内容。

(4)性能提高或赋予新功能特性的潜力巨大。单纯无机聚合物本身具有强度较低、质脆等缺点,但它可以通过强韧化得到本质改善。尤其是无机聚合物的聚合反应可在接近常温下进行,无须传统陶瓷和精细陶瓷的高温烧结,可大大拓宽强韧化纤维、晶须、颗粒等的选择对象,所以,引入增强相可对其实现有效的强韧化,使强度和韧性得到大幅提高,由脆性断裂改变为韧性断裂的承载破坏模式(Davidovits et al 1991, Lyon et al 1997, Giancaspro et al 2003, Zhao et al 2007, Lin et al 2008, 林铁松 2009, He and Jia et al 2010, 何培刚 2011)。

其次,无机聚合物基复合材料具有低温成型却可高温服役的特点。它们多数具有比有机高分子材料还低的固化养护温度,且具有与陶瓷材料相匹敌的耐热性能(图 1.8),而在此之前,这种矛盾一直是无法调和的(Davidovits 1988)。

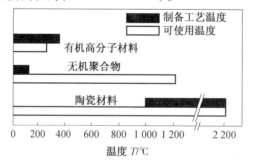

图 1.8　有机高分子材料、无机聚合物(地聚合物)和陶瓷材料的制备工艺温度
与可使用温度的比较(Davidovits 1988)

此外,我们研究发现,通过无机聚合物的陶瓷化和 Sol – SiO_2 的浸渍处理可进一步提高其高温耐热性能,因而开发出力学性能、热学和耐热性能等更加优异的新型陶瓷及陶瓷基复合材料(详见第 9 章和第 11 章)。还可以通过复合的方式引入特殊的功能添加剂,或者进行表面功能化处理,赋予无机聚合物材料一些新的特性,如导电、吸波、热控等。所以,无机聚合物及其复合材料以及通过陶瓷化转化法制备的陶瓷基复合材料将具有更加优良的力学、

热学、高温性能及某些功能特性,如在比强度、比刚度、耐热性、抗热震性和耐腐蚀等性能将得以显著改善的同时,并可具备防火阻燃、隔热、导电和吸波等功能。

Papckonstantinou 和 Balaguru(2005) 在一篇综述中比较了无机聚合物基同陶瓷基复合材料及碳 / 碳复合材料的高温力学性能和高温强度保持率 (图 1.9),复合材料 C_f/K–nano–poly(sialate) 在 800 ℃ 下依然能保持其室温强度的 63% 的较高水平。而我们研究的 C_{uf}/K–PSS 无机聚合物通过陶瓷化和 Sol–SiO_2 浸渍处理前后,在 1 100 ℃ 下抗弯强度仍然分别达到 221.9 MPa 和 350.1 MPa,分别相当于它们室温强度的 82.5% 和 96% 以上 (详见第 11 章表 11.3),这都显著高于复合材料 C_f/K–nano–poly(sialate) 在 800 ℃ 下 63% 的强度保持率,甚至仍明显高于图 1.9 中所示的 SiC_f/SiC 陶瓷复合材料在 1 000 ℃ 下 70% 的强度保持率,可见其耐热性能通过陶瓷化与 Sol–SiO_2 浸渍处理得到显著改善。

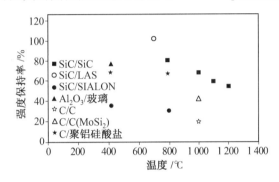

图 1.9 碳纤维增强无机聚合物同其他一些典型的陶瓷基复合材料的高温强度保持率比较

(注:图中其他复合材料(0/90) 仅测试了沿纤维方向的拉伸性能,只有 C_f/K–nano–poly(sialate) 测试了两个方向的数据,为了排除测试方法的影响,图中比较的是高温强度保持率而非强度;另外,这里所列出的复合材料除了 C_f/poly(sialate) 在 80 ℃ 或 150 ℃ 下成型养护外,其他的复合材料制备温度均超过了 1 000 ℃)

1.5 无机聚合物材料的发展展望

如前所述,无机聚合物材料的特点和性能优势巨大,应用前景诱人。国外对无机聚合物及其复合材料的研究开展得较早、较为深入,并在实际工程应用方面已取得一定突破。但在信息和生物技术革命为大背景,纳米材料与纳米技术研究强势崛起的情况下,传统材料研究有些疲软,无机聚合物材料受到的关注和重视程度还不足。所以,无机聚合物材料经过几十年来的发展,相关基础研究虽已覆盖合成工艺、聚合机理、组织结构与性能表征等多个方面,但总体来说,研究广度和深度还都远远不够,尤其是在聚合机理方面尚未形成统一认识,而无机聚合物的陶瓷化过程机制、无机聚合物基复合材料强韧化机理及其在服役环境下的损伤行为机制等方面的研究也非常缺乏,甚至是空白。其工程应用也一直处于传统水泥、玻璃、陶瓷、有机高分子材料和金属材料等坚固的防守与包围之下,尚无太大作为。

随着现代经济社会的高速发展,全球性的能源与环境危机越来越严重,节能降耗、低碳减排已成为社会可持续发展的必然趋势。现实中,制约先进树脂基与先进陶瓷基复合材料推广应用的最大障碍之一就是成本昂贵。陈祥宝(2012) 在谈到国内航空树脂基复合材料存在的主要问题和重点发展方向时,就特别强调了低成本技术。杜善义(2009) 在述及先进陶瓷材料技术"十一五"发展战略目标和研究重点时,也强调了低成本工艺、低成本技术的重要性。这种外部环境的悄然改变,为无机聚合物与复合材料及其转化陶瓷基复合材料的研究开发和应用提供了一个良好的发展契机,也使其成为相关领域的研究热点之一。另外,正视无机聚合物自身的不足与弱点,加大投入,开展有针对性的研究与开发,对于促进无机聚合物的快速健康成长亦乃当务之急。

1.5.1　重点学术问题

(1)原料种类与合成工艺对材料组织与性能的影响规律与机理方面。原材料种类不同,或相同的种类但不同的来源(是天然的,还是合成;若是天然的,产地是哪里),化学活性也有差别;原材料偏高岭土的煅烧处理温度等也会影响其化学活性。这些将直接对最终的铝硅酸盐聚合物的组织结构与性能产生影响,因此相关规律和机理尚需要更加系统深入地研究,这是优化原料和工艺的理论基础。

(2)聚合机理方面。不同种类的碱性阳离子激发无机矿聚物的聚合机理与聚合度,及其对显微组织发育过程与机理影响的报道还较少,除 Li^+、Na^+ 和 K^+ 等外,其他碱性离子如 Cs^+、Rh^+、Ba^{2+} 等激发效果如何,Be^{2+}、Mg^{2+} 等离子是否也能有激发作用等均值得期待;还有碱性离子在无机聚合物空间构架中的扩散路径及最终存在位置尚缺直接的观察证据,这对揭示无机聚合物的聚合机理至关重要。

(3)铝硅酸盐聚合物基复合材料方面。增强相的种类、组合与匹配形式及其与铝硅酸盐聚合物基体间的界面物理和化学相容性等值得深入探讨。以往尝试的增强相主要集中在碳纤维、玻璃纤维、玄武岩纤维、碳化硅纤维等,但以碳纤维为主,其他纤维研究还不多;同时,氧化铝纤维、碳纳米管(CNTs)、石墨烯、各类陶瓷晶须、金属短纤维等尝试的就更少了;不同种类的增强相之间相互混杂增强的情况更不多见;其次,增强相的形式可以是短纤维、单向连续、毡层叠布、二维编织穿刺、三维编织和多维编织等各种形式;还可以研究编织缝合、Z - pinning 等技术对层合结构层间强韧化措施、复合材料之间及其与其他材料之间的连接结构形式与优化等。所以,相关方面的研究还需在广度和深度上进一步拓展延伸。

(4)无机聚合物陶瓷化方面。陶瓷化机理、高温陶瓷化过程中复合材料界面结构演化规律及其对复合材料性能的影响。相关研究将为研制开发耐热性能和性价比更优的新型陶瓷基复合材料奠定理论基础和试验支持。

1.5.2　工艺优化与工程化研制等方面的问题

(1)泛碱或"泛霜"问题。铝硅酸盐无机聚合物在养护固化过程中,由于配比或工艺不当,可能会发生碱的析出,碱一旦析出与空气中的 CO_2 反应,即出现类似于碱 - 激发水泥和混凝土也经常出现泛碱现象而影响无机聚合物的外观,同时还影响碱 - 激发反应,进而使材料性能偏离设计值。

(2)干燥开裂问题。铝硅酸盐无机聚合物在养护固化过程中,如果环境湿度控制不当,干燥过快,会产生不均匀干燥引起的开裂破坏。可适当调整配比、使结构完整,或采用适当温度下养护处理或表面处理等措施。另外,对于含钙成分过高的无机聚合物,其本身凝结速度也过快,可考虑加入缓凝剂,如硼酸盐或磷酸盐。

(3)工艺对原料的依赖性问题。采用矿渣或废旧玻璃为原料制备铝硅酸盐聚合物时,原料特性一般波动性都比较大,这对无机聚合物生产过程的原料配比、工艺参数的控制,保证质量的稳定一致性是个不小的挑战,因此制备工艺的研究必须考虑其对特定原料的针对性和适应性。

(4)数据库与规范标准的建立。铝硅酸盐无机聚合物及其复合材料的研发历史还非常短,不仅相关的基础数据尚非常缺乏,亟待丰富完善并建立相关数据库;同时,还需建立与无机聚合物相配套的规范和标准,包括原料、制备工艺、性能、检测等各方面的规范标准。这是加速其研制开发和推广应用的必要举措。

总之,开展无机聚合物及其复合材料的研究,不仅能丰富完善无机非金属材料、复合材料、陶瓷材料的学科理论,具有重要学术价值,同时具有巨大的潜在社会和经济效益。国外越来越多的研究单位和公司加入其中,对无机聚合物的研究与开发投入力度也越来越大。美国联邦航空局的一个科研小组为克服传统的航天器内部仓体有机材料在高温时易软化并且释放有毒气体的弊端,进行了新型防火阻燃材料的研究,发现铝硅酸盐聚合物材料不仅在阻燃、耐温、防火方面完全满足航空材料应用标准,而且容易成型制备,尤其在与碳纤维实现复合化后其强度及可靠性明显提高,是一种理想的未来航空材料或航天器内部仓体候选材料之一(Lyon et al 1996, Lyon et al 1997, Giancaspro 2007)。

国内从事无机聚合物的研究单位也从主要集中于高校的土木、建筑、地质学科,延伸到材料科学与工程和化学与化工学科,相关研究也从处于主要针对建筑、耐火材料为主要背景,拓展到将其作为高性能工程结构材料或高技术材料为目标的相关基础和应用研究上来。

有理由相信,无机聚合物与复合材料及其转化陶瓷基复合材料作为无机非金属材料百花园中的一朵幼小花蕾,必将更加适应复合材料和先进陶瓷材料低成本化、节能低碳、绿色环保等的要求,在明媚阳光照耀与甘甜雨露滋润下,茁壮成长并绽放出更加绚丽夺目的色彩,更好地造福于人类。

1.6　本章小结

本章详细回顾了无机聚合物的发展历史,综述了国内外无机聚合物的研究现状;在分析对比了国内外对无机聚合物的界定基础上,给出了无机聚合物的概念、剖析了其内涵;进而简单介绍了无机聚合物的几种类别,并分析了无机聚合物相对于其他种类材料所具有的特点与性能优势;最后从学术问题与工程化研制和应用两个方面预测了无机聚合物未来研究探索的重点和面临的挑战,指出了发展无机聚合物的重要意义并展望了它美好的发展未来。

参考文献

[1] BELL J L, GORDON M, KRIVEN W M, 2005. Use of geopolymeric cements as a refractory adhesive for metal and ceramic joins[J]. *Ceramic Engineering and Science Proceedings*, 26 (3): 407-413.

[2] BELL J L, SARIN P, PROVIS J L, et al, 2008. Atomic structure of a cesium aluminosilicate

geopolymer: a pair distribution function study[J]. *Chemistry of Materials*, 20 (14): 4768-4776.

[3]BELL J L, SARIN P, DRIEMEYER P E, et al, 2008. X-ray pair distribution function analysis of potassium based geopolymer[J]. *Journal of Materials Chemistry*, 18 (48): 5974-5981.

[4]BUCHWALD A, ZELLMANN H D, KAPS C, 2011. Condensation of aluminosilicate gels-model system for geopolymer binders[J]. *Journal of Non-crystalline Solids*, 357(5):1376-1382.

[5]BUCHWALD A, VICENT M, KRIEGEL R, 2009. Geopolymeric binders with different fine fillers - Phase transformations at high temperatures[J]. *Applied Clay Science*, 46(2):190-195.

[6]CHINDAPRASIRT P, CHAREERAT T, HATANAKA S, 2011. High-strength geopolymer using fine high-calcium fly ash[J]. *Journal of Materials in Civil Engineering*, 23(3): 264-270.

[7]DAVIDOVITS J, 1984. Synthetic mineral polymer compound of the silico-alumina family and preparation process: USA,4472199[P].

[8]DAVIDOVITS J, 1988. Geopolymer chemistry and properties[C]. *Geopolymer' 88 Proceedings*, 25- 48.

[9]DAVIDOVITS J, 1989. Geopolymers and geopolymeric materials[J]. *J. Therm. Anal.*, 35 (2): 429- 441.

[10]DAVIDOVITS J, 1991. Geopolymers:inorganic polymeric new materials[J]. *J. Therm. Anal. Calorim.*, 37(8): 1633-1656.

[11]DAVIDOVITS J, DAVIDOVICS M, 1991. Geopolymer: ultra high-temperature tooling material for the manufacture of advanced composites[J]. *SAMPE Symposium*, 36(2):1939-1949.

[12]DAVIDOVITS J, 2002. 30 Years of successes and failures in geopolymer applications[J]. *Market Trends and Potential Breakthroughs*, 10(28-29): 1-16.

[13]DAVIDOVITS J, 2011. Geopolymer chemistry & applications [M]. 3rd ed. Saint-Quentin: Institut Géopolymère.

[14]FENG Dingwv,PROVIS J L, VAN DEVENTER J S J, 2012. Thermal activation of albite for the synthesis of one-part mix geopolymers[J]. *J. Am. Ceram. Soc.*, 95(2): 565-572.

[15]GIANCASPRO J W, BALAGURU P N, LYON R E, 2003. Recent advances in Inorganic polymer composites[C]. Hawaoo:*Proceedings of the Thirteenth International Offshore and Polar Engineering Conference*,2003.

[16]GIANCASPRO J W, BALAGURU P N, CHONG K, 2007. High strength fiber composites for fabricating fire-resistant wood with improved mechanical properties[M]. In Advances in Construction Materials, Part IV, 289-297,Heidelberg:Springer.

[17]GORDON L E, PROVIS J L, van DEVENTER J S J, 2011. Durability of fly ash/GGBFS based geopolymers exposed to carbon capture solvents[J]. *Advances in Applied Ceramics*,

110(8): 446-452.

[18] HE Peigang, WANG Meirong, JIA Dechang, et al, 2010. Improvement of high-temperature mechanical properties of heat treated C_f/geopolymer composites by sol-SiO_2 impregnation [J]. *Journal of the European Ceramic Society*, 30 (15): 3053-3061.

[19] FLETCHER R A, MACKENZIE K J D, NICHOLSON CL, et al, 2005. The composition range of aluminosilicae geopolymers[J]. *J Eur Ceram Soc.*, 24(7): 2527-2536.

[20] KRIVEN W M, GORDON M, JONATHON B L, 2004. Geopolymers: nanoparticulate, nanoporous ceramics made under ambient conditions[J]. *Microsc. Microanal.*, 10: 404-405.

[21] KRIVEN W M, GORDON M, ERVIN B L, et al, 2007. Corrosion protection assessment of concrete reinforcing bars with a geopolymer Coating[J]. *Cer. Eng. and Sci. Proc.*, 28 (9): 373-381.

[22] KRIVEN W M, BELL J L, GORDON M, 2004. Geopolymer refractories for the glass manufacturing industry[J]. *Ceram. Eng. and Sci. Proc.*, 25 (1): 57-79.

[23] BELL J L, DRIEMEYER P E, KRIVEN W M, 2009. Formation of Geramics from Metakaolin-Based Geopolymers: Part I-Cs-Based Geopolymer[J]. *J. Am. Ceram. Soc.*, 92(1): 1-8.

[24] LIN Tiesong, JIA Dechang, WANG Meirong, et al, 2008. Effects of fiber length on mechanical properties and fracture behavior of short carbon fiber reinforced geopolymer matrix composites[J]. *Mater. Sci. Eng. A.*, 497: 181-185.

[25] LIN Tiesong, JIA Dechang, WANG Meirong, et al, 2009. Effects of fibre content on mechanical properties and fracture behavior of short carbon fiber reinforced geopolymer matrix composites[J]. *Bull. Mater. Sci.*, 32 (1): 77-81.

[26] LYON R E, BALAGURU P N, FODEN A, et al, 1997. Fire resistant aluminosilicate composites[J]. *Fire Mater.*, 21: 67-73.

[27] LLOYD R R, PROVIS J L, VAN DEVENTER J S J, 2012. Acid resistance of inorganic polymer binders. 1. Corrosion rate[J]. *Materials and Structures*, 45(1-2): 1-14.

[28] OKADA K, IMASE A, ISOBE T, 2011. Capillary rise properties of porous geopolymers prepared by an extrusion method using polylactic acid (PLA) fibers as the pore formers[J]. *Journal of the European Ceramic Society*, 31(4): 461-467.

[29] OKADA K, OOYAMA A, ISOBE T, 2009. Water retention properties of porous geopolymers for use in cooling applications [J]. *Journal of the European Ceramic Society*, 29 (10): 1917-1923.

[30] PALOMO A, GLASSER F P, 1992. Chemically-bonded cementations materials based on metakaolin[J]. *Br. Ceram. Trans.*, 91(4): 107-112.

[31] PAPAKONSTANTINOU C G, BALAGURU P N, 2005. Use of geopolymer matrix for high temperature resistance hybrid laminates and sandwich panels[C]. *Geopolymer* 2005 *Proceedings*, 201-207.

[32] PIMRAKSA K, CHINDAPRASIRT P, RUNGCHET A, et al, 2011. Lightweight geopolymer made of highly porous siliceous materials with various Na_2O/Al_2O_3 and SiO_2/Al_2O_3 ratios [J]. *Mater. Sci. & Eng. A*, 528(21): 6616-6623.

[33] PROVIS J L, ROSE V, WINARSKI R P, 2011. Hard X-ray nanotomography of amorphous aluminosilicate cements[J]. *Scripta Materialia*, 65(4): 316-319.

[34] RILL E, LOWRY D R, KRIVEN W M, 2010. Properties of basalt fiber reinforced geopolymer composites[C]. *34th International Conference and Exposition on Advanced Ceramics and Composites (ICACC)/Symposium on Advanced Ceramic Coatings for Structural, Environmental and Functional Applications*, 24-29.

[35] STONE F G A, GRAHAM W A G, 1962. Inorganic polymers[M]. New York: Academic Press.

[36] WEIL M, DOMBROWSKI-Daube K, BUCHWALD A, 2011. Geopolymer binders - Part 3: ecological and economic analyses of geopolymer concrete mixes for external structural elements[J]. *ZKG International*, 64(7-8): 76-87.

[37] XIE Ning, BELL J L, KRIVEN W M, 2010. Fabrication of structural, leucite glass-ceramics from potassium-based geopolymer precursors[J]. *J. Am. Ceram. Soc.*, 93 (9): 2644-2649.

[38] ZHAO Qiang, NAIR B, RAHIMIAN T, BALAGURU P, 2007. Novel geopolymer based composites with enhanced ductility[J]. *J. Mater. Sci.*, 42: 3131-3137.

[39] 陈祥宝, 2012. 航空树脂基复合材料发展和应用现状[M]//杜善义. 复合材料"十一五"创新成果荟萃. 北京: 中国科学技术出版社.

[40] 代新祥, 文梓芸, 2001. 土聚水泥的应用及研究现状[J]. 水泥, 10: 11-14.

[41] 杜善义, 2009. 陶瓷材料"十五"经验总结[R]. "十一五"863计划新材料领域先进陶瓷材料(结构)发展战略研究.

[42] 何培刚, 2011. C_f/铝硅酸盐聚合物及其转化陶瓷基复合材料的研究[D]. 哈尔滨: 哈尔滨工业大学.

[43] 胡志华, 林华强, 马菊英, 等, 2010. 地聚合物基EPS轻质隔热板的研究[J]. 新型建筑材料, 6: 47-49.

[44] 贾德昌, 何培刚, 2007. 矿聚物及其复合材料研究进展[J]. 硅酸盐学报, 35(S1): 157-166.

[45] 贾屹海, 2009. Na-粉煤灰地质聚合物制备与性能研究[D]. 北京: 中国矿业大学.

[46] 江尧忠, 潘伟, 孔宪清, 等, 1998. 无机聚合物陶瓷材料的制备及隔热性能研究[C]. 第十届全国高技术陶瓷学术年会论文集. 淄博: 现代技术陶瓷, 447-451.

[47] 林铁松, 2009. $C_{sf}(Al_2O_{3p})$强韧铝硅酸盐聚合物基复合材料的力学性能及断裂行为[D]. 哈尔滨: 哈尔滨工业大学.

[48] 林铁松, 贾德昌, 何培刚, 等, 2010. 短碳纤维增强无机聚合物基复合材料的力学性能及断裂行为[J]. 硅酸盐通报, 29(2): 278-283.

[49] 刘光华, 苏慕珍, 路永华, 2004. 粉煤灰活性激发微观机理的研究[C]. 第三届粉煤灰在新型墙体材料中综合利用成果交流研讨会资料汇编, 北京.

[50] 刘泗东, 李新凤, 2011. 地质聚合物基反射隔热涂料的研制及性能研究[C]. *In Proceedings of 2011 China Functional Materials Technology and Industry Forum*.

[51] 刘震, 盛世亮, 2012. 地质聚合物基外墙外保温材料的研制[J]. 新型建筑材料, 1: 82-

84.

[52]陆际清,孙宪清,黄实,1997. 内燃机排气管外包无机聚合物陶瓷套隔热[J]. 车用发动机,1:34-36.

[53]马鸿文,杨静,任玉峰,等,2002. 矿物聚合材料:研究现状与发展前景[J]. 地学前缘,9(4):397-407.

[54]孟宪娴,韩敏芳,2011. 粉煤灰基地质聚合物材料性能研究[J]. 新型建筑材料,12:67-70.

[55]倪文,王恩,周佳,2003. 地质聚合物——21 世纪的绿色胶凝材料[J]. 新材料产业,6:24-28.

[56]王旻,冯鹏,叶列平,等,2004. 用于纤维片材加固混凝土结构的无机粘结材料——地聚物[J]. 工业建筑,34(z1):16-20.

[57]饶绍建,王克俭,2010. 正交试验研究矿物聚合物抗压强度[J]. 硅酸盐通报,29(6):1442-1446.

[58]饶绍建,王克俭,2011. 高温短期养护对低钙粉煤灰地质聚合物性能的影响[J]. 材料导报,25:477-479.

[59]饶绍建,刘家祥,王克俭,2012. 粉煤灰基矿物聚合材料的抗压强度和微观结构[J]. 北京化工大学学报:自然科学版,39(1):37-41.

[60]SHI Caijun,KRIVENKO P V,DELLA R,2008. 碱-激发水泥和混凝土[M]. 史才军,郑克仁,编译. 北京:化学工业出版社.

[61]施惠生,林茂松,郭晓璐,2011. 粉煤灰基地聚合物材料的研究进展[J]. 粉煤灰综合利用,3:42-46.

[62]孙道胜,王爱国,胡普华,2009. 地质聚合物的研究与应用发展前景[J]. 材料导报:综述篇,23(4):61-64.

[63]王冲,刘焕芹,林鸿斌,等,2011. 电渗脉冲用于混凝土结构抗渗防潮技术研究[J]. 土木建筑与环境工程,33(2):132-136.

[64]王冲,万朝均,王智,等,2010. 碱-矿渣-锰合金渣胶凝材料的研制[J]. 土木建筑与环境工程,32(1):136-140.

[65]王冲,王勇威,蒲心诚,等,2010. 超低水胶比水泥混凝土的自收缩特性及机理[J]. 建筑材料学报,13(1):75-79.

[66]王冲,蒲心诚,陈科,等,2008. 超低水胶比水泥浆体材料的水化进程测试[J]. 材料科学与工程学报,26(6):852-857.

[67]王冬,严生,2004. 碱矿渣水泥固化模拟高放射性废液中 Cs^+ 的作用机理[J]. 硅酸盐学报,32(1):90-94.

[68]王国东,樊志国,卢都友,2009. 硅铝原料对地聚物制备和性能的影响[J]. 硅酸盐通报,28(2):239-244.

[69]王淑萍,彭小芹,2010. 废轮胎橡胶粉改性地聚物水泥砂浆路用性能研究[J]. 新型建筑材料,12:73-76.

[70]王亚丽,2003. 掺粉煤灰的硅酸盐和硫铝酸盐复合水泥的性能研究[D]. 北京:北京工业大学.

[71]翁履谦，SAGOE-CRENTSIL K，宋申华,等,2005.地质聚合物合成中铝硅酸盐组分的作用机制[J].硅酸盐学报,33：276-280.

[72]姚志通,夏枚生,叶瑛,2010.粉煤灰基矿聚物材料的研究进展[J].粉煤灰,2：38-41.

[73]郁军丽,刘乐平,2010.地聚物基多孔材料的制备研究[C].北京：第七届中国功能材料及其应用学术会议论文集,385-387.

[74]袁鸿昌，江尧忠,1998.地聚合物材料的发展及其在我国的应用前景[J].硅酸盐通报,17(2)：46-51.

[75]袁玲，施惠生，汪正兰,2002.土聚水泥研究与发展现状[J].房材与应用,30(2)：21-24.

[76]张志强，潘志华，闫小梅,等,2008.碱矿渣水泥及其对铅锌尾砂的固化效果[J].金属矿山,9：26-30.

[77]张云升，孙伟,2003.粉煤灰地聚合物混凝土的制备、特性及机理[J].建筑材料学报,6(3)：237-242.

[78]张祖华，姚晓，诸华军,2011.硅酸钠模数对无机聚合物力学性能与微观结构的影响[J].南京工业大学学报：自然科学版,31(1)：52-56.

[79]郑大伟,2010.无机聚合技术的发展应用及回顾[J].矿业,3：140-157.

[80]诸华军,姚晓,张祖华,2008.矿渣掺量对偏高岭土碱激发过程和产物性能的影响[J].非金属矿, 31(4)：16-17.

[81]钟业盛,2006.镁质混凝土膨胀剂效能的研究[D].南京：南京工业大学.

第2章 无机聚合物的晶体化学基础

材料的性质不仅取决于组成原子的本性,也取决于原子间结合的方式,即晶体结构特性。无机聚合物的基本结构由硅氧四面体和铝氧四面体通过共用的氧连接构成,因此其与硅酸盐和铝硅酸盐在结构上有许多共同和相似之处;另外,在物相组成方面,它呈非晶或部分结晶状态。因此,本章首先介绍天然硅酸盐和铝硅酸盐的晶体结构,以及非晶态与玻璃的结构,然后对无机聚合物的组成、空间结构和化学键进行阐述。

2.1 晶体与非晶体

2.1.1 天然硅酸盐晶体结构

目前已知的硅酸盐(silicate)矿物共有 600 余种,是构成地壳的主要矿物,广泛分布在各种类型的岩石之中。硅酸盐矿物是制造水泥、陶瓷、玻璃、耐火材料的主要原料,也是人工合成晶体的重要原料,在许多高科技领域得到广泛应用。

硅酸盐主要由硅氧四面体 $[SiO_4]^{4-}$(silica tetrahedron)、阳离子、阴离子等按照不同的形式排列构成。硅氧四面体 $[SiO_4]^{4-}$ 相互结合,或与金属离子形成多种硅酸盐。根据阳离子及其配位形式可将其分为配位数 4(B^{3+}、Be^{2+}、Al^{3+}、Ti^{4+}、Fe^{2+}、Zn^{2+}、Fe^{3+}、Mg^{2+})、配位数 5(Al^{3+})、配位数 6(Al^{3+}、Ti^{4+}、Mg^{2+}、Li^{+}、Zr^{4+}、Mn^{2+}、Ca^{2+}、Fe^{2+}、Sc^{3+})、配位数 7(Ca^{2+})、配位数 8(Zr^{4+}、Na^{+}、Ca^{2+}、Fe^{2+}、Mn^{2+})、配位数 12(K^{+}、Ba^{2+})等多种,配位数相同或相近的离子间存在广泛的互换或替代,使硅酸盐矿物晶体化学成分及结构变得非常复杂。构成硅酸盐的阴离子(如 OH^{-}、O^{2-}、F^{-}、Cl^{-}、S^{2-}、$[PO_4]^{3-}$、$[SO_4]^{2-}$、$[CO_3]^{2-}$ 等)之间也存在普遍的互换或替代。

硅酸盐晶体结构的特点是其基本结构单元为硅氧四面体 $[SiO_4]^{4-}$,即硅位于四面体的中心,4 个氧原子位于四面体的 4 个顶点,硅氧四面体单元如图 2.1 所示。硅氧四面体结构单元 $[SiO_4]^{4-}$ 中硅在四面体的中心,Si—O 的平均键长为 0.16 nm,离子键和共价键约各占一半,其中心 Si^{4+} 具有高电价和低配位数,使得 $[SiO_4]^{4-}$ 之间不能以共棱和共面方式相连,只能采取共顶的形式(即共用 O)。根据 $[SiO_4]^{4-}$ 之间的连接方式,可以把硅酸盐晶体分为岛状、组群状、链状、层状及架状共 5 种结构形式。

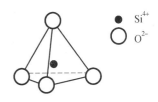

图 2.1 硅氧四面体单元结构图

1. 岛状硅酸盐(nesosilicate)晶体结构

在岛状硅酸盐类中,$[SiO_4]^{4-}$ 四面体以孤立状态存在,$[SiO_4]^{4-}$ 之间不互相连接,以孤立岛存在,每个 O^{2-} 除与一个 Si^{4+} 相接外,不再与其他 $[SiO_4]^{4-}$ 中的 Si^{4+} 配位,各硅氧四面体之间通过其他金属阳离子(主要是 Mg^{2+}、Fe^{2+}、Ca^{2+}、Al^{3+}、Fe^{3+} 等)相连而形成统一体。岛状硅酸盐矿物往往呈较鲜明的色彩,其硬度和密度在各种亚类硅酸盐矿物中最高,而形态和物理特性则随具体矿物而异。这类硅酸盐包括锆英石、橄榄石等。

(1) 锆英石 $Zr[SiO_4]$ (zirconite)。锆英石也称为锆石,晶体属四方晶系,其结构如图 2.2 所示。Zr 与 Si 沿 c 轴相间排列成四方体心晶胞,晶体结构可视为由 $[SiO_4]$ 四面体和 $[ZrO_8]$ 三角十二面体连接而成,$[ZrO_8]$ 三角十二面体在 b 轴方向以共棱方式紧密连接。锆石极耐高温,主要用于铸造工业、陶瓷、玻璃工业以及制造耐火材料。

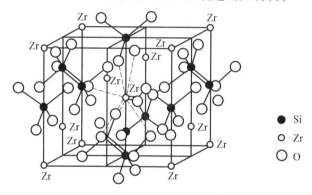

图 2.2　锆英石的晶体结构

(2) 橄榄石 $(Mg,Fe)_2[SiO_4]$ (olivine)。橄榄石晶体属斜方晶系,其结构如图 2.3 所示。硅氧骨干为孤立的 $[SiO_4]$ 四面体,由骨干外的阳离子连接起来,也可视为氧离子呈近似的六方最紧密堆积。Si^{4+} 充填 1/8 的四面体空隙,$[(Mg,Fe)O_6]$ 八面体轴连接呈锯齿状链。每层配位八面体中,一半为 Mg、Fe 充填,另一半为空心,均呈锯齿状,但在空间位置上相错 $b/2$。层与层之间实心八面体与空心八面体相对,其邻近层以共用八面体角顶相连;而交替层以共用 $[SiO_4]$ 四面体的角顶和棱连接。$[SiO_4]$ 四面体的 6 个棱中有 3 个与 $[(Mg,Fe)O_6]$ 八面体共用,导致配位多面体变形。根据阳离子的不同也可分为镁橄榄石、铁橄榄石、钙橄榄石、锰橄榄石 $(Mn_2[SiO_4])$、镍橄榄石 $(Ni_2[SiO_4])$、钙锰橄榄石 $(CaMn[SiO_4])$ 等。橄榄石主要用作宝石原料、耐火材料、铸造砂、喷砂磨料等。

2. 组群状硅酸盐(group silicate) 晶体结构

组群状硅酸盐一般由2、3、4或6个硅氧四面体通过公共的氧相连接,形成单独的硅氧络阴离子,如图 2.4 所示。硅氧络阴离子之间再通过其他正金属离子连接起来,所以这类结构也称为孤立的有限硅氧四面体群。硅钙石 $Ca_3[Si_2O_7]$、铝方柱石 $Ca_2Al[AlSiO_7]$、镁方柱石 $Ca_2Mg[Si_2O_7]$ 等属于成对的硅氧团结构;蓝锥矿 $BaTi[Si_3O_9]$ 是环状三四面体群结构的代表;绿宝石 $Be_3Al_2[Si_6O_{18}]$ 中则出现环状六四面体群的硅氧团结构。

(1) 绿宝石 $Be_3Al_2[Si_6O_{18}]$ (emerald)。绿宝石的结构式为 $Be_3Al_2[Si_6O_{18}]$,属六方晶系。图 2.5 所示是其 1/2 晶胞投影,其基本结构单元是 6 个硅氧四面体形成的六节环,这些六节环之间靠 Al^{3+} 和 Be^{2+} 离子连接,Al^{3+} 的配位数为 6,与硅氧网络的非桥氧形成 $[AlO_6]$ 八面体;Be^{2+} 配位数为 4,构成 $[BeO_4]$ 四面体。从结构上看,在上下叠置的六节环内形成了巨大的通道,可储有 K^+、Na^+、Cs^+ 及 H_2O,使绿宝石结构成为离子导电的载体。

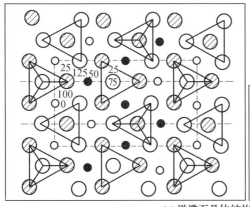

(a) 橄榄石晶体结构

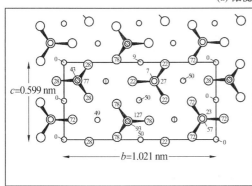

(b) (100) 面投影

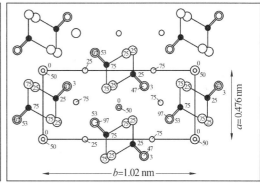

(c) (001) 面投影

图 2.3　橄榄石的晶体结构

$[Si_2O_7]^{6-}$　　　　$[Si_3O_9]^{6-}$　　　　$[Si_4O_{12}]^{8-}$　　　　$[Si_6O_{18}]^{12-}$

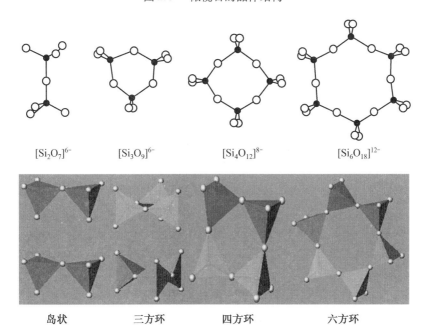

　　岛状　　　　　三方环　　　　　四方环　　　　　六方环

图 2.4　硅氧四面体群的各种形状

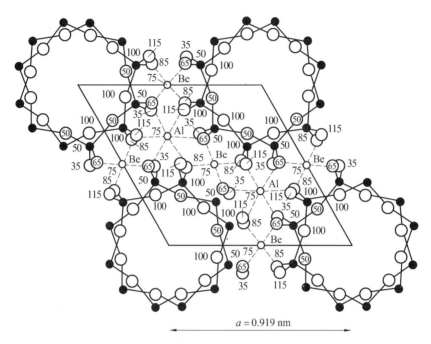

图2.5　绿宝石的晶体结构

（2）电气石 $Na(Mg,Fe,Mn,Li,Al)_3Al_6[Si_6O_{18}][BO_3]_3(OH,F)_4$（tourmaline）。电气石属三方晶系,晶体结构的基本特点为硅氧四面体组成复三方环,如图2.6所示。B 配位数为3,组成平面三角形。Mg 配位数为6(其中2个是 OH^-),组成八面体,与$[BO_3]$ 共氧相连。在硅氧四面体的复三方环上方的空隙中充填 Na^+,配位数为9。环间以$[AlO_5(OH)]$ 八面体相连接。电气石晶体的压电性良好,可用于无线电工业中的波长调整器、偏光仪中的偏光片,或作为测定空气和水冲压用的压电计,细粒电气石也可用作研磨材料。

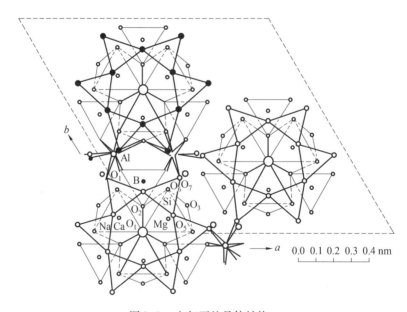

图2.6　电气石的晶体结构

3. 链状硅酸盐（inosilicates）晶体结构

$[SiO_4]^{4-}$ 通过公用氧相连接，形成向一维方向无限延伸的链。依照 $[SiO_4]^{4-}$ 共用 O^{2-} 数目不同，分为单链和双链，如图 2.7 所示。单链是每个 $[SiO_4]$ 通过共用 2 个顶点向一维方向无限延伸，按重复出现与第一个 $[SiO_4]$ 空间取向完全一致的周期不等，主要包括 1 节链、2 节链、3 节链……7 节链、9 节链、12 节链、24 节链等多种类型，如 2 节链以 $[Si_2O_6]^{4-}$ 为结构单元无限重复，化学式为 $[Si_2O_6]_n^{4n-}$，图 2.8 所示为几种典型的单链结构。双链是两条相同单链通过尚未共用的氧组成带状，2 节双链以 $[Si_4O_{11}]^{6-}$ 为结构单元向一维方向无限伸展，化学式为 $[Si_4O_{11}]_n^{6n-}$。

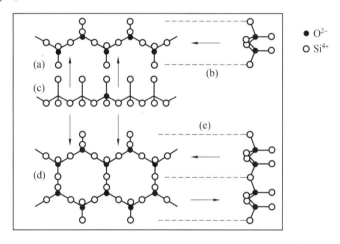

（a）单链结构；（b）双链结构；（c）、（d）、（e）为从箭头方向观察所得的投影图

图 2.7　硅氧四面体所构成的链

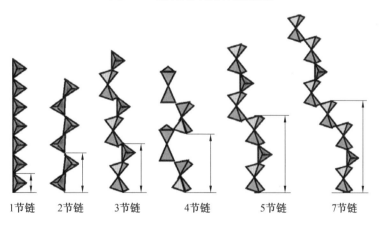

图 2.8　几种典型的单链结构类型

单链结构一般为辉石类硅酸盐矿物，如透辉石 $CaMg[Si_2O_6]$、顽火辉石 $Mg_2[Si_2O_6]$；而双链结构则为角闪石类硅酸盐矿物，如斜方角闪石 $(Mg,Fe)_7[Si_4O_{11}]_2(OH)_2$、透闪石 $Ca_2Mg_5[Si_4O_{11}]_2(OH)_2$ 等。无论单链或双链，由于链内结构牢固，链间通过其他金属阳离子连接，最常见的是 Mg^{2+} 和 Ca^{2+}。而金属阳离子与 O^{2-} 之间的键比 Si—O 键弱，容易断裂。因此链状结构矿物总是形成柱状、针状或纤维状。

（1）透辉石 $CaMg[Si_2O_6]$（diopside）。透辉石属于单斜晶系，其结构如图2.9所示。$[SiO_4]$四面体以两角顶相连成单链，平行 c 轴延伸，链间由中小阳离子 M_1（Mg、Fe，六配位）和较大阳离子 M_2（Ca，有时有少量 Na，8次配位）构成的较规则的 M_1—O 八面体和不规则的 M_2—O 多面体共棱组成的链连接。在空间上，$[SiO_4]$链和阳离子配位多面体链皆沿 c 轴延伸，在 a 轴方向上做周期堆垛。在富铝的辉石中，六配位的 Al 将使晶格常数 a_0、b_0 减小，4次配位的 Al 将使晶格常数增大。透辉石作为陶瓷原料，可降低陶瓷的烧成温度，起节能作用，还可作为橡胶、塑料的填料以及生产涂料等。

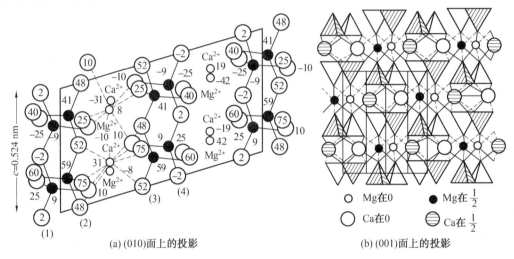

(a)(010)面上的投影   (b)(001)面上的投影

○ Mg在0   ● Mg在 $\frac{1}{2}$
○ Ca在0   ⊖ Ca在 $\frac{1}{2}$

图2.9　透辉石的晶体结构

（2）角闪石（hornblende）。角闪石的晶体结构如图2.10所示，属于单斜晶系的双链状结构，硅氧骨干可看成是由两个辉石单链连接而成的双链，以4个 $[SiO_4]^{4-}$ 四面体为重复单位，记为 $[Si_4O_{11}]^{6-}$。顶对顶的双链间存在的八面体空隙有3种，分别以 M_1、M_2、M_3 表示，主要由小半径阳离子 Mg^{2+}、Fe^{2+} 等充填形成配位八面体；硅氧四面体中底面对底面的双链间的空隙以 M_4 表示，为 Na^+、Li^+、K^+、Ca^{2+}、Mg^{2+}、Fe^{2+}、Mn^{2+} 等阳离子占据，Na^+、K^+、H_3O^+ 等离子位于底面相对的双链中间，恰好在 $[Si_4O_{11}]^{6-}$ 双链的"六方环"的中心附近的宽大而连续的空隙上，主要用来平衡晶体结构中的电价，故可被 Na^+、K^+、H_3O^+ 所占据，也可全部空着。

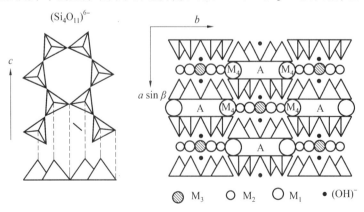

◩ M_3 ○ M_2 ◯ M_1 ● $(OH)^-$

图2.10　角闪石的晶体结构

4. 层状硅酸盐(phyllosilicate) 晶体结构

每个硅氧四面体(图2.11)通过3个桥氧连接,构成向二维方向伸展的六节环状硅氧层 (无限硅氧四面体群),其中可取出一个矩形单元$[Si_4O_{10}]^{4-}$,其化学式为$[Si_4O_{10}]^{4n-}$。

每个硅氧四面体有一个活性氧,其电价可以通过与其他金属离子发生配位而达到平衡, 一般为6配位的Mg^{2+}或Al^{3+},同时水分子以OH—形式存在于这些离子周围,形成水铝石或 水镁石层。根据活性氧空间取向不同,硅氧层可分为单网层(一层硅氧层所有活性氧均指 向同一方向,相当于一个硅氧层加上一个水铝(镁)石层,也称为1∶1层)和复网层(两层硅 氧层中活性氧交替地指向相反方向,相当于两个硅氧层中间加上一个水铝(镁)石层,也称 为2∶1层)。而根据水铝(镁)石层中八面体空隙填充情况,又可分为三八面体型(八面体空 隙全部被金属离子所占据)和二八面体型(2/3 的八面体空隙被填充)。

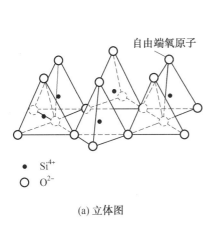

(a) 立体图

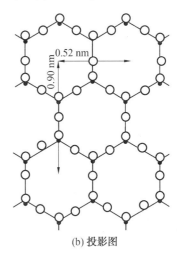

(b) 投影图

图 2.11　层状结构硅氧四面体

(1) 高岭石 $Al_4[Si_4O_{10}](OH)_8$(kaolinite)。高岭石的分子式也可写作 $Al_2O_3 \cdot 2SiO_2 \cdot 2H_2O$,属于三斜晶系,其晶体 3 个晶面的投影如图 2.12 所示。高岭石的基本结构单元由 $[SiO_4]$ 层和水铝石层构成单网层,Al^{3+} 的配位数为 6,形成 $[AlO_2(OH)_4]$ 八面体,两个 O^{2-} 把水铝石层和硅氧层连接起来。水铝石层中,Al^{3+} 占据 2/3 八面体空隙,属二八面体型结 构。高岭石是黏土的主要矿物之一,除用作陶瓷原料、造纸原料、橡胶和塑料的填料、耐火材 料原料等外,还可用于合成沸石分子筛、日用化工产品的填料以及无机聚合物的原料等。

(2) 滑石 $Mg_3[Si_4O_{10}](OH)_2$(soapstone) 和叶蜡石 $Al_2[Si_4O_{10}](OH)_2$(pyrophylite)。 滑石属于单斜晶系,其晶体结构如图2.13所示。每个六方网层的Si—O 四面体的活性氧指 向同一方向,两层Si—O 四面体的活性氧相对排列。OH— 位于Si—O 四面体网格中心,与 活性氧处于同一水平层中。Mg、Fe、Ni 等离子位于OH— 和 O 形成的八面体空隙中,构成三 八面体型的氢氧镁石层。由二层Si—O 四面体和一层八面体构成的单位层内电价平衡,结 合牢固,因而形态呈二维延展的片状。滑石主要用作填料、涂料、陶瓷原料等。

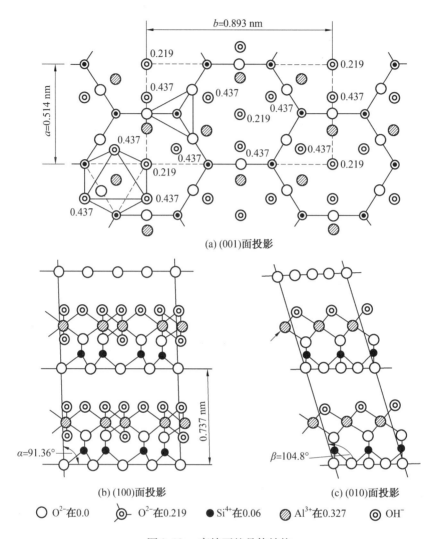

图 2.12　高岭石的晶体结构

滑石中用 2 个 Al^{3+} 代替 $3Mg^{2+}$ 就得到叶蜡石,其晶体结构如图 2.14 所示,由一层氢氧铝石八面体层夹在两层硅氧四面体层之间,组成 2∶1 型层状结构。叶蜡石八面体中有 2/3 被 Al^{3+} 占据(M_1),另 1/3 的八面体位是空位(M_2),故叶蜡石属二八面体型结构。滑石主要用于陶瓷、耐火材料原料和雕刻工艺石料、填料、密封材料等。

(3)白云母 $KAl_2[AlSi_3O_{10}](OH)_2$(white mica)。当叶蜡石中硅氧层中的 Si^{4+} 有 1/4 被 Al^{3+} 置换并以 K^+ 平衡电价时,就形成了白云母,其属于属单斜晶系,晶体结构如图 2.15 所示,图中重叠的 O^{2-} 已稍行移开。两个硅氧层及其中间的水铝石层所构成复网层结构,连接两个硅氧层的水铝石层中的 Al^{3+} 之配位数为 6,形成 $[AlO_4(OH)_2]$ 八面体。两相邻复网层之间呈现对称状态,因此相邻两硅氧六节环处形成一个巨大的空隙。白云母中 K^+ 的配位数为 12,位于叠层之间与硅氧层化学结合,因此云母实际上没有离子交换能力。工业上利用白云母的绝缘性和耐热性,以及抗酸、抗碱、抗压和剥分性,在电气、电子工业和航空、航天等尖端科技领域,用作耐热绝缘材料、大容量电容器芯片以及电子显微镜和电子示波器等的元件。

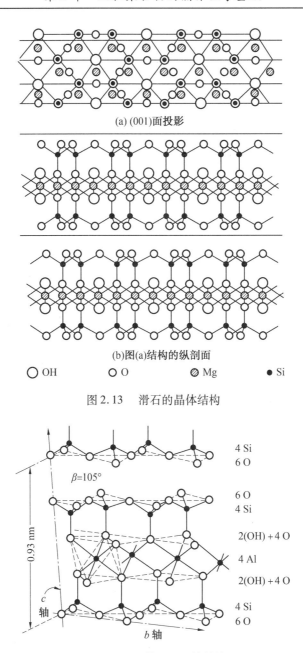

(a) (001)面投影

(b)图(a)结构的纵剖面

○ OH ○ O ◍ Mg ● Si

图 2.13 滑石的晶体结构

$\beta=105°$

0.93 nm

4 Si
6 O

6 O
4 Si

2(OH) + 4 O

4 Al

2(OH) + 4 O

4 Si
6 O

c
轴

b 轴

图 2.14 叶蜡石的晶体结构

（4）蒙脱石 $Al_2[Si_4O_{10}](OH)_2 \cdot nH_2O$（montmorillonite）。蒙脱石是一种黏土类矿物，属单斜晶系，其理想化的晶体结构如图 2.16 所示。在铝氧八面体层中大约有 1/3 的 Al^{3+} 被 Mg^{2+} 所取代，为了平衡多余的负电价，在结构单位层之间由其他阳离子平衡。两层硅氧四面体中间夹一层铝氧八面体层构成 2:1 型结构。蒙脱石的 c 轴可膨胀以及阳离子交换容量大，无水时为 0.96 nm，有水时最大可达近 2.14 nm。利用其阳离子交换性能制成蒙脱石复合体，广泛用于高温润滑脂、橡胶、塑料、油漆，此外在医药中也应用广泛，可以作医药载体，起控释剂功效。

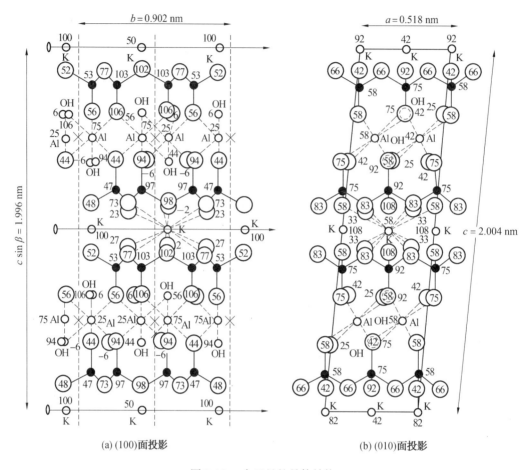

(a) (100)面投影　　　　　　　　(b) (010)面投影

图 2.15　　白云母的晶体结构

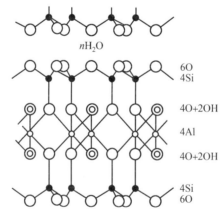

图 2.16　　蒙脱石的理想化晶体结构

5. 架状硅酸盐(framework silicate) 晶体结构

在架状结构硅酸盐亚类的晶体结构中,每个[SiO₄] 四面体的 4 个角顶全部与其相邻的 4 个[SiO₄] 四面体共用,形成三维空间延伸的"骨架"结构。作为骨架的硅氧结构单元的化学式为[SiO₂]ₙ,其中 $n(Si)/n(O)=1:2$。当硅氧骨架中 Si 被 Al 取代时,结构单元化学式可

写成 $[AlSiO_4]$ 或 $[AlSi_3O_8]$，其中 $n(Al + Si) : n(O)$ 仍为 $1 : 2$。此时，由于结构中有剩余负电荷，一些电价低、半径大的正离子（如 K^+、Na^+、Ca^{2+}、Ba^{2+} 等）会进入结构中。典型的架状结构有石英族晶体，化学式为 SiO_2，以及一些铝硅酸盐矿物，如霞石 $Na[AlSiO_4]$、长石 $(Na,K)[AlSi_3O_8]$、方沸石 $Na[AlSi_2O_6] \cdot H_2O$ 等矿物。

（1）石英（quartz）。石英晶体中的主要晶型和性质列于表 2.1 中，由此可见，SiO_2 晶体具有多种变体，常压下可分为 3 个系列：石英、鳞石英（tridymite）和方石英（cristobalite），其转变关系如图 2.17 所示。石英的晶相转变过程中如涉及键的破裂和重建，则其过程会比较缓慢，这种转变称为重构型转变；而对于不涉及晶体结构中键的破裂和重建，则转变过程迅速且可逆，往往是键之间的角度稍微变动而已。这种转变称为位移型转变。

表 2.1　各种 SiO_2 晶型的性质（20 ℃）（周玉 2004）

晶型	结晶系	晶格常数 /10^{-1} nm	温度 /℃	Si—O 间距 /10^{-1} nm	Si—O—Si 键角 /(°)	密度 /(g·cm^{-3})	折射率	线膨胀系数 /10^{-6} ℃
低温石英	三　角	$a = 4.913$ $c = 5.405$	25	1.61	144	2.651	$n_o = 1.5533$	12.3
高温石英	六　角	$a = 4.999$ $c = 4.457$	575	1.62	147	—	$n_e = 1.5442$	—
低温方石英	正　方	$a = 4.972$ $c = 6.921$	20	1.60 ~ 1.61	147	2.33	$n_o = 1.484$ $n_e = 1.487$	10.3
高温方石英	立　方	$a = 7.120$	300	1.56 ~ 1.69	151	—		—
低温鳞石英	单　斜	$a = 18.45$ $b = 4.99$ $c = 13.83$ $\beta = 105°39'$	25	1.51 ~ 1.71	≈ 140	2.27	$n_x = 1.470$ $n_z = 1.474$	21.0
高温鳞石英	六　角	$a = 5.06$ $c = 8.25$	200	1.53 ~ 1.55	180	—		—
杰石英 （keatite）	正　方	$a = 7.16$ $c = 8.59$	25	1.57 ~ 1.61	149 ~ 156	2.50	$n_o = 1.522$ $n_e = 1.513$	—
柯石英 （coesite）	单　斜	$a = 7.17$ $b = 7.17$ $c = 12.18$ $\beta = 120°$	25	1.59 ~ 1.64	139 ~ 143 和 180	2.92	$n_x = 1.594$ $n_z = 1.599$	—
超石英 （stishovite）	正　方	$a = 4.18$ $c = 2.65$	25	1.72 ~ 1.87	—	4.35	$n_o = 1.799$ $n_e = 1.826$	—
硫方石英 （melanophlogite）	立　方	$a = 13.2$	20	—	—	2.05	1.425	—
纤维状 SiO_2	斜　方	$a = 4.7$ $b = 5.2$ $c = 8.4$	20	1.87	—	1.98	—	—
石英玻璃	玻璃状	—	20	≈ 1.6	≈ 145	2.20	1.453	0.5

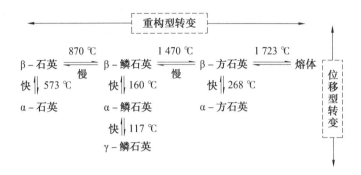

图 2.17　石英变体相互转化关系图（Kingery 1975）

　　石英的 3 个主要变体即 β – 石英、β – 鳞石英和 β – 方石英结构上的主要差别是硅氧四面体之间的连接方式不同,如图 2.18 所示。在 β – 方石英中,两个共顶的硅氧四面体以共用氧 O^{2-} 为中心处于中心对称状态,Si—O—Si 键角为 $180°$;在 β – 鳞石英中,两个共顶的硅氧四面体之间相当于有一对称面,Si—O—Si 键角为 $180°$;在 β – 石英中,相当于在 β – 方石英结构基础上 Si—O—Si 键角由 $180°$ 转变为 $150°$。由于这 3 种石英中硅氧四面体的连接方式不同,因此它们之间的转变均属于重构型转变。

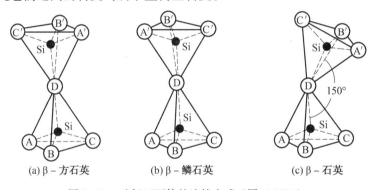

(a) β – 方石英　　　　(b) β – 鳞石英　　　　(c) β – 石英

图 2.18　硅氧四面体的连接方式（周玉 2004）

　　(2) β – 石英（β – quartz）。β – 石英属于六方晶系,其在(0001)面上的投影如图 2.19 所示。结构中每个 Si^{4+} 周围有 4 个 O^{2-},空间取向是 2 个在 Si^{4+} 上方,2 个在其下方。α – 石英结构中存在 6 次螺旋轴,围绕螺旋轴的 Si^{4+},在(0001)面上的投影可连接成正六边形,Si—O—Si 键角为 $150°$。根据螺旋轴的旋转方向不同,α – 石英有左形和右形之分。

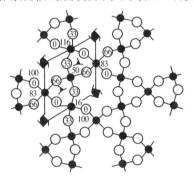

图 2.19　β – 石英在(0001)面上的投影

α-石英属三方晶系,是β-石英的低温变体,两者之间通过位移性转变实现结构的相互转换。两种结构中Si^{4+}以及以硅氧四面体方式在(0001)面上的投影分别如图2.20、图2.21所示。在α-石英结构中,Si—O—Si 键角由β-石英中的150°变为137°,这一键角变化,使对称要素从β-石英中的6次螺旋轴转变为α-石英中的3次螺旋轴。围绕3次螺旋轴的Si^{4+}在(0001)面上的投影已不再是正六边形,而是复三角形。

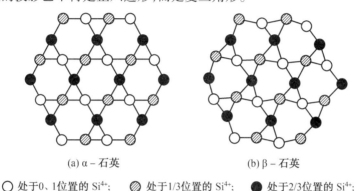

(a) α-石英　　　　　　　　　　　　(b) β-石英

○ 处于0、1位置的 Si^{4+};　　◐ 处于1/3位置的 Si^{4+};　　● 处于2/3位置的 Si^{4+};

图 2.20　α-石英与β-石英中 Si^{4+} 在(0001)面的投影（周玉 2004）

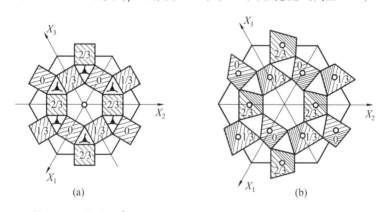

图 2.21　β-石英与α-石英中 Si^{4+} 在(0001)面的投影(以硅氧四面体的方式表示)（周玉 2004）

(3) β-鳞石英（β-tridymite）。β-鳞石英属六方晶系,其结构如图2.22所示。其结构由交替指向相反方向的硅氧四面体组成的六节环状的硅氧层平行于(0001)面叠放而形成架状结构。平行叠放时,硅氧层中的四面体共顶连接,并且共顶的两个四面体处于镜面对称状态,Si—O—Si键角是180°。

(4) β-方石英（β-cristobalite）。β-方石英属立方晶系,晶体结构及晶胞内原子分布如图2.23、图2.24所示,其中Si^{4+}位于晶胞顶点及面心,晶胞内部还有4个Si^{4+}。由交替地指向相反方向的硅氧四面体组成六节环状的硅氧层,以3层为一个重复周期在平行于(111)面的方向上平行叠放而形成架状结构。

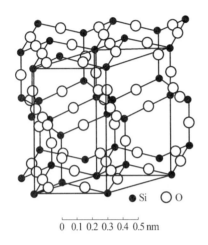

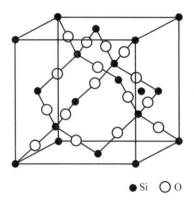

图 2.22　β - 鳞石英的晶体结构　　　　　图 2.23　β - 方石英的晶体结构

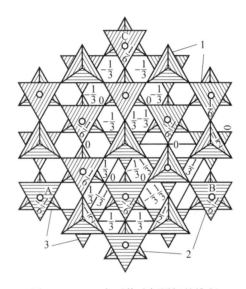

图 2.24　β - 方石英硅氧层间的堆积

（5）长石（feldspar）。长石的基本结构单元是由四面体连接成四连环，其中 2 个四面体顶角向上、2 个向下；四联环中的四面体通过共顶连方式接成曲轴状的链，如图 2.25 所示。链与链之间在三维空间连接成架状硅酸盐结构。常见长石由钾长石、钠长石和钙长石 3 种组分构成，其固溶体成分相图如图 2.26 所示。长石主要用来制造陶瓷及搪瓷、玻璃原料、磨粒磨具等，此外还可以制造钾肥。

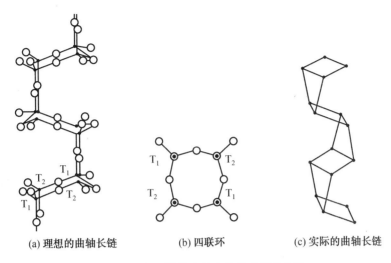

(a) 理想的曲轴长链　　　　(b) 四联环　　　　(c) 实际的曲轴长链

图 2.25　长石结构中基本结构单元的构造

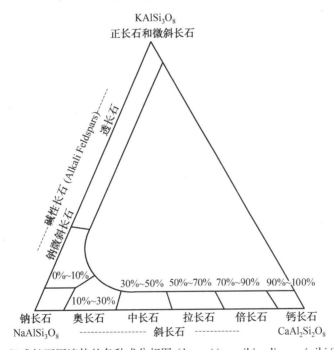

图 2.26　组成长石固溶体的各种成分相图（http://en.wikipedia.org/wiki/Feldspar）

2.1.2　天然铝硅酸盐晶体结构

　　铝硅酸盐（aluminosilicate）指的是晶层结构中含有部分铝氧四面体（aluminium-oxygen tetrahedron）的硅酸盐，即硅酸盐中的硅氧四面体的一部分由[AlO$_4$]四面体取代组成铝硅酸盐。如正长石 KAlSi$_3$O$_8$ 也可写为 K[(AlO$_2$)(SiO$_2$)$_3$]，表示 1/4 的含氧四面体被铝原子所占据，钙长石 CaAl$_2$SiO$_8$ 也可写为 Ca[(AlO$_2$)$_2$(SiO$_2$)$_2$]，其中一半是[AlO$_4$]四面体，另一半是[SiO$_4$]四面体。铝硅酸盐在硅酸盐中占有极其重要的地位，从晶体结构上看，铝硅酸盐主要为层状硅酸盐结构和架状硅酸盐结构，用于无机聚合物则主要是架状结构的，在此将重点介绍几种典型硅铝酸盐的结构。而在 2.1.1 节中，已经就高岭石、白云母等层状硅酸盐的晶体结构进行了说明,这里不再赘述。

1. 长石类铝硅酸盐

长石是钾、钠、钙等碱金属或碱土金属的铝硅酸盐矿物,可分为正长石系和斜长石系两大类,其中有代表性的正长石系包括钾长石 $K[AlSi_3O_8]$(包括透长石、正长石、微斜长石)和钡长石 $Ba[Al_2Si_2O_8]$,斜长石系包括钠长石 $Na[AlSi_3O_8]$ 和钙长石 $Ca[Al_2Si_2O_8]$。

(1)透长石(sanidine)。透长石是钾长石的高温基本结构(正长石、微斜长石为相应的中温、低温基本结构),其化学组成为 $K[AlSi_3O_8]$,$n(Al):n(Si) = 1:3$。透长石属单斜晶系,晶体结构如图 2.27 所示。由四连环构成的曲轴状链平行于 a 轴方向伸展,K^+ 位于链间空隙处,在 K^+ 处存在一对称面,结构呈左右对称,K^+ 的平均配位数为 10。K^+ 的电价除了平衡骨架中 $[AlO_4]$ 多余的负电荷外,还与骨架中的桥氧之间产生诱导键力。

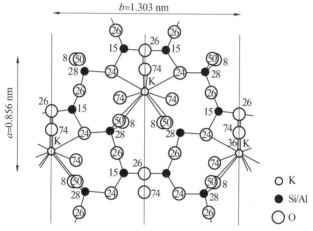

图 2.27　透长石的晶体结构

(2)钠长石(sodaclase)。钠长石属三斜晶系,其结构如图 2.28 所示。与透长石比较,钠长石结构出现轻微的扭曲,左右不再呈现镜面对称。扭曲作用是由于四面体的移动,某些 O^{2-} 环绕 Na^+ 更为紧密,而另一些 O^{2-} 更为远离。其晶体结构从单斜变为三斜。钠长石中 Na^+ 的配位数为 6。

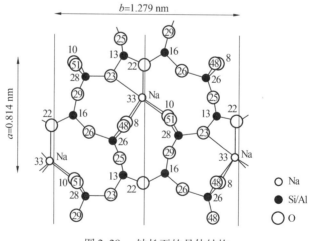

图 2.28　钠长石的晶体结构

　　透长石与钠长石均包含一价的碱金属离子,其结构存在的原因是由于长石结构的曲轴状链间有较大的空隙,半径较大的阳离子位于空隙时,配位数较大,配位多面体较规则,能撑起[TO₄]骨架,使对称性提高到单斜晶系;半径较小的阳离子位于空隙时,配位多面体不规则,致使骨架折陷,对称性降为三斜晶系。

　　长石结构的四节环链内结合牢固,链平行于 a 轴伸展,故沿 a 轴晶体不易断裂;而在 b 轴和 c 轴方向,链间虽然也有桥氧连接,但有一部分是靠金属离子与 O^{2-} 之间的键来结合,较 a 轴方向结合弱得多。因此,长石在平行于链的方向上能较好地解理。

2. 似长石类铝硅酸盐(feldspathoid)

　　似长石也称副长石,是化学组成与长石相似,金属阳离子为钾、钠或钙,但硅铝比值小于 3 的一些无水架状结构铝硅酸盐矿物的总称,包括霞石(nephelite)、白榴石(leucite)、方钠石(sodalite)、钙霞石(cancrinite)和方柱石(scapolite)等。其中以霞石和白榴石最为重要,是碱性岩石的主要造岩矿物。

　　(1) 霞石 KNa₃[AlSiO₄]₄(nepheline)。霞石属于六方晶系,其结构如图2.29所示。霞石是鳞石英高温结构的衍生物,1/2 的 Si^{4+} 被 Al^{3+} 替代,并由 Na^+ 和 K^+ 平衡电价。与鳞石英类似,霞石也具有六元四面体环和同样的对称堆积指数。但霞石中的环是畸变的,以至于结构具有两个对称不同的碱金属位置。一个位置较大,可容纳 1 个不规则的 8 或 9 配位的 K^+。另一位置较小,能容纳 Na^+。两位置之比为 1:3,故理想的霞石化学式为 KNa₃Si₄Al₄O₁₆。霞石主要用于玻璃和制陶业、制造苏打和蓝色颜料,可作为制取氧化铝的原料。

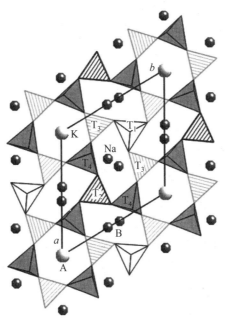

图 2.29　霞石的晶体结构

　　(2) 白榴石 K(AlSi₂O₆)(leucite)。白榴石晶体属四方晶系的架状结构硅酸盐矿物,成分中的钾可部分被钠和钙类质同象代替,常温下呈四方晶系。当加热高于 605 ℃ 时,转变为等轴晶系的 β - 白榴石,如图2.30所示。通常所见的晶体仍保持着等轴晶系变体的外形,呈四角三八面体。白榴石可作为提取钾盐和氧化铝的原料。

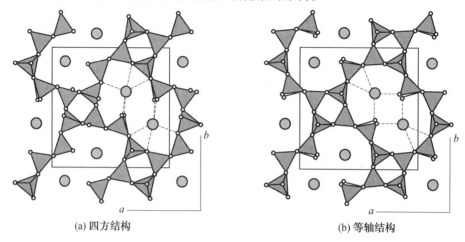

(a) 四方结构   (b) 等轴结构

图 2.30　白榴石的晶体结构

3. 沸石（zeolite）

沸石是一种含有水架状结构的铝硅酸盐矿物,是由四面体的$[SiO]^{4-}$和$[AlO]^{4-}$连接所组成的,其中$n(Si + Al)$与$n(O)$的比值必须为$1/2$。四面体只能以顶点相连,即共用一个氧原子,而不能"边"或"面"相连。铝氧四面体本身不能相连,其间至少有一个硅氧四面体,而硅氧四面体可以直接相连。硅氧四面体中的硅,可被铝原子置换而构成铝氧四面体。但铝原子是三价的,所以在铝氧四面体中,有一个氧原子的电价没有得到中和,而产生电荷不平衡,使整个铝氧四面体带负电。为了保持中性,必须由带正电的离子来抵消,一般是由碱金属和碱土金属离子来补偿,如 Na、Ca、Sr、Ba、K 和 Mg 等金属离子。

沸石中硅氧四面体和铝氧四面体是初级结构单元(Polyhedral Building Unit,PBU),它们相互连接构成沸石的次级结构单元(Secondary Building Unit,SBU),如图 2.31 所示。在此基础上,又组成了三维空间的多面体笼(Cage),成为构成沸石分子筛(zeolite molecular sieve)的主要结构单元,共有 50 余种,图 2.32 所示为典型的多面体笼结构。各种笼在空间按照一定的方式做周期性排列,组合形成沸石分子筛的晶体结构。

图 2.33 为 3 种不同的沸石结构,分别为 A 型沸石、八面沸石和钙十字沸石,它们都是由多面体笼构成的。如 A 型沸石就是图 2.32 所示的 d4r、sod 和 ita 型多面体笼相互连接组合而成的。

沸石结构的开放性特征使得它能够允许小的分子被吸附进入它们的结构中,被吸附分子的大小和形状将取决于沸石中孔洞的几何因素。沸石作为一种新兴材料,可用作离子交换剂、吸附分离剂、干燥剂、催化剂及水泥混合材料,被广泛应用于工业、农业、国防等部门,并且它的用途还在不断地拓展。

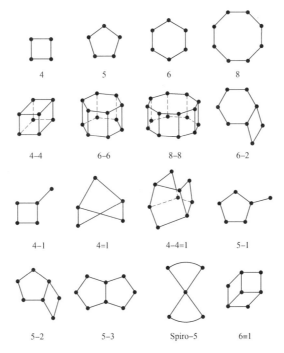

图 2.31 沸石的次级结构单元(图中多面体转角处表示的是 SiO_4 或 AlO_4 四面体原子)

(http://www.ch.ic.ac.uk/vchemlib/course/zeolite/structure.html)

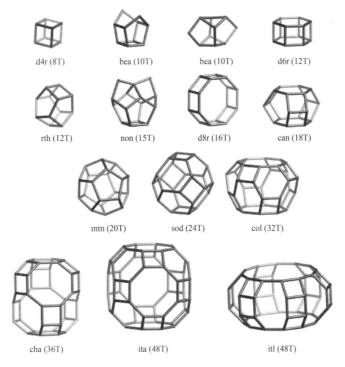

图 2.32 沸石中典型的多面体笼结构

(http://www.iza – structure.org/databases)

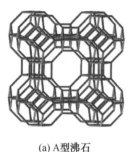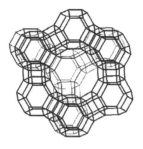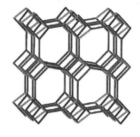

(a) A型沸石　　　　　　　　(b) 八面沸石　　　　　　　(c) 钙十字沸石

图 2.33　3 种不同的沸石结构

2.1.3　非晶态与玻璃结构

1. 非晶态材料

非晶态材料是原子／分子排列短程有序、长程无序的一类特殊固体材料,包括我们日常所见的玻璃、塑料、高分子聚合物以及新近发展起来的金属玻璃、非晶态合金、非晶态半导体、非晶态超导体等。由于非晶态物质内部原子不呈周期性排列,其具有许多晶态物质所不具备的特殊性质。玻璃就是非晶态物质的典型,对其结构的研究已有几十年的历史并奠定了相当的基础。玻璃和高分子聚合物等传统非晶态材料的广泛应用也早已为人们所熟悉,而近二三十年发展起来的各种新型非晶态材料由于其优异的机械特性(强度高、弹性好、硬度高、耐磨性好等)、电磁学特性、化学特性(稳定性高、耐蚀性好等)、电化学特性及优异的催化活性,已成为一大类发展潜力很大的新材料,且由于其广泛的实际用途而备受人们的青睐。现在对非晶态物质的制备和结构研究已取得很大的进展,各种具有特殊功能的非晶态材料不断涌现,非晶态材料科学已成为一门重要的分支学科。无机聚合物具有非晶或部分结晶的特征,因此非晶态材料科学中的相关知识也可以应用到无机聚合物的设计、制备、表征等方面。

在晶体中原子或离子在三维空间进行有规律的周期性排列,是高度有序的结构,这种有序结构原则上不受空间区域的限制,故晶体的有序结构称为长程有序。具有长程有序特点的晶体,宏观上常表现为物理性质(力学、热学、电磁学和光学)随方向而变,称为各向异性,熔解时有一定的熔解温度并吸收熔解潜热。而非晶态固体与液态一样具有近程有序而远程无序的结构特征。非晶态固体宏观上表现为各向同性,熔解时无明显的熔点,只是随温度的升高而逐渐软化,黏滞性减小,并逐渐过渡到液态。非晶态固体可看成是黏滞性很大的过冷液体。晶体的长程有序结构使其内能处于最低状态,而非晶态固体由于长程无序,其内能并不处于最低状态,故非晶态固体是属于亚稳相,向晶态转化时会放出能量。

图 2.34 所示给出了晶体及非晶态物质的二维模型图。图 2.34(a) 是晶体结构的原子排列,可以用单位晶胞的周期性重复堆积来表示;而图 2.34(b) 非晶态结构的原子排列则不具有周期性的特点,其原子排列时无序的、无规律的。

通过 X 射线衍射(X-ray diffraction,XRD)、中子散射(neutron scattering) 等技术手段可以很容易鉴别晶态和非晶态。图 2.35 所示分别给出了方石英、硅胶、二氧化硅玻璃的 X 射线衍射图谱,虽然它们都是 SiO_2,但晶体方石英和非晶态的硅胶以及玻璃的衍射图却有很大差别。

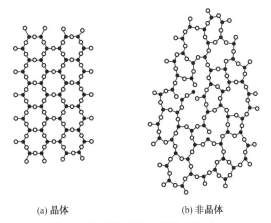

(a) 晶体　　　　　　　　　　　(b) 非晶体

图 2.34　晶体及非晶体物质的二维模型图（Kingery 1975）

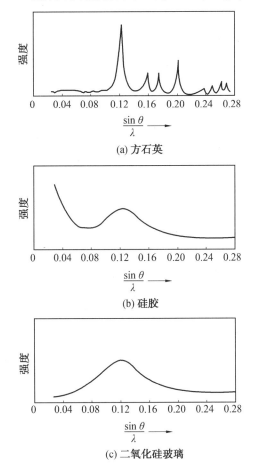

图 2.35　方石英、硅胶、二氧化硅玻璃的 XRD 图谱（Warren 1938）

根据布拉格定律（Bragg Law），晶态固体在特定的波长 λ 及入射角 θ 时，反射出来的辐射会形成集中的波峰，其与晶面间距 d 之间满足

$$\lambda = 2d\sin\theta \tag{2.1}$$

晶体在衍射角 θ 方向上产生强烈的衍射，从而得到图 2.35 中方石英所示的尖锐的衍射

峰,图中的每个峰都和满足 Bragg 定律的特定晶面的衍射相对应。而对于非晶态而言,由于其原子排列混乱,没有规律性和周期性,也就不会有特定的衍射晶面存在,在 X 射线衍射图上不会出现尖锐的衍射峰。如果非晶态物质中的原子排列是完全杂乱无章,则在 X 射线衍射图上不会出现任何突起峰,但图 2.35 中非晶态的硅胶和二氧化硅玻璃的 X 射线衍射图呈现宽化的衍射峰,这是由于非晶物质中原子间距是分布在一定尺寸的范围内。宽化的馒头状衍射峰也是非晶态物质的典型特征之一。

当液态物质从高温缓慢冷却下来时,在其凝固点温度将发生结晶,从而形成具有晶体结构的固体。但如果液体以足够快的速度冷却,冷却到结晶温度以下则无法形成具有周期性原子排列的结构,即得到了非晶态物质,相应的冷却速度界限称为临界冷却速度(critical cooling rate)。如图 2.36 所示,高温液体的冷却速度超过其临界冷却速度就可能得到非晶态物质,而低于此冷却速度则得到的是晶态物质或晶态与非晶态共存的物质。

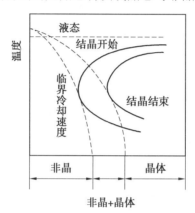

图 2.36　液态物质冷却时速度与形成物质关系图(Lu et al 2003)

因此,制备非晶态材料的根本条件就是需要有足够高的冷却速度,并使液态冷却到材料的再结晶温度以下。但是在实际制备过程中还需要解决两个关键技术,即必须形成分子或原子混乱排列的状态,还需要将热力学非稳态的材料在一定条件下保存下来,并使之不向晶态转变。制备非晶态材料最常用的方法是骤冷法,即将材料从液态快速冷却下来,在液体来不及结晶的冷却速度下获得非晶态物质。此外,近些年来也发展出很多制备非晶态材料的方法,如气相淀积(如蒸发、离子溅射、辉光放电等)、离子轰击、强激光辐射和高温爆聚、机械合金化等新技术,并已能大规模连续生产。

2. 玻璃结构

针对玻璃结构模型,具有代表性的主要有晶子模型(crystallite model)和无规网络模型(random network model)两种。

晶子模型认为硅酸盐玻璃是由无数"晶子"组成,"晶子"的化学性质取决于玻璃的化学组成,所谓"晶子"不同于一般微晶,而是带有晶格变形的有序区域,在晶子中心质点排列较有规律,越远离中心则变形程度越大,"晶子"分散在无定形介质中,从"晶子"部分的过渡是逐步完成的,两者间无明显界限。晶子学说的核心是结构的不均匀性及近程有序性,但缺点是晶子尺寸、晶子含量、晶子化学组成未得到合理确定。晶子学说是由苏联学者列别捷夫(Лебедев1921 年)提出,其意义在于第一次揭示了玻璃的微不均匀性,描述了玻璃结构近程有序的特点,但晶子尺寸太小,无法用 X 射线检测,晶子的含量、组成也无法确定。

无规网络模型是德国学者扎哈里阿森于 1932 年提出的(Zachariasen 1932),该模型认为玻璃的结构和其相应的晶体结构一样都是由三维空间网络构成,在玻璃中网络是由网络形成离子(Si^{4+}、B^{3+}、P^{5+})为中心的氧离子四面体或三角体以角顶不规则相连形成的向三维空间伸展的网络,网络中的剩余负电荷由位于网络空隙之中的网络变性离子(K^+、Na^+、Ca^{2+})来平衡。根据无规网络模型,氧化物要形成玻璃必须具备 4 个条件:① 每个氧离子应与不超过两个阳离子连接;② 在中心阳离子周围的氧离子配位数必须小于等于 4;③ 氧多面体相互共角而不共棱或共面;④ 每个多面体至少有 3 个顶角共用。无规网络学说的意义在于说明玻璃结构宏观上是均匀的,解释了结构上是远程无序的,揭示了玻璃各向同性等性质。但其不足之处是对分相研究不利,不能圆满解释玻璃的微观不均匀性和分相现象。

两种学说各具优缺点,两种观点正在逐步靠近。统一的看法是 —— 玻璃是具有近程有序、远程无序结构特点的无定形物质。晶子学说着重于玻璃结构的微不均匀和有序性,而无规网络学说着重于玻璃结构的无序、连续、均匀和统计性,它们各自能解释玻璃的一些性质变化规律。

随着研究的深入和扩展,也出现一些新的玻璃结构模型,如无序密堆球体模型、多面体无规堆积模型、无规线团模型等(Bernal 1960, Poulain 1981, Zallen 2004)。

硅酸盐玻璃是实用价值最大的一类玻璃,由于 SiO_2 等原料资源丰富,成本低,对常见的试剂和气体有良好的化学稳定性、硬度高、生产工艺简单等优点而成为工业化生产的实用价值最大的一类玻璃。最典型的石英玻璃是由 $[SiO_4]$ 以顶角相连而组成的三维不规则架状网络。当氧化物加入到石英玻璃中,形成二元、三元甚至多元硅酸盐玻璃时,氧硅的物质的量比由 2 逐渐转变为 4。

非晶态的硅酸盐玻璃与晶态的硅酸盐晶体虽然在组成上相似,但其在结构上存在显著的差别:

(1)晶体中 Si—O 骨架按一定对称性做周期重复排列,是严格有序的,在玻璃中则是无序排列的。晶体是一种结构贯穿到底,玻璃在一定组成范围内往往是几种结构的混合。

(2)晶体中阳离子占据点阵的位置,而在玻璃中,它们统计地分布在空腔内,平衡 O^{2-} 的负电荷。从 Na_2O—SiO_2 系统玻璃的径向分布曲线中得出 Na^+ 平均被 5 ~ 7 个 O 包围,即配位数也是不固定的。

(3)晶体中只有半径相近的阳离子能发生互相置换,玻璃中只要遵守电价规则,不论离子半径如何,网络变性离子均能互相置换,这是因为网络结构容易变形,可适应不同大小的离子互换。

(4)晶体中一般组成是固定的,且符合化学计量比例,而形成玻璃的组成范围内氧化物以非化学计量比例任意混合。硅酸盐玻璃的晶体结构示意图如图 2.37 所示。

由于玻璃的化学组成、结构比晶体有更大的可变动性和宽容度,所以玻璃的性能可以做很多调整,使玻璃品种丰富,有十分广泛的用途。

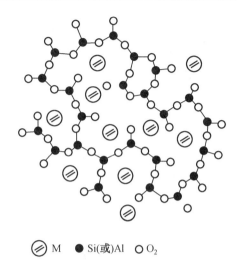

M　　● Si(或)Al　　○ O₂

图 2.37　硅酸盐玻璃的晶体结构示意图

2.1.4　非晶的晶化

非晶态(也称玻璃态)材料的原子排列具有近程有序而远程无序的结构特征,处于一种热力学亚稳态,以高于平衡态时自由能的状态存在,因此,在特定的条件下就会发生向热力学稳定状态的转变,即发生非晶态的晶化,而晶化是一个包括形核与晶体长大同时进行的复杂过程。

玻璃在其平衡液相线温度以下是处于介稳状态的,相对于结晶相而言,体系能量较高,因此有向晶相转变的趋势。发生析晶转变时,体系总能量的变化由非晶相与晶相两相化学自由能之差 ΔG、析出的晶相与非晶相形成的界面能 U_f 和应变能 U_s 三部分组成。在析晶转变过程中,$U_f + U_s = \Delta G$,因此主要考虑体系化学自由能的变化。非晶相中形成的晶核,其生长取决于玻璃相与晶界面附近原子的跃迁过程,而从玻璃相向晶相转变一般不能自发进行,界面附近原子必须克服势垒(或能垒)才能实现跃迁,即对应玻璃相转变为晶相所需激活能 E,如图 2.38 所示。

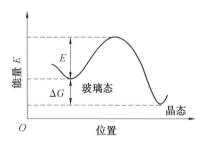

图 2.38　非晶态材料析晶转变时的能量 – 位置曲线

由于非晶态材料晶化是由高能量状态向低能量的稳定状态转变,因此结晶是放热的过程,在差热分析曲线上会出现放热峰。图 2.39 所示为 $0.9TeO_2 - 0.1WO_3$ 非晶材料通过不同加热速率下得到的 DSC 曲线,可以看到有明显的放热峰出现。这些峰的开始温度被认为是晶化温度,通过不同的晶化转变模型就可以计算出该材料的晶化激活能等参数,如最常用的 Ozawa 公式(Ozawa 1971):

$$\ln\left[-\ln(1-x)\right] = -n\ln\beta + \text{const} \tag{2.2}$$

就可以通过非等温的 DSC 曲线计算晶化动力学的 Avrami 常数 n、结晶激活能 E_a 等参数,如图 2.40 所示。

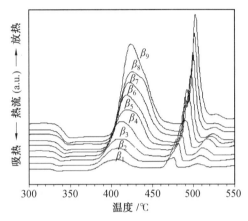

图 2.39　$0.9TeO_2 - 0.1WO_3$ 非晶材料通过不同加热速率条件下得到的 DSC 曲线图

(Celikbilek 2011 - a, 2011 - b)

注:$\beta_1 \sim \beta_9$ 的加热速率分别为 5 ℃/min,7.5 ℃/min,10 ℃/min,15 ℃/min,

20 ℃/min,25 ℃/min,30 ℃/min,35 ℃/min,40 ℃/min

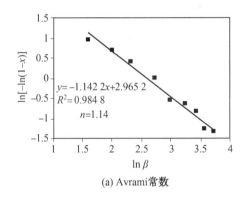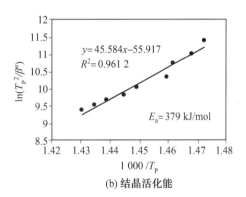

(a) Avrami常数　　　　　　　　　　　　(b) 结晶活化能

图 2.40　根据放热曲线计算的 $0.9TeO_2 - 0.1WO_3$ 非晶材料的 Avrami 常数、结晶活化能等晶化参数

(Celikbilek 2011 - a, 2011 - b)

非晶材料的晶化会破坏其相对的亚稳定结构,使其性能发生转变,这对大多数玻璃材料来说是一种缺陷。但是通过有效地控制析出晶体的尺寸及含量,已被人们用来制备一些具有特殊性能的材料,并受到越来越多的重视。以一些多元玻璃成型体为基础,通过热处理析出具有特定形貌和大小的晶体颗粒,从而得到玻璃相和结晶相的综合体,被称为微晶玻璃或玻璃陶瓷。它具有一系列优良的性能,如机械强度高、绝缘性能优良、介电损耗小、介电常数稳定、热膨胀系数可调、耐化学腐蚀、耐磨等,因此被广泛应用于建筑、电子、生物医学、光学、军事等领域。

此外,利用非晶态材料的析晶来制备纳米材料,也是近几年来发展起来的新工艺。通过铝硅酸盐无机聚合物的陶瓷化,也成为低温制备陶瓷与陶瓷基复合材料的新途径。而通过采用具有促进晶界玻璃相晶化的添加剂来提高陶瓷的抗高温蠕变能力等方面也已获得成功的应用。

2.2 无机聚合物的晶体化学

2.2.1 无机聚合物的组成

无机聚合物系特指由铝硅酸盐等系胶凝成分在适当工艺条件下,在碱金属离子激发作用下通过缩聚反应实现化学键合的非晶或部分结晶的一类新型无机非金属材料,其组成元素为硅、铝、氧、碱金属离子以及少量的化学结合水和物理吸附水(Davidovits 2002,1989)。其中硅氧四面体和铝氧四面体通过桥氧聚合在一起,形成无机聚合物的主链,并且通过阳离子存在于三维框架中实现电荷平衡,使整个体系保持电荷平衡。常用的阳离子主要为碱金属离子如 Na^+、K^+、Li^+、Cs^+,碱土金属离子如 Ca^{2+}、Ba^{2+}、NH_4^+ 和 H_3O^+ 等(Kriven 2004,Davidovits 1990,马鸿文 2002)。

无机聚合物的组成主要包括硅铝比、碱金属离子种类和含量以及水含量,其组成分子式见第 1 章给出的经验化学式(1.1)。已报道的文献制备的无机聚合物的成分波动范围为:$n(M_2O)/n(SiO_2)$ 为 0.2 ~ 0.48,$n(SiO_2)/n(Al_2O_3)$ 为 0 ~ 100,$n(H_2O)/n(M_2O)$ 为 10 ~ 25,$n(M_2O)/n(Al_2O_3)$ 为 0.8 ~ 1.6(Davidovits 1991,Hardjito 2003,Jaarsveld 1997,Palomo 1992)。

在无机聚合物的组成中,硅铝比和阳离子的种类是最重要的两个参数,对其晶相组成、力学性能和热学性能起到主导作用。一般而言,随着硅铝比增加,虽然无机聚合物的力学性能有所提高,然而其热学性能变差。激发阳离子决定了常温聚合后无机聚合物的晶相组成,如在以 Na^+ 为激发阳离子的无机聚合物中常常可以观测到沸石晶相,而以 K^+ 为激发阳离子的无机聚合物常常呈现非晶结构。阳离子的种类也决定了无机聚合物的热学性能,呈现随阳离子半径增加而热学性能提高的趋势。

2.2.2 无机聚合物的空间结构

由于偏高岭土和无机聚合物均是一种非晶态的物质,其结构特点是长程无序、短程有序,因此对其结构表征较困难。目前主要结合采用固态核磁共振光谱(Nuclear Magnetic Resonance Spectroscopy, NMR)和傅里叶变换 - 远红外光谱(Fourier Transform-Far Infrared Spectrum)两种方法在分子尺度上对偏高岭土以及无机聚合物的结构中的 ^{29}Si 原子和 ^{27}Al 原子的化学环境以及 Si—O、Al—O 和 O—H 官能团进行表征。对于无机聚合物分子结构的研究结果,目前还没定论。目前,广泛认可在结构的短程有序范围内,无机聚合物的结构是由[SiO_4]和[AlO_4]四面体通过共用氧原子交替结合交联形成的空间网络。

早期的无机聚合物模型是基于六方钾霞石、钙沸石、白榴石、长石等结构由 Davidovits(1990)提出,如图 2.41 所示。

由于无机聚合物和沸石在化学组成上的相似性,Davidovits(1989)基于沸石的结构给出了一些特定组成无机聚合物的空间结构单元模型(图1.7)。1994 年,Davidovits 又发展了铝硅酸盐聚合物研究,提出铝硅酸盐聚合物的 3D 结构模型,如图 2.42 所示(Davidovits 1994)。2000 年 Barbosa 提出了水化作用在铝硅酸盐聚合物中的作用,提出的模型如图 2.43 所示(Barbosa 2000)。Davidovits(2002)继而预测了未完全反应铝硅酸盐无机聚合物的空

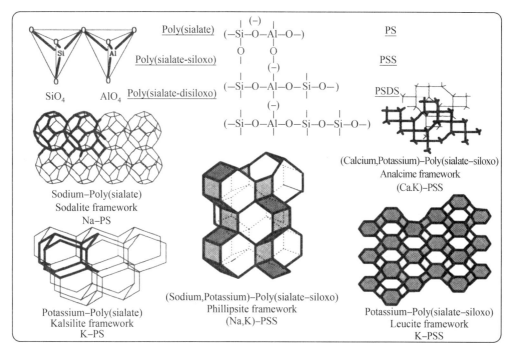

图 2.41　铝硅酸盐聚合物结构模型(Davidovits 1991)

间结构模型(图 1.6)。AlO_4 和 SiO_4 的分布具有随机性,但每个 AlO_4 周围最多只有 4 个 SiO_4,不存在 Al—O—Al 的结合形式(Davidovits 1991,1989;Komnitsas 2007, http://www.geopolymer. org /science. html)。然而铝硅酸盐聚合物结构模型的详细描述是非常困难的,正确的铝硅酸盐模型的提出应该是基于正确的近程有序结构单元的表征。

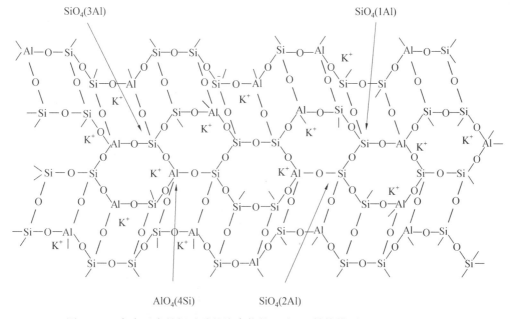

图 2.42　完全反应的铝硅酸盐聚合物的理论 3D 结构模型 (Davidovits 1994)

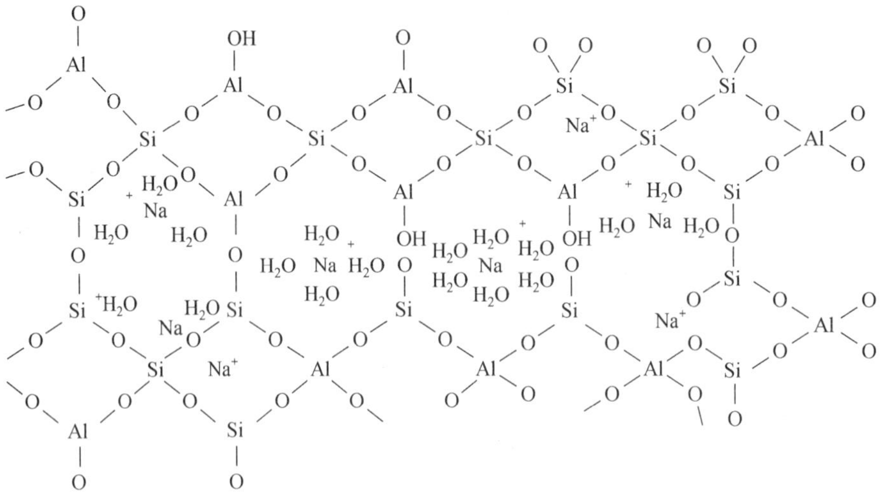

图 2.43　未完全反应的铝硅酸盐聚合物的结构模型（Barbosa 2000）

2.2.3　无机聚合物中的化学键

　　无机聚合物是包括晶态、玻璃态、胶凝态及气孔等的多晶态和多相聚集体，因此含有多种化学键，如离子键、共价键和分子键等。类似于高分子聚合物，无机聚合物的主链内由硅氧四面体和铝氧四面体构成，以共价键为主；碱金属阳离子起到平衡铝氧四面体电荷的作用，以离子键为主；而主链之间以氢键等分子键连接，从而保持体系的完整。随着温度升高，无机聚合物中的物理和化学结合水会逐渐消失，氢键含量降低，主链之间和内部也会断裂并实现结构重排，并析晶生成白榴石、铯榴石、石英、钠沸石等晶相，整个体系的化学键完全转变为离子键和共价键（马鸿文 2002，Xu 2000，Davidovits 1988）。

2.3　本章小结

　　本章首先介绍了在组成和结构上与无机聚合物具有许多共同和相似之处的代表性天然硅酸盐和铝硅酸盐的晶体结构，进而介绍了非晶态与玻璃结构、非晶晶化的一般规律，最后从化学组成、空间结构和化学键三个方面对无机聚合物的晶体化学特征进行了分析阐述。

参考文献

[1] BARBOSAA V F F, MACKENZIEB K J D, THAUMATURGOA C, 2000. Synthesis and characterisation of materials based on inorganic polymers of alumina and silica：sodium polysialate polymers [J]. *International Journal of Inorganic Materials*, 2：309-317.

[2] BERNAL J D, 1960. Geometry of the structure of monatomic liquids [J]. *Nature*, 185：68-70.

[3] CELIKBILEK M, ERSUNDU A E, SOLAK N, et al, 2011. Crystallization kinetics of TeO_2 - WO_3 glasses [J]. *Journal of Non-Crystalline Solids*, 357：88-95.

[4] CELIKBILEK M, ERSUNDU A E, SOLAK N, et al, 2011. Investigation on thermal and microstructural characterization of the TeO_2-WO_3 system [J]. *Journal of Alloys and Compounds*, 509：5646-5654.

［5］DAVIDOVITS J, 1988. Geopolymer chemistry and properties ［C］. *Proceedings of the First European Conference on Soft Mineralogy*, 1：25- 48.

［6］DAVIDOVITS J, 1989. Geopolymers and geopolymeric Materials ［J］. *Journal of Thermal Analysis and Calorimetry*, 35(2)：429- 441.

［7］DAVIDOVITS J, COMRIE D C, PATERSON J H, 1990. Geopolymeric concrete for environmental protection ［J］. *Concrete International*, 21(7)：30- 40.

［8］DAVIDOVITS J, 1991. Geopolymers：inorganic polymeric new materials ［J］. *Journal of Thermal Analysis and Calorimetry*, 37(8)：1633-1656.

［9］DAVIDOVITS J, 1994. Geopolymers：inorganic polymeric new materials ［J］. *Journal of Materials Education*, 16：91-139.

［10］DAVIDOVITS J, 2002. 30 Years of successes and failures in geopolymer applications. Market Trends and Potential Breakthroughs ［C］. *Geopolymer Conference*, 10(28-29)：1-16.

［11］HARDJITO D, WALLAH S E, SUMAJOUW D M J, 2003. George hoff symposium ［C］. USA-Las Vegas：*ACI*.

［12］徐如人,1987. 沸石分子筛的结构与合成［M］. 长春：吉林大学出版社.

［13］JAARSVELD J G S, DEVENTER J S J, LORENZEN L, 1997. The potential use of geopolymeric materials to immobolise toxic metals：Part I. theory and applications ［J］. *Minerals Engineering*, 10：659-669.

［14］KINGERY W D, BOWEN H K, UHLMANN D R, 1975. Introduction to ceramics ［M］. 2nd ed. New York：John Wiley & Sons.

［15］KOMNITSAS K, ZAHARAKI D, 2007. Geopolymerisation：a review and prospects for the minerals industry ［J］. *Minerals Engineering*, 20：1261-1277.

［16］KRIVEN W M, GORDON M, JONATHON B L, 2004. Geopolymers：nanoparticulate, nanoporous ceramics made under ambient conditions ［J］. *Microscope and Microanalysis*, 10：404-405.

［17］LU Zhaoping, LIU Chain Tsuan,2003. Glass formation criterion for various glass−forming systems ［J］. *Physical Review Letters*, 91(11)：115505-1-115505-4.

［18］OZAWA T, 1971. Kinetics of non-isothermal crystallization ［J］. *Polymer*, 12：150-158.

［19］PALOMO A, GLASSER F P, 1992. Chemically−bonded cementitious materials based on metakaolin ［J］. *British Ceramic Transactions*, 91(4)：107-112.

［20］POULAIN M, 1981. Glass formation in ionic systems ［J］. *Nature*, 293：279-280.

［21］WARREN B E, BISCAL J, 1938. The structure of silica glass by X−ray diffraction studies ［J］. *Journal of the American Ceramic Society*, 21(2)：49-54.

［22］XU Hua, VAN DEVENTER J S J, 2000. The geopolymerization of alumino-silicate minerals ［J］. *International Journal of Mineral Processing*, 59：247-266.

［23］ZACHARIASEN W H, 1932. The atomic arrangement in glass ［J］. *Journal of the American Chemical Society*, 54(10)：3841-3851.

［24］ZALLEN R, 2004. The physics of amorphous solids ［M］. Weinheim：Wiley-VCH.

［25］ЛЕБЕДЕВ А А, 1921. О полиморфизме и отжиге стекла［J］. *Труды Гои. Т*,2(10)：1-20.

［26］马鸿文,杨静,任玉峰,等,2002. 矿物聚合材料：研究现状与发展前景［J］. 地学前缘, 9(4)：397- 407.

［27］周玉,2004. 陶瓷材料学 ［M］. 2 版. 北京：科学出版社.

第3章　无机聚合物的聚合反应机理

3.1　高岭土向偏高岭土转变过程机制

偏高岭土(metakaolin)是高岭土(kaolin)煅烧过程中的一个中间相,它可直接作为原材料或者合成水泥和铝硅酸盐聚合物材料的反应物(Rahier et al 2000, Brooks & Johari 2001, Horváth et al 2003, Guneyisi et al 2008)。采用化学合成的偏高岭土为原材料来探讨铝硅酸盐聚合物的聚合反应机理,有利于减小天然高岭土中的伴生矿物杂质以及其他杂质对聚合反应的影响。因而高岭土如何向偏高岭土转变,则成为首先需要了解的一个重要问题。

3.1.1　偏高岭土的形成过程与化学活性

1. 偏高岭土的形成过程

偏高岭土(metakaolin, MK)是以高岭土(kaolin)为原料,在适当温度下(600 ~ 900 ℃)经脱水形成的无水硅酸铝($Al_2O_3 \cdot 2SiO_2$, AS_2),其结晶度很差甚至为非晶,为热力学亚稳相。

天然高岭土除高岭石(kaolinite)主晶相外,通常还含有石英等杂质相。高岭石的分子式为$Al_2O_3 \cdot 2SiO_2 \cdot 2H_2O$, AS_2H_2,也可以写作$Al_4[Si_4O_{10}](OH)_8$。高岭石属于层状硅酸盐结构的晶体,其基本结构单元是由$[SiO_4]^{4-}$四面体层和$[AlO_2(OH)_4]^{5-}$八面体层以共顶的方式连接所构成。结构单元直接由氢键连接,其中$[AlO_2(OH)_4]^{5-}$八面体由1个Al^{3+}和2个O^{2-}、4个OH^-相连构成,Al^{3+}处于八面体的孔隙中,八面体中的O^{2-}起桥氧的作用连接着$[SiO_4]^{4-}$四面体层和$[AlO_2(OH)_4]^{5-}$八面体(Harváth et al 2003, Rahier et al 2000, Brooks et al 2001, 王雪静等 2007, Guneyisi et al 2008)。

当高岭土受热至450 ~ 550 ℃就会发生脱水反应,由图3.1中的高岭石的晶体结构可知,首先是结合力较弱的位于八面体外侧的表面羟基脱去,即首先脱去$[AlO_2(OH)_4]^{5-}$八面体结构单元中的2个羟基,形成五配位体;然后继续发生上述脱羟基反应,形成四配位体,结构单元转变为$[AlO_4]^-$四面体,形成偏高岭土(王雪静 等 2007)。

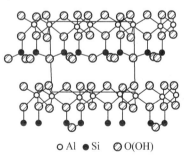

○ Al　● Si　◎ O(OH)

图3.1　高岭石的晶体结构模型

2. 偏高岭土的化学活性

偏高岭土的化学活性是指其与碱(如氢氧

化钙、氢氧化钠和氢氧化钾等）溶液的反应能力(Vizcayno et al 2010)。根据原子的密堆原理:球的堆积密度越大,系统内能就越小,结构就越稳定。偏高岭土主要是由四、五和六配位Al原子和四配位Si原子组成的一种非晶态物质,分子排列不规则,呈现热力学介稳状态。在偏高岭土结构组成中,与五和六配位Al原子相比,四配位Al原子的堆积密度小、内能高,导致其更不稳定。因此可以通过测量亚稳态四配位铝的含量来表征偏高岭土化学活性大小。目前人们已经通过多种方法来获得具有不同化学活性的偏高岭土,包括煅烧、微波处理和高能球磨等方法,其中改变煅烧温度和煅烧时间能够改善偏高岭土中四配位Al原子的生成速度和含量,是最为有效、经济和实用的方法(Oriol et al 1995, Cheirul et al 1999, Lecomte et al 2003, Singh et al 2005, Cristóbal et al 2009)。然而如果煅烧温度过低,会造成脱羟基不完全,从而使四配位Al原子形成速率变慢与含量降低;但是当煅烧温度过高时,偏高岭土会析晶生成更为稳定的莫来石或者氧化铝,使初始生成的四配位Al重新转变为六配位Al,造成偏高岭土的"死烧"。同理,煅烧时间也在以上两个方面影响偏高岭土中四配位Al的含量,因此只有在适宜的煅烧温度和煅烧时间内才能获得高活性的偏高岭土,下面将详细描述煅烧温度和煅烧时间的影响。

3.1.2　煅烧温度对高岭土热转变的影响

高岭土的热转变受诸如高岭石结构有序度、煅烧温度、时间、颗粒尺寸等许多因素影响(Smykata-Kloss 2003),这里重点从高岭土在煅烧过程中的煅烧温度和保温时间两方面加以讨论。

1. 煅烧温度对高岭土煅烧产物物相影响

对高岭土做两组试验(具体方案见表3.1):一是在不同温度下煅烧,保温相同时间,即分别在500 ℃、600 ℃、700 ℃、800 ℃和900 ℃保温4 h,煅烧产物分别记为500MK、600MK、700MK、800MK和900MK;另外一组方案是在相同温度下煅烧,保温不同时间,即在900 ℃分别保温1 h、4 h、6 h和8 h,煅烧产物分别记为900MK – 1、900MK – 4、900MK – 6和900MK – 8。

表3.1　对高岭土所做的两组煅烧处理试验方案（王美荣 2011）

试验方案	试样代号	煅烧温度 /℃	煅烧保温时间 /h
	500MK	500	
	600MK	600	
方案一	700MK	700	4
	800MK	800	
	900MK	900	
	900MK – 1		1
方案二	900MK – 4	900	4
	900MK – 6		6
	900MK – 8		8

第一种方案所获得产物与天然高岭土的XRD图谱对比如图3.2所示。由图3.2(a)可以看出,天然高岭土相组成较为复杂,除主相高岭石外,还含有少量的α – 石英和伊利石(illite)等伴生矿物。由图3.2(a)～(f)可以看出,α – 石英在煅烧前后一直不变,Zibouche

et al（2009）认为偏高岭土中存在的 α - 石英不参与铝硅酸盐聚合物的聚合反应。由图
3.2(b) 与图 3.2(a) 比较可看出,高岭土经 500 ℃ 煅烧后(500MK) 物相没有变化。在图
3.2(c) 中,600MK 衍射图谱在 $2\theta = 23.6°$ 处隆起了对应非晶相的馒头峰,说明在 600 ℃ 煅
烧,高岭土开始由晶相高岭石转变成非晶物质。 随着煅烧温度升高,煅烧产物 700MK、
800MK 和 900MK 均出现非晶化,但差别不明显。

对图3.2(c) ~ (f) 曲线的非晶宽化峰进行高斯拟合（Gauss Fitting）,结果见表3.2。可
见,当高岭土转变为非晶相后,不同煅烧温度下获得的煅烧产物的非晶峰中心有所变化。即
800 ℃ 以下随煅烧温度升高,非晶峰中心由23.6° 向高衍射角24.1° 移动,而当煅烧温度升
至900 ℃ 时,又降回23.5°,并且对应散射峰的半高宽也呈现类似变化规律,即分别为13.6°、
12.8°、12.0° 和13.1°。这说明在 600 ~ 900 ℃,煅烧产物的短程有序化程度存在较大差
别。

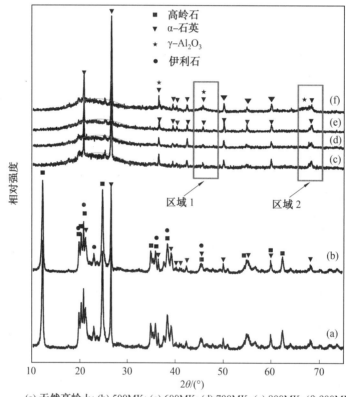

(a) 天然高岭土; (b) 500MK; (c) 600MK; (d) 700MK; (e) 800MK; (f) 900MK

图3.2　天然高岭土和经不同煅烧温度煅烧后产物的 XRD 图谱 （王美荣 2011）

表3.2　600MK ~ 900MK XRD 的高斯拟合结果（王美荣 2011）

材料代号	衍射峰半高宽/(°)	非晶衍射峰中心角度/(°)
600MK	13.6	23.6
700MK	12.8	23.9
800MK	12.0	24.1
900MK	13.1	23.5

另外,在图 3.2(f) 中,900MK 的衍射峰在衍射角 2θ 为 45.61° 和 67.45° 处有宽化趋势,这两个馒头峰中心和衍射角为 36.71° 处的衍射峰与 $\gamma - Al_2O_3$ 三强峰相对应。结合 TEM 分析(3.1.2 中第 3 点)认为,900MK 中析出 $\gamma - Al_2O_3$ 纳米晶导致了衍射峰宽化。Sonuparkak et al(1987) 研究表明,$\gamma - Al_2O_3$ 的生成是导致与 980 ℃ 放热峰相对应的高岭石向莫来石转化的主要原因。

2. 煅烧温度对高岭土煅烧产物颗粒形貌的影响

图 3.3 所示给出了天然高岭土粉体以及分别在 500 ℃、600 ℃、700 ℃、800 ℃ 和 900 ℃ 煅烧后粉体的颗粒形貌。

(a) 天然高岭土　　　　　　　　　　　　(b) 500MK

(c) 600MK　　　　　　　　　　　　(d) 700MK

(e) 800MK　　　　　　　　　　　　(f) 900MK

图 3.3　天然高岭土粉体及其在不同温度下煅烧后产物颗粒粉体的 SEM 形貌(王美荣 2011)

由图3.3(a)可见,天然高岭土粉体颗粒大多数呈层片状,少量呈棒状。其中棒状颗粒对应于 α - 石英(Frost et al 1998,王美荣 2011),相关能谱分析结果如图3.4和表3.2所示,这与 Frost et al (1996)的研究结果一致。

从图3.3(b)可见,500MK 粉体颗粒也分片状和棒状,与原始高岭土粉体颗粒相比变化不大。由图3.3(c)可观察到,600MK 的粉体颗粒仍然是片状和棒状,但片状颗粒增大,颗粒之间发生结块。煅烧温度继续升高,700MK、800MK 和 900MK 的片状颗粒也均明显结块,同时仍可观察到少量 α - 石英棒状颗粒存在(图3.3(d) ~ (f))(王美荣 2011)。

3. 高岭土煅烧产物的 TEM 显微组织

图3.4 所示为天然高岭土粉体及其在500 ℃、800 ℃ 和900 ℃ 煅烧后产物的 TEM 明场显微照片。可见,高岭石颗粒具有明显的长板条状组织特征,并近似平行地排列成束(图3.4(a))(王美荣 2011)。

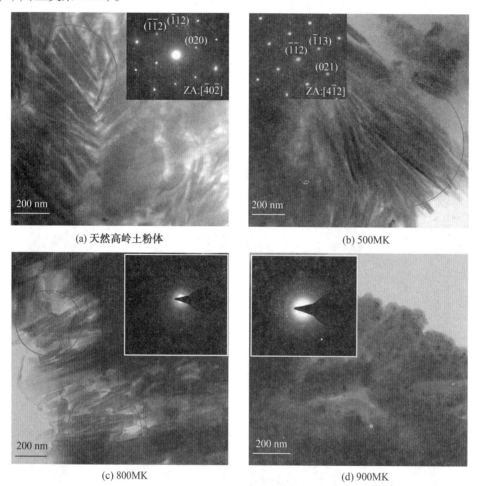

(a) 天然高岭土粉体　　　　　　　(b) 500MK

(c) 800MK　　　　　　　(d) 900MK

图3.4　天然高岭土粉体及其在不同温度下煅烧后产物的 TEM 组织和结构观察(王美荣 2011)

经500 ℃ 煅烧后的产物500MK 仍然具有类板条状组织(图3.4(b)),与高岭石相比变得更细,近似于羽毛状,但依然是晶体。煅烧温度升至800 ℃ 煅烧后,产物800MK 的类羽毛状组织变得粗糙(Frost et al 1998,王美荣 2011),并已经实现了非晶化(amorphization)。

900MK 与 800MK 相比,组织变得更粗大,羽毛状特征已经完全消失,在非晶的基体上析出直径约为 30 nm 的纳米晶γ- Al_2O_3(Ghorbel et al 2010,王美荣 2011)。

概括地讲,高岭土在 500 ℃ 下煅烧,物相和组织形貌均未改变;而在 800 ~ 900 ℃ 下煅烧即出现组织粗化和非晶化,尤其是在 900 ℃ 煅烧后,非晶相基体中析出γ- Al_2O_3 纳米晶。这种纳米晶的出现对偏高岭土的化学活性(chemical activity)是否有影响尚需深入研究。

4. 高岭土煅烧产物官能团和价键结构

(1)FT – IR 分析。

图 3.5(a) ~ (f) 分别为天然高岭土及其在 500 ℃、600 ℃、700 ℃、800 ℃ 和 900 ℃ 煅烧后的产物的 FT – IR 图谱。在图 3.5(a) 和(b) 中,在 3 800 ~ 3 600 cm^{-1} 波数范围内,天然高岭土和 500MK 显示出 4 个 O—H 键。其中 3 个外表面 O—H 基团是与铝氧层连接,分别位于 3 696 cm^{-1}、3 670 cm^{-1} 和 3 653 cm^{-1} 波数附近,而与硅氧层中氧原子连接所形成氢键内表面 O—H 基团,约位于 3 620 cm^{-1} 波数附近(Brindley et al 1986, Fialips et al, 2001, Frost 1995, Frost et al 1996, Johansson 1998)。对应 4 个 Al—OH 基团的特征峰分别位于 937 cm^{-1}、914 cm^{-1}、797 cm^{-1} 和755 cm^{-1} 波数处。500MK 与天然高岭土相比,O—H 基团和 Al—OH 基团的特征峰波数相同,说明包含相同的 O—H 基和 Al—OH 基的分子振动官能团(functional group);但 500MK 的特征峰强度降低,说明经 500 ℃ 煅烧后产物发生了脱羟基作用,使 O—H 基团含量降低,从而导致 O—H 基团和 Al—OH 基团的特征峰峰强降低(王美荣 2011)。

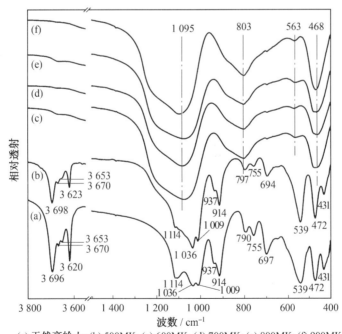

(a) 天然高岭土; (b) 500MK; (c) 600MK; (d) 700MK; (e) 800MK; (f) 900MK

图 3.5　天然高岭土及其在不同温度下煅烧后产物的 FT – IR 图谱（王美荣 2011）

当煅烧温度升高至 600 ℃ 时,600MK 的 O—H 基团和 Al—OH 基团的振动峰完全消失(图 3.5(c)),说明此时高岭石的脱羟基作用已经结束。随着煅烧温度继续升高,700MK、800MK 和 900MK 更没有 O—H 基团和 Al—OH 基团的振动峰出现(图 3.5(d) ~ (f))。这说明 600 ~ 900 ℃ 煅烧产物生成过程中不存在高岭石的脱羟基作用。

在图 3.5 中的 1 200 ~ 1 000 cm^{-1} 波数范围,天然高岭土有 3 个 Si—O 振动,分别位于 1 008 cm^{-1}、1 032 cm^{-1} 和 1 114 cm^{-1} 处(Russel et al 1987,潘峰 2006)。与天然高岭土相比,500MK 的 Si—O 振动波数不变,仅峰强发生变化;600MK 的 Si—O 振动向高波数移至 1 095 cm^{-1} 处,说明 600 ℃ 煅烧后产物的 Si—O 官能团发生变化;煅烧温度继续升高,煅烧产物 700MK、800MK 和 900MK 的 Si—O 振动均位于相同波数 1 095 cm^{-1} 处,产物 Si—O 官能团保持稳定。

在图 3.5 中的 1 000 ~ 400 cm^{-1} 波数范围,天然高岭土和 500MK 六配位 AlO$_6$ 的 Al—O、Si—O—Al 和 Si—O—Si 特征峰相同,均分别位于 694 cm^{-1}、539 cm^{-1} 和 472 cm^{-1} 处;与天然高岭土和 500MK 相比较,600MK、700MK、800MK 和 900MK 的 AlO$_6$ 的特征峰消失,Si—O—Al 特征峰移至高波数 563 cm^{-1} 处,且在 803 cm^{-1} 波数处均出现新键即四配位 AlO$_4$ 的 Al—O 振动(Barbosaa et al 2000,王美荣 2011),Si—O—Si 移动至 468 cm^{-1}。这说明 500 ℃ 煅烧未改变产物的 Al—O 官能团;而在 600 ℃ 下煅烧时产物的 Al—O 官能团发生改变。煅烧温度继续升高直至 900 ℃,煅烧产物的 Al—O 官能团不再变化(王美荣 2011)。

(2)^{27}Al NMR 分析。

图 3.6 所示给出了天然高岭土及其在不同温度下煅烧后产物的 ^{27}Al NMR 光谱,并对 600MK ~ 900MK 的 ^{27}Al NMR 光谱进行了高斯拟合,结果列于表 3.3 中。由图 3.6(a) 和(b) 可见,在天然高岭土和 500MK 中,Al 原子结构单元均全部由六配位 Al 原子(化学位移 (chemical shift)$\delta = 2 \times 10^{-6}$)组成。这说明高岭土经 500 ℃ 煅烧后,煅烧产物的 Al 原子结构环境没有改变,与图 3.5 中结果一致。

在图 3.6(c) 中,600MK 的 Al 原子结构单元由四配位($\delta = 60.8 \times 10^{-6}$)、五配位($\delta = 28.2 \times 10^{-6}$)和六配位($\delta = 1.1 \times 10^{-6}$)Al 原子组成,与 Fyfe et al (1991) 和 Klinowski et al (1991) 报道的一致。结果表明,天然高岭土在 600 ℃ 煅烧后,产物结构中的 Al 原子结构环境发生了改变。随煅烧温度升高,700MK、800MK 和 900MK 结构中的 Al 结构单元也均由四、五和六配位 Al 原子组成。另外,由表 3.3 数据推断,在 600 ~ 900 ℃,煅烧温度升高,四配位 Al 原子含量逐渐增多,六配位 Al 原子含量逐渐减少,而五配位 Al 原子含量变化规律不明显,这表明随着煅烧处理温度升高,偏高岭土的活性逐渐增高。

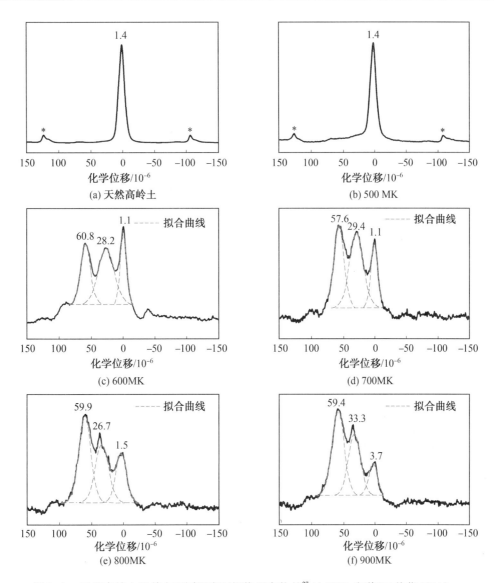

图 3.6　天然高岭土及其在不同温度下煅烧后产物的^{27}Al NMR 光谱(王美荣 2011)

表 3.3　天然高岭土在不同温度煅烧获得偏高岭土的高斯拟合结果(王美荣 2011)

材料样品	Al 原子配位数	化学位移 /10^{-6}	相对面积	百分比 /%
600MK	4	约 60.8	10.00	30.43
	5	约 28.2	15.44	46.97
	6	约 1.4	7.43	22.60
700MK	4	约 57.6	10.00	34.03
	5	约 29.4	12.69	43.18
	6	约 1.1	5.28	17.69
800MK	4	约 59.9	10.00	42.31
	5	约 26.7	7.44	31.48
	6	约 1.5	6.20	26.21
900MK	4	约 59.4	10.00	49.50
	5	约 33.3	7.45	36.87
	6	约 3.7	2.76	13.64

（3）^{29}Si NMR 分析。

图 3.7（a）~（d）分别为天然高岭土及其在 500 ℃、800 ℃ 和 900 ℃ 煅烧后产物的 ^{29}Si NMR 光谱。由图 3.7（a）和（b）可知，天然高岭土和 500MK 的 ^{29}Si 化学位移均位于 -89.8×10^{-6}，这对应着四配位的 Si 原子，其原子结构环境为 $Q_3(0Al)$。这说明 500 ℃ 煅烧对产物的 Si 原子结构环境没有改变，与天然高岭土的相同（王美荣 2011）。

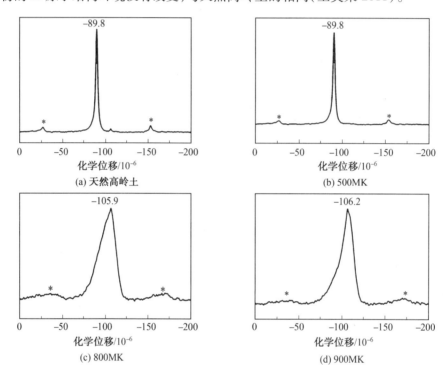

图 3.7　天然高岭土及其在不同温度下煅烧后产物的 ^{29}Si NMR 光谱（王美荣 2011）

由图 3.7（c）和（d）可知，800MK 和 900MK 的 ^{29}Si 化学位移也完全相同，均位于 -106×10^{-6}，它对应着四配位的 Si 原子，其原子结构环境为 $Q_4(1Al)$。这进一步证实了图 3.5 中的 FT-IR 结果：在 600~900 ℃ 煅烧范围内，煅烧温度没有改变高岭土煅烧产物的结构中 Si 原子的结构环境。与 500MK 比较可知，800MK 和 900MK 中的 Si 原子配位数与 500MK 相同，均为四配位，但次外层的原子不同。结合图 3.6 ^{27}Al NMR 结果，800MK 和 900MK 中的 Al 原子配位数发生变化，推知煅烧温度未影响高岭土煅烧后产物结构中 Si 原子的环境（王美荣 2011）。

3.1.3　保温时间对高岭土热转变的影响

1. 对煅烧产物组织形貌的影响

图 3.8（a）~（d）给出了在 900 ℃ 下分别保温 1 h、4 h、6 h 和 8 h 后产物的 SEM 形貌。可见，900MK-1、900MK-4 和 900MK-6 的粉体均为层片状，这说明 900 ℃ 下保温时间低于 6 h 时，保温时间对粉体形貌影响不明显。而 900MK-8 除了层片状粉体外，还观察到块状颗粒存在。结合能谱分析（图 3.9 和表 3.4）表明，此块状物质主要由 Si、O 和 Al 3 种元素组成，初步推断其是莫来石（mullite）。

(a) 1 h

(b) 4 h

(c) 6 h

(d) 8 h

图 3.8　在 900 ℃ 下煅烧不同时间后产物的 SEM 形貌（王美荣 2011）

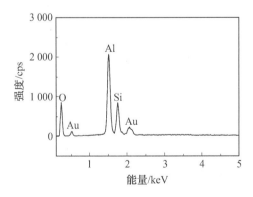

图 3.9　在图 3.8(d) 中的 A 点能谱分析（王美荣 2011）

表 3.4　在图 3.8(d) 中的 A 点能谱(王美荣 2011)

元素原子	质量分数/%	原子数分数/%
O	48.76	61.87
Si	38.14	28.63
Al	13.10	9.50
总计	100.00	100.00

2. 保温时间对产物物相的影响

高岭土在热转变过程中存在一段孕育期,而在相同温度下孕育期长短也不同。图3.10 所示给出了在 900 ℃ 下分别煅烧 1 h、4 h、6 h 和 8 h 的产物的 XRD 图谱。可见,900MK – 1 主要由非晶相组成,且含有较多 α – 石英杂质。另外,在衍射角 $2\theta = 45.61°$ 和 67.45° 处未出现较明显的衍射峰宽化现象。900 ℃ 下煅烧 1 h 的产物中没有 $\gamma – Al_2O_3$ 纳米晶生成;当保温时间为 4 h 时,2θ 为 45.61° 和 67.45° 处衍射峰出现宽化,说明保温时间延长至 4 h 开始有 $\gamma – Al_2O_3$ 纳米晶生成;当保温时间延长至 6 h 时, 该处衍射峰宽化(diffraction peaks broadening/widening of diffraction peaks) 更为明显(图 3.10 中方框区域 1 和 2 所示),说明 $\gamma – Al_2O_3$ 纳米晶含量明显增多。当保温时间继续延长至 8 h 时,除 $\gamma – Al_2O_3$ 外,还生成了莫来石晶体。

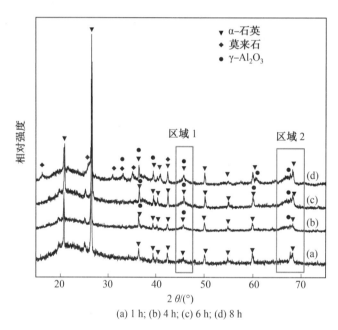

(a) 1 h; (b) 4 h; (c) 6 h; (d) 8 h

图 3.10　在 900 ℃ 下煅烧不同保温时间后产物的 XRD 图谱(王美荣 2011)

3. 保温时间对煅烧产物官能团和价键结构的影响

图 3.11 所示为 900℃ 下煅烧 1 h、4 h、6 h 和 8 h 产物的 FT – IR 图谱。随着保温时间延长,煅烧产物的 FT – IR 图谱均显现相同的分子官能团的特征峰,位于 1 095 cm⁻¹、803 cm⁻¹、568 cm⁻¹ 和 468 cm⁻¹ 波数处,分别与四配位 SiO_4、四配位 AlO_4、Si—O—Al 和 Si—O—Si 的振动相对应。与图 3.10(d) 中的 XRD 分析结果不同,图 3.11(d) 中 FT – IR 结果未观察到莫来石晶相的特征峰,这主要是因为 900MK – 8 的主相仍为非晶相,少量晶相的振动峰会被掩

盖在大量非晶宽峰下,故尚需采用 NMR 来继续分析煅烧产物。

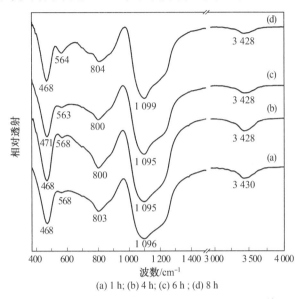

(a) 1 h; (b) 4 h; (c) 6 h ; (d) 8 h

图 3.11　在 900 ℃ 下不同保温时间煅烧后产物的 FT – IR 图谱（王美荣 2011）

图 3.12 所示为 900 ℃ 下煅烧 1 h、4 h、6 h 和 8 h 产物的 ^{27}Al NMR 图谱,对产物 ^{27}Al NMR 光谱的高斯拟合结果列于表 3.5 中。由图 3.12 可见,当保温时间小于 4 h 时,表征四、五和六配位 Al 原子的特征峰（characteristic peaks）较明显;而当保温时间增至 6 ~ 8 h 时,四和五配位 Al 原子的特征峰变得不明显,相互包含。与图 3.11 类似,图 3.12(d) 中也未观察到代表晶相特征的半高宽较窄的共振峰（resonance peak/resonant peak）出现。

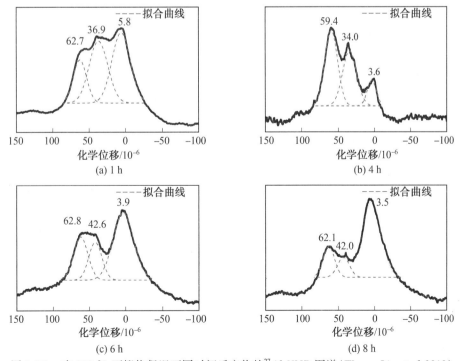

图 3.12　在 900 ℃ 下煅烧保温不同时间后产物的 ^{27}Al NMR 图谱（Wang, Lin et al 2010）

表 3.5　经不同保温时间煅烧产物的高斯拟合结果(王美荣 2011)

材料样品	Al 原子配位数	化学位移/10⁻⁶	相对面积	百分比/%
900MK - 1	4	约 62.7	10.00	19.13
	5	约 36.9	19.92	38.11
	6	约 5.8	22.35	42.76
900MK - 4	4	约 59.4	10.00	48.89
	5	约 34.0	8.08	39.55
	6	约 3.6	2.38	11.62
900MK - 6	4	约 62.9	10.00	17.33
	5	约 42.6	6.82	11.86
	6	约 3.5	40.69	70.82
900MK - 8	4	约 62.1	10.00	24.82
	5	约 42.0	8.01	19.89
	6	约 3.5	22.28	55.30

化学位移数值中的表头应为 10^{-6}。

由高斯拟合可见,900MK - 4 中的四配位 Al 原子含量大于 900MK - 1 的含量。这说明当保温时间低于 4 h 时,保温时间增加,煅烧产物中的六配位 Al 原子逐渐向四配位和五配位 Al 原子转化;保温时间增至 8 h 时,四配位(coordination)和五配位 Al 原子含量又逐渐降低,相应地,六配位 Al 原子含量逐渐升高。这说明当保温时间保持 4 ~ 8 h 时,保温时间延长,四配位和五配位的 Al 原子逐渐向六配位 Al 原子转化。可见,在 900 ℃ 下煅烧时,偏高岭土的化学活性随保温时间延长(1 ~ 4 h)而增大;而继续延长保温时间(4 ~ 8 h),其化学活性反而又降低(Wang, Lin, He, Jia, 2010)。

综合图 3.10 的 XRD、图 3.11 的 FT - IR 和图 3.12 的 ^{27}Al NMR 结果可知,固定煅烧温度 900 ℃,当保温时间小于 6 h 时,保温时间对高岭土煅烧产物的粉体形貌没有影响;当保温时间为 8 h 时,在粉体颗粒中发现有块状的莫来石存在。另外,随着保温时间的延长,高岭土煅烧产物的物相组成和结构逐渐发生变化:煅烧产物有逐渐呈现晶化的趋势(生成莫来石和 γ - Al₂O₃),并且结构中的四配位 AlO₄ 含量在保温 4 h 时最多,即偏高岭土在 900 ℃ 煅烧温度下保温 4 h 时化学活性最大(王美荣 2011)。

3.1.4　高岭土向偏高岭土的转变机制

高岭土的热重 - 差热(TG - DTA)分析曲线图(图 3.13)上有 3 个吸热峰和 1 个放热峰。根据外推法(沈兴,1995)对其中 DTA 曲线的吸热峰的起始温度和终止温度进行标定,温度范围分别为 35 ~ 423 ℃、423 ~ 557 ℃ 和 557 ~ 900 ℃。高岭土在 62 ℃ 有一吸热峰,它是高岭土粉体失去来自于大气中的吸附水和本身层间水所致,此吸热峰对应温度范围为 25 ~ 250 ℃,共失重约 2.0%。DTA 曲线上另两个吸热峰分别位于 516 ℃ 和 737 ℃,分别失重约 10.6% 和约 1%。这与 Akolekar et al (1997), Suitch et al (1986), Meinhold et al (1985) 和 Chandraskhar (1996) 等报道的 900 ℃ 以下,高岭土热转变过程只存在两个吸热峰有所不同。此外,图 3.13 中 DTA 曲线上的 987 ℃ 出现一个明显放热峰,这是由于生成了莫来石(Sonuparlak et al 1996, Ghorbel et al 2008)。

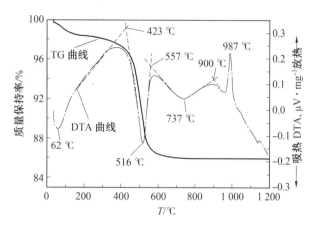

图 3.13　天然高岭土的 TG – DTA 曲线（王美荣,林铁松 2010）

　　高岭土在热转变过程中,吸热峰不同会导致对其向偏高岭土转变机制理解的不同。Sayanam et al（1989）观察到 3 个吸热峰,认为失去层间水导致 150 ℃ 处的吸热峰,失去结构水导致 550 ℃ 处的吸热峰,脱除羟基导致 850 ℃ 处的吸热峰,并且认为偏高岭土具有化学活性是因为脱羟基。Chandrasekhar et al（2002）认为高岭土 DTA 曲线上约 550 ℃ 的吸热峰是因为氧化硅的形成或发生其他相变所致。Bich et al（2009）认为偏高岭土的化学活性与脱羟基程度有关,当脱羟基程度达到 95 ％ 以上时,可获得最大化学活性的偏高岭土;而 He et al（1994）认为高岭土最佳煅烧温度为高岭石脱羟基刚好结束的时刻。

　　那么,有以下几个问题需要关注:

　　（1）600MK ～ 900MK 中六配位 Al 原子与原始高岭土中六配位 Al 原子是否相同的问题。

　　图 3.6 所示的 ^{27}Al NMR 结果表明,600MK、700MK、800MK 和 900MK 包含与天然高岭石和 500MK 相同的六配位 Al 原子,而根据图 3.5 的 FT – IR 结果可知,600MK、700MK、800MK 和 900MK 均已完全脱去——OH 基团,理论上来说应该形成四配位 Al 原子,而不应该有五配位和六配位 Al 原子存在。王美荣（2011）根据 Heide et al（2006）的结果分析认为,这主要是因为在高岭土的热转变过程中,高岭石除了发生脱羟基（dehydroxylation）作用外,羟基和羟基之间相互作用生成 H_2,反应式如式（3.1）所示。因此在 600MK、700MK、800MK 和 900MK 存在六配位 Al 原子。另外,还有可能是因为在高岭土的热转变过程中,羟基和羟基之间发生脱水反应后可能围绕着 O^{2-} 形成一个带有负电荷的空穴（空位）,如式（3.2）所示,导致形成四、五和六配位 Al 原子。故脱羟基后的六配位 Al 原子环境与原始高岭土中的六配位 Al 原子环境不同。

$$OH^- + OH^- \longrightarrow H_2 + 2O^- \tag{3.1}$$

$$OH^- + OH^- \longrightarrow H_2O + O^- + \square \tag{3.2}$$

　　（2）偏高岭土具有化学活性的本质问题。

　　如前所述,高岭土在 600 ～ 900 ℃ 煅烧 4 h 后可获得偏高岭土,并且偏高岭土具有与碱溶液反应的能力。这种与碱溶液反应的能力被称为化学活性（chemical activity）或火山灰活性（pozzolanic activity）。根据原子密堆原理:球堆积密度越大,系统内能就越小,结构就越稳定。偏高岭土主要是由四、五和六配位 Al 原子和四配位 Si 原子组成的一种非晶态物质,分子排列不规则,呈现热力学介稳状态。在偏高岭土结构中,与五配位和六配位 Al 原子相比,四配位 Al 原子的堆积密度小,内能高,因此四配位 Al 原子更不稳定。因此,王美荣等(2010)提出采用四配位 AlO_4 含量作为衡量偏高岭土化学活性大小的因素之一。经研究得出,737 ~ 900 ℃ 即为偏高岭土活性转化温度范围,在此温度范围随着热处理温度升高其活性增大。热处理后偏高岭土具有活性,主要是因为结构中铝氧结构转变及 $Si—O_{br}—Al$ 间桥氧键(bridging oxygen bond)的存在。至于 900MK 中出现的 $\gamma - Al_2O_3$ 纳米晶是否改善了偏高岭土化学活性,导致生成铝硅酸盐聚合物的聚合度(condensation degree/polymerization degree/degree of polymerization)增大仍需进一步研究证实。

(3)偏高岭土形成的原因与机制问题。

以前大多数学者认为高岭土的脱羟基与结构重组(structure/structural reorganization)是一个过程,即脱去羟基时,结构同时也发生变化。Hindar J(1980)提出不同观点,认为二者是两个独立的阶段:第一个阶段是脱羟基即失去结构水(structural water)和高岭土层片结构的破坏;第二个阶段是 Al 和 Si 结构改变,重新结合形成偏高岭土结构。

结合高岭土在热转变过程中煅烧产物的 XRD、TEM、FT - IR、^{27}Al 和 ^{29}Si NMR 分析结果可知,与原始高岭土相比,当高岭土在 500 ℃(位于第二个吸热峰温度范围)下煅烧时,产物仍为晶相高岭石,但发生了脱羟基作用,导致脱水和 H_2 的释放。王美荣(2011)认为第二个吸热峰所对应温度范围内的煅烧产物未转变成偏高岭土。在 600 ℃(在第三个吸热峰温度范围内)下煅烧后,产物完全转变成非晶相,脱羟基作用结束,产物中的 Al—O 和 Si—O 结构单元均发生改变;随着煅烧温度的继续升高直到 900 ℃,煅烧产物均为非晶相,但组成非晶相的结构环境不同。这种不同的非晶相结构环境主要是指在短程有序范围内,结构中所含的不同配位数 Al 原子的含量不同(由六配位 Al 原子逐渐向四配位 Al 原子转化),而 Si—O 结构单元不变(四配位 Si 原子没有发生改变)。

需要指出的是,高岭土在向偏高岭土转变过程中,如当在 600 ℃ 下煅烧时,由原来 Si—O 振动转变成非晶宽峰,主要是 Si 原子次外层 Al 原子的配位数发生变化引起的 Si 原子结构环境发生了改变,但 Si 原子的配位数一直保持四配位。因此,偏高岭土的形成主要是基于高岭石结构中 Al—O 结构单元发生改变,而不是 Si—O 结构单元改变。Al—O 结构的改变最终导致高岭石有序度降低,变成无序状态,使系统自由能升高,形成亚稳态的偏高岭土。

故笔者认为高岭土转变成偏高岭土的过程为:在 500 ℃ 下煅烧时,高岭土不发生相变,仍为高岭石晶相,只脱去部分六配位 AlO_6 层上的羟基;在 600 ℃ 下煅烧时,高岭土开始发生相变和结构转变,变成一种无序结构,其近程有序的结构单元由四配位的 Si 原子和四、五、六配位混合的 Al 原子组成,即转变成为偏高岭土。高岭土脱羟基和结构转变是两个独立的过程,脱羟基为结构转变提供了前提条件。

3.1.5　本节小结

(1)高岭土微观上呈近似于平行排列的板条状组织,500MK 组织特征为羽毛状,且两者均由晶相高岭石组成;而 800MK 具有粗化、模糊化羽毛状组织,900MK 中羽毛状组织完全消失,均匀非晶基体析出大量等轴 $\gamma - Al_2O_3$ 纳米晶。

(2)偏高岭土的化学活性可采用四配位 AlO_4 含量来衡量。固定保温时间 4 h,在 600 ~ 900 ℃,煅烧温度升高,偏高岭土化学活性逐渐增大;而在 900 ℃ 下煅烧时,保温时间小于

4 h 时,偏高岭土化学活性随保温时间延长而增大,而在 4 ~ 8 h 范围内,延长保温时间化学活性逐渐降低。高岭土在 900 ℃ 下煅烧 4 h 可获得化学活性最大的偏高岭土。

(3)偏高岭土的形成主要对应高岭石煅烧过程中的有序至无序转变,这使系统自由能升高,结构稳定性降低,Al—O 结构发生重组。

(4)高岭土在 500 ℃ 下煅烧时脱去部分六配位 AlO_6 层上的羟基;在 600 ℃ 下煅烧时,高岭土发生有序至无序的转变,近程有序的结构单元由四配位 $Q_4(1Al)$ 的 Si 原子结构单元和四、五、六配位混合的 Al 原子结构单元组成,形成偏高岭土。高岭土脱羟基是发生结构转变的前提,但脱羟基和结构转变是两个独立过程。

3.2　铝硅酸盐无机聚合物的聚合反应机理概述

3.2.1　聚合反应的驱动力

铝硅酸聚合物聚合(polymerization)反应是一个放热脱水过程,反应以水为介质,聚合后又将水分排除,少量水则以结构水的形式取代 $[SiO_4]$ 中一个 O 的位置。聚合反应过程即为各种铝硅酸盐与强碱性硅酸盐溶液之间的化学反应与化学平衡过程。

偏高岭土原材料经过碱溶液激发后,发生聚合反应,形成无机聚合物的过程为吉布斯自由能降低的过程(图 3.14),此为聚合反应的驱动力(driving force)。在聚合反应中,无机原材料首先发生断键(broken bond)解聚(depolymerization),然后不同状态的铝酸盐(aluminate)、硅酸盐和硅铝酸盐重新聚合,最终生成无机聚合物。在此过程中伴随着材料中元素的化学态的变化。就偏高岭土而言,聚合过程中伴随着铝和硅的化学环境的变化,即由较高的不稳定化学态转变为较低的相对稳定化学态,这与偏高岭土的化学活性息息相关。

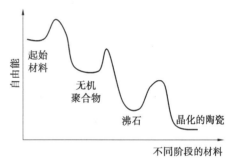

图 3.14　无机聚合物的自由能演化规律

3.2.2　铝硅酸盐聚合物的聚合反应机理

根据 Davidovits (1989) 和 Xu (2000) 的研究,铝硅酸盐聚合物的形成过程可分为 4 个阶段:① 铝硅酸盐矿物粉体在碱性溶液中的溶解,生成大量含铝、硅的单元,如式(3.3) 所示;② 硅氧四面体和铝氧四面体由固体颗粒表面向液相的扩散;③ 反应物中加入的硅酸盐使碱硅酸盐溶液与硅氧四面体和铝氧四面体之间聚合形成凝胶相;④ 凝胶相和剩余反应物之间的溶解扩散以及凝胶相毛细管运动,排除剩余水分,固化形成铝硅酸盐聚合物。马鸿文等(2002) 则简单地将上述 4 个阶段过程概括为:铝硅酸盐固体组分的溶解络合、分散迁移、浓缩聚合和脱水硬化。上述聚合机理合理性已通过浸出试验、核磁共振和扫描电镜综合分析证实,但仍有其一定局限性,例如它不能够解释铝硅酸盐聚合物的真实三维结构,也说明不了铝硅酸盐聚合物中剩余未反应物质的存在形式。

$$Al_2Si_2O_7(MK) + 5H_2O + 4MOH \longrightarrow 2[Al(OH)_4]^- + 2[OSi(OH)_3]^- + 4M^+ \quad (3.3)$$

铝硅酸盐矿物的溶解导致了凝胶的形成,同时硅氧四面体与铝氧四面体聚合形成非晶或半结晶的三维空间结构。在聚合过程中,铝由初始的四配位、五配位和六配位全部转变成四配位的[AlO_4],并且和[SiO_4]结合形成网状结构。当凝胶固化时,部分水分蒸发掉,其余部分则形成结构水吸附在材料的纳米孔内(Nair et al 2007)。张云升、孙伟等(2003,2004)应用环境扫描电镜原位定量追踪、红外和 X 射线衍射研究了铝硅酸盐聚合物的生成 – 发展 – 演化的全过程,发现在聚合反应早期,偏高岭土颗粒松散堆积,存在许多大空隙,随着聚合时间的增长,颗粒表层生成大量海绵状胶体,并填满空隙,使基体致密。通过能量散射分析(能量散射 X – 射线分析(Energy Dispersive X-ray Analysis,EDXA))发现,随着聚合反应的进行,K_2O、Al_2O_3 与 SiO_2 之间的摩尔比逐渐接近理论值,[SiO_4]对应的红外振动峰向低波数偏移,六配位铝也转化为四配位。

另外,聚合反应过程中未出现外形规则的结晶产物,而仅生成了一种均匀的海绵状胶体。翁履谦等(2005)在对铝硅酸盐离子团中离子的部分电荷计算的基础上,研究了铝组分在铝硅酸盐聚合物合成中的作用机制,认为铝组分对地质聚合物的合成中聚合反应有显著的促进作用,因此利用铝组分易溶解的小粒径偏高岭土合成的铝硅酸盐聚合物具有较短的固化时间、更均匀的显微结构和更高的机械强度。Weng et al (2007a,2007b)研究发现硅铝比率不同对应其溶解、反应聚合的过程也不完全相同。在硅铝比率较低时(小于 1),[AlO_4]与[SiO_4]结合的反应缓慢,而在硅铝比率较高时(大于 3),[SiO_4]一旦形成就马上参与聚合反应。

根据上述聚合机理,许多种天然铝硅酸盐矿物如偏高岭土、高炉炉渣、建筑废物、粉煤灰等都可以合成铝硅酸盐聚合物,国内外对它们发生聚合反应的能力进行了研究(冯武威 2004,Van Deventer 2007)。对由 16 种天然铝硅酸盐矿物制备铝硅酸盐聚合物的实验研究表明,具有岛状、链状、层状、架状结构的铝硅酸盐矿物与碱溶液混合后,发生聚合反应的速度差异很大,但都能生成不同强度的铝硅酸盐聚合物。其中以架状结构矿物在聚合作用过程中的反应活性最高,而以具有架状结构且含钙较高的沸辉石形成的铝硅酸盐聚合物抗压强度最大。

聂轶苗、马鸿文等(2006)研究了以粉煤灰和高岭土为原料制备铝硅酸盐聚合物的聚合反应机理,认为部分 Si—O 、Al—O 键首先发生断裂,断裂之后的 Si、Al 组分在碱性离子 K^+、OH^- 等作用下形成 Si、Al 低聚体(Si—O—Na 、Si—O—Ca—OH 、$Al(OH)^{4-}$、$Al(OH)^{5-}$、$Al(OH)^{6-}$),而后随着溶液组成和各种离子浓度的变化,低聚体形成凝胶状的类沸石前驱体,最后前驱体脱水形成非晶相物质。另外,马鸿文课题组(任玉峰等 2003,冯武威等 2004,王刚等 2005,苏玉柱等 2006)还利用金矿尾砂、膨胀珍珠岩、钾长石和石英砂等天然矿物为原料分别制备了性能优异的铝硅酸盐聚合物,但是其中的聚合反应机理仍需进一步研究。

由于天然矿物中杂质的存在影响了材料的性能,人们试图采用具有化学活性的纯铝硅酸盐原材料来代替天然矿物,如人工合成偏高岭土材料是一种较好的选择。人工合成偏高岭土具有较高的反应活性,它能够和碱液发生激烈的聚合反应,实验中为控制反应速度必须使用冰浴。与由天然偏高岭土制备的铝硅酸盐聚合物相比,由人工合成偏高岭土制备的铝硅酸盐聚合物同样具有类似的非晶结构,但是产物中没有残余的片状偏高岭土存在,而且材料具有更加致密和更加均一的显微组织结构(Kriven 1999)。

Schott & Oelkers(1995) 认为在碱性条件下高岭土或偏高岭土中的 Si—O—Si—O 键和 Si—O—Al 键逐渐断裂，形成单体 $(OH)_3$—Si—O—Al—$(OH)_3$，然后单体 $(OH)_3$—Si—O—Al—$(OH)_3$ 逐渐缩聚成二、三聚体及多聚体。

杨南如(1996a,1996b)利用共价键理论对铝硅酸盐聚合物的聚合机制(polymerization mechanism)进行了解释，她认为铝硅酸盐玻璃体在受碱作用后，$[SiO_4]^{4-}$ 中的 Si 原子与 O 原子结合时，可以形成 sp^3、sp^2 和 sp 三种杂化轨道，形成 σ 键，而 O 原子已填满的 p 轨道可以与 Si 原子的 3d 轨道形成 dπ - pπ 键、π 键和 σ 键叠加，使 Si—O 键加强，键长减小。当 OH^- 与之作用时，Si^{4+} 可以把 O 拉向它的周围，从而使 Si—O 键断裂。同理，对于 Al—O—Al 键也有相同作用。

聂轶苗等(2006)认为当偏高岭土与碱溶液混合时，偏高岭土中的层间高能态的 Al—O 首先在 OH^- 的作用下，电荷分布发生偏移，使 Al—O 键断裂。同时，结构中的 Si—O 也发生类似的变化，导致偏高岭土中的铝硅酸盐结构解体，形成类似玻璃体的无规则网络结构。伴随着断键、解聚过程，不同聚合状态的硅酸盐、铝酸盐和硅铝酸盐重新聚合。最后生成的铝硅酸盐聚合物中，Si 以 $Q_4(2Al)$ 形式存在，Al 以四配位为主。

台湾学者郑大伟(2010)则提出三阶段观点，即整体而言，利用硅酸盐作为原料的无机聚合过程，以高岭土搭配 KOH 或 NaOH 为例，包含 3 个主要阶段，依次为：① 利用碱金属溶液将高岭石 层状结构中的 Si、Al 溶出；② 形成 ortho - sialate 分子，即 $(OH)_3$—Si—O—Al—$(OH)_3$，其为无机聚合作用中的单体；③ ortho - sialate 分子共聚合形成寡聚物或更大的聚合物。

North & Swaddle(2000)利用离子理论对 Na 激发铝硅酸盐聚合机理进行了解释，共分成 7 步：

第一步，在碱性条件下，四配位铝以侧链的形式与 Si—O 相连接形成 $(OH)_3$—Si—O—Al—$(OH)_3$，如反应式(3.4)所示，它等同于离子概念上的单体 $Al(OH)_4^- Na^+$。

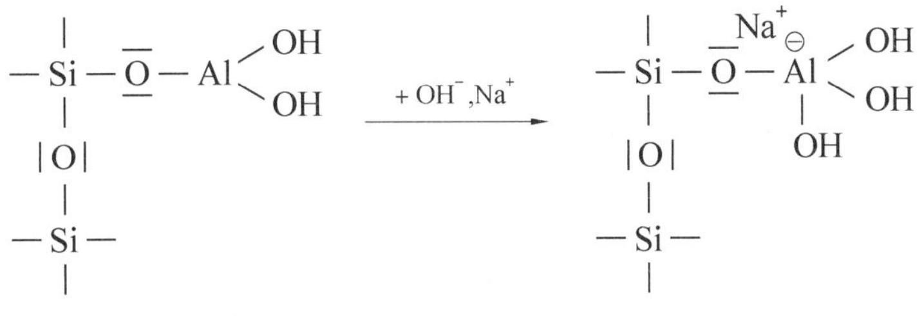

$$(3.4)$$

第二步，OH^- 连接到 Si 原子上，使价键力增大到五配位态，如反应式(3.5)所示。

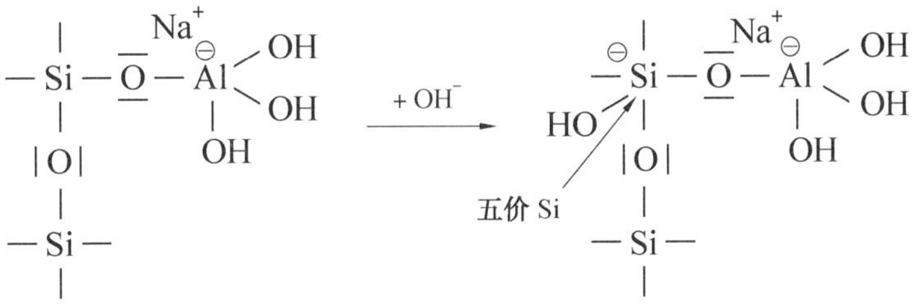

$$(3.5)$$

第三步,后续的反应过程可以用 Si—O 的分裂(电子通过 Si 转移到 O) 来解释,形成中间产物硅醇 Si—OH 基团和基本的产物 Si—O$^-$,如反应式(3.6) 所示。

$$(3.6)$$

第四步,在铝硅酸盐聚合过程中的基本结构单元,主要有进一步形成的 Si—OH 基团和正铝硅酸盐分子,如反应式(3.7) 所示。

$$(3.7)$$

第五步,Si—O$^-$ 与阳离子 Na$^+$ 反应形成 Si—ONa ,如反应式(3.8) 所示。

$$(3.8)$$

第六步,随着与 NaOH 反应的进行,Si—ONa 和 OH—Al 之间缩聚反应逐渐进行,形成环状的铝硅酸盐单体结构,且 NaOH 被释放出来并再次参与反应,如反应式(3.9) 所示。

$$(3.9)$$

第七步,3 个环状的铝硅酸盐单体缩聚成羟基方钠石网络结构(主要由四方的铝硅酸盐单体和六边形的铝硅酸盐单体组成),如反应式(3.10) 所示。

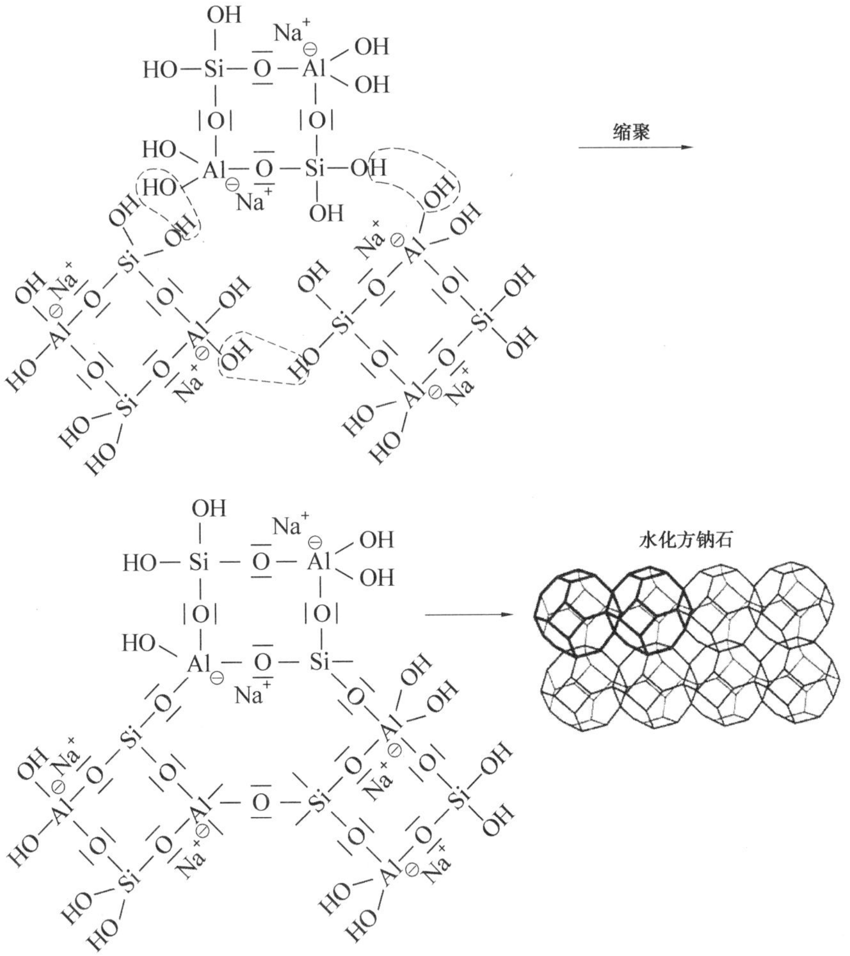

(3.10)

综上可知,铝硅酸盐聚合物的形成过程主要有 3 步:① 通过偏高岭土或类似的铝硅酸盐先驱体(precursor) 的溶解来提供含 Al 组分和所有或部分 Si 组分;② 通过水解反应形成铝酸盐和硅酸盐组分;③ 这些组分和来自于激发剂的硅酸盐通过缩聚反应形成铝硅酸盐聚合网络。

Weng 和 Sagoe – Crentsil (2007a, 2007b) 采用局部电荷模型预测了偏高岭土在碱性溶液条件下可能水解而形成的单体。不同 pH 值的碱性溶液可能存在不同的 Al 和 Si 组分。当 pH 值为 14 时,可能有 $[Al(OH)_4]^-$、$[SiO_2(OH)_2]^{2-}$ 和 $[SiO(OH)_3]^-$ 3 种单体存在;当 pH 值为 11 时,可能有 $[Al(OH)_4]^-$、$[Al(OH)_3(OH)_2]^0$ 和 $[SiO(OH)_3]^-$ 3 种单体存在,这与核磁共振(NMR) 测试结果一致。溶解后形成的单体彼此间先形成络合物(complex) ,后通过水分子释放缩聚成式(3.11) 所示组分。

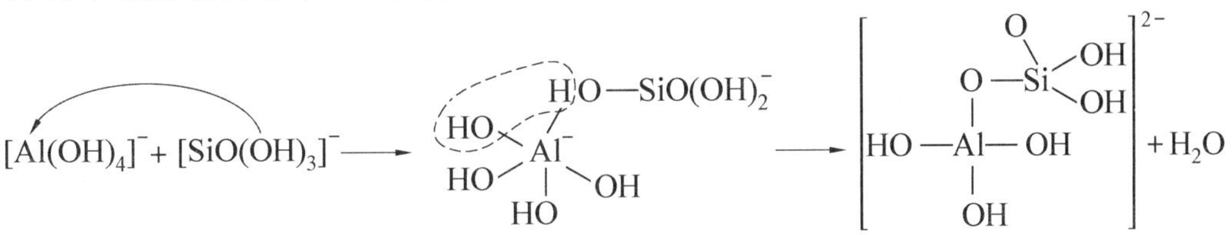

(3.11)

生成相为非晶质,具有 SiO_4 四面体和 AlO_4 四面体随机分布的三维网络结构,碱金属离子分布于网络孔隙之间以平衡电价。铝硅酸盐聚合物网络的基本结构单元为硅铝氧单元 $(\!\!\!- Si\!\!-\!\!O\!\!-\!\!Al\!\!-\!\!O \!-\!\!\!)$、硅铝硅氧单元 $(\!\!\!- Si\!\!-\!\!O\!\!-\!\!Al\!\!-\!\!O\!\!-\!\!Si\!\!-\!\!O \!-\!\!\!)$ 和硅铝二硅氧单元 $(\!\!\!- Si\!\!-\!\!O\!\!-\!\!Al\!\!-\!\!O\!\!-\!\!Si\!\!-\!\!O\!\!-\!\!Si\!\!-\!\!O \!-\!\!\!)$ 等 (Phair et al 2003, Davidovits 1991)。Davidovits(1989) 预测了一些特定组成铝硅酸盐聚合物的空间基本结构单元模型(图3.15),AlO_4 和 SiO_4 的分布有些随机,但是每个 AlO_4 周围只有 4 个 SiO_4,而不存在 Al—O—Al 的结合形式。

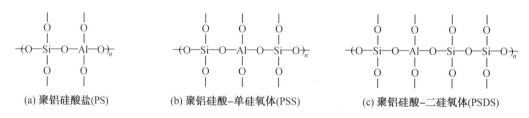

(a) 聚铝硅酸盐(PS)　　　　　(b) 聚铝硅酸—单硅氧体(PSS)　　　　　(c) 聚铝硅酸—二硅氧体(PSDS)

图 3.15　　铝硅酸盐聚合物材料的基本结构单元(Davidovits, 1989)

3.2.3　本节小结

本节简要分析了铝硅酸盐无机聚合物发生聚合反应的本质与特征及其发生聚合反应的驱动力,即偏高岭土的活性。进而概述了铝硅酸盐无机聚合物较有代表性的聚合反应机理,包括 4 阶段形成观点、3 阶段观点和基于离子理论的 Na 激发铝硅酸盐的 7 步聚合机理等。

3.3　基于合成偏高岭土的铝硅酸盐聚合物的聚合反应机理

天然偏高岭土(natural metakaolin,NMK)除了含有极少量的磁铁矿和钙钛矿等杂质外,还含有一些含量较大由 Si、O 和或 Al 元素组成 α-石英、伊利石和云母等伴生的矿物杂质,这些杂质与高岭石的元素组成相同,因此导致不能准确地定量分析出高岭土中的高岭石的含量,从而导致不能准确地确定碱激发剂中的 K^+ 含量,使最终反应生成的铝硅酸盐聚合物的 $n(Al^{3+})/n(K^+) \neq 1$。当 $n(Al^{3+})/n(K^+) > 1$ 时,K^+ 含量不足,反应不充分,以至于最终反应产物中电荷不平衡,使产物处于亚稳状态;当 $n(Al)/n(K^+) < 1$ 时,K^+ 过量,过量的 K^+ 与 $[HSiO_3]^-$ 结合,生成可溶于水的 KH_2SiO_3 或 K_4SiO_4。

Ziboucheet al (2009) 认为,天然偏高岭土中 α-石英不参与聚合反应,但伊利石部分参与聚合反应。因此说天然偏高岭土中的杂质对研究铝硅酸盐聚合物的聚合反应机制有影响。而与天然高岭土相比较,以化学方法合成的偏高岭土成分简单,能够克服上述缺点。因此,采用化学合成偏高岭土为原料研究铝硅酸盐聚合物的聚合过程,可以最大限度地排除干扰因素。

王美荣(2011)采用化学方法合成偏高岭土(synthesized metakaolin,SMK),根据局部电荷模型对合成偏高岭土在碱性溶液条件下可能产生的水解产物进行预测,结合 XRD、SEM、FT-IR 和固态[27]Al 和[29]Si NMR 光谱等手段,研究铝硅酸盐聚合反应过程中不同时刻反应产物的微观形貌特征和结构,通过不同反应时刻的反应产物的结构变化,来理解铝硅酸盐聚合物的结构在聚合过程中的变化,进而揭示铝硅酸盐聚合物的聚合机理。

3.3.1　偏高岭土的合成和表征

1. 偏高岭土的合成

采用 Gordon et al（2005）中的化学合成方法来合成偏高岭土,制备工艺过程如下：

（1）用去离子水配制质量分数为 5% 的聚乙烯醇（PVA）溶液,在热浴炉上加热搅拌 24 h 后待用。

（2）用去离子水和纯度为 98% 的硝酸铝配制质量分数为 50% 的 $Al(NO_3)_3 \cdot 9H_2O$ 溶液,加热搅拌 24 h。

（3）将质量分数为 50% 的 $Al(NO_3)_3 \cdot 9H_2O$ 加入到质量分数为 24.5% 的硅溶胶溶液中。加热至 90 ℃ 搅拌 1 h 后,再加入到步骤（1）中所配置的质量分数为 5% 的 PVA 溶液中,使混合溶液的配比为 $Al_2O_3 \cdot 2SiO_2 \cdot 3.5$ PVA。

（4）将配置好的混合溶液在红外灯下照射并同时加热搅拌 12 h。最后,干燥 12 h 后混合溶液变成蛋黄色块体,然后将其转至氧化铝研钵中,研磨成粉末。

（5）获得的粉末在 800 ℃ 下煅烧 4 h,升温速率为 5 ℃/min。煅烧后粉末的颜色变成白色。理想粉末的化学组成为 $Al_2O_3 \cdot 2SiO_2$。

（6）以无水乙醇为介质,将粉末球磨 10 h;经干燥后,最后在 800 ℃ 下煅烧 4 h 去除偏高岭土中的有机物质,获得偏高岭土。

（7）偏高岭土过 100 目筛,即获得所需偏高岭土粉体。

2. 偏高岭土的表征

（1）合成偏高岭土化学成分与物相分析。

合成偏高岭土的化学组成（表 3.6）比较纯净,只含 Si、O、Al 三种元素,分别对应 SiO_2 和 Al_2O_3。为了了便,将天然偏高岭土和合成偏高岭土分别用代号 NMK 和 SMK 来表示。

表 3.6　合成偏高岭土（SMK）的化学组成（王美荣 2011）

SiO_2 的质量分数 /%	Al_2O_3 的质量分数 /%
45.658	54.342

图 3.16 为天然偏高岭土（NMK）和合成偏高岭土（SMK）的 XRD 图谱的对照。可见, NMK 和 SMK 均呈现出非晶的漫散射峰,且两者的漫散射峰中心位于 23° 左右,这说明合成偏高岭土的短程有序化结构与天然偏高岭土相同。此外,在 SMK 的 XRD 图谱上没有观测到 α - 石英和伊利石的衍射峰,说明 SMK 相组成单一纯净。

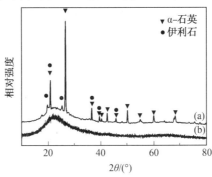

图 3.16　NMK（a）和 SMK（b）的 XRD 图谱（王美荣 2011）

（2）合成偏高岭土的粉体颗粒形貌与粒径分布。

图 3.17 所示给出了 NMK 和 SMK 的粉体颗粒的 SEM 微观形貌。可见，NMK 粉体颗粒主要为片状和类针状，颗粒之间团聚在一起；而 SMK 粉体颗粒仅呈现片状。与 NMK 相比，SMK 的颗粒尺寸更细小，且更均匀。

(a) NMK

(b) SMK

图 3.17   NMK 和 SMK 粉体颗粒的 SEM 形貌照片（王美荣 2011）

图 3.18 为 NMK 和 SMK 的粒径分布，二者中值粒径 d_{50} 分别为 14.18 μm 和 3.10 μm，比表面积分别为 3.1 $m^2 \cdot g^{-1}$ 和 5.6 $m^2 \cdot g^{-1}$。通过比较可知，SMK 的粒径小于 NMK，比表面积大于 NMK。

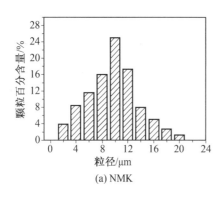
(a) NMK

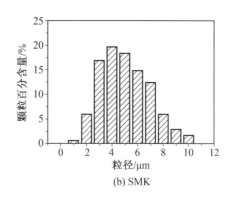
(b) SMK

图 3.18   NMK 和 SMK 的粒度分布（王美荣 2011）

（3）合成偏高岭土 TG - DSC 分析。

对其进行了热重 - 差热(TG - DSC)，结果如图 3.19 所示。位于 214 ℃ 和 348 ℃ 的放热峰分别对应于 NO_3^- 和其他含氮分子的分解；在 25 ~ 550 ℃ 温度范围内与放热反应所对应的质量损失大约有 45%，这主要是因为吸附水的排除和 NO_3^- 和其他含氮分子的分解释放出气体所致。此外，在 550 ~ 900 ℃ 温度范围内的微小质量损失主要归因于 SMK 中引入的残余有机物所释放的 CO_2；914 ℃ 对应的放热峰则对应莫来石的生成。

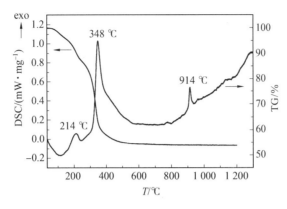

图 3.19　SMK 的 TG – DSC 曲线（王美荣,2011）

3.3.2　基于合成偏高岭土的 K – PSS 铝硅酸盐聚合反应产物的微观形貌分析

王美荣(2011)以 SMK 为原材料,经碱性铝硅酸盐溶液激发后(硅溶胶和 KOH 混合溶液的摩尔比,即 $n(\text{Si})/n(\text{K}) = 1:1$），使最终生成的铝硅酸盐聚合物的成分组成为 $n(\text{Si}):n(\text{Al}):n(\text{K}):n(\text{H}_2\text{O}) = 2:1:1:11$。反应温度为 80 ℃,经不同反应时间后对铝硅酸盐聚合物的反应产物的微观形貌及其结构分别进行观察和表征,来理解其结构在聚合过程中的变化,从而为揭示其聚合 – 反应机理提供依据。

图 3.20 所示给出了不同反应时刻聚合过程中铝硅酸盐聚合物反应产物的微观形貌。可见,当发生聚合反应 30 min 时,反应产物颗粒疏松多孔;当聚合反应 60 min 时,反应产物粉体颗粒更致密些,孔隙数量变少;随聚合反应加深(2 ~ 48 h),产物颗粒上的孔隙数量越来越少,即颗粒逐渐致密化。在高倍 SEM 下观察,SMK 随反应时间延长颗粒形貌变化趋势更加明显(图 3.21)。

值得指出的是,在 SMK 与碱性硅酸盐溶液搅拌过程中其黏度迅速增大,必须在冰水浴中进行,而以 NMK 为原料在室温下制备时黏度无明显增大,即以 SMK 为原材料的铝硅酸盐聚合物化学反应速率大于以 NMK 为原材料的铝硅酸盐聚合物,因此在相同反应时刻以 SMK 为原材料制备的铝硅酸盐聚合物颗粒比以 NMK 为原材料所制备的铝硅酸盐聚合物更致密。

综上,按照聚合反应的时间,上述聚合反应可以分为以下 3 个阶段,不同的阶段对应着不同的显微形貌。

(1)初始阶段。当发生聚合反应 30 min 时,反应产物的颗粒比较疏松,在颗粒上有大量形状不规则的空隙。

(2)发育阶段。当聚合反应至 60 min 时,在反应产物的颗粒上分布着的孔隙数量变少,相对致密有所增加。

(3)完成阶段。随着聚合反应的逐渐进行(2 ~ 48 h),在反应产物的颗粒上分布着的孔隙逐渐消除,颗粒致密化程度明显改善。

1. K – PSS 铝硅酸盐聚合反应产物的官能团和价键结构分析

(1)FT – IR 分析。

图 3.22 所示给出了 SMK 分别在反应时刻 30 min、60 min、2 h、4 h、12 h 和 48 h 的铝硅

酸盐聚合反应后反应产物的 FT – IR 光谱。SMK 的 FT – IR 光谱主要包括如下官能团（functional group）的振动：位于 3 430 cm^{-1} 和 1 639 cm^{-1} 波数处的吸收峰对应自由水的振动；较宽的振动峰中心约位于 1 095 cm^{-1}，主要对应 SiO$_4$ 四面体中 Si—O 官能团的伸缩振动（宽的特征峰是非晶材料的特征曲线，它包括不同的 Si 原子次外层原子对 Si—O 官能团的影响，需要采用 ^{29}Si NMR 技术来进行进一步的分析）；位于 886 cm^{-1} 处的吸收峰对应于 Al—OH 官能团的振动；位于 803 cm^{-1} 处的吸收峰对应四配位 AlO$_4$ 的 Al—O 官能团的伸缩振动（stretching vibration）；约位于 593 cm^{-1} 处吸收峰对应 Si—O—Al 官能团的伸缩振动及位于 464 cm^{-1} 处吸收峰对应 Si—O—Si 官能团的振动。

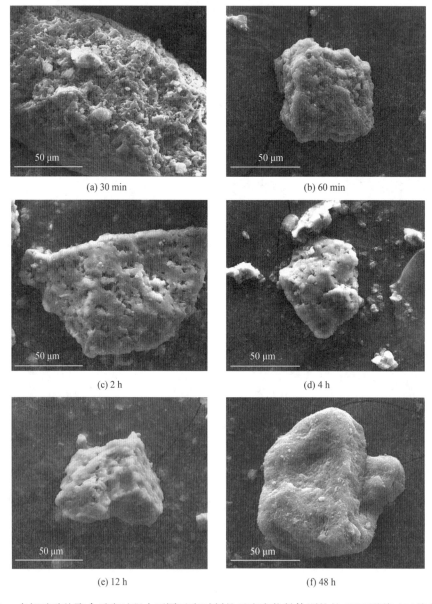

(a) 30 min

(b) 60 min

(c) 2 h

(d) 4 h

(e) 12 h

(f) 48 h

图 3.20　在铝硅酸盐聚合反应过程中不同反应时刻的反应产物粉体颗粒的 SEM 形貌（王美荣 2011）

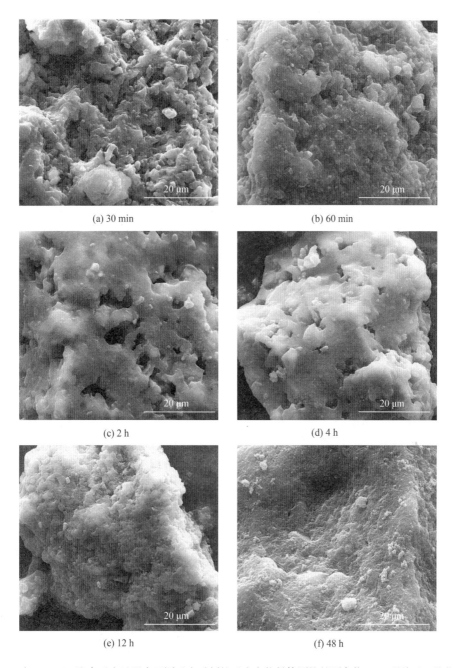

(a) 30 min

(b) 60 min

(c) 2 h

(d) 4 h

(e) 12 h

(f) 48 h

图 3.21　在 K – PSS 聚合反应过程中不同反应时刻的反应产物粉体颗粒的更高倍 SEM 形貌（王美荣 2011）

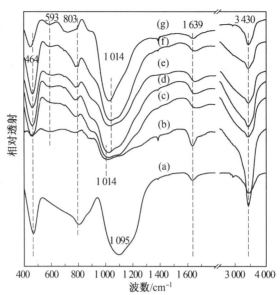

(a) SMK; (b)~(g)分别对应反应时刻为30 min、60 min、2 h、4 h、12 h、48 h的产物

图 3.22　SMK 和在 K – PSS 铝硅酸盐聚合过程中不同反应时刻的反应产物的 FT – IR 光谱（王美荣 2011）

　　当发生聚合反应 30 min 时，发现虽然 Si—O—Si 之间的 Si 原子与桥氧原子的振动峰波数（464 cm^{-1}）没有变化，但与其中 SMK 的相比，振动峰峰强变低即含量变少。这说明 SMK 与碱溶液反应后，Si 原子重组，但重组后又生成了具有 Si—O—Si 结构单元组成的反应产物。

　　（2）^{27}Al NMR 分析。

　　图 3.23 所示为在反应时刻为 30 min、60 min、2 h、4 h、12 h 和 48 h 的铝硅酸盐聚合反应后的反应产物的^{27}Al NMR 光谱。对其进行的高斯拟合数据列于表 3.7 中。

　　由图 3.23（a）和表 3.7 的^{27}Al NMR 高斯分峰拟合数据可知，SMK 的 Al 原子结构单元由四、五和六配位 Al 原子组成，并以五配位 Al 原子为主。当 SMK 与碱性的硅酸盐溶液反应 30 min 后（图 3.23（b）），聚合反应产物中的 Al 结构单元主要由四配位 Al 原子和六配位 Al 原子组成，说明当反应发生 30 min 时，SMK 中的五配位 Al 原子迅速且完全转变成四配位 Al 原子。随着反应的进行（图 3.23（c）～（f）），聚合反应产物中的六配位 Al 原子也逐渐向四配位 Al 原子转变。最终，当反应进行 48 h 时（图 3.23（g）），生成的铝硅酸盐聚合物中的 Al 原子结构单元完全转变成四配位 Al 原子。

　　另外，在整个反应过程中（图 3.23（b）～（g）），随着反应的进行，四和六配位 Al 原子的化学位移均逐渐向低化学位移移动，即由 $60.7 \times 10^{-6} \rightarrow 58.0 \times 10^{-6} \rightarrow 57.5 \times 10^{-6} \rightarrow 56.6 \times 10^{-6}$ 和由 $5.7 \times 10^{-6} \rightarrow 5.2 \times 10^{-6} \rightarrow 3.1 \times 10^{-6} \rightarrow 3.0 \times 10^{-6} \rightarrow 1.5 \times 10^{-6}$。这主要是因为反应产物中的 Al 原子次外层的 Si 原子对它的影响不同。Belena（2005）也认为，随着聚合反应的进行，Al 原子的共振峰逐渐向低化学位移的移动，这是因为偏高岭土中四、五和六配位 Al 原子逐渐向四配位的 $Q_1(1Si)$、$Q_2(1Si)$、$Q_2(2Si)$ 和 $Q_3(3Si)$ 转化，最终完全转变成 $Q_4(4Si)$ 的 Al 结构单元。

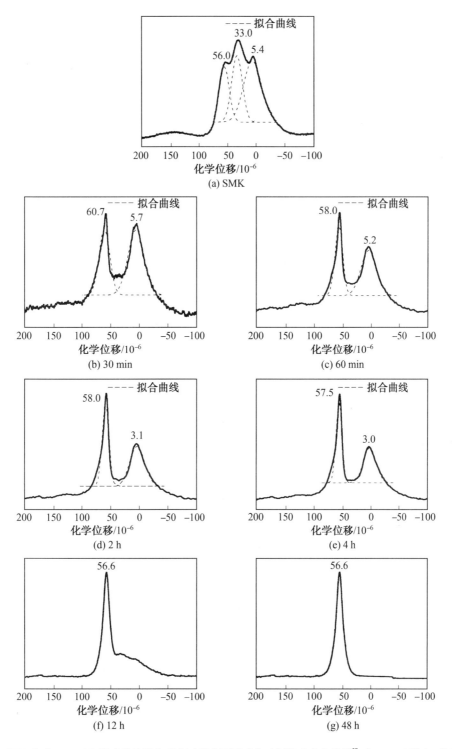

图 3.23　SMK 和在 K – PSS 铝硅酸盐聚合反应过程中不同反应时刻的反应产物的[27]Al NMR 光谱(王美荣 2011)

表 3.7　不同反应时刻的 K – PSS 铝硅酸盐聚合反应产物的高斯拟合结果（王美荣 2011）

样品代号	Al 原子配位数	化学位移 /10^{-6}	相对面积	所占百分比 /%
SMK	4	56.0	10.00	22.15
	5	33.0	16.30	35.96
	6	5.4	18.98	41.89
G – 30 m	4	60.7	10.00	40.38
	6	5.7	14.77	59.62
G – 60 m	4	58.0	10.00	43.63
	6	5.2	12.92	56.37
G – 2 h	4	58.0	10.00	48.17
	6	3.1	10.76	51.83
G – 4 h	4	57.5	10.00	52.54
	6	3.0	9.03	47.46
G – 12 h	4	56.6	—	—
	6	~ 3.0	—	—
G – 48 h	4	56.6	10.00	100

（3）^{29}Si NMR 分析。

Q$_n$(mAl) 是用来描述铝硅酸盐聚合物的硅氧阴离子的聚合状态，n 表示每个 SiO$_4$ 四面体的桥氧数。当 n = 0、1、2、3 和 4 时，分别表示孤立的岛状 SiO$_4^{4-}$ 基团（Q$_0$）、双四面体和环状的（Q$_1$）、链状（Q$_2$）、层状（Q$_3$）和三维交联结构单元（Q$_4$）。字母 m 表示每个 Si 原子次外层的 Al 原子的数量（ Si—O—Al ）（诸华军等 2007）。

图 3.24 所示给出了合成偏高岭土 SMK 和分别在反应时刻为 30 min、60 min、2 h、4 h、12 h 和 48 h 的反应产物的 ^{29}Si NMR 光谱。由图 3.24(a) 可知，SMK 中的结构单元只包含四配位的 Si 原子，对应着 Q$_4$(1Al) 环境（位于 – 105.2 × 10^{-6}）。当反应时间为 30 min 时（图 3.24(b)），^{29}Si NMR 光谱向低磁场移动，在 – 87.1 × 10^{-6}、– 94.5 × 10^{-6}、和 – 102.3 × 10^{-6} 化学位移处分别显示了新的结构单元 Q$_4$(3Al)、Q$_4$(2Al) 和代表偏高岭土结构的 Q$_4$(1Al) 结构单元的尖峰。这说明聚合反应发生 30 min 时，碱性硅酸盐中的 Si 结构单元（Q$_0$、Q$_1$、Q$_2$ 和 Q$_3$）与偏高岭土中的 Al 组分发生反应。当反应继续至 4 h 时，反应产物的 ^{29}Si NMR 光谱的化学位移（– 78.6 × 10^{-6}、– 86.8 × 10^{-6}、– 94.5 × 10^{-6} 和 – 106.9 × 10^{-6}）没有变化，但相对峰强呈规律性变化，即 – 78.6 × 10^{-6}、– 86.8 × 10^{-6} 和 – 106.9 × 10^{-6} 对应的吸收峰强随反应时间延长均逐渐降低；相反，– 94.5 × 10^{-6} 对应的峰强随反应时间延长逐渐增大；当反应时间达到 48 h 时，共振峰完全移动到 – 90.3 × 10^{-6} 化学位移处，即完全转变为单一的 Q$_4$(3Al) 结构单元。这说明最终生成的铝硅酸盐聚合物的结构是由 Q$_4$(3Al) 结构单元组成的。

随着四配位 SiO$_4$ 聚合程度的增加会导致 ^{29}Si 化学位移向高磁场移动，且随着在四配位 SiO$_4$ 中的 Si 离子被 Al 离子替代数量的增加会导致向低磁场移动（Magi et al 1984）。在铝硅酸盐聚合物聚合过程中，随着反应的进行，偏高岭土结构中的 Q$_4$(1Al) 结构单元逐渐向低磁场移动。这说明与 SiO$_4$ 结构单元连接的 Al 结构单元的数量逐渐增多，也就是说，Al 原子结构单元逐渐与 Si 原子结构单元结合。

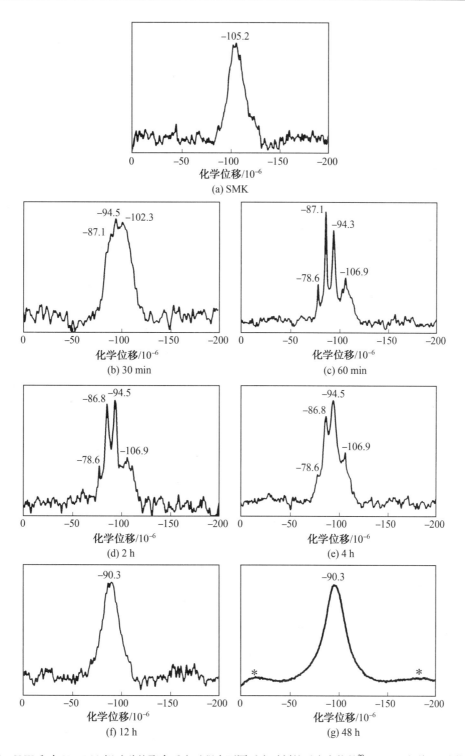

图 3.24　SMK 和在 K – PSS 铝硅酸盐聚合反应过程中不同反应时刻的反应产物的²⁹Si NMR 光谱(王美荣 2011)

与 Engelhardt（1987）和 Lecomte et al（2003）以 NMK 为原料制备的铝硅酸盐聚合物研究结果相比，以 SMK 为原料制备的铝硅酸盐聚合物的反应速率更快，且最终生成的铝硅酸盐聚合物的结构更简单。Comrie D C、Kriven W M.（2003）关于 ^{29}Si 和 ^{27}Al NMR 结果表明，以 NMK 为原料制备的铝硅酸盐聚合物的结构中还存在少量的偏高岭土的 $Q_4(1Al)$ 结构单元和六配位 Al 原子结构单元的痕迹。而以 SMK 为原料的铝硅酸盐聚合物没有残余偏高岭土的 $Q_4(1Al)$ 和六配位 Al 结构单元。这说明以 SMK 为原料的聚合反应比 NMK 更完全。

根据 Rahier H（1996）等的公式（3.12）并结合本书中已知的铝硅酸盐聚合物的 ^{27}Al NMR 结果，可以计算出在铝硅酸盐聚合物中的每个 Si 原子次外层的 Al 原子的数量 m 值。

$$m = \frac{2n'}{2 + k_{st} \cdot s} \qquad (3.12)$$

式中，n' 为在铝硅酸盐聚合物中 Al 的结合度，$n' = 4$；s 为在硅酸钾溶液中的 $n(Si_2O)/n(Na_2O)$ 或 $n(Si_2O)/n(K_2O)$，$s = 2$；k_{st} 为硅酸钾与偏高岭土的化学计量比（$k_{st} = 1$）。

根据公式（3.11）计算出 $m = 2$，这意味着 Si 原子的结构环境为 $Q_4(2Al)$。而根据 ^{29}Si NMR 测量的铝硅酸盐聚合物的 Si 结构单元是 $Q_4(3Al)$。由图 3.24(g) 可以看出，^{29}Si 共振峰的半高峰宽约为 20×10^{-6}，它涵盖 $Q_4(2Al)$ 结构单元 ^{29}Si NMR 的共振峰。因此，最终生成的铝硅酸盐聚合物的 Si 结构单元可能是由 $Q_4(2Al)$ 和 $Q_4(3Al)$ 共同组成的，并以 $Q_4(3Al)$ 结构单元为主。

3.3.3　偏高岭土在碱性硅酸盐溶液中水解产物的预测

根据翁履谦等（2005）采用的局部电荷模型方法预测了偏高岭土与碱性硅酸盐溶液发生水解反应时，在溶解过程中可能产生的 Al 单体和 Si 单体。局部电荷模型是基于 Sanderson's 的电负性平衡原则，当 2 个或多个原子（存在电负性差）结合时，在化合物中它们调整成相同的中间电负性。通过计算局部电荷在分子单体中的分布，Livage et al（1980）证明：在水解和缩聚过程中的金属离子的化学反应可以被预测和解释，并且通过具体工作（Livage et al 1989，Henry et al 1992）表明局部电荷模型对解释试验结果有用。

通常，由于水分子的偶极矩效应，它们会围绕在金属阳离子（M^{z+}）的周围，从而形成水合离子 $[M(OH_2)_N]^{z+}$（N 是阳离子的配位数；z 是阳离子的电荷数）。随后，如式（3.13）所示，水分子发生脱质子反应（Livage et al 1989）生成 M—OH 键，从而实现朝向金属阳离子方向的配位水分子的电子密度的局部传输。

$$[M(OH_2)_N]^{z+} + hH_2O \longrightarrow [M(OH_h)(OH_2)_{N-h}]^{(z-h)+} + hH_3O^+ \qquad (3.13)$$

式中，h 为水解比；N 为阳离子的配位数；z 为阳离子的电荷数。

根据 Livage et al（1989），在分子单体中的原子 i 的局部电荷计算公式为

$$\delta_i = \frac{\overline{\chi} - \chi_i^0}{k\sqrt{\chi_i^0}} \qquad (3.14)$$

式中，$\delta_i o$ 在分子中原子 i 的局部电荷；k 为常数，$k = 1.36$；$\bar{\chi}$ 为分子单体的平均电负性；χ_i^0 为原子 i 的电负性。

在公式(3.14) 中的分子单体的平均电负性 $\bar{\chi}$ 的计算公式为

$$\bar{\chi} = \frac{\sum_i p_i \sqrt{\chi_i^0} + kZ}{\sum_i \left(\frac{p_i}{\sqrt{\chi_i^0}}\right)} \tag{3.15}$$

式中，p_i 为在分子中原子 i 的化学定量比；Z 为分子单体的负电荷数。

对于水解反应(3.13)，根据 Henry et al(1992)，h 在给定 pH 值的情况下，通过公式(3.15) 可以计算得出

$$h = \frac{z - N\delta_o - 2N\delta_H - \delta_M}{1 - \delta_H} \tag{3.16}$$

式中，δ_O、δ_H 和 δ_M 分别是氧原子、氢原子和金属原子的局部电荷，它们可通过公式(3.14) 计算得出

$$\delta_i = \frac{\chi_w - \chi_i^0}{k\sqrt{\chi_i^0}} \tag{3.17}$$

式中，χ_w 是水在特殊 pH 值时的电负性，它可通过公式(3.18) 计算得出

$$\chi_w = 2.732 - 0.035pH \tag{3.18}$$

所以说，在反应式(3.13) 中的水解比和水解单体可以通过计算进而预测出来。缩聚反应的发生取决于几个因素，它们也与局部电荷的分布有关(Livage et al 1988)。

所配制的 KOH 与硅溶胶(silica sol) 混合溶液的 pH 值是 13.4，根据上述局部电荷模型可以计算出 Al^{3+} 和 Si^{4+} 的水解比 h 以及可能存在的 Al 单体，计算结果分别列于表 3.8 和表 3.9 中。表 3.8 显示了在 pH 值为 13.4 的条件下，四配位的 Al^{3+} 的水解比计算值和相应的 O、H 和 Al 原子的局部电荷。

根据脱质子反应公式(3.13) 可知，水解比 h 是整数。因此表 3.8 中的非整数水解比只是反映了在聚合反应系统中一些带着不同水解比组分的共存状态。所以，在 pH 值为 13.4 的条件下，Al^{3+} 的水解比可能是 4 和 5。根据反应公式(3.13) 还可知，在偏高岭土与碱性硅酸盐的混合液中主要包含的 Al 组分为 $[Al(OH)_4]^-$、$[AlO(OH)_3]^{2-}$、$[Al(OH)_4(OH_2)]^-$、$[Al(OH)_5]^{2-}$、$[Al(OH)_4(OH_2)_2]^-$ 和 $[Al(OH)_5(OH_2)]^{2-}$ 单体。

相应的，由表 3.9 中的数据可知，可能存在的 Si 组分主要是以 $[SiO(OH)_3]^-$ 单体为主和少量的 $[SiO_2(OH)_2]^{2-}$ 单体形式共存。比较表 3.8 和表 3.9 可发现，在相同 pH 值条件下，Al 原子的局部电荷高于 Si 原子，这说明在 $[Al(OH)_4]^-$ 四面体单体中的 Al 原子具有更大的能力来吸引羟基 OH^- 的负电荷。Brinker et al (1990) 的研究表明，在铝硅酸盐溶液中，溶胶化时间随着 Al 成分浓度的增加而降低。

表 3.8　在 pH 值为 **13.4** 条件下的碱性溶液的电负性(Electronegativity)χ_w,O、H 和 Al 原子的
局部电荷 δ 以及 Al^{3+} 的水解比(王美荣 **2011**)

pH 值	水溶液电负性 χ_w	局部电荷			Al^{3+} 不同配位数的水解比		可能的产物
		δ_O	δ_H	δ_{Al}	Al^{3+} 的配位数	水解比 h	
13.4	2.26	-0.47	0.08	0.46	4 5 6	4.1 4.4 4.8	$[Al(OH)_4]^-$ $[AlO(OH)_3]^{2-}$ $[Al(OH)_4(OH_2)]^-$ $[Al(OH)_5]^{2-}$ $[Al(OH)_4(OH_2)_2]^-$ $[Al(OH)_5(OH_2)]^{2-}$

表 3.9　在 pH 值为 **13.4** 条件下的碱性溶液的电负性 δ,O、H 和 Si 原子的局部电荷 χ_w 以及
Si^{4+} 的水解比(王美荣 **2011**)

pH 值	水溶液电负性 χ_w	局部电荷			水解比 h	可能的产物
		δ_O	δ_H	δ_{Si}		
13.4	2.26	-0.47	0.08	0.32	5.4	$[SiO(OH)_3]^-$ $[SiO_2(OH)_2]^{2-}$

然而在现有的分析测试技术水平下,我们只能通过表征不同反应时刻的反应产物以及最终生成的铝硅酸盐聚合物的分子结构来研究铝硅酸盐聚合物反应机制。到目前为止,关于铝硅酸盐聚合物的深入研究还需要提供更科学的分析技术用来测量它的物理参数,例如最终的铝硅酸盐聚合物的维数和相对分子质量。

3.3.4　基于合成偏高岭土的 K – PSS 铝硅酸盐聚合物的聚合反应机理

根据局部电荷模型对偏高岭土在碱性溶液中溶解后可能生成的水解产物的预测,以及在聚合反应过程中,通过 FT – IR 和 ^{27}Al 和 ^{29}Si NMR 光谱对不同反应时刻的铝硅酸盐聚合物的反应产物的结构表征给出如下结论。

(1)首先,当偏高岭土颗粒与碱性的硅酸盐溶液混合后,首先由颗粒表面开始溶解,即偏高岭土中的结构单元 $Q_4(1Al)$ 结构单元溶解,使 Si—O—Si 键和 Si—O—Al 键水解(hydrolysis)断裂,形成 $[Al(OH)_4]^-$、$[AlO(OH)_3]^{2-}$、$[Al(OH)_4(OH_2)]^-$、$[Al(OH)_5]^{2-}$、$[Al(OH)_4(OH_2)_2]^-$ 和 $[Al(OH)_5(OH_2)]^{2-}$ 单体和以 $[SiO(OH)_3]^-$ 单体为主以及少量存在的 $[SiO_2(OH)_2]^{2-}$ 单体。反应过程分别如式(3.19)～(3.26)所示:

$$[Al(OH_2)_4]^{3+} + 4H_2O \longrightarrow [Al(OH)_4]^- + 4H_3O^+ \tag{3.19}$$

$$[Al(OH_2)_4]^{3+} + 5H_2O \longrightarrow [AlO(OH)_3]^{2-} + 5H_3O^+ \tag{3.20}$$

$$[Al(OH_2)_5]^{3+} + 4H_2O \longrightarrow [Al(OH)_4(OH_2)]^- + 4H_3O^+ \tag{3.21}$$

$$[Al(OH_2)_5]^{3+} + 5H_2O \longrightarrow [Al(OH)_5]^{2-} + 5H_3O^+ \tag{3.22}$$

$$[Al(OH_2)_6]^{3+} + 4H_2O \longrightarrow [Al(OH)_4(OH_2)_2]^- + 4H_3O^+ \tag{3.23}$$

$$[Al(OH_2)_6]^{3+} + 5H_2O \longrightarrow [Al(OH)_5(OH_2)]^{2-} + 5H_3O^+ \tag{3.24}$$

$$[M(OH_2)_4]^{4+} + 5H_2O \longrightarrow [SiO(OH)_3]^- + 5H_3O^+ \tag{3.25}$$

$$[M(OH_2)_4]^{4+} + 6H_2O \longrightarrow [SiO_2(OH)_2]^{2-} + 6H_3O^+ \qquad (3.26)$$

（2）当铝硅酸盐聚合物溶胶反应至 30 min 时，由于 Al 和 Si 组分的水解产物 $[Al(OH)_4]^-$、$[AlO(OH)_3]^{2-}$、$[Al(OH)_4(OH_2)]^-$、$[Al(OH)_5]^{2-}$、$[Al(OH)_4(OH_2)_2]^-$、$[Al(OH)_5(OH_2)]^{2-}$、$[SiO(OH)_3]^-$ 和 $[SiO_2(OH)_2]^{2-}$ 单体分子之间的脱水反应，生成包含 $Q_2(0Al)$、$Q_4(1Al)$、$Q_4(2Al)$ 和 $Q_4(3Al)$ 结构单元的 Si 组分和四配位和六配位的 Al 组分组成的中间产物。

（3）在 30 min ~ 4 h 反应时间段内，上述单体之间继续发生脱水反应，并且伴随着 $Q_2(1Al)$、$Q_4(2Al)$ 和 $Q_4(1Al)$ 结构单元逐渐向 $Q_4(3Al)$ 结构单元的转变以及由四配位 Al 单体逐渐向六配位 Al 单体的转变。当反应时间达到 12 h 时，反应基本完成，但还存在少量代表残余偏高岭土的六配位 Al 原子和 Si 的 $Q_4(1Al)$ 的结构单元的痕迹。

（4）当聚合反应至 48 h 时，铝硅酸盐聚合物的聚合反应全部完成，其近程有序结构的 Si 以 $Q_4(3Al)$ 和 $Q_4(2Al)$ 结构单元形式存在，Al 全部以四配位原子结构单元形式存在。并且碱金属 K^+ 在聚合反应过程中起着平衡四配位 $[AlO_4]^-$ 的负电荷作用，分布在 $[AlO_4]^-$ 周围或由四配位 Al 和 Si 组成的空隙中。

3.3.5　本节小结

（1）合成偏高岭土 SMK 相组成单一，不含天然高岭土 NMK 中常见的 α - 石英、伊利石、磁铁矿和钙钛矿等伴生相。

（2）基于合成偏高岭土的铝硅酸无机聚合反应可以分为初始、发育和完成 3 个阶段，分别对应 30 min、60 min 和 2 ~ 48 h，反应物颗粒致密化程度逐渐加，到第三阶段达到较致密化程度。

（3）基于合成偏高岭土的铝硅酸盐聚合物反应机理为：具有一定化学活性的合成偏高岭土在碱性硅酸盐水溶液中发生水解反应，导致 Si—O—Si 键和 Si—O—Al 键发生断裂，形成 $[Al(OH)_4]^-$、$[AlO(OH)_3]^{2-}$、$[Al(OH)_4(OH_2)]^-$、$[Al(OH)_5]^{2-}$、$[Al(OH)_4(OH_2)_2]^-$ 和 $[Al(OH)_5(OH_2)]^{2-}$、$[SiO(OH)_3]^-$ 为主的单体以及少量的 $[SiO_2(OH)_2]^{2-}$ 单体，进而单体相互之间发生聚合 - 缩聚反应，脱去水分子，最终生成一种 Si 以 $Q_4(3Al)$ 和 $Q_4(2Al)$ 结构单元形式存在、Al 全部以四配位原子结构单元形式存在的网络状结构组成的铝硅酸盐聚合物。

3.4　本章小结

本章概述了偏高岭土的形成过程与化学活性，探讨了煅烧温度和保温时间对高岭土的化学活性和热转变的影响，阐述了高岭土向偏高岭土的转变机制；进而揭示了基于合成偏高岭土的铝硅酸盐聚合物的微观形貌特征，预测了偏高岭土在碱性硅酸盐溶液中的水解产物；最后重点阐明了基于合成偏高岭土的铝硅酸盐聚合物的聚合反应机理。

参考文献

[1] AKOLEKAR D, CHAFFEE A, HOWE R F, 1997. The transformation of kaolin to low-silica X zeolite[J]. *Zeolites*, 19：359-365.

[2] BARBOSAA V F F, MACKENZIEB K J D, THAUMATURGOA C, 2000. Synthesis and characterisation of materials based on inorganic polymers of alumina and silica: sodium poly-sialate polymers [J]. *International Journal of Inorganic Materials*, 2: 309-317.

[3] BELENA I, 2005. Low-cost geopolymeric materials based on industrial wastes [D]. AIDICO, Valencia: Univesity of Valencia.

[4] BICH C, AMBROISE J, PERA J, 2009. Influence of degree of dehydroxylation on the pozzo-lanic activity of metakaolin [J]. *Applied Clay Science*, 44(3-4): 194-200.

[5] BRINKER C, SCHERER G, 1990. Sol-gel science-the physics and chemistry of Sol−gel pro-cessing[M]. Waltham: Academic Press Inc.

[6] BRINDLEY G W, Kao C,C,HARRISSON J L, et al, 1986. Relation between structural dis-order and other characteristics of kaolinites and dickites [J]. *Clays and Clay Minerals*, 34: 239-249.

[7] BROOKS J J, JOHARI M A M, 2001. Effect of metakaolin on creep and shrinkage of concret [J]. *Cement Concrete Composites*, 23: 495-502.

[8] CHANDRASEKHAR S, 1996. Influence of metakaolinization temperature on the formation of zeolite 4A from kaolin [J]. *Clay Minerals*,31:253-261.

[9] CHANDRASEKHAR S, RAMASWAMY S, 2002. Influence of mineral impurities on the properties of kaolin and its thermally treated products [J]. *Applied Clay Science*, 21: 133-142.

[10] CHERIAF M, CAVALCANTE R J, PéRA J, 1999. Pozzolanic properties of pulverized coal combustion bottom ash [J]. *Cement and Concrete Research*, 29: 1387-1391.

[11] CRISTóBAL A G S, CASTELLó R, LUENGO M A M, et al, 2009. Acid activation of me-chanically and thermally modified kaolins [J]. *Materials Research Bulletin*, 44: 2103-2111.

[12] DAVIDOVITS J, 1989. Geopolymers and geopolymeric materials [J]. *J Therm. Anal.* , 35 (2):429-441.

[13] DAVIDOVITS J, 1991. Geopolymers: inorganic polymeric new materials [J]. *Journal of Thermal Analysis*, 37: 1633-1656.

[14] DAVIDOVITS J, 2008. Geopolymers chemistry & applications[M]. Saint-Quentin: Institut Géopol ymère:141-143.

[15] ENGELHARDT G, 1987. High-resolution solid-State NMR of silicates and zeolites [M]. New Delhi: Phototypeset at Thomson Press (India) Limited,147-150.

[16] FROST R L, JOHANSSON U, 1998. Combination bands in the infrared spectroscopy of kao-lins-a drift spectroscopic study [J]. *Clays and Clay Minerals*, 46(4): 466-477.

[17] FYFE C A, Feng Yi. GRONDEY H, et al, 1991. One- and two-dimensional high-resolution solid−state NMR studies of zeolite lattice structures [J]. *Chemical Reviews*, 91:1525-1543.

[18] FIALIPS C I, NAVROTSKY A, PETIT S, 2001. Crystal properties and energetics of syn-thetic kaolinite [J]. *American Mineralogist*, 86: 304-311.

[19] FROST R L, 1995. Fourier transform raman spectroscopy of kaolinite, dickite and halloysite [J]. *Clay Minerals*, 43(2): 191-195.

[20] FROST R L, VASSALLO A M, 1996. The dehydroxylation of the kaolinite clay minerals using infrared emission spectroscopy[J]. *Clays and Clay Minerals*, 44(5): 635-651.

[21] GHORBEL A, FOURATI M, BOUAZIZ J, 2008. Microstructural evolution and phase transformation of different sintered kaolins powder compacts[J]. *Materials Chemistry and Physics*, 112: 876-885.

[22] GORDON M, BELL J, KRIVEN W M, 2005. Comparison of naturally and synthetically derived potassiumbased geopolymers[J]. *Ceramic Transactions*, 165: 95-106.

[23] GUNEYISI E, GESOGLU M, MERMERDAS K, 2008. Improving strength, drying shrinkage and pore structure of concrete using metakaolin[J]. *Materials and Structures*, 41: 937-949.

[24] HE Changling, MAKOVICKY E, OSBAECK B, 1994. Thermal stability and pozzolanic activity of calcined kaolin[J]. *Applied Clay Science*, 9: 165-187.

[25] HEIDE K, FOLDVARI M, 2006. High temperature mass spectrometric gas-release studies of kaolinite $Al_2[Si_2O_5(OH)_4]$ decomposition[J]. *Thermochimica Acta*, 446: 106-112.

[26] HENRY M, JOLIVET J, LIVAGE J, 1992. Aqueous chemistry of metal-cations-hydrolysis, condensation and complexation[J]. *Structure and Bonding*, 77: 153-206.

[27] HINDAR J, HOLM J L, LINDEMANN J, et al, 1980. Investigation of some kaolines by simultaneous DTA/TG and thermosonimetry[J]. *Thermal Analysis*, 80: 313-318.

[28] HORVáTH E, FROST R L, MAKÓ É, et al, 2003. Thermal treatment of mechanochemically activated kaolinite[J]. *Thermochimica Acta*, 404:227-234.

[29] JOHANSSON U, FROST R L, FORSLING W, et al, 1998. Raman spectroscopy of the kaolinite hydroxyls at 77K[J]. *Applied Spectroscopy*, 52(10): 1277-1282.

[30] KLINOWSKI J, 1991. Solid-state NMR studies of molecular sieve catalysts[J]. *Chemical Reviews*, 91: 1459-1479.

[31] KRIVEN W M, GORDON M, JONATHON B L, 2004. Geopolymers: nanoparticulate, nanoporous ceramics made under ambient conditions[J]. *Microscopy and Microanalysis*, 10(2): 404-405.

[32] KRIVEN W M, GORDON M, JONATHON B L, 2005. Comparison of natural and synthetically derived, potassium-based geopolymers[J]. *Ceramic Transactions*, 165:95-106.

[33] KRIVEN W M, 1999. Synthesis of oxide powders via a polymeric steric entrapment precursor route[J]. *J. Mater. Res.*, 14(8):3417-3426.

[34] LECOMTE I, LIEGEOIS M, RULMONT A, et al, 2003. Synthesis and characterization of new inorganic polymeric composites based on kaolin or white clay and on ground-granulated blast furnace slag[J]. *Journal of Materials Research*, 18(11): 2571-2579.

[35] LIVAGE J, HENRY M, SANCHEZ C, 1988. Sol-gel chemistry of transition metal oxides [J]. *Progress in Solid State Chemistry*, 18: 259-341.

[36] LIVAGE J, SANCHEZ C, HENRY M, et al, 1989. The chemistry of the sol-gel process [J]. *Solid State Ionics*, 32(3): 633-638.

［37］MAGI M, LIPPMAA E, SAMOSON A, 1984. Solid-state high−resolution silicon−29 chemical shifts in silicates［J］. *Journal of Physical Chemistry*, 88: 1518-1522.

［38］MEINHOLD R H, MACKENZIE K J D, BROWN I W M, 1985. Thermal reactions of kaolinite studied by solid state 27Al and 29Si NMR［J］. *Journal of Materials Science Letters*, 4: 163-166.

［39］WANG Meirong, LIN Tiesong, HE Peigang , et al, 2010. Influence of calcination time on pozzolanic activity of metakaoline base on a novel evaluation method［J］. *Key Engineering Materials*,434-435: 92-94.

［40］NAIR B G, Zhao Qiang, COOPER R F, 2007. Geopolymer matrices with improved hydrothermal corrosion resistance for high-temperature applications［J］. *J. Mater. Sci.* , 42: 3083-3091.

［41］NORTH M R, SWADDLE T W, 2000. Kinetics of silicate exchange in alkaline aluminosilicate solutions［J］. *Inorganic Chemistry*, 39: 2661-2665.

［42］ORIOL M, PERA J, 1995. Pozzolanic activity of metakaolin under microwave treatment ［J］. *Cement and Concrete Research*, 25: 265-270.

［43］PHAIR J W, SMITH J D, van DEVENTER J S J, 2003. Characteristics of aluminosilicate hydrogels related to commercial "geopolymers"［J］. *Materials Letters*, 57: 4356-4367.

［44］RAHIER H, van MELE B, 1996. Low-temperature synthesized aluminosilicate glasses part I low-temperature reaction stoichiometry and structure of a model compound ［J］. *Journal of Material Sciences*,31: 71-79.

［45］RAHIER H, WULLAERT B, van MELE B, 2000. Influence of the degree of dehydroxylation of kaolinite on the properties of aluminosilicate glasses ［J］. *Thermal Analysis and Calorimetry*, 62: 417- 427.

［46］RUSSEL J D, 1987. Infrared spectroscopy of inorganic compounds, laboratory methods in infrared spectroscopy ［M］. New York: Wiley,20-24.

［47］SAYANAM R A, KALSOTRA A K, MEHTA S K, et al, 1989. Studies on thermal transformations and pozzolanic activities of clay from jammu region (india)［J］. *Thermal Analysis and Calorimetry*, 35: 99-106.

［48］SCHOTT J, OELKERS E H, 1995. Dissolution and crystallization rates of silicate minerals as a function of chemical affinity ［J］. *Pure and Applied Chemistry*, 67: 903-910.

［49］SINGH P S, BASTOW T, TRIGG M, 2005. Structural studies of geopolymers by 29Si and 27Al MAS−NMR［J］. *Journal of Materials Science*,40(15): 3951-3961.

［50］SMYKATZ−KLOSS W, HEIDE K, KLINKE W, 2003. Application of thermal methods in the geosciences in handbook of thermal analysis and calorimetry［M］. Amsterdam:Elsevier.

［51］SONUPARLAK B, SARIKAYA M, AKSAY I A, 1987. Spinel phase formation during the 980 ℃ exothermic reaction in the kaolinite−to−mullite reaction series［J］. *Journal of the American Ceramic Society*, 70: 837- 842.

［52］SUITCH P R, 1986. Mechanism for the dehydroxylation of kaolinite, dickite, and nacrite from room temperature to 455℃ ［J］. *Journal of the American Ceramic Society*, 69: 61-65.

[53] VIZCAYNO C, de GUTIÉRREZ R M, CASTELLO R, et al, 2010. Pozzolan obtained by mechanochemical and thermal treatments of kaolin[J]. *Applied Clay Science*, 49: 405-413.

[54] WENG Lvqian, SAGOE-CRENTSIL K, 2007. Dissolution processes, hydrolysis and condensation reactions during geopolymer synthesis: part I low Si/Al ratio systems [J]. *Journals of Materials Science*, 42: 2997-3006.

[55] WENG Lvqian, SAGOE-CRENTSIL K, 2007. Dissolution processes, hydrolysis and condensation reactions during geopolymer synthesis: part II high Si/Al ratio systems [J]. *Journals of Materials Science*, 42: 3007-3014.

[56] ZIBOUCHE F, KERDJOUDJ H, D´ESPINOSE de LACAILLERIE J B, et al, 2009. Geopolymers from Algerian metakaolin. influence of secondary minerals[J]. *Applied Clay Science*, 43: 453-458.

[57] 冯武威, 马鸿文, 王刚, 等, 2004. 利用膨胀珍珠岩制备轻质矿物聚合材料的实验研究[J]. 材料科学与工程学报, 22(2):233-239.

[58] 聂轶苗, 马鸿文, 杨静, 等, 2006. 矿物聚合材料固化过程中的聚合反应机理研究[J]. 现代地质, 20: 340-346.

[59] 聂轶苗, 2006. SiO_2-Al_2O_3-$Na_2O(K_2O)$-H_2O 体系矿物聚合材料制备及反应机理研究[D]. 北京: 中国地质大学.

[60] 潘峰, 2006. 铝硅酸盐聚合物、玻璃和熔体结构的 Raman 光谱研究[D]. 北京:中国地质大学.

[61] 任玉峰, 马鸿文, 王刚, 等, 2003. 利用金矿尾砂制备矿物聚合材料的实验研究[J]. 现代地质, 17(2):171-175.

[62] 沈兴, 1995, 差热、热重分析与非等温固相反应动力学[M]. 北京: 冶金工业出版社, 41-49.

[63] 苏玉柱, 杨静, 马鸿文, 等, 2006. 利用粉煤灰制备高强矿物聚合材料的实验研究[J]. 现代地质. 20(2):355-360.

[64] 王刚, 马鸿文, 2005. 矿物聚合材料基体相的形成过程研究[J]. 岩石矿物学杂志, 24(2):133-138.

[65] 王美荣, 2011. 铝硅酸盐聚合物聚合机理及含漂珠复合材料组织与性能[D], 哈尔滨: 哈尔滨工业大学.

[66] 王美荣, 林铁松, 何培刚, 等, 2010. 热处理温度对偏高岭土活性的影响及其表征[J]. 硅酸盐通报, 29(2): 268-271.

[67] 王雪静, 张甲敏, 李晓波, 等, 2007. 高岭土和煅烧高岭土的微观结构研究[J]. 中国非金属矿工业导刊, (5): 18-20.

[68] 翁履谦, SAGOE-CRENTSIL K, 宋申华, 等, 2005. 地质聚合物合成中铝硅酸盐组分的作用机制[J]. 硅酸盐学报, 33: 276-280.

[69] 杨南如, 1996. 碱胶凝材料形成的物理化学基础(I)[J]. 硅酸盐学报, 24: 209-215.

[70] 杨南如, 1996. 碱胶凝材料形成的物理化学基础(II)[J]. 硅酸盐学报, 24: 459-463.

[71] 郑大伟, 2010. 无机聚合技术的发展应用及回顾[J]. 矿业, 3:140-157.

[72] 诸华军, 姚晓, 华苏东, 等, 2007. 煅烧制度对偏高岭土胶凝活性的影响[J]. 非金属矿, 30(3): 6-8.

[73] 张云升, 孙伟, 2003. 粉煤灰地聚合物混凝土的制备、特性及机理[J]. 建筑材料学报, 6(3):237-242.

[74] 张云升, 孙伟, 2004. ESEM 追踪 K-PSDS 型地聚合物水泥的水化[J]. 建筑材料学报, 7(1):8-13.

第 4 章　无机聚合物的制备工艺、组织结构与性能

4.1　KGP铝硅酸盐无机聚合物的制备工艺

根据 Davidovits（1989，1991），钾离子激发无机聚合物（potassium（K^+）ion activated geopolymer，简称 KGP）铝硅酸盐聚合物的标准制备工艺主要分为以下 3 步：

（1）反应碱溶液的制备。即配置所需浓度的水玻璃溶液，使 SiO_2 充分溶解，将碱溶液加入硅溶胶。

（2）含天然硅铝酸盐矿物成分的均匀悬浊液的制备。向上步反应碱溶液中加入天然硅铝酸盐矿物并充分搅拌，以得到均一悬浊液（suspension liquid），在强碱性条件下靠各物质间聚合反应使其黏度增加。

（3）注模固化（injection and curing）。当悬浊液黏度（viscosity）达到一定程度后，将悬浊液注入模具，采用一定工艺使其固化成型，铝硅酸盐聚合物的固化一般在 40 ~150 ℃ 低温下进行。无机聚合物注模固化工艺保持了类似于树脂和波特兰水泥的成型特性，因而也可以很方便对其进行掺杂改性（doping modification）。

KGP 铝硅酸盐聚合物的制备工艺流程图如图 4.1 所示。

图 4.1　KGP 铝硅酸盐聚合物的制备工艺流程图

常用 KGP 铝硅酸盐聚合物配合料各组分的摩尔比见表 4.1。典型 KGP 铝硅酸盐聚合物的具体制备工艺（何培刚 2011）如下：

（1）称取适量 KOH 加入到 SiO_2 溶胶中，室温磁力搅拌（magnetic stirring）24 ~ 72 h，得到混合溶液。

（2）配合料浆的制备。将相应质量的偏高岭土粉末逐步添加到步骤（1）所配置的混合溶液中，添加的同时采用强力搅拌并保持 30 ~ 60 min，以得到混合均匀的铝硅酸盐聚合物配合料。为排除配合料中的气泡，有时再施以超声振动（ultrasonic vibration）处理（10 ~ 20 min）和／或真空排气（vacuum exhaust），为保证整个过程在恒定较低温度下进行，有时烧杯还采用冰水浴。

（3）注模固化／养护。当悬浊液黏度达到要求后，将悬浊液注入模具，随后用塑料袋密封放入一定温度的空气干燥箱中固化、养护，在 25 ～ 90 ℃ 养护 4 ～ 28 d。然后出模得到最终材料坯体。

表 4.1　铝硅酸盐聚合物中各氧化物的摩尔比（何培刚 2011）

$n(SiO_2)/n(Al_2O_3)$	$n(K_2O)/n(SiO_2)$	$n(H_2O)/n(K_2O)$
4 ～ 8	0.125 ～ 0.25	11 ～ 18

固化（养护）过程中包含了偏高岭土分解、各单体迁移和缩聚（condensation）、排除多余水分等多个过程，其中排除多余水分过程中较容易引起材料坯体开裂，因此，固化是无机聚合物材料的核心工艺环节。图 4.2 所示为作者本人课题组制备的无机聚合物试片，表面平整光滑，未出现裂纹、开裂和明显气孔等缺陷，质量完好。

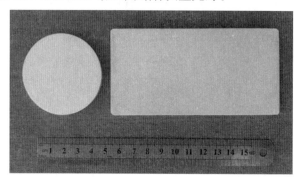

图 4.2　哈工大特种陶瓷研究所制备的一种 KGP 无机聚合物试片数码照片

固化可分为无压固化（pressureless curing）、温压固化（warm compaction curing）和温等静压固化（warm isostatic pressing/compaction curing）3 种。

（1）无压固化。即固化过程中不施加压力。该工艺较为简单，但空气易于遗留，固化后材料气孔率较高、气孔较大，有的直径甚至超过 1 mm。通过超声振荡、低频振动、真空除气及低频振动和真空除气相结合、延长搅拌时间等措施，可以有效减少大气孔的含量，但却不能去除所有的大气孔，因此，无压固化工艺制备的材料性能较差。

（2）温压固化。即在固化的过程中同时加热又加压，从而使材料致密。这种工艺能显著降低材料中大气孔含量，但高压操作不利于形状复杂构件的成型，使用范围受到限制。

（3）温等静压固化。将铝硅酸盐聚合物浆体注入圆柱模具，置于高压反应釜（high pressure reactor）中，采用温等静压成型固化，与常规温等静压工艺不同之处是压力较小（为 15 ～ 25 MPa）。这种工艺可完全消除材料内部大气孔，最后材料形成被纳米孔隔开的纳米粒子组成的空间网状纳米结构[36]，因而同等条件下相对于前两组固化工艺力学性能最佳。冯武威、马鸿文等（2004）对膨胀珍珠岩（expanded perlite）与碱液反应制备铝硅酸盐聚合物研究发现，固化反应温度和固化时间分别为 60 ～ 100 ℃ 和 4 ～ 12 h 时材料具有最高的抗压强度。

可见，在铝硅酸盐聚合物的制备过程中，强碱性条件下配合料浆发生聚合反应使其具有类似于树脂材料低温成型的特性，这不仅使其制备过程可控性强、可重复性好，还意味着可以利用或至少部分利用生产树脂的设备，而无须开发与引进或少开发少引进新设备，有利于降低生产成本。

4.2　KGP 无机聚合物的显微组织及影响因素

无机聚合物材料多具有非晶和纳米晶复合结构,一般含有多孔等缺陷,基体衬度特征类似于非晶的平滑结构,有时含有一些杂质矿物片状颗粒夹杂。在高倍显微镜如 TEM 下,无机聚合物具有类似海绵的纳米显微组织,并且是由纳米孔隔开的纳米粒子组成(Duxson et al 2005, Kriven et al[39]),如图 4.3 所示。影响无机聚合物显微组织的决定性因素包括养护温度、养护时间和原材料煅烧温度,其他因素如原料种类、养护湿度等也会影响显微组织(王美荣 2011)。

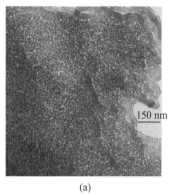

(a)　　　　　　　　　　　　　(b)

图 4.3　无机聚合物的典型纳米显微组织

制备 KGP 无机聚合物所用原材料与来源见表 4.2。两种天然高岭土粉($Al_2O_3 \cdot 2SiO_2 \cdot 2H_2O$)的纯度和平均粒径有所差别,但微观上均呈层片状。天然高岭土粉末颗粒为层片状(图 4.4(a)),主相为高岭石,另外还含有 α - 石英、伊利石(illite)和白云母(muscovite)等伴生矿物杂质以及极少量磁铁矿和钙钛矿等(图 4.4(b))。其中,极少量的磁铁矿和钙钛矿未在图中标出。

表 4.2　制备 KGP 无机聚合物所用原材料性质与来源

原料	分子式 / 成分	纯度	中值粒径	来源
天然高岭土 ①	$Al_2O_3 \cdot 2SiO_2 \cdot 2H_2O$	> 98%	4.13 μm	中国建筑材料研究院
天然高岭土 ②	$Al_2O_3 \cdot 2SiO_2 \cdot 2H_2O$	92.3%	4.08 μm	上海奉县奉贤试剂厂
硅溶胶	H_2SiO_3	40%	—	市售
氢氧化钾	KOH	90%	—	市售

① 高蓓(2008)用原料;② 林铁松(2009)、何培刚(2011)及王美荣(2011)用原料

天然高岭土($Al_2O_3 \cdot 2SiO_2 \cdot 2H_2O$)需首先经过煅烧脱水处理以获得偏高岭土(metakaolin),即在 800 ℃ 下煅烧脱水处理 1 ~ 4 h 后形成无水硅酸铝($Al_2O_3 \cdot 2SiO_2$),即偏高岭土。例如,800 ℃ 下煅烧 2 h 后所得偏高岭土颗粒的 SEM 形貌和 XRD 图谱分别如图 4.5(a)、(b) 所示。可见,高温煅烧 2 h 后获得的偏高岭土 ②(何培刚 2011)颗粒虽然仍为片状,但由原来的晶相转化为非晶相,馒头峰中心位置约为 22.16°;颗粒平均粒径也因煅烧粘连较天然高岭土的增大较多,约为 10 μm。

(a) SEM 照片

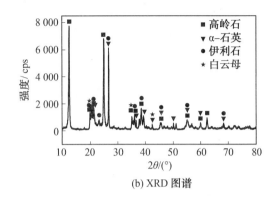
(b) XRD 图谱

图 4.4　表 4.2 中天然高岭土 ② 粉末颗粒的 SEM 形貌及其 XRD 图谱

(a) SEM 照片

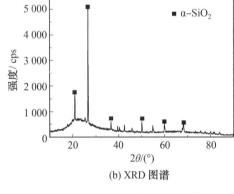
(b) XRD 图谱

图 4.5　天然高岭土 ② 800 ℃ 下煅烧 2 h 后得到的偏高岭土粉体颗粒 SEM 形貌及 XRD 图谱(何培刚 2011)

4.2.1　成型固化(养护) 工艺的影响

1. 养护工艺对物相的影响

(1) 养护温度的影响。

高蓓(2008)以 K – PSS* 为对象,研究了养护温度的影响。图 4.6 所示给出了配合料注模后分别在 50 ℃、60 ℃、70 ℃ 和 80 ℃ 下进行成型和养护所得无机聚合物 K – PSS(分别记为 T_{50}、T_{60}、T_{70} 和 T_{80}) 的 XRD 图谱(高蓓 2008)。可见,成型与养护温度对最终生成物的物相几乎没有影响,在所制得 K – PSS 中仅有无机聚合物的非晶峰和 α – SiO_2。与偏高岭土的 XRD 图谱(图 4.5(b)) 比较可知,聚合反应后,偏高岭土的非晶峰发生偏移,中心位置由 22.16° 偏至 26.8°,说明由于聚合反应生成了新的非晶相,其组成为 $Al_2O_3 \cdot 2.2SiO_2$。而 α – SiO_2 为遗留下来偏高岭土中未反应的 α – SiO_2(Zibouche et al 2009)。养护温度升高,α – SiO_2 的峰逐渐变弱,说明升高温度有利于反应的充分进行(高蓓 2008)。王美荣(2011) 采用表 4.2 所示天然高岭土 ② 煅烧后制备的偏高岭土为原料,在 25 ~ 80 ℃ 下合成 K – PSS,研究了养护温度对其物相的影响,得到了相同的结果。

---

　*　$n(Si)/n(Al) = 2$ 的钾离子激发铝硅酸盐聚合物。

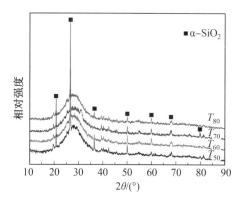

图 4.6　K – PSS 无机聚合物的 XRD 图谱（高蓓 2008）

（2）养护时间的影响。

图 4.7 所示为在 80 ℃下分别养护 4 d、7 d、11 d、15 d 和 19 d 的铝硅酸盐聚合物的 XRD 图谱。可见，随着养护时间的延长，铝硅酸盐聚合物对应非晶馒头峰中心在逐渐往低角度偏移，说明在 80 ℃下养护时间由 4 d 延长至 19 d 时，养护时间对铝硅酸盐聚合物的短程有序化程度影响还比较明显；但 α – SiO_2 的衍射峰变化不显著，说明在此时间范围变化养护时间，未影响参与聚合反应的 α – SiO_2 的量。

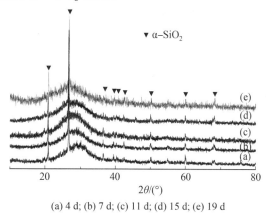

(a) 4 d; (b) 7 d; (c) 11 d; (d) 15 d; (e) 19 d

图 4.7　在 80 ℃下不同养护时间制备的铝硅酸盐聚合物的 XRD 图谱（高蓓 2008）

2. 成型与养护工艺对 K – PSS 密度和开口气孔率的影响

（1）养护温度的影响。

养护温度对无机聚合物的显微形貌有较大影响。一般而言，随着聚合反应的进行，Al 和 Si 单体分子逐渐发生缩聚反应，脱去羟基水，形成含 ⟨ Si—O—Al—O—Si ⟩ 的网络状结构的无机聚合物，在这个过程中伴随着体积收缩。低温下养护时无机聚合物的聚合反应发展缓慢，使处于凝胶状态中的毛细孔有足够的时间汇聚到一起，形成较大的气孔。随着聚合反应的进行，凝胶体的黏度逐渐增大，最终固化成型，使还没有被排除的较大气孔固定在无机聚合物中。随养护温度升高，聚合反应速率加快，聚合程度提高且产物增多，能够更有效地排除毛细孔，从而提高致密度和降低气孔率。

图 4.8 给出了不同养护温度对制备 K – PSS 铝硅酸盐聚合物的密度和开口气孔率的影

响。可知,提高养护温度(25 ~ 80 ℃),密度呈线性增高趋势,由 1.35 g·cm^{-3} 增至 1.43 g·cm^{-3}。这是因为随着聚合反应的进行,Al 和 Si 单体分子逐渐发生缩聚反应,脱去羟基水,形成含 $\left(\!\!-\; Si\!-\!O\!-\!Al\!-\!O\!-\!Si\; -\!\!\right)$ 的网络状结构的铝硅酸盐聚合物,在这个过程中伴随着体积收缩。因此,养护温度升高,铝硅酸盐聚合物的聚合反应程度逐渐增大(反应速率增大)(Sindhunata et al 2006),自由水和羟基水被逐渐排除,使铝硅酸盐聚合物的密度逐渐增大。采用表 4.2 所给天然高岭土 ① 制备偏高岭土,最后在 50 ~ 80 ℃ 固化养护得到的 K - PSS 无机聚合物,其密度随养护温度变化的趋势与之相同(高蓓 2008)。

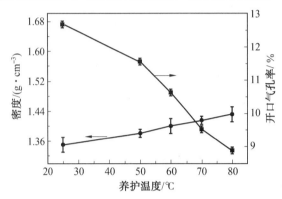

图 4.8　养护温度对 K - PSS 铝硅酸盐聚合物的密度和开口气孔率的影响 (王美荣 2011)

另外,铝硅酸盐聚合物的开口气孔率(open porosity)由 12.7% 逐渐降低到 8.9%,这说明养护温度适当提高有利于产物的生成气体的排除,有利于材料的致密化。

(2) 养护时间的影响。

王美荣(2011)给出了在 80 ℃ 下养护时间对 K - PSS 铝硅酸盐聚合物的(设计配比为 $n(Si):n(Al):n(K):n(H_2O) = 2:1:1:11$) 密度和开口气孔率的影响(图 4.9),养护时间分别为 4 d、7 d、11 d、15 d 和 19 d。可见,养护时间从 4 d 到 15 d,铝硅酸盐聚合物的密度逐渐增大,由 1.41 g·cm^{-3} 增大至 1.45 g·cm^{-3},说明聚合反应主要发生在固化养护的初期,期间伴随着 K - PSS 铝硅酸盐聚合物的吸附水与部分羟基水的脱除和体积收缩;而继续延长养护时间到 19 d,其体积密度不再变化,说明此阶段聚合反应基本完成。

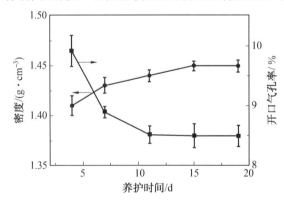

图 4.9　养护时间(在 80 ℃ 下)对 K - PSS 铝硅酸盐聚合物的密度和开口气孔率的影响 (王美荣 2011)

类似地,铝硅酸盐聚合物在 4 ~ 11 d 养护时间内,开口气孔率由 9.9% 降低至 8.5%;而当在 11 ~ 19 d 养护时间内,开口气孔率不再继续降低。这说明在一定时间段内适当延长养护时间,有利于铝硅酸盐聚合物的致密化程度的增加。

3. 成型与养护温度对 K – PSS 显微组织的影响

（1）养护温度的影响。

图 4.10 为不同养护温度制备的铝硅酸盐聚合物的断口形貌。可见,在 25 ℃ 养护下的铝硅酸盐聚合物的断口上有大量直径为 10 ~ 25 μm 的大气孔和直径约为 1 μm 的小气孔。这主要是因为在固化之前较低的养护温度使铝硅酸盐聚合物早期的聚合反应速率较慢,使处于凝胶状态中的微气孔有足够的时间汇聚形成较大气孔并排除。随着聚合反应的进行,

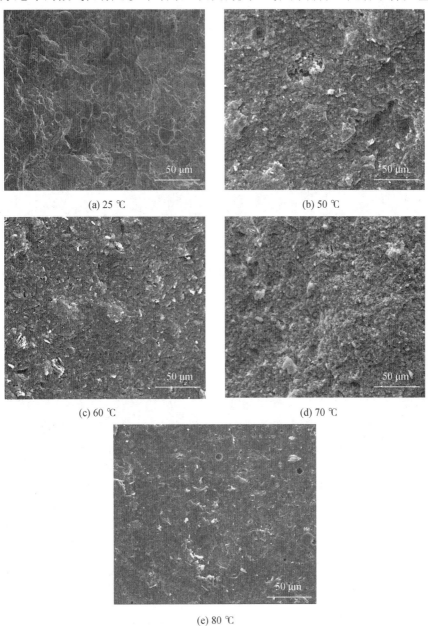

(a) 25 ℃　　　　　　　　　　(b) 50 ℃

(c) 60 ℃　　　　　　　　　　(d) 70 ℃

(e) 80 ℃

图 4.10　不同养护温度制备的铝硅酸盐聚合物的断口形貌（王美荣 2011）

凝胶体的黏度逐渐增大,最终固化成型,使还没有被排除的较大气孔被密封在铝硅酸盐聚合物中。与 25 ℃ 养护的铝硅酸盐聚合物相比,经 50 ℃ 养护的铝硅酸盐聚合物的断口上的大气孔变小,直径约为 8 μm,但还是存在孔洞缺陷。而 60 ℃ 养护的铝硅酸盐聚合物断口上的气孔数量变少且尺寸变小,未观察到孔洞的存在。而经 70 ℃ 养护后的铝硅酸盐聚合物的断口上没有发现尺寸较大的气孔和孔洞缺陷的存在,但仍可观察到直径为 1 ～ 2 μm 的气孔存在。当养护温度升高到 80 ℃ 时,在 2 000 倍的放大倍数下,在铝硅酸盐聚合物中基本观察不到气孔和孔洞缺陷。这主要是因为聚合反应速率适中,偏高岭土颗粒间孔隙被填充、气孔顺利排除所致。这与图 4.8 中铝硅酸盐聚合物的开口气孔率(open porosity)变化结果相符。

高蓓(2008)分别在 50 ℃、60 ℃、70 ℃ 和 80 ℃ 下养护后,得到 K - PSS 无机聚合物,其显微组织呈现相同变化趋势(图 4.11)。

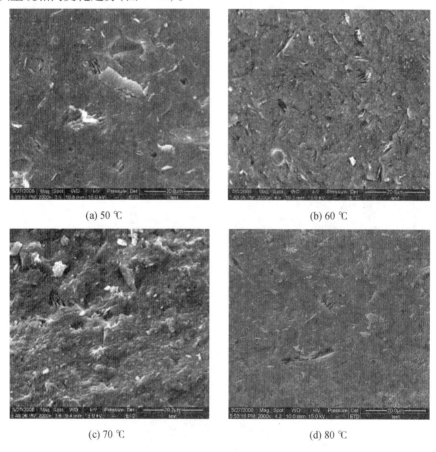

(a) 50 ℃　　　　　　　　　　　　　　　(b) 60 ℃

(c) 70 ℃　　　　　　　　　　　　　　　(d) 80 ℃

图 4.11　不同温度制备的 K - PSS 无机聚合物材料断口扫描照片(高蓓 2008)

从反应机理来分析,当偏高岭土和硅溶胶及激发剂(activator)溶液混合后,其中的铝硅酸盐玻璃相解聚溶解,在偏高岭土颗粒表面,形成具有高反应性中间胶体相。随胶体沉淀和新固体溶解,形成具有无定形结构的矿物聚合物。因此胶体的形成是矿物聚合作用过程的主要步骤,而胶体的形成又主要取决于铝硅酸盐矿物(即偏高岭土)在激发剂溶液中的溶解程度。对偏高岭土而言,其在激发剂溶液中溶解程度的大小决定于其中铝硅玻璃体相的聚合程度,即偏高岭土的活性,铝硅玻璃体聚合程度越小,活性越大,偏高岭土的溶解度越高。高温养护可以改变偏高岭土的矿物结构,从而提高偏高岭土的活性。因为在高温蒸汽养护条件下,偏高岭土中的铝硅玻璃体网络结构更容易被破坏,使$[SiO_4]^{4-}$四面体聚合体解聚成单聚体和双聚体,且温度越高,玻璃体结构的破坏程度越大,促进了偏高岭土的溶解(王刚马鸿文 2005)。

(2)养护时间的影响。

养护时间对无机聚合物的显微组织也有较大影响。在特定的温度下,聚合反应程度随时间的延长而增加,并逐渐排出结构中的自由水,使结构致密化程度加大。图 4.12 所示为 80 ℃下分别养护 4 d、7 d、11 d、15 d 和 19 d 的铝硅酸盐聚合物的断口 SEM 照片。可见,当铝硅酸盐聚合物养护 4 d 时,在它的断口上可观察到大量气孔、孔洞和夹杂物等缺陷;当养

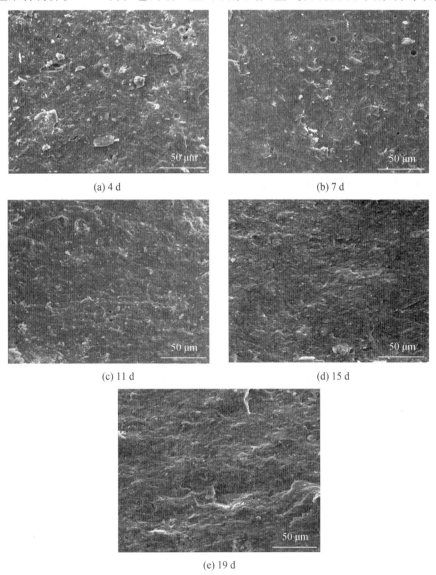

(a) 4 d　　　　　　　　　　　(b) 7 d

(c) 11 d　　　　　　　　　　　(d) 15 d

(e) 19 d

图 4.12　在 80 ℃下不同养护时间制备的 K - PSS 铝硅酸盐聚合物断口形貌(王美荣 2011)

护时间为 7 d 时,断口上的气孔、孔洞和夹杂物等缺陷的数量明显减少;随着养护时间的继续延长(7 ~ 19 d),断口上的气孔、孔洞和夹杂物等缺陷数量越来越少;当养护时间为 15 ~ 19 d 时,几乎观察不到孔洞缺陷的存在,这说明,养护时间有利于铝硅酸盐聚合物显微结构致密。这主要是因为,随着养护时间的延长,铝硅酸盐聚合物的聚合反应也在逐渐进行,随着反应的进行,铝硅酸盐聚合物逐渐发生聚合、缩聚反应,逐渐化合了结构中的自由水,填充了空隙,使体积密度增加。这与图 4.8 中的体积密度和开口气孔率的试验结果一致。

4.2.2 碱激发剂组成的影响

依据碱激发反应的程度,铝硅酸盐聚合物可以分为未完全反应型铝硅酸盐聚合物和完全反应型两种。天然矿物粒子表面生成反应层阻止了反应的进一步进行,各粒子靠表面的反应层连接在一起,内部未反应的部分以填充相形式存在。

完全反应型铝硅酸盐聚合物具有非晶网状结构,其组成单元是 $[AlO_4]$ 和 $[SiO_4]$。铝硅酸盐聚合物的晶态和显微组织较为复杂,为包括晶态、玻璃态、胶凝态及气孔等的多晶态和多相聚集体(贾德昌 何培刚 2007)。

高蓓(2008)采用相同的硅铝比(2),固定成型与养护工艺(80 ℃/7 d),分别采用硅溶胶模数 $n = 2,1.6,1.2$,即 $n(SiO_2)/n(K_2O) = 2,1.6,1.2$ 下制备无机聚合物 K – PSS,研究了碱激发剂含量对材料的物相、组织结构及常温力学性能的影响。

1. 碱激发剂组成对 K – PSS 物相的影响

图 4.13 所示为采用不同硅溶胶模数制备的无机聚合物 K – PSS 的 XRD 图谱。可见,碱激发剂含量增加,无机聚合物原来中心在 26.8° 处的非晶峰向右侧逐渐偏移,说明无机聚合物的内部结构发生了变化。当硅溶胶模数 $n = 1.2(n(SiO_2)/n(K_2O) = 1.2)$,也就是碱激发剂过量时,出现新相 $KAlSi_2O_6$。而随着碱激发剂含量的增加,偏高岭土中遗留下来的未反应的 $\alpha – SiO_2$ 的量变化不明显。

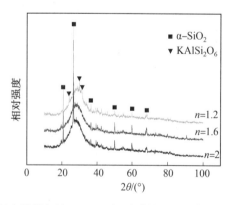

图 4.13 不同碱激发剂含量制备的 K – PSS 铝硅酸盐无机聚合物的 XRD 图谱 (高蓓 2008)

2. 碱激发剂组成对 K – PSS 密度的影响

表 4.3 给出了不同碱激发剂含量制备的 K – PSS 无机聚合物的密度,可见,当硅溶胶模数为 1.6 时,K – PSS 无机聚合物的密度最大。分析认为,硅溶胶和 KOH 的混合溶液在反应

中起到了缓冲溶液的作用。适量增大碱激发剂 KOH 的含量,由液体硅酸钾分解的氢氧根补充了反应消耗的氢氧根,使碱浓度仍能保持在 10 mol/L,在此浓度下配合物 $Al(OH)_4^-$、$(OH)_2SiO_2^{2-}$、$(OH)SiO_3^{3-}$ 的键不断断裂(Hussain 2005),促进了最终交叉网络状化合物的形成,使无机矿物聚合物的密度有所提高(高蓓 2008)。

继续增大碱激发剂的含量,材料密度明显降低。这是由于当 KOH 含量超过一定值时,液体硅酸钾分解的硅胶量较多,反应进程受阻所致。

表 4.3 不同碱激发剂含量制备的 K – PSS 无机聚合物的密度(高蓓 2008) g/cm³

材料代号	N2	N1.6	N1.2
密度	1.43	1.48	1.22

3. 碱激发剂组成对 K – PSS 显微组织的影响

图 4.14 所示为不同碱激发剂含量制备 K – PSS 无机聚合物的断口上的显微组织(高蓓 2008)。可见,当 $n=2$ 时(图 4.14(a)),材料较为致密均匀,仅遗留一些层片状偏高岭土;当 $n=1.6$ 时(图 4.14(b)) 有的区域反应完全、结构更致密,而有的区域非常疏松;当 $n=1.2$ 时(图 4.14(c) 和(d)),K – PSS 有些区域很松散,有些区域相对密实但却存在大量裂纹。这是由于碱激发剂含量增大、反应加快、材料易膨胀开裂导致的。这些裂纹的存在容易导致材料直接碎裂。

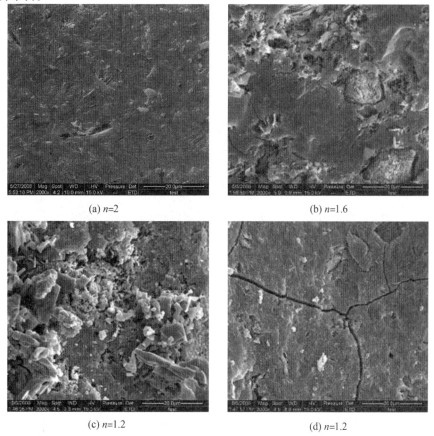

(a) $n=2$ (b) $n=1.6$

(c) $n=1.2$ (d) $n=1.2$

图 4.14 不同碱激发剂含量制备的 K – PSS 铝硅酸盐无机聚合物的断口扫描照片(高蓓 2008)

　　Kriven et al(2004),Duxson et al(2007)证实,铝硅酸盐聚合物具有类似海绵的纳米显微组织,由纳米孔隔开的纳米粒子组成(图4.15)。孔的结构受碱离子的性质、铝硅酸盐聚合物原料的性质以及制备条件的影响较大,但不同条件下的铝硅酸盐聚合物的显微组织差别及其发育过程机理等方面的报道仍非常少。

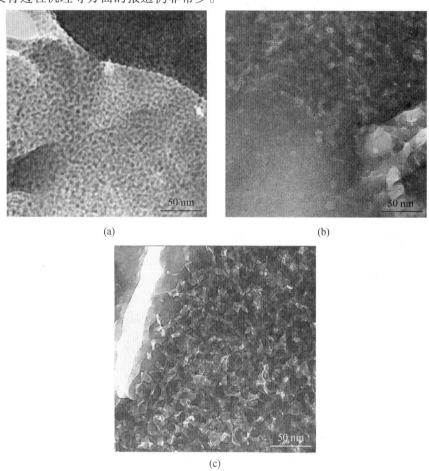

(a)　　　　　　　　　　　　　　　(b)

(c)

图4.15　铝硅酸盐聚合物材料($n(\mathrm{SiO_2})/n(\mathrm{Na_2O}) = 0.5$, $n(2\mathrm{SiO_2})/n(\mathrm{Al_2O_3}) = 2.15$)
不同区域的 TEM 照片(Duxson 2007)

4.2.3　原料高岭土煅烧温度的影响

　　原料配料的热历史(thermal history)也显著影响 K – PSS 聚合物的组织与性能。Xu & Van Deventer (2002) 发现,与由未经煅烧的天然矿物如高岭土等合成的铝硅酸盐聚合物相比,由经过煅烧的天然矿物如偏高岭土、矿渣、粉煤灰等合成的铝硅酸盐聚合物具有更高的抗压强度。这是因为未经过煅烧的天然矿物合成的铝硅酸盐聚合物难于形成具有一定强度的化学键(Xu & Van Deventer (2000)),仅能形成低强度的结构,而煅烧后的矿物具有更高的反应活性,能促使材料内部粒子结合更紧密。高岭土在煅烧后转变为变偏高岭土过程中,可使八面体配位的 Al 转变为化学活性更高的四面体配位形式,后者在碱性溶液中更易于溶解(Phair& Van Deventer 2001),因而可提高原料的反应活性(Davidovits 1991)。同时,采用合成的铝硅酸盐粉体较天然的粉体具有更高的活性,反应更完全,因而具有更合理的微观结构及更优异的宏观力学性能(Xu et al 2002,Gordon et al 2005)。

制备 K-PSS 铝硅酸盐聚合物采用的原料偏高岭土可以是天然的,也可以是合成的。合成偏高岭土具有化学成分均匀单一、聚合反应充分的优点,然而其造价较高,并且聚合反应速度快;天然偏高岭土具有与合成偏高岭土类似的化学组成和化学结构,且价格低廉、反应速度可控。王美荣(2011)将天然偏高岭土分别在 800 ℃ 和 900 ℃ 下煅烧 4 h 制得偏高岭土(记为 800MK 和 900MK),继而以此为原料制备 K-PSS 铝硅酸盐聚合物(分别记为 G-800MK 和 G-900MK),讨论原料煅烧温度对铝硅酸盐聚合物组织与性能的影响。

1. 原材料煅烧温度对 K-PSS 物相的影响

图 4.16 所示为 800MK、900MK、G-800MK 和 G-900MK 的 XRD 图谱。可见,它们除了含有由原材料偏高岭土引入的 α-石英外,主相均为非晶相。其中,800MK、900MK 的馒头峰中心位置不同(图 4.16 中箭头 1、2 所指示),说明不同煅烧温度下所获得的偏高岭土结构的近程有序化程度不同,即近程有序化(short range ordering)结构中的 Al 原子结构单元不同;而 G-800MK 和 G-900MK 的非晶馒头峰中心也有所偏差,分别位于 27.7° 和 26.5°,这说明以不同结构单元组成的偏高岭土为原料会导致生成的铝硅酸盐聚合物材料的近程有序化程度也有差异。

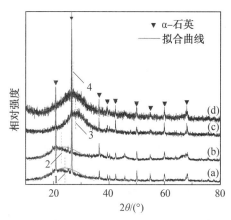

(a) 800MK; (b) 900MK; (c) G-800MK; (d) G-900MK

图 4.16　不同煅烧温度的偏高岭土和以其为原料所制备的 K-PSS 铝硅酸盐聚合物的 XRD 图谱(王美荣 2011)

2. K-PSS 铝硅酸盐聚合物粉体颗粒形貌

由图 4.17(a) 和(b) 所示的 800MK 和 900MK 粉体颗粒的 SEM 形貌可见,800MK 和 900MK 的粉体颗粒多数均呈层片状,有少量呈棒状,相比之下,900MK 较 800MK 稍粗。而铝硅酸盐聚合物 G-800MK 和 G-900MK 的粉体颗粒(图 4.17(c) 和(d))层状结构更为明显,只是 G-800MK 的层片状组织比较粗大杂乱,层片厚度约为 0.172 μm、片间距约为 0.099 μm;而 G-900MK 的层片状组织排布紧密整齐,层片厚度约为 0.235 μm,片间距约为 0.026 μm。可见,煅烧温度的升高,使颗粒整体发生粗化,但层片状的亚结构反而显著细化。

(a) 800MK (b) 900MK

(c) G-800MK (d) G-900MK

图 4.17 以不同煅烧温度的偏高岭土为原料制备 K - PSS 铝硅酸盐聚合物 SEM 粉体形貌观察(王美荣 2011)

3. 官能团和价键结构

(1)^{27}Al NMR 分析。

为进一步表征非晶态 K - PSS 铝硅酸盐聚合物的短程有序结构,采用固态 NMR 表征其 Al 原子和 Si 原子环境,图 4.18(a) ~ (d) 分别为 800MK、900MK、G - 800MK 和 G - 900MK 的^{27}Al NMR 图谱。可见,800MK 和 900MK 的振动峰均包含 3 个包络峰,分别对应于四配位 ($\delta = 61.1 \times 10^{-6}$ 和 56.4×10^{-6})、五配位($\delta = 28.1 \times 10^{-6}$ 和 29.5×10^{-6}) 和六配位($\delta = 1.2 \times 10^{-6}$ 和 0.5×10^{-6})Al 原子。而 900MK 的四配位 Al 原子含量大于 800MK,使其化学活性高于 800MK。

另外,根据 Klinowski(1984) 和 Davidovits(1988) 的报道,位于 61.1×10^{-6} 化学位移处的 800MK 显示四配位的 Q_3(3Si) 类型的 Al 原子环境,而位于 56.4×10^{-6} 化学位移处的 900MK 是四配位的 Q_4(4Si) 类型的 Al 原子环境。这说明经 800 ℃ 和 900 ℃ 煅烧的偏高岭土的 Al 原子环境不同。

当聚合反应发生后,G - 800MK 和 G - 900MK 的 Al 原子环境也有所不同(图 4.18(c) 和(d))。G - 800MK 的^{27}Al 化学位移分别位于 56.6×10^{-6} 和 6.1×10^{-6},分别对应着四配位的 Q_4(4Si) 类型的 Al 原子环境和六配位 Al 原子环境。与 G - 800MK 相比,G - 900MK 的 Al 原子环境完全转变为四配位的 Q_4(4Si) 类型的 Al 原子环境,说明 G - 900MK 的聚合反应比G - 800MK 更充分。

(2)^{29}Si NMR 分析。

图 4.19(a) ~ (d) 分别为 800MK、900MK、G - 800MK 和 G - 900MK 的^{29}Si NMR 光谱。

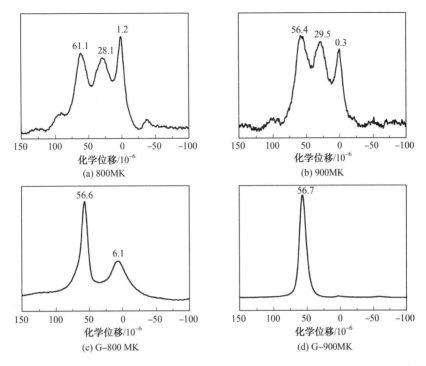

图 4.18　不同煅烧温度的偏高岭土和以其为原材料制备的 K－PSS 铝硅酸盐聚合物
^{27}Al NMR 光谱（Wang，Jia et al 2010）

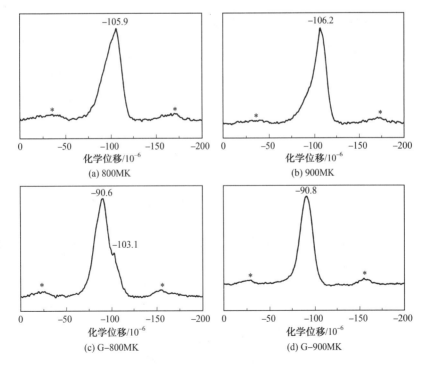

图 4.19　不同煅烧温度的偏高岭土和分别以其为原料制备 K－PSS 铝硅酸盐聚合物
^{29}Si NMR 光谱（Wang，Jia et al 2010）

可见,800MK 和 900MK 的 ^{29}Si 化学位移均位于 -106×10^{-6} 处,二者表现出相同 $Q_4(1Al)$ 的 Si 原子环境,说明经 800 ℃ 和 900 ℃ 下煅烧后产物的 Si 原子环境相同。在图 4.19(c) 和 (d) 中,当聚合反应后,G-800MK 的 ^{29}Si 光谱在 -90.6×10^{-6} 处显示出 $Q_4(3Al)$ 单元的宽峰,且在 -103.1×10^{-6} 化学位移处存在残余偏高岭土特征峰,对应着 $Q_4(1Al)$ 结构单元。而 G-900MK 的结构单元完全由 $Q_4(3Al)$ 构成。所以说,G-800MK 的比 G-900MK 的结构更复杂。

4.2.4　本节小结

原料种类与成分、碱激发剂种类、含量、养护温度、养护时间、湿度等工艺参数等因素均影响无机聚合物的显微组织结构特征。

(1) 适当升高养护温度、延长养护时间,有利于 K-PSS 无机聚合物的聚合反应进行得更充分和气孔排除,从而利于 K-PSS 无机聚合物致密度的提高。

(2) 降低硅溶胶模数,即 $n(SiO_2)/n(K_2O)=$ 2,1.6,1.2,K-PSS 无机聚合物的密度呈先上升后下降的趋势,即碱激发剂 KOH 含量适中,聚合反应才能充分,进而有利于密度提高。

(3) 900 ℃ 煅烧偏高岭土颗粒的亚结构较 800 ℃ 煅烧偏高岭土颗粒的亚结构细化,化学活性也更高,G-900MK 的聚合反应更充分。

4.3　无机聚合物的性能及其影响因素

4.3.1　无机聚合物的性能特点概述

由于铝硅酸盐聚合物具有类似有机高聚物的链接结构,且能够与矿物颗粒表面的 $[SiO_4]$ 和 $[AlO_4]$ 四面体通过脱羟基作用形成化学键,其终产物以离子键和共价键为主,以范德华键和氢键为辅,因而铝硅酸盐聚合物兼有有机高分子聚合物、陶瓷、水泥的特点,又不同于上述材料。

无机聚合物的突出特点是低温制备却可在高温下服役,其主要力学性能指标可与传统陶瓷、树脂和铝等材料相媲美,且密度低 (2.2 ~ 2.7 g/cm^3)、热导率低 (0.24 ~ 0.38 W/(m·K))、耐热性好(可在 1 000 ~ 1 200 ℃ 稳定使用)、不燃烧(flame retardant) 且不释放毒气,是一种理想的高温防护与热结构基础材料。

根据 Davidovits(1985,1993,1994,1995) 的研究结果,铝硅酸盐聚合物除具有常规硅酸盐水泥混凝土以及有机聚合物材料低温制备的特点外,还具有早高强(4 h 可达最终强度的 70% ~ 80%)、低收缩(仅为硅酸盐水泥的 1/5 左右)、长寿命(据预测其寿命可达数千年)等优越性能。表 4.4 列出了铝硅酸盐聚合物的一些工程性能。

无机聚合物还是一种绿色环保的无机非金属材料。由于铝硅酸盐聚合物是由铝硅酸盐矿物和碱液在低温下合成,铝硅酸盐矿物的煅烧温度低(600 ~ 800 ℃),能耗低并且不排放有害气体(CO_2、NO_x、SO_2)(Davidovits 2002),与此同时,很多工业副产品如粉煤灰和矿渣等也可以作为原料,所以与目前建筑领域中广泛使用的水泥生产需消耗大量资源,并且污染严重、能耗高,相比铝硅酸盐聚合物确实称得上是一种能耗低、无污染的新型绿色建筑胶凝材料(Duxson, Provis et al 2007, Duxson, Fernández et al 2007)。

表 4.4　铝硅酸盐聚合物的工程性能(马鸿文等 2002,Davidovits 1990,1991, 张云升等 2003,王美荣 2011)

性能指标	数　值
密度(density) /(g · cm^{-3})	2.2 ～ 2.7
抗压强度(compressive strength) /MPa	20 ～ 130
抗弯强度(bending strength) /MPa	10 ～ 15
弹性模量(Young's modulus) /GPa	5 ～ 50
维氏硬度(Vicker's hardness)/MPa	295 ～ 1 110
泊松比(poisson's ratio)	0.244
表面能(surface energy) /(J · m^{-2})	1.62
断裂功(work of fracture,WOF) /(J · m^{-2})	50 ～ 1500
耐火温度(refractory temperature) /℃	1 000 ～ 1 200
热膨胀系数 (Coefficient of thermal expansion,CTE)/10^{-6}	3.8 ～ 25
热导率(thermal conductivity) /(W · m · K)$^{-1}$	0.24 ～ 0.38
比热(thermal capacity) /(kJ · kg^{-1})	0.7 ～ 1.0
渗透系数(氯离子渗透) (permeability coefficient) /(cm^2 · s^{-1})	10^{-8} ～ 10^{-9}
收缩率(shrinkage)	硅酸盐水泥的 1/5 ～ 1/10
重金属固封效率(heavy metal sealing efficiency)	＞ 90%
生产能耗(production energy consumption)	水泥的 2/5、陶瓷的 1/20、钢的 1/70、塑料的 1/150
CO$_2$ 排放量(emission)	比生产硅酸盐水泥低 80% ～ 90%

4.3.2　力学性能及其影响因素

铝硅酸盐聚合物因以离子键和共价键键合为主(Davidovits 1988a),以分子间作用力为辅,故其力学性能(如强度和硬度) 与以离子键和共价键键合的陶瓷材料相近或略低,也具有本质的脆性;与以分子间作用力及氢键为主键合的传统水泥材料相比,铝硅酸盐聚合物可具有更高的强度、硬度和韧性。有机聚合物的大分子内部为共价键,大分子之间为分子键,且大分子链多为柔性链,可在三维空间自由转动和折叠,因此,与之相比,铝硅酸盐聚合物的强度和硬度较高,但韧性较低。

影响铝硅酸盐聚合物性能的因素很多:内因主要包括原料种类与成分、碱激发剂种类、含量等;外因则主要包含养护工艺制度,即养护温度、养护时间、湿度等工艺参数等(Weng et al 2007, Davidovits 1991, Gordon et al 2005, 郑广俭 等 2007,Zheng et al 2009)。关于养护制度对铝硅酸盐聚合物材料性能的影响也已有较多报道,但规律不尽一致(Puertas et al 2000, Kirschner et al 2004)。

1. 碱性溶液的类型和含量的影响

铝硅酸盐矿物的溶解度随碱性溶液的浓度增大而升高,并且碱金属离子对聚合物形成的所有阶段均具有重要影响(Van Jaarsveld et al 1999, Xu, Van Deventer et al 2001, Valeria et al 2003)。任玉峰、马鸿文等(2003)采用 KOH 和 NaOH 碱液分别与金矿尾砂反应制备铝硅酸盐聚合物,发现 KOH 比 NaOH 更为有利于提高无机聚合材料的抗压强度,而且提高碱液含量也有利于聚合反应的进行。

Na⁺ 的半径比 K⁺ 的要小,在聚合反应中具有较高的活性,因而铝硅矿物在 NaOH 溶液中的溶解度较高(Xu,Van Deventer et al 2001)。但与 Na⁺ 相比,K⁺ 具有更强的进入基体相平衡电荷环境的倾向,且使溶解的聚合物硅酸盐具有较高离子化速率和溶解速率(Phair,Van Deventer et al 2000)。由于 K⁺ 直接影响凝胶相的成分,同时还有利于形成较高的凝胶相/未溶解的硅铝矿物表面积之比(Xu,Van Deventer et al 2001),因而以 K⁺ 平衡电荷时,材料的强度显著增高。K⁺ 的碱性较 Na⁺ 的更强,且水化区域小,因此缩聚反应更充分,聚合区域更致密,更有利于获得高的强度。

Kriven et al(2004)采用不同摩尔比的 KOH 和 NaOH 混合碱液,利用温等静压固化工艺制备了铝硅酸盐聚合物,发现含有 30% ~ 50%(摩尔分数)KOH 时,抗压强度最大。其主要原因为 KOH 含量越高,聚合反应和固化速度越快,造成了材料内部和表面的裂纹。而且 KOH 含量越高,平均孔径和中值孔径增大,气孔率增加。

高蓓(2008)研究了不同碱激发剂含量制备的 K - PSS 材料的抗压强度和弹性模量(表4.5)。可见,碱激发剂含量增加,材料的抗压强度和弹性模量均显著下降,甚至当硅溶胶的模数为 1.2 时,材料经过 80 ℃ 养护 7 d 后,直接碎裂,这与 Kriven & Bell(2004)的研究结果类似。然而碱金属离子影响铝硅酸盐聚合物显微结构的机理研究仍还有待深入。

表 4.5 不同碱激发剂含量制备的 K - PSS 无机聚合物的室温力学性能(高蓓 2008)

材料代号	N2	N1.6	N1.2
抗压强度 /MPa	106.2	43.4	—*
弹性模量 /GPa	8.3	4.7	—*

* 样品碎裂未得到数据

2. 碱性溶液与水玻璃的配合类型及固/液比的影响

碱性溶液与固体原料的混合顺序和比例对聚合物的强度也有一定影响。NaOH/钠水玻璃或 KOH/钾水玻璃先混合,然后与固相混合,制备的材料强度最大(Barrer 1982)。以 KOH/钾水玻璃制备的聚合物基体的抗压强度最大,由 NaOH/钠水玻璃制成的基体的强度较低,但对 Pb 的固封最为有效;而以 NaOH/钾水玻璃制成的基体强度最低(Phair,Van Deventer 2001)。

对于由辉沸石(stilbite)和高岭土制成的铝硅酸盐聚合物材料,在 $n(Na_2O)/n(H_2O) = 0.107$、$n(SiO_2)/n(M_2O) = 0.18$ 的条件下,成型压力为 0 MPa、0.22 MPa、0.89 MPa 时,材料的强度分别为 12.7 MPa、15.1 MPa、17.6 MPa。当以 KOH 代替 1/3 的 NaOH 而其他条件相同时,材料强度则分别达到 23.8 MPa、33.3 MPa、59.7 MPa(Perera et al 2007)。

3. pH 值的影响

加入碱硅酸盐溶液的目的在于激发铝硅矿物与溶液之间形成聚合物前驱体(Xu,Van Deventer 2000),因此初始碱金属硅酸盐前驱物 pH 值是控制铝硅酸盐聚合物材料抗压强度最主要的因素(Phair,Van Deventer 2001)。配合料的黏度随碱溶液 pH 值增大而减小。而碱溶液的 pH 值越高,则生成的聚合物强度越大。pH 值为 14 时,其强度约为 pH 值为 12 的碱硅酸盐先驱体获得的无机聚合物制品强度的 50 倍。其原因首先是,在高 pH 值条件下,溶液相的组分以较小的低聚物链和单体硅酸盐为主(Phair,Van Deventer et al 2000),容易与可溶的 Al 反应而生成聚合粘结相;其次是 pH 值增高,铝硅酸盐初始反应物中可溶的 Al、Ca 含量显著增大(Phair, Van Deventer 2001)。

4. 硅铝比的影响

Kriven et al[39] 对硅铝比介于 0.5 ~ 2.5 的铝硅酸盐聚合物研究发现,硅铝比为 2 的铝硅酸盐聚合物即 K – PSS 显微组织结构较理想、抗压强度最高。Balaguru[1] 研究了硅铝比介于 9 ~ 13.5 的铝硅酸盐聚合物,发现硅铝比为 9 的铝硅酸盐聚合物在干湿循环处理前后均具有最大强度,且循环后材料强度有所提高。

而按照 Davidovits[25] 的理论,硅铝比较低时易形成具有三维网状结构,对应铝硅酸盐聚合物力学性能较低;硅铝比较高时,则易形成具有链状结构,对应力学性能较高。上述两项研究同 Dvidovits 的理论均相抵触,因此硅铝比对铝硅酸盐聚合物力学性能的影响规律及机理研究还有待深入。

另外,具有较高硅铝比的铝硅酸盐聚合物材料在高温处理时容易产生膨胀(Lyon et al 1997),但其对于制备纤维布强韧的复合材料来说硅铝比越高,其配合料渗透到纤维束丝间就越理想,反之就越差。

5. 固体颗粒尺寸和级配(gradation)的影响

固体颗粒尺寸越小,则反应活性(reactivity)越高,聚合反应速率也越快。而颗粒级配(grain composition/grain gradation)越好,聚合物的密实度就越高,制品的强度就会得到显著改善(Xu, van Deventer et al 2001)。当固体原料的反应活性较高时,颗粒尺寸可稍大。惰性固体颗粒的配合量一般约占 2/3。

6. 固化养护工艺制度的影响

养护工艺制度主要包括养护温度 T 及养护时间 t,它们二者对铝硅酸盐聚合物材料的力学性能、物理性能均有重要影响(Perera et al 1996)。一般来说,铝硅酸盐聚合物在 25 ~ 90 ℃ 养护时均可发生聚合反应,从而形成具有一定强度的材料。T 影响聚合反应的速率,因而影响铝硅酸盐聚合物材料的强度。T 越高,聚合物的强度越高。降低温度 T,反应速率随之降低。Sindhunata、van Deventer et al (2006) 等人研究发现,适当提高固化温度,如从 30 ℃ 升高到 75 ℃,可以加速聚合反应进行,缩短养护时间 t,并且使聚合物材料孔隙率(porosity)和表面积增加。

(1)养护温度。

高蓓(2008) 用 0.1 mol 偏高岭土,固定 $n(Si)/n(Al) = 2$,硅溶胶模数 $n = 2$,即 $n(SiO_2)/n(K_2O) = 2$,固化成型温度分别采用 50 ℃、60 ℃、70 ℃、80 ℃,再置于湿度为 98% 的烘箱中,养护 7 d。表 4.6 给出了 K – PSS 材料力学性能数据,由此可见,随成型养护温度的提高,材料抗压强度及弹性模量均显著提高。其变化趋势在图 4.20、图 4.21 中能更清晰地显示出来。

表 4.6　不同温度制度制备的 K – PSS 的室温力学性能(高蓓 2008)

材料代号	T50	T60	T70	T80
抗压强度 /MPa	62.6	74.0	93.4	106.2
弹性模量 /GPa	4.9	6.8	7.7	8.3

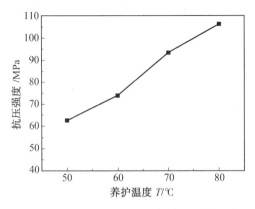

图 4.20　K – PSS 无机聚合物的抗压强度与养护温度的关系(高蓓 2008)

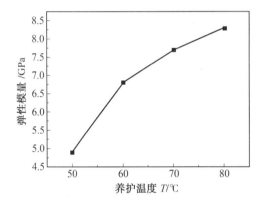

图 4.21　K – PSS 无机聚合物的弹性模量与养护温度的关系(高蓓 2008)

王美荣(2011)也固定养护时间为 7 d,分别在 25 ℃ 、50 ℃ 、60 ℃ 、70 ℃ 、80 ℃ 和 90 ℃ 进行养护制备 K – PSS 聚合物,研究了养护温度对铝硅酸盐聚合物抗压强度影响,得到一致的结果,即抗压强度随着养护温度升高由 32.5 MPa 基本呈线性趋势增大到 73.0 MPa。但当养护温度升高至 90 ℃ 时,铝硅酸盐聚合物试样出现大量表观微裂纹,甚至有的试样宏观开裂。这主要是由于养护温度提高,铝硅酸盐聚合物的物相组成相同,显微结构的致密化程度增大,气孔(pore)、孔洞(hole)和夹杂物(inclusions)等缺陷的数量逐渐减少所致。而在 90 ℃ 养护的铝硅酸盐聚合物表观开裂,主要是因为在聚合反应初期,铝硅酸盐聚合物凝胶中含有大量自由水,而 90 ℃ 的养护温度接近水的沸点,使凝胶产生较多的大气孔。另外,较快地失水使铝硅酸盐聚合物的体积收缩较大,因此易产生裂纹开裂。

(2)养护时间。

材料强度随固化时间 t 的延长而增大,其规律符合抛物线关系(马鸿文、凌发科 等 2002)。王美荣(2011)在 80 ℃ 下分别养护 4 d、7 d、11 d、15 d 和 19 d,发现养护时间在 4 ~ 11 d 时,铝硅酸盐聚合物的抗压强度从 58.9 MPa 急剧增至 123.6 MPa(图 4.22);之后继续延长养护时间直到 19 d 时,其抗压强度增幅很小,到 19 d 时抗压强度仅增至 124.8 MPa。但在此温度下养护 28 d 时,试样出现宏观裂纹,这说明在此温度下过度延长养护时间反而不利。

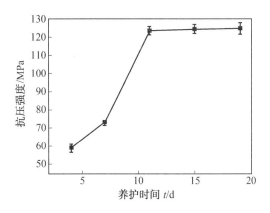

图 4.22　在 80 ℃ 下养护时间对 K – PSS 无机聚合物抗压强度的影响(王美荣 2011)

7. 成型压力的影响

提高成型压力,有助于排除凝胶相的孔隙溶液,提高坯体的致密度,改善制品的力学性能(Davidovits et al 1996)。压力也有助于凝胶相涂覆在未溶解的固体颗粒表面,减小因多余水分蒸发形成的粒间孔隙(Perera et al 2007)。对于由辉沸石和高岭土制成的铝硅酸盐聚合物材料,在 $n(Na_2O)/n(H_2O) = 0.107$、$n(SiO_2)/n(M_2O) = 0.18$ 的条件下,成型压力为 0 MPa、0.22 MPa、0.89 MPa 时,强度分别为 12.7 MPa、15.1 MPa、17.6 MPa (马鸿文 等 2002)。

综上,改善铝硅酸盐无机聚合物力学性能的方法主要包括:

(1) 组成方面,应使成分配比合理,如 $n(M^+) : n(Al^{3+}) = 1:1$,无残留的未参加反应的溶于水的物质。

(2) 粉体原料颗粒方面,要有适当的颗粒级配。

(3) 合适的养护温度和时间,使反应充分进行。

(4) 适宜的成型压力。

此外,加入物理性能与铝硅酸盐聚合物匹配的添加相,可以起到减少铝硅酸盐聚合物失水引起的体积收缩,抑制微裂纹的生成等作用,进而提高铝硅酸盐聚合物的性能。

8. 原料高岭土煅烧温度对力学性能的影响

Wang、Jia et al (2010) 研究了原料高岭土煅烧处理温度对最终获得 K – PSS 铝硅酸盐无机聚合物力学性能的影响,G – 800MK 和 G – 900MK 的抗压强度和抗弯强度随密度的变化列于表 4.7。G – 800MK 的密度为 1.43 g/cm³,比较接近于文献(Barbosa et al 2000,Duxson et al 2007)所得测试结果。G – 900MK 的密度为 2.29 g/cm³,比 G – 800MK 提高了 60%。G – 900MK 的抗弯强度、抗压强度也明显较 G – 800MK 提高,分别增加了 269% 和 52%。

表 4.7　G – 800MK 和 G – 900MK 无机聚合物的力学性能比较(Wang,Jia et al 2010)

材料试样代号	密度 /(g · cm⁻³)	抗弯强度 /MPa	抗压强度 /MPa
G – 800MK*	1.43 ±0.03	8.7 ±0.6	73 ±1.5
G – 900MK*	2.29 ±0.02	32.1 ±1.2	111 ±2.4

* 分别代表原料高岭土预先经过 800 ℃ 和 900 ℃ 的煅烧处理

在 900MK 结构中四配位 AlO_4 结构单元含量比 800MK 高,使 900MK 的化学活性大于 800MK,导致最终生成的铝硅酸盐聚合物 G-900MK 的聚合反应程度大于 G-800MK。铝硅酸盐聚合物的相对分子质量随着聚合程度的增大而增大,这会导致所生成铝硅酸盐聚合物的密度增加。另外,G-800MK 中存在一些未反应的偏高岭土,而在 G-900MK 中,未观测到残余偏高岭土。偏高岭土是弱相,且在铝硅酸盐聚合物中作为引起局部应力集中的缺陷而存在(Duxson et al 2005)。所以 G-900MK 比 G-800MK 表现出更高的抗弯强度和抗压强度。

总之,在相同化学成分和制备工艺条件下,将原料高岭土的煅烧温度由 800 ℃ 提高至 900 ℃,化学活性和结构中的 Al 原子环境也发生改变,使生成的 G-900MK 和 G-800MK 的聚合反应更充分、聚合程度明显提高,故其密度、抗弯强度、抗压强度显著改善。

4.3.3   低热导与保温隔热性质

无机聚合物的热导率为 $0.24 \sim 0.28$ W/(m·K),与轻质耐火砖相近($0.3 \sim 0.4$ W/(m·K))。表 4.8 为无机聚合物多孔或泡沫材料的物理性能指标(Liefke 1999)。按照干燥无机聚合物泡沫材料的典型密度(0.29 g/cm^3)和热导率(0.068 W/(m·K))来计算,实现等效保温效果所需要各种材料的厚度比较情况如图 4.23(Davidovits 1988b)所示,可见与空心砖、泡沫混凝土和蛭石等保温材料相比,保温效果优势明显,接近玻璃棉的水平。

表 4.8   Trolit 无机聚合物多孔或泡沫材料的物理性能(Liefke 1999)

项 目	性能指标
体积密度 /(g·cm^{-3})	$0.2 \sim 0.8$
最高使用温度 /℃	1 000
最大热稳定温度 /℃	1 200
热导率(thermal conductivity)/(W·$m·K)^{-1}$)	$\geqslant 0.037$(决定于密度)
孔径 /mm	$0.5 \sim 2.0$
防火性能(DIN 402)	不燃烧,A1 类
抗压强度 /(N·mm^2)	$0.5 \sim 2.0$
拉伸强度 /(N·mm^2)	≈ 250
收缩率(800 ℃)/ %	< 1.5
比热容 /(kJ·$(kg·K)^{-1}$)	1.2
线热膨胀系数(thermal expansion coefficient)(20 ~ 60 ℃)/K^{-1}	9×10^{-6}

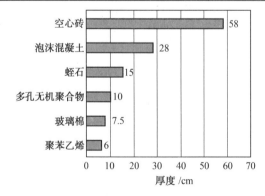

图 4.23   实现与多孔无机聚合物密度(0.29 g/cm^3)和热导率(0.068 W/(m·K))等效保温效果
所需要各种材料的厚度比较(Davidovits 1988b)

Wang、Jia et al（2010）还研究了原材料高岭土的处理温度对最终铝硅酸盐无机聚合物热导率的影响，结果见表 4.9。G－900MK 的热导率较 G－800MK 显著提高，增幅达到 378％。影响材料热导率的因素主要有化学组成、显微结构、气孔和温度。从图 4.18 和图 4.19 结果可知，G－900MK 的结构由四配位的 $Q_4(4Si)$ 类型的 Al 原子结构单元和四配位 $Q_4(3Al)$ 类型的 Si 原子结构单元组成，而 G－800MK 由四配位的 $Q_4(4Si)$ 类型的 Al 原子结构单元、六配位 Al 原子、四配位的 $Q_4(3Al)$ 和 $Q_4(1Al)$ Si 原子结构单元组成。根据声子导热（phonon heat conduction）理论，G－800MK 的结构复杂，它的声子平均自由程比 G－900MK 的短，故 G－800MK 的热导率比 G－900MK 小。另外，G－800MK 粉体层片间距比 G－900MK 大，层片状组织比较疏松，这也会使其热导率较低。

表 4.9　G－800MK 和 G－900MK 的热导率比较（Wang，Jia et al **2010**）

材料试样代号	密度 /(g·cm^{-3})	热导率 /(W·(m·K)$^{-1}$)
G－800MK	1.43 ±0.03	0.23 ±0.02
G－900MK	2.29 ±0.02	1.10 ±0.02

总之，在相同化学成分和制备工艺条件下，将原料高岭土的煅烧温度由 800 ℃ 提高至 900 ℃，化学活性和结构中的 Al 原子环境也发生改变，使生成的 G－900MK 和 G－800MK 的聚合反应更充分，聚合程度明显提高，故其热导率如同前文述及的强度指标一样，随密度增加而显著改善。

4.3.4　高温耐热性

铝硅酸盐聚合物材料的耐火温度大于 1 000 ℃，以 Na$^+$ 和 K$^+$ 激发的铝硅酸盐聚合物的熔融温度达 1 050 ~ 1 250 ℃（Davidovits et al 1988，Foden et al 1996，Barbosa et al 2003）。与水泥材料相比，铝硅酸盐聚合物中的三维网络结构保证了高温下结构的完整性，而水泥体系中存在大量的水化晶体和无定型物质，使水泥难以经受 400 ℃ 以上的高温，因此铝硅酸盐聚合物材料具有比水泥更好的高温稳定性（李海红 等 2006）。与树脂相比，铝硅酸盐聚合物的无机化合物的本质决定了它具有更高的热稳定性和抗氧化能力。

Barbosa & Mackenzie（2003）研究了由偏高岭土和 KOH 溶液合成的 K－PSS（$n(Si)/n(Al)$＝2）和 K－PSDS（$n(Si)/n(Al)$＝3）加热至 1 400 ℃ 的热学性能。在 1 000 ℃ 时，K－PSS 发生晶化，室温非晶结构被钾长石（potash/potassium feldspar）、白榴石（leucite）和六方钾霞石（kalsilite）的晶体结构完全取代。在 1 400 ℃ 时材料仍没有熔化迹象。

而富含 Si 的 K－PSDS 在室温至 1 200 ℃ 具有良好的耐热性和热稳定性，只是温度高于 1 200 ℃ 时变得多孔而脆性增加，此时的材料由钾长石、方石英（cristobalite）等晶体结构和部分残余的非晶物质组成。当温度高于 1 400 ℃ 材料有明显的熔化迹象，即 K－PSS 具有比 K－PSDS 更优良的耐热性和热稳定性。

Kriven 课题组 Jonathan et al（2009）采用 Cs^{2+} 激发铝硅酸盐聚合物材料 $Cs_2O·Al_2O_3·4SiO_2·11H_2O$，研究了其高温处理后材料的晶化行为以及热物理性能。发现它 900 ℃ 开始晶化，但在 1 200 ℃ 才出现明显收缩，1 600 ℃ 达到了其理论密度的 98％，其耐火温度可高达 1 900 ℃。铝硅酸盐聚合物材料优良的高温稳定性使其在耐高温、防火（fire proof）阻燃（flame retardant）等领域具有非常良好的应用前景（Nair et al 2007）。

在熔化之前，无机聚合物要经过脱水、晶化等多种转变。在某个温度下，一种相发生软化并导致基体晶化。因此无机聚合物的软化点与其对应晶化矿物的熔点之间差距较大,软化点显著低于熔点。例如聚铝硅酸钾(K – PS)的软化点约为 1 350 ℃,而其等效矿物钾霞石(kalsilite)的熔点则高达 1 735 ℃;又如钾激发聚铝硅酸 – 单硅氧(K – PSS)的软化点 1 300 ℃ 也远低于其等效矿物白榴石(leucite)KSi_2AlO_6 的熔点 1 690 ℃。

图 4.24 所示为以 Na^+ 和 K^+ 激发的铝硅酸盐聚合物材料软化点分布范围。可见,无机聚合物的软化点因其成分和激发离子的不同,可在较宽的范围内调整($3.8 \times 10^{-6} \sim 25 \times 10^{-6}$)。此外,铝硅酸盐聚合物材料的热膨胀系数也同样可以在宽阔的范围内调整($3.8 \times 10^{-6} \sim 25 \times 10^{-6}$),从而可实现分别与各类典型工程材料如陶瓷、石墨纤维 / 环氧、钢、铜和铝等之间良好的热膨胀匹配(图 4.25)。

多孔无机聚合物与其他保温隔热材料如珍珠岩(perlite/pearlite)、玻璃棉(glass wool)、泡沫玻璃(foam/foamed glass)等相比,其最高可服役温度的优势非常显著(图 4.26)。

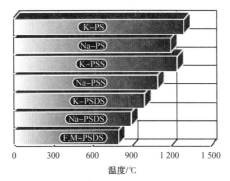

图 4.24　不同成分铝硅酸盐聚合物的软化点(softening point)(Davidovits & Davidovics 1991)

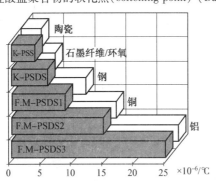

图 4.25　铝硅酸盐聚合物和一些工程材料热膨胀系数(Davidovits & Davidovics 1991)

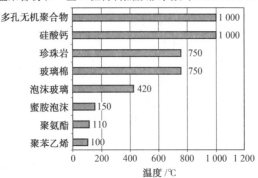

图 4.26　无机聚合物与多种保温隔热材料最高服役温度比较(Liefke 1999)

郑斌义(2013)针对各氧化物成分摩尔比为 $n(SiO_2)/n(Al_2O_3)=4$，$n(K_2O)/n(SiO_2)=$ 0.25，$n(H_2O)/n(K_2O)=13.88$ 的铝硅酸盐聚合物,研究了其高温力学性能,测试条件为:升温速率为 15 ℃/min,保温时间为 10 min,测试完毕随炉冷却。随着测试温度升高,材料中未生成新相(图4.27),而只是铝硅酸盐聚合物的非晶峰逐渐弱化,这与作者本人课题组先前研究的铝硅酸盐聚合物($n(Si)/n(Al)=2.5$) 950 ℃ 时即开始陶瓷化的结果有很大区别,可能是此处升温速率较高,导致陶瓷化滞后所致。

铝硅酸盐聚合物高温测试后其收缩率、失重率随测试温度升高均明显增大(图4.28): 600 ℃ 测试后,收缩率仅为 3.65%,1 200 ℃ 测试后,收缩率达到 7.34%;在 800 ℃ 测试后,材料质量急剧下降,温度再高,失重率较为平缓,1 200 ℃ 下测试后,失重率达 14.45%。

铝硅酸盐聚合物的高温弯曲强度和断裂功随测试温度升高总体上会增大(图4.29),其中,在 600 ℃、800 ℃ 时增幅较小,而在 1 000 ℃ 后增幅显著增大,当到 1 200 ℃ 时,弯曲强度达 38.5 MPa,比室温弯曲强度增大了 2.7 倍;断裂功比室温断裂功则提高了 4.2 倍,达到 320.9 J·m^{-2}。这主要是烧结致密化与部分陶瓷化共同作用的结果。高温力学性能的测试数据汇总于表 4.10。

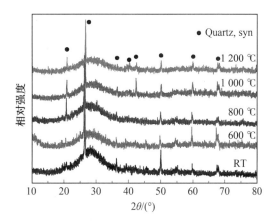

图 4.27　铝硅酸盐聚合物高温测试后的 XRD 图谱(郑斌义 2013)

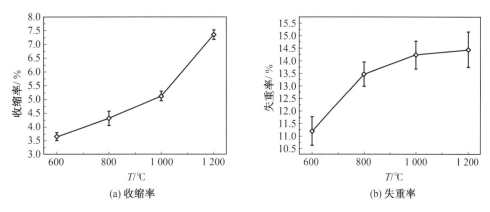

(a) 收缩率　　　　　　　　　　　(b) 失重率

图 4.28　铝硅酸盐聚合物高温测试后的收缩率与失重率(郑斌义 2013)

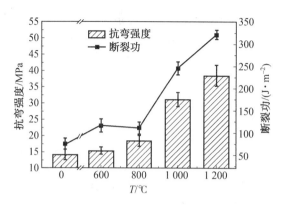

图 4.29　铝硅酸盐聚合物不同温度的高温抗弯强度(郑斌义 2013)

表 4.10　铝硅酸盐聚合物的高温力学性能参数(郑斌义 2013)

试样代号	抗弯强度 /MPa	断裂功 /(J·m^{-2})
HK – 20	14.2 ±1.6	75.4 ±12.3
HK – 600	15.4 ±1.1	116.3 ±15.2
HK – 800	18.5 ±1.7	110.4 ±13.9
HK – 1000	31.2 ±2.2	245.5 ±14.5
HK – 1200	38.5 ±3.2	320.9 ±10.3

4.3.5　不燃烧性质

第 1 章的 1.2 节中已经介绍,无机聚合物系特指由铝硅酸盐等系胶凝成分在适当工艺条件下通过碱金属离子激发作用下的缩聚反应实现化学键合的非晶或部分结晶的一类新型无机非金属材料。对于最为常见的铝硅酸盐 K – PSS 无机聚合物来说,由 AlO_4 和 SiO_4 四面体单元相互交联形成的三维空间网络结构,并通过分布于网络孔隙间的碱性阳离子来平衡四配位铝的多余负电荷使整个体系显示电中性,化学键合以离子键和共价键为主、以分子间作用力为辅。自然地,与容易燃烧的有机高分子材料和铝、镁等活泼金属与合金不同,它本质上具有不燃烧的特性。因此,这种性质也赋予了以其为基体的复合材料的防火阻燃的特点。无机聚合物基复合材料防火阻燃的性质详见第 12 章 12.5 节。

4.3.6　有毒与放射性核废料固封性质

铝硅酸盐聚合物微观结构类似沸石(zeolites)相,而沸石是具有骨架(又称三维网状、笼形)结构的含水硅酸铝,沸石材料能吸附有毒化学废料。所以,铝硅酸盐聚合物是固化各种化工废料、固封有毒重金属离子及核放射元素的有效胶凝材料,其效果明显优于目前大量应用的波特兰水泥材料(Zosin et al 1998)。

Canmet(1988) 对无机聚合物材料封存金属元素的效率进行了调研统计,发现其对 Hg、As、Fe、Mn、Zn、Co、Pb、Cu 和 V 的固定作用都非常突出,其中,对 As、Fe、Mn、Zn、Co 和 Pb 的固封率(sealing efficiency)超过 90%;只有对 Cr 和 Mg 的固封效果不如预期。这主要是因为 Mg^{2+} 不能通过任何一种聚合机理在无机聚合物中析出,所以 Mg^{2+} 在无机聚合物中仅仅是物理"捕获(trapping)",因而可能在之后发生渗透流失。而 Cr^{3+} 的作用与 Mg^{2+} 相似。因此,对 Mg^{2+} 和 Cr^{3+} 不宜采用无机聚合物材料进行固封,两者均需要特殊的封存方法

（Davidovits，2011）。图 4.30 给出了无机聚合物基体对一些有害元素离子的封存率的比较。

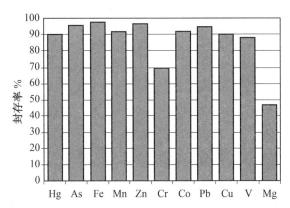

图 4.30　无机聚合物基体对一些有害元素离子的封存率的比较（Canmet 1988）

Phair et al（2004）研究了 Al 源及碱激发剂种类对研究了飞灰基无机聚合物固封 Pb、Cu 的影响，并讨论了无机聚合物对金属离子的固封机制。Xu et al（2006）比较研究了 Cu、Cd、Pb 和 Cr 4 种金属离子在无机聚合物中的溶出情况，研究表明碱性溶液的浓度对重金属离子的固封有很大影响，尤其是对 Cu 与 Cd 的影响最大，其次是 Pb 和 Cr。同时，在初期硬化过程中，高 pH 值较低 pH 值的固化效果更佳；而 Pb 及 Cr 受碱性溶液 pH 值的影响较小。

另外，无机聚合物网络骨架即使在核辐射作用下仍然比较稳定，所以其具有较好的抗辐射性；同时无机聚合物还具有耐久性、可快速凝固等特点，因而成为有毒及放射性核废料等固封的重要候选材料，被封存物质可以是液体，也可以是固体。除此之外，无机聚合物还可用于核废料（nuclear waste）的处理、催化（catalysis）和吸附（adsorption）等领域。

4.3.7　其他性质

铝硅酸盐聚合物材料还可以作为某些金属与陶瓷间的高温黏结剂（Latella et al 2006，Bell，Gordon & Kriven 2005）。以上这些方面的研究国内外已有报道，但研究的广度和深度还远远不够。

4.3.8　本节小结

无机聚合物具有密度低、热导率低、耐热性好、不燃烧且不释放毒气等特性，是一种理想的耐热、隔热、热防护与热结构、防火阻燃复合材料、有毒与放射性核废料固封等基础材料。原料种类与成分、碱激发剂种类、含量、碱性溶液与水玻璃的配合类型及固／液比、pH 值、硅铝摩尔比、固体颗粒尺寸和级配、固化养护工艺等因素均影响无机聚合物的最终性能。

（1）K‒PSS 无机聚合物的抗弯强度和弹性模量在硅溶胶模数 $n = 2，1.6，1.2$ 时，随碱激发剂 KOH 含量升高呈下降趋势。

（2）固定养护温度 80 ℃，养护时间小于 19 d 时，随着养护时间的延长，铝硅酸盐聚合物抗压强度逐渐增大；当养护时间为 19 d 时，获得最大抗压强度为 124.8 MPa。

（3）KGP 无机聚合物的高温力学性能随测试温度的升高而逐渐增大。在 1 200 ℃ 时，其高温弯曲强度、高温断裂功相比于室温性能分别提高了 171.0% 和 325.6%。这主要是材料在高温下发生粘性烧结致密化和部分陶瓷化作用的结果。铝硅酸盐聚合物的断裂方式都是脆性断裂。

(4)900 ℃煅烧偏高岭土的化学活性显著高于 800 ℃煅烧的偏高岭土,以其为原料制备的 K–PSS 性能也显著不同:G–900MK 反应聚合更充分,抗弯强度、抗压强度和热导率分别达到 2.29 g/cm³、32.1 MPa、111.0 MPa 和 1.10 W/(m·K),显著高于 G–800MK 的水平。

4.4　本章小结

本章介绍了 KGP 铝硅酸盐无机聚合物的制备工艺流程;继而从成型与养护工艺、碱激发剂含量和原料高岭土的煅烧温度等对 KGP 铝硅酸盐无机聚合物显微组织结构特征的影响情况;概述了无机聚合物的性能特点,并具体详细介绍了无机聚合物的力学性能及其影响因素、低热导与保温隔热性质、高温耐热性、不燃烧性质及其对有毒与放射性核废料的固封性质等。

参考文献

[1]FODEN A,BALAGURU P N,LYON R,et al,1996. High temperature inorganic resin for use in fiber reinforced composites[C]. *First International Conference on Composite in Infrastructure*,166-177.

[2]BARBOSA V F F, MACKENZIEB K J D, 2000. Thaumaturgoa C. synthesis and characterisation of materials based on inorganic polymers of alumina and silica: sodium polysialate polymers[J]. *International Journal of Inorganic Materials*, 2: 309-317.

[3]BARBOSA V F F, MACKENZIE K J D, 2003. Synthesis and thermal behavior of potassium sialate geopolymers[J]. *Mater. Lett.*, 57(9-10):1477-1482.

[4]BARRER R M, 1982. Hydrothermal chemistry of zeolite[M]. London:Academic Press.

[5]BELL J L, GORDON M, KRIVEN W M,2005. Use of geopolymeric cements as a refractory adhesive for metal and ceramic joins[J]. *Ceramic Engineering and Science Proceedings*,263 (3):407-413.

[6]CANMET, 1988. Preliminary examination of the potential of geoplymers for use in mine tailings management[R]. Comcor Waste Management Consultants contract report to CANMET Canada, DSS Contract No. 23440-6-9195/01SQ (unpublished). See also the Final Report, 1988. Preliminary Examination of the Potential of Geopolymers For Use in Mine Tailing Management[R]. D. Comrie Consulting Ltd.

[7]DAVIDOVITS J, 1985. Early high-strength mineral polymer:USA,4509985[P].

[8]DAVIDOVITS J, 1988a. Structural characterization of gepolymeric materials with X-ray diffractometry and MAS-NMR spectroscopy[C]. *Gepolymer "88" Proceedings*:149-166.

[9]DAVIDOVITS J, 1988b. Geopolymer chemistry and properties[C]. *Proceedings of the First European Conference on Soft Mineralogy*, (1):25-48.

[10]DAVIDOVITS J, DAVIDOVICS M, 1988. Geopolymer room temperature ceramic matrix for composites[J]. *Ceram. Eng. Sci. Proc.* , (9):835-842.

[11]DAVIDOVITS J, 1989. Geopolymers and geopolymeric materials[J]. *J. Therm. Anal.* , 35 (2):429-441.

[12]DAVIDOVITS J, 1991. Geopolymers: inorganic polymeric new materials[J]. *J. Therm. Anal.* , 37(8):1633-1656.

[13]DAVIDOVITS J, DAVIDOVICS M, 1991. Geopolymer: ultra high-temperature tooling material for the manufacture of advanced composites[C]. *36th Annual SAMPE Symposium*, 1939-1949.

[14]DAVIDOVITS J, COMRIE D C, PATERSON J H, 1990. Geopolymeric concrete for environmental protection[J]. *Concrete Int.* , 21(7):30-40.

[15]DAVIDOVITS J, 1991. Geopolymers: inorganic polymeric new materials[J]. *J. Therm. Anal. Calorim.* , 37(8): 1633-1656.

[16]DAVIDOVITS J, 1993. Geopolymer cement to minimize carbon-dioxide greenhouse-warming [J]. *Ceram. Trans.* , 37:165-182.

[17]MOSONGO M,1993. Cement-Based Materials: Present, Furture and Environmental Aspects [M]. Westerviue:American Ceramic Society.

[18]DAVIDOVITS J, 1993. CO_2-Green house warming; what future for porland cement[C]. *Emerging Technologies on Cement and Concrete in the Global Environment. Symposium*,21: 147.

[19]DAVIDOVITS J, 1993. Geopolymer-modified gypsum-based construction materials:USA, 5194091[P].

[20]DAVIDOVITS J, 1994. Recent progresses in concretes for nuclear waste and uranium waste containment[J]. *Concr. Int.* , 16(12):53-58.

[21]DAVIDOVITS J, 1994. Geopolymers: man-made rock geosynthesis and the resolution development of very early high strength cement[J]. *Journal of Materials Education*, 16(2-3): 91-137.

[22]DAVIDOVITS J, 1994. Properties of geopolymer cement[C]. *Proceedings of the First International Conference on Alkaline Cements and Concretes, Scientific, KIEV Ukraine*, 131-149.

[23]DAVIDOVITS J, 1995. Producing geopolymer cement free from portland cement:France, 2712882[P].

[24]DAVIDOVITS J, 2002. 30 Years of successes and failures in geopolymer applications. market trends and potential breakthroughs[C]. *Geopolymer Conference*, 10 (28 - 29): 1-16.

[25]DAVIDOVITS J,1999. Chemistry of geopolymeric systems, terminology[C]. *CDROM Proceedings of Second International Conference on Geopolymers,Saint-Quentin*.

[26]DAVIDOVITS J, 2011. Geopolymer chemistry & applications [M]. 3rd ed. Saint-Quentin: Institut Géopolymèere.

[27]DUXSON P, FERNáNDEZ A, PROVIS J L, et al, 2007. Geopolymer technology: the current state of the art[J]. *J. Mater. Sci.* , 42(9):2917-2933.

［28］DUXSON P, LUKEY G L, van DEVENTER J S J, 2007. Physical evolution of Na-geopolymer derived from metakaolin up to 1 000 ℃ ［J］. *Journal of Materials Science*, 42: 3044-3054.

［29］DUXSON P, MALLICOAT S W, LUKEY G C, et al, 2007. The effect of alkali and Si/Al ratio on the development of mechanical properties of metakaolin-based geopolymers［J］. *Colloids Surf. , A Physicochem. Eng. Aspects*, 292:8-20.

［30］DUXSON P, PROVIS J L, LUKEY G C, et al, 2007. The role of inorganic polymer techology in the development of "green concrete" ［J］. *Cem. Concr. Res.* , 37:1590-1597.

［31］DUXSON P, PROVIS J L, LUKEY G C, et al. 2005. Understanding the relationship between geopolymer composition, microstructure and mechanical properties［J］. *Colloid Surface A*, 269: 47-58.

［32］FODEN A J, BALAGURU P, LYON R E, 1996. Mechanical properties and fire response of geopolymer structural composites［C］. *Int SAMPE Symp. Exhib.* , (41):748-758.

［33］GORDON M, BELL J, KRIVEN W M,2005. Comparison of naturally and synthetically derived potassiumbased geopolymers ［J］. *Ceramic Transactions*, 165: 95-106.

［34］HUSSAIN M, VARELY R, 2005. Synthesis and thermal behavior of inorganic-organic hybrid geopolymer composites ［J］. *Journal of Applied Polymer Science*, 96(2): 112-121.

［35］JONATHAN B L, DRIEMEYER P E, KRIVEN W M,2009. Formation of ceramics from metakaolin-based geopolymers: part I Cs-based geopolymer［J］. *J. Am. Ceram. Soc.* , 92(1):1-8.

［36］KIRSCHNER A, HARMUTH H, 2004. Investigation of geopolymer binders with respect to their aApplication for building materials ［J］. *Ceramics-Silikaty*, 48(3): 117-120.

［37］KLINOWSKI J, 1984. Nuclear magnetic resonance studies of zeolites ［J］. *Progress in NMR spectroscopy*, 16: 237-309.

［38］KRIVEN W M, BELL L, 2004. Effect of alkali choice on geopolymer properties ［J］. *Ceram. Eng. and Sci. Proc.* , 25(3-4):99-104.

［39］KRIVEN W M, GORDON M, JONATHON B L,2004. Geopolymers:nanoparticulate,nanoporous ceramics made under ambient conditions［J］. *Microscopy and Microanalysis*,10(2): 404-405.

［40］LATELLA B A, PERA D S, ESCOTT T R, et al, 2006. Adhesion of glass to steel using a geopolymer［J］. *J. Mater. Sci.* , 41:1261-1264.

［41］LIEFKE E, 1999. Industrial applications of foamed inorganic polymers［C］. *Geopolymer '99 Proceedings*, 189-199.

［42］LYON R E, BALAGURU P N, FODEN A, et al, 1997. Fire resistant aluminosilicate composites［J］. *Fire Mater.* , 21:67-73.

［43］NAIR B G, Zhao Qiang,COOPER R F, 2007. Geopolymer matrices with improved hydrothermal corrosion resistance for high-temperature applications ［J］. *J. Mater. Sci.* , 42: 3083-3091.

［44］PERERA D S, UCHIDA O, VANCE E R, et al, 2007. Influence of curing schedule on the integrity of geopolymers[J]. *J. Mater. Sci.* , 42(9):3099-3106.

[45]PHAIR J W, van DEVENTER J S J, SMITHJ D, 2000. Mechanism of polysialation in the incorporation of zirconia into fly Ash-based geopolymers[J]. *Ind. Eng. Chem. Res.* , 39: 2925-2934.

[46]PHAIR J W, van DEVENTER J S J, 2001. Effect of silicate activator pH on the leaching and material characteristics of waste-based inorganic polymers[J]. *Miner. Eng.* , 14: 289- 304.

[47]PHAIR J W, van DEVENTER J S J, SMITH J D, 2004. Effect of Al source and alkali activation on Pb and Cu immobilization in fly-as based "geopolymers" [J]. *Applied Geochemistry*, 19: 423- 434.

[48]PUERTAS F, MARTINEZ-RAMIREZ S, ALONSO S, et al, 2000. Alkali-activated fly ash/ slag cements: strength behaviour and hydration products[J]. *Cement and Concrete Research*, 30: 1625-1632.

[49]SINDHUNATA, van DEVENTER J S J, LUKEY G C, et al, 2006. Effect of curing temperature and silicate concentration on fly Ash-based geopolymerization[J]. *Industrial and Engineering Chemistry Research*, 45(10): 3559-3568.

[50]VAN JAARSVELD J G S, VAN DEVENTER J S J, 1999. Effect of the alkali metal activator on the properties of fly Ash-based geopolymers[J]. *Ind. Eng. Chem. Res.* , 38:3932- 3941.

[51]VALERIA V F F, MACKENZIE K J D, 2003. Synthesis and thermal behaviour of potassium sialate geopolymers[J]. *Mater. Lett.* , 57:477-1482.

[52]WENG Lvqian, SAGOE-CRENTSIL K, 2007. Dissolution processes, hydrolysis and condensation reactions during geopolymer synthesis: part I low Si/Al ratio systems [J]. *Journals of Materials Science*, 42: 2997-3006.

[53]XU Hua, VAN DEVENTER J S J, 2000. The geopolymerization of alumino-silicate minerals [J]. *Int. J. Miner. Process*, 59:247-266.

[54]XU Hua, VAN DEVENTER J S J, LUKEY G C, 2001. Effect of alkali metals on the preferential geopolymerization of stilbite/kaolinite mixtures[J]. *Ind. Eng. Chem. Res.* , (17): 3749-3756.

[55]XU Hua, VAN DEVENTER J S J, 2002. Geopolymerisation of multiple minerals[J]. *Miner. Eng.* , (15):1131-1139.

[56]XU Jianzhong, ZHOU Yunlong, CHANG Q. , et al, 2006. Study on the factors of affecting the immobilization of heavy metals in fly ash-based geopolymers[J]. *Materials Letters*, 60 : 820-822.

[57]ZHENG Guangjian, CUI Xuemin, ZHANG Weipeng, 2009. Preparation of geopolymers precursors by sol-gel method and their characterization[J]. *Journals of Materials Science*, 44: 3991-3996.

[58]ZIBOUCHE F, KERDJOUDJ H, D'ESPINOSE de LACAILLERIE J B, et al, 2009. Geopolymers from algerian metakaolin. Influence of secondary minerals[J]. *Applied Clay*

Science, 43: 453-458.

[59] ZOSIN A P, PRIIMAK T L, AVSARAGOV K B, 1998. Geopolymer materials based on magnesia-iron slags for normalization and storage of radioactive wastes [J]. *At. Energy*, 85(1):510-514.

[60] 冯武威, 马鸿文, 王刚, 等, 2004. 利用膨胀珍珠岩制备轻质矿物聚合材料的实验研究 [J]. 材料科学与工程学报, 22(2):233-239.

[61] 高蓓, 2008, 金属/K-PSS 无机聚合物基复合材料的力学性能研究[D]. 哈尔滨:哈尔滨工业大学.

[62] 何培刚, 2011. C_f/铝硅酸盐聚合物及其转化陶瓷基复合材料的研究[D]. 哈尔滨:哈尔滨工业大学.

[63] 贾德昌, 何培刚, 2007. 矿聚物及其复合材料研究进展[J]. 硅酸盐学报, 35(S1): 157-166.

[64] 李海红, 徐惠忠, 高原, 等, 2006. 矿物聚合物材料的研究进展[J]. 机械工程材料, 30(6):1-3.

[65] 马鸿文, 凌发科, 杨静, 等, 2002. 利用钾长石尾矿制备矿物聚合材料的实验研究[J]. 地球科学, 27(5):1-9.

[66] 马鸿文, 杨静, 任玉峰, 等, 2002. 矿物聚合材料:研究现状与发展前景[J]. 地学前缘, 9(4): 397-407.

[67] 任玉峰, 马鸿文, 王刚, 等. 2003. 金矿尾砂矿物聚合材料的制备及其影响因素[J]. 岩矿测试, 22(2):103-108.

[68] 王刚, 马鸿文, 2005. 矿物聚合材料基体相的形成过程研究[J]. 岩石矿物学杂志, 24(2):133-138.

[69] 王美荣, 2011. 铝硅酸盐聚合物聚合机理及含漂珠复合材料组织与性能[D]. 哈尔滨:哈尔滨工业大学.

[70] 张云升, 孙伟, 2003. 粉煤灰地聚合物混凝土的制备、特性及机理[J]. 建筑材料学报, 6(3): 237-242.

[71] 郑斌义, 2013. 单向连续 SiC_f 增强铝硅酸盐聚合物基复合材料的力学性能[D]. 哈尔滨:哈尔滨工业大学.

[72] 郑广俭, 崔学民, 张伟鹏, 等, 2007. 溶胶-凝胶法制备具有碱激发活性的无定形 Al_2O_3-$2SiO_2$ 粉体[J]. 稀有金属材料与工程, 36(suppl. 1): 137-139.

第 5 章　　无机聚合物基复合材料的制备工艺方法

无机聚合物基复合材料(geopolymer matrix composite)的制备包括成型与固化或养护两个工艺环节。它不仅赋予制品或产品的特殊形状和结构,更重要的是要实现增强相在基体中的良好分布及其与基体间的良好润湿结合,从而确保复合材料或构件最终的力学与物理性能。本章即简要介绍无机聚合物基复合材料代表性的成型与固化或养护工艺方法,并给出相关材料研究或工程应用开发时材料或构件成型工艺的选择原则。

5.1　无机聚合物基复合材料的成型工艺

正如无机聚合物的成型工艺与有机高分子材料或水泥的相类似,无机聚合物基复合材料的成型工艺,基本上沿用有机高分子基复合材料的成型工艺技术或在其基础上进行适应性调整。

图 5.1 所示为制备高性能复合材料的常用成型工艺技术方法(Davidovits 2011),即是无机聚合物基复合材料的主要成型工艺。其中包括手工涂覆(hand lay-up)工艺、喷射成型(spray up molding)工艺、预浸料(prepregs-preimpregnated materials)工艺、树脂传递模塑(resin transfer molding,RTM)工艺、浸渍或浸渗工艺(infusion or infiltration process)、拉挤成型或挤压成型工艺(pultrusion process)、缠绕成型工艺(filament winding route)和短切纤维工艺(chopped fiber process)等。

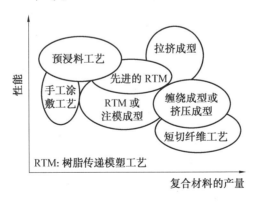

图 5.1　制备高性能树脂基复合材料的主要成型工艺(Davidovits 2011)

　　另外,制备纤维增强水泥(fiber reinforced cement)用的喷浆(gunite)、注浆／灌浆(grouting)、压浆(grouting)和挤浆等,以及制备纤维增强混凝土(fiber reinforced concrete)的浇灌工艺、喷射工艺、碾压工艺和层布工艺等(沈荣熹,王璋水,崔玉忠,2006),也均可以尝试用于无机聚合物基复合材料的制备。

5.1.1　手工涂敷工艺

　　手工涂敷工艺也称接触成型或手糊成型工艺。它是指复合材料基体料浆或无机树脂通过手工涂敷(图5.2)到纤维织物或编织体上,实际操作时经常借助于滚轮或毛刷、喷涂来实现料浆的涂敷(Davidovits 2011),并驱除气泡,压实基层。涂敷处理完毕的层片即可进入固化或养护工序。编织物可以是手工或机织的二维编织体,也可以是定向排布的纤维,还可以是短纤维二维层状排布形成的预制片等。几种常用的二维层铺纤维排布形式示意图如图5.3 所示。

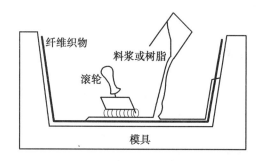

图 5.2　　湿敷或手工涂敷工艺示意图(Davidovits 2011)

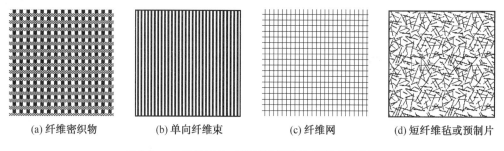

(a) 纤维密织物　　　　(b) 单向纤维束　　　　(c) 纤维网　　　　(d) 短纤维毡或预制片

图 5.3　　几种常用的二维层铺纤维排布形式示意图

　　此种工艺一般用于形状比较复杂、大尺寸、小批量或单件产品的成型制造。其优点是:设备简单,模具折旧费低;基体料浆或树脂与增强材料可自由组合,易进行材料设计;可采用加强筋局部增强,可嵌入金属件等。其缺点有:此工艺对操作技术要求高,产品质量依赖于工人的经验较大,故产品性能较难控制一致性;增强纤维含量不可能太高;产品只能单面光滑,生产效率低、劳动条件差[4]。图5.4 给出了采用手糊法制备无机聚合物基复合材料(geopolymer matrix composite)材质的熔融铝液浇包工艺过程 (Davidovits & Davidovics 1991)。

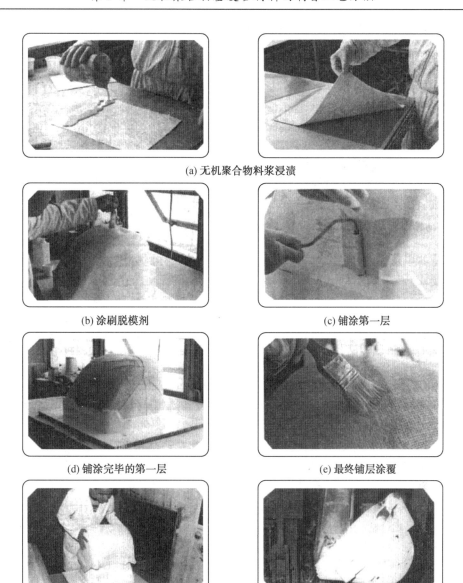

(a) 无机聚合物料浆浸渍

(b) 涂刷脱模剂

(c) 铺涂第一层

(d) 铺涂完毕的第一层

(e) 最终铺层涂覆

(f) 60 ℃ 养护后脱模

(g) 熔融铝液浇包操作

图 5.4　手糊法制备无机聚合物基复合材料材质的熔融铝液浇包工艺过程（Davidovits & Davidovics 1991）

5.1.2　喷射成型工艺

喷射成型工艺（图 5.5）是在手糊成型工艺的基础上发展起来的一种半机械化成型工艺[4]。由于该工艺是借助于机械的手工操作工艺，因此也被称为半机械手糊成型工艺。针对有机高分子基复合材料，国外在 20 世纪 60 年代发展了喷射成型并有成套喷射设备出售，如美国的 VENUS 公司、CRAFT 公司等。喷射成型在树脂基复合材料的各种成型方法中占有很大比重，在 20 世纪 90 年代，美国就已占 27%，日本占 16%，用以制造汽车车身、船身、浴缸、异形板、机罩、容器、管道与贮罐的过渡层等，其中，在国外汽车复合材料行业中，该工艺有逐步取代传统的手糊成型工艺的趋势,例如,客车和重型卡车的很多前／后围面板、侧面护板、高顶及导流罩等都已由喷射成型工艺制作。

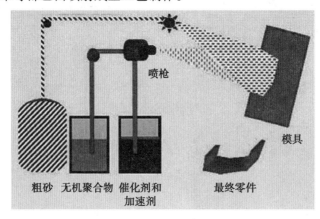

图 5.5　喷射成型工艺示意图

喷射成型工艺的优点:

(1)生产效率高。对于树脂基复合材料来说,喷射成型的生产效率比手糊成型工艺提高了 2 ~ 4 倍,生产率可达 15 kg/min。

(2)整体性好。因制品无接缝,可使其整体性好、层间剪切强度高。

(3)工艺适应性强。可自由调变产品壁厚、纤维与聚合物的比例以及纤维的长度;不受制品形状尺寸的限制,故可满足不同种类零部件对机械强度的要求。

(4)成本低。对于树脂基复合材料,因用玻璃纤维无捻粗纱代替织物,使材料成本降低;可用较少设备投资实现中批量生产。

喷射成型工艺的缺点:

(1)产品的均匀度在很大程度上取决于操作人员的操作熟练程度。

(2)由于喷射成型的基体含量较高且增强相为短纤维,因而制品强度较低。

(3)阴模成型比阳模成型难度大,小型制品比大型制品生产难度大。

(4)初期投资比手糊成型工艺大。

5.1.3　预浸料工艺

预浸料是把增强纤维(reinforcing fiber)浸渍在基体料浆或树脂中制成的预浸料片材产品,它是复合材料的中间材料。后续则需根据实际要求对预浸料进行加压固化获得最终产品。

对于有机高分子基复合材料来说,增强材料主要有碳纤维、玻璃纤维、芳族聚酰胺纤维等;基体则主要有环氧树脂、聚酯树脂、热塑性树脂等。预浸料根据纤维种类、排列方式和所用基体的种类形成了多样化产品群。该法常用于宇宙、航空产业,以及日常运动、休闲用品等产业产品的生产。

对于无机聚合物基复合材料,增强纤维则可以选择碳纤维、石墨纤维、碳化硅纤维、耐碱玻璃纤维、玄武岩纤维等。无机聚合物的料浆黏度一般较有机高分子树脂的黏度低,纤维预制片浸渍后挂附能力较差;另外,无机聚合物基体料浆固化速度较快,对储存条件要求更高,不适合长期存储。所以,预浸料工艺在无机聚合物基复合材料的制备中使用受到很大限制。对于短切纤维增强无机聚合物基复合材料,可以采用球磨混合或机械搅拌辅助超声振荡处理等工艺获得纤维分布均匀的预浸渍料。

5.1.4　树脂传递模塑工艺

树脂传递模塑工艺(图 5.6)也称注射(注入)成型工艺(injection (infusion) molding)。它是一种闭模低压成型的一种方法。纤维织物被干铺堆叠到分体模具的下模(阴模)中形成所需特定结构形式,随后将上模(阳模)盖上夹紧,在一定压力下将料浆或树脂从进口端注射进铺好纤维预制体的孔道。为了改善基体料浆浸透纤维的能力,可对模具孔道进行抽真空处理。一旦纤维织物润湿浸渍完成,即可关闭树脂注射入口,预制体便可进行固化养护的工艺环节。注射与固化可在室温或加热条件下进行。待基体固化后方可打开模具,取下产品。

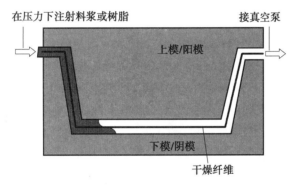

图 5.6　树脂传递模塑(RTM)工艺示意图(Davidovits 2011)

RTM 作为一种低压制备工艺,在用于有机高分子材料时,该制造技术适宜多品种、中批量、高质量复合材料构件的制造,具有构件尺寸精度高、表面质量好、生产周期短、生产过程自动化适应性强、生产效率高等优点(陈祥宝 2012)。该工艺适合于大尺寸构件的制造,且制品纤维含量可较高。例如,当用于制备高纤维含量(体积分数超过 50% 时)的有机高分子基复合材料时,树脂注射压力范围一般为 0.4 ~ 0.5 MPa;对于性能要求较高的航空航天零部件,压力有时则可达 0.7 MPa。

无机聚合物料浆流动、浸润与黏附特性与有机高分子材料均有较大差别,故需要对该工艺的适应性进行相关的研究,以最大限度地发挥该工艺的优势,制备质量高、稳定性好的无机聚合物基复合材料与构件。

5.1.5　浸渍或浸渗工艺

浸渍或浸渗工艺与 RTM 工艺相类似,纤维织物被干铺堆叠到模具中形成所需特定结构形式,之后在上面覆盖尼龙等材质的真空袋薄膜并密封,进而给真空袋抽真空,当真空度达到所需要求后,打开料浆或树脂罐子阀门,使其在真空下从一端流入堆叠的纤维预制体中(图 5.7)。该工艺与 RTM 工艺的区别在于用真空袋覆膜代替了 RTM 中的固体上模,另外,树脂流入过程仅在真空下吸入,而在 RTM 中则可以施加一定机械压力。

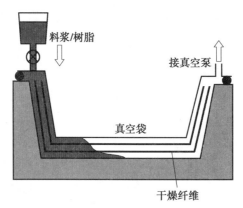

图 5.7　　浸渍或浸渗工艺示意图（Davidovits 2011）

5.1.6　拉挤成型工艺

拉挤成型工艺主要是制备单向纤维增强树脂基复合材料长尺寸制品的一种重要方法。它首先将增强纤维材料浸渍树脂或料浆，进行预成型后进入加热模具，进一步浸渍（挤胶）、基体固化、复合材料定型等。定型后的型材按照要求的长度切断。在用此法制备有机高分子树脂基复合材料时，浸渍树脂有胶槽浸渍法和注入浸渍法两种方式。前者即通常直接将所用的增强纤维通过树脂槽浸胶，然后进入模具；后者增强纤维先进入模具，再与被注入模具的树脂浸渍。前者设备便宜，作业性好，适合于不饱和聚酯树脂，如乙烯基酯树脂；后者适合于凝胶时间短、黏度高的树脂，如酚醛、环氧、双马来亚酰胺树脂等。

在用于生产有机高分子基复合材料时，此工艺具有效率较高（典型拉挤速度为 0.5 ~ 2 m/min），适于大批量生产长尺寸制品；树脂含量可精确控制；制品质量稳定、外观平滑等优点。但该工艺所需模具费用较高，一般仅限于生产恒定截面的制品。

无机聚合物料浆黏度较低、挂附性差，故可能不适合于胶槽浸渍法；加之其固化时间较短，故可尝试注入浸渍法。由于无机聚合物的料浆具有较强的碱性，故对挤出成型模具材质提出了特殊要求。

5.1.7　缠绕成型工艺

缠绕成型工艺是指通过缠绕机控制张力和缠绕角，将浸有树脂的连续纤维或带，以一定方式缠绕到芯模上成型复合材料制件的工艺方法。

该成型工艺按产品的受力状况设计缠绕规律，因而能充分发挥纤维的增强作用，使复合材料制品结构稳固性非常高；纤维缠绕制品易实现机械化和自动化生产，不仅生产效率高，工艺条件确定后，成型出来的产品质量稳定性好。该工艺也有不足之处：缠绕成型适应性小，因为缠绕时，纤维不能紧贴芯模表面而架空，不能成型任意结构形式的制品，特别是表面有凹槽的制品，所以制品形状仅限于圆柱形或其他回转体，纤维不易沿制品长度方向精确排列、成品外表质量一般不尽如人意等；另外，设备投资大、技术要求高。因为需要有缠绕机、芯模、固化加热炉、脱模机及熟练的技术工人，尤其对于大型制品各项成本更高。因此，只有大批量生产时才能降低成本，获得较高的技术经济效益。

因此，该工艺通常限于中空回转体构件产品的制造，如管道、气瓶和球罐体等，尤其适合于两端封闭的制品。在纤维被缠绕到心轴之前,拖拽器需牵引纤维通过盛有料浆或树脂的料槽进行浸渍处理(图 5.8)(Davidovits 2011)。

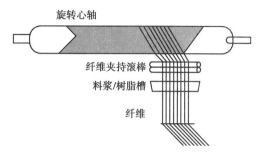

旋转心轴

纤维夹持滚棒

料浆/树脂槽

纤维

图 5.8　缠绕法示意图(Davidovits 2011)

对于有机高分子基复合材料制品的缠绕成型来说,根据树脂基体的物理化学状态不同,可分为干法缠绕、湿法缠绕和半干法缠绕 3 种。而无机聚合物料浆本身与有机高分子材料相比有很大差别,浸渍和附着纤维的能力较有机高分子材料差,且纤维在拖拽时处于紧绷状态,愈发不能保证浸渍和带料效果。所以,哪种方法更适合,还需要有针对性地开展大量拓展应用工艺性试验研究。

5.2　无机聚合物基复合材料的固化／养护工艺

经过前述成型后的预浸料或层压制品,需要进一步进行固化或养护才能获得性能满足要求的最终产品。通常情况下,可以在常压或辅助以一定的机械压力进行固化或养护,气氛可以采用大气环境或真空,可以在常温固化也可以在高温下进行固化。无机聚合物基复合材料的固化或养护,可在常温常压条件下进行;但若想保证无机聚合物基体更高效、充分地聚合,以便获得更加优良的性能,固化或养护则需辅助一定的加热条件,一般情况均低于 150 ℃。

5.2.1　常压固化

常压固化是将成型后的预浸料或纤维层压制品直接在常压下进行固化或养护的工艺,为了加快固化的进程,可以进行一定的加热保温处理。该工艺较为简单,不需额外的设备,制品形状较为复杂,但性能较低,故只在制品致密度、力学性能要求不高时使用。图 5.9 所

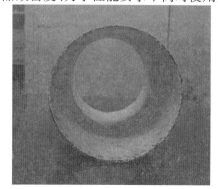

(a) 从筒侧面观察　　　　　　　　　　　　(b) 沿筒轴向观察

图 5.9　采用手糊法 + 常压固化工艺制备的二维碳纤维布增强 K – PSS 基复合材料薄壁筒状试样

示为作者本人课题组手糊法成型后采用常压固化工艺制备的二维碳纤维布增强 K - PSS 基复合材料薄壁(约 2 mm) 筒状试样。

5.2.2 加压固化

加压固化是将成型后的预浸料或纤维层压制品放到模具中,施加一定的机械压力进行固化或养护的工艺,同时可以辅以一定的加热保温,以加快固化的进程。该工艺可增加制品的致密度,可进一步提高材料的力学性能。图 5.10 所示为作者本人课题组通过手糊法成型后采用加压固化工艺制备的单向碳化硅纤维、二维碳纤维布以及不锈钢网增强的 K - PSS 基复合材料试片。

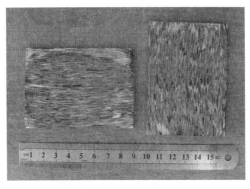

(a) 单向碳化硅纤维增强K-PSS复合材料

(b)碳纤维布增强 K-PSS

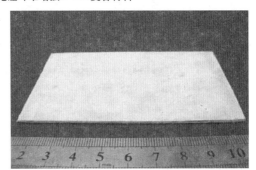

(c) 不锈钢纤维网增强 K-PSS

图 5.10   手糊法 + 加压固化工艺制备的几种 K - PSS 聚合物基复合材料试片数码照片

5.2.3 真空袋固化

真空袋固化(图 5.11) 是将手工涂敷好的纤维编织物预浸体或其他预浸料等放到模具中,直接覆盖好带孔的薄膜,然后装入真空袋抽真空,积层从而受到不大于 1 个大气压的压力而被压实、成型,继而进行养护。在养护时,在纤维织物叠层上可以施加一定的机械压力,以进一步改善致密化效果。它与机械压力固化有所改进的是,施加了抽真空处理,更有利于排除纤维预浸体中的气体,提高致密度。图 5.12 所示为作者本人课题组采用手糊法工艺成型后,继而通过真空袋温压固化工艺制备的二维碳纤维布增强的 K - PSS 基复合材料试片,含有碳纤维布11 层,每层厚度约为 0.4 mm,各层厚度均匀性尚好。

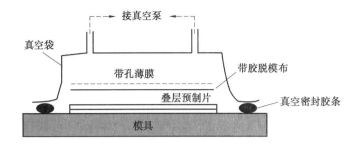

图 5.11　真空袋固化工艺示意图（Davidovits 2011）

(a) 经过磨削和切割后的试片端面　　(b) 楔入和拔出 φ3 mm 钢钉后的形貌

图 5.12　采用手糊法 + 真空袋温压固化工艺制备的二维碳纤维布增强的 K – PSS 基复合材料试片数码照片

　　真空袋成型固化工艺可获得较高的纤维含量、制造大尺寸产品、产品两面光、纤维浸渍效果较好、材料性能较高。不过,相对于手糊法和喷射法,额外的工艺过程增加了劳动力和袋材成本,要求操作人员有较高的技术熟练水平,基体混合和含量控制基本上取决于受操作人员的技术水平,生产效率不高。

5.2.4　热压罐固化

　　所谓的热压罐固化(autoclave curing/setting),即是将已经成型好的前述纤维编织物预浸体或其他预浸料等,连同成型或固定卡具等一同放入真空罐体,然后抽真空,再加热到一定的温度进行固化或养护处理的工艺(图 5.13)。通常所用的养护温度为 120 ~ 180 ℃,有

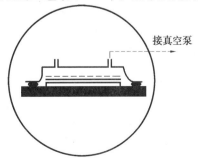

图 5.13　热压罐固化工艺示意图（Davidovits 2011）

时可达 400 ℃;热压罐还可以提供额外的压力,一般可达 5 个大气压,以获得更高的致密度和更好的性能。在前述所有工艺中,热压罐固化工艺能确保人们获得性能最好、最稳定的复合材料,当然设备成本也是最高的。因此,更适合于航空航天、军事等领域应用的高性能复合材料产品的制造。

　　一般情况下,复合材料的成型与固化是两个独立的工艺环节,但有些制备工艺方法,成型与固化则是在或可以在同一个过程中实现的,如拉挤成型、真空袋法成型和热压罐固化成型等,其中热压罐固化成型技术是目前先进树脂基复合材料最常用的成型固化技术之一,已经融入大量自动化、数字化技术,有机树脂基复合材料机翼、尾翼等承力构件都采用该技术制造(陈祥宝 2012)。

　　针对有机树脂基复合材料发展起来的复合材料整体成型技术,即是采用热压罐共固化共胶接技术,它可以直接实现带梁、肋和墙的复杂结构一次性制造(陈祥宝 2012)。整体制造技术可大量减少零件、紧固件数目,从而提高复合材料结构的应用效率。

　　另外,自动铺放技术(包括预浸料自动铺带技术和纤丝束自动铺放技术,分别适合于形状较为简单和复杂的构件制造)也日益受到重视。其中,自动铺带技术因其具有铺放效率高、纤维铺放精度高以及材料利用率高等优点,在国内开始应用到机翼壁板、尾翼壁板等大型复合材料构件的制造(陈祥宝 2012)。

　　现阶段,由于无机聚合物基复合材料尚处于实验室的研究开发阶段,故多采用设备投入较少、成本较低的工艺为主,如手糊成型加低温加压固化工艺等。图 5.14 给出了作者课题组采用手糊法成型,继而通过常压、加压加温固化或养护工艺制备的一些形状较为简单的单向或层铺纤维、碳毡等增强的无机聚合物基复合材料试片和圆筒试件。图 5.15 为作者课题组研制的一种采用手糊法制备的碳纤维毡增强无机聚合物基复合材料轻质耐热垫部件产品样件。图 5.16 为作者实验室为航天某重点单位所研制复杂形状大尺寸天线窗盖板和天线罩产品样件。而前述用于先进树脂基复合材料成型与固化的先进工艺,多数均尚未被应用到无机聚合物基复合材料与构件的研制。欲将其推广应用,尚需进行大量的工艺适应性研究探索。从料浆的流动性、浸润性和黏附特性来看,无机聚合物更接近于水泥,故在工艺性拓展试验过程中,包括不同种类和形式的纤维或纤维编织体增强的复合材料针对各种成型、固化或养护工艺的适用性研究,还应多多借鉴参考纤维增强水泥的成型与固化工艺;在此基础上,逐步建立完善无机聚合物基复合材料自身的工艺规范与标准体系。

图 5.14　哈工大特陶所采用手糊法成型继而常压或加压加温固化工艺制备的
纤维增强无机聚合物基复合材料的试片和筒状试样

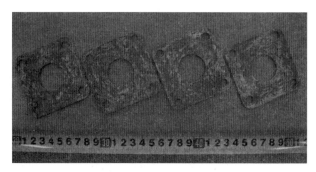

图 5.15 哈工大特陶所采用手糊法制备的一种碳纤维毡增强的
无机聚合物基复合材料轻质耐热垫部件产品样件

(a) 天线窗盖板　　　　　　　(b) 天线罩产品样件

图 5.16 哈工大特陶所研制的大尺寸复杂形状无机聚合物复合材料天线窗盖板和天线罩产品样件

5.3 无机聚合物基复合材料成型工艺选用的原则

通常情况下,在实际制备无机聚合物基复合材料或制品时,选择成型工艺应遵循如下原则。

(1) 考虑基体料浆的组成与性质。

料浆的组成与性质,决定了料浆的黏稠度、流动性、稳定性、浸润性,保证基体能均匀渗透或浸渍于增强纤维或纤维束中间,这是确保增强纤维与基体实现良好结合,充分发挥纤维强韧化作用的前提条件。尤其是当料浆中含有第二相如增强相陶瓷或金属颗粒、空心球等组元时,应该考虑第二相对原有基体料浆特性的影响。

(2) 针对增强相的特性与结构形式。

选择成型工艺,还要注意增强相的特性。当增强相为纤维时,尤其要考虑其强度和柔韧性,以减小在成型工艺过程中对纤维造成的可能损伤,以保证纤维的强韧化效果。脆性较大的纤维(如玻璃纤维),应尽量避免在成型过程中经受摩擦、弯折或强烈的牵拉,防止纤维损伤甚至断裂,降低增强韧化效果。另外,增强纤维是短切的还是连续的、是随机分布还是定向的、是紧密排布还是网格状、是层叠的还是穿刺或多向编织的等,也是选择成型工艺的依据之一。如拉挤成型和缠绕成型只适用于柔韧性较好、强度较高的单向连续纤维;而其他成型工艺如手工涂覆工艺、预浸料工艺、树脂传递模塑工艺、浸渍或浸渗工艺等对纤维的强度和柔韧性没有特殊要求。

（3）保证复合材料密实度或多孔性的要求。

这实际上考虑的是复合材料或制品的性能需要。对于结构材料来说,高致密度是获得良好力学性能和耐久性的基础。此时应尽量选择适合提高材料密实度的成型工艺,或是加大成型与固化过程中施加的压力,来保证复合材料的最终致密度。如果复合材料或制品的力学性能要求不高,而主要要求保温隔热等其他热物理性能,则在保证材料完整性的基础上,保证气孔率的需要。

（4）考虑是否易于实现工业化生产。

从复合材料或制品在批量生产时的性能稳定性、质量一致性和可靠性等方面来考虑,应尽可能选择易于实现工业化生产的成型工艺,这也是保证较高的生产效率、降低成本的需要。当然,如果是单件或小批量的制品,或在制备成本上有严格限制时,选择成型工艺方法时则需另当别论。

5.4　本章小结

无机聚合物基复合材料的制备可以借鉴甚至沿用先进有机高分子基复合材料或纤维增强水泥的成型工艺,而固化或养护又有自己的特殊要求。在纤维增强无机聚合物基复合材料的制备工艺研究探索方面还很不充分,包括不同种类和形式的纤维或纤维编织体增强的复合材料针对各种成型、固化或养护工艺的适用性研究,以及相应的工艺规范与标准的建立等都还急需投入大量的人力、物力与财力。

参考文献

[1] DAVIDOVITS J, DAVIDOVICS M, 1991. Geopolymer: ultra high-temperature tooling material for the manufacture of advanced composites[C]. 36th Annual SAMPE Symposium, 1939-1949.

[2] DAVIDOVITS J, 2011. Geopolymer chemistry & applications[M]. 3rd ed. Saint-Quentin: Institut Géopolymère.

[3] 陈祥宝,2012. 航空树脂基复合材料发展和应用现状[M]//杜善义.复合材料"十一五"创新成果荟萃.北京:中国科学技术出版社.

[4] 刘雄亚,谢怀勤,1994.复合材料工艺及设备[M].武汉:武汉理工大学出版社.

[5] 约瑟夫·戴维德维斯,2011.地聚合物化学及应用[M].王克俭,译.北京:国防工业出版社.

[6] 沈荣喜,王璋水,崔玉忠,2006.纤维增强水泥与纤维增强混凝土[M].北京:化学工业出版社.

第6章　无机聚合物基复合材料的组织性能与断裂行为

钾激发铝硅酸盐无机聚合物(KGP)的强度和韧性较差,其抗弯强度一般仅有几 MPa 至几十 MPa,故其很难单独用于力学性能要求较高的工程结构材料等场合。通过引入强韧化相制得复合材料成为弥补其力学性能不足的缺点,发挥其耐热、抗腐蚀和工艺性好等优点的必然选择,从而更好地加强和拓展其工程应用。对于应用于其他各类复合材料的增强相,只要其具有足够的耐碱稳定性,就均可用于无机聚合物的强韧化,例如,各类陶瓷(SiC、Al_2O_3、莫来石和玄武岩)纤维/晶须/颗粒、耐碱玻璃纤维、碳纤维/纳米管/石墨烯、不锈钢纤维网/短纤维/颗粒、高分子(聚乙烯醇、聚氯乙烯)纤维、动物毛发(羊毛、猪毛)、竹和木等植物纤维等。本章着重介绍作者课题组所研究的几种代表性粉体颗粒(Al_2O_{3p}、Cr_p 和漂珠)、短碳纤维(C_{sf})、碳化硅纤维(SiC_f)、不锈钢纤维网及其与颗粒复合强韧化的几种铝硅酸盐系无机聚合物的组织结构、性能和断裂行为。

6.1　颗粒增强 K-PSS 无机聚合物基复合材料

6.1.1　Al_2O_{3p}/K-PSS 复合材料的制备和组织性能

(1)原材料及复合材料制备。

采用上海奉贤城试剂厂的高岭土,在空气炉中以 800 ℃煅烧 2 h,除去结晶水(crystal water)。将得到的粉体在 100 目的筛子中过筛,得到偏高岭土粉体,其化学成分见表6.1。硅溶胶(sol-SiO_2)为江苏夏港轻工助剂厂的产品,性能参数见表6.2。所用 α-Al_2O_3 粉为中国建筑材料研究院的产品,纯度为98%,平均粒径为 0.75 μm,α-Al_2O_3 粉的 SEM 照片以及 XRD 结果如图6.1所示。

表 6.1　偏高岭土的化学成分(梁德富 2007)　　　　　　　%

物质	SiO_2	Al_2O_3	Fe_2O_3	CaO	CuO	TiO_2	SrO
质量分数	51.906	40.404	0.921	0.113	0.018	0.763	0.011
物质	K_2O	P_2O_5	SO_3	ZrO_2	PbO	Ga_2O_3	ZnO
质量分数	0.455	0.155	0.103	0.034	0.074	0.003	0.052

表 6.2　sol-SiO_2 的性能参数(梁德富 2007)

SiO_2的质量分数/%	pH 值	质量浓度/(g·mL^{-1})	黏度/(mPa·s)	Na_2O 的质量分数/%
40~41	9.33	1.29~1.295	5~12	0.25

(a) SEM 照片

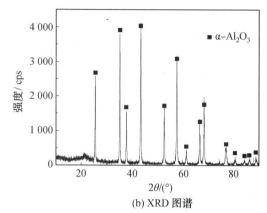

(b) XRD 图谱

图 6.1 原始 α-Al_2O_3 粉末的 SEM 照片及 XRD 图谱(梁德富 2007)

根据表 6.3 的成分设计制备 Al_2O_{3p}/K-PSS 复合材料,步骤如下:

①称取适量 KOH 加入到 SiO_2 溶胶中,室温磁力搅拌 3 d,得到混合溶液。

②将相应质量的偏高岭土与 Al_2O_3 的混合粉体逐步添加到盛混合溶液的烧杯中,同时强力搅拌混合 30 min 后得到无机聚合物配合料;为了保证整个过程在较低的恒定温度下进行,烧杯外采用冰水浴。

③通过超声振动去除配合料中的气泡。

④将配合料注入塑料培养皿中并密封,然后置于 50 ℃ 的烘箱里养护 5 d。

表 6.3 Al_2O_3 颗粒增强 K-PSS 复合材料的成分设计(梁德富 2007)

代号	KOH 溶液质量 /g	SiO_2 溶胶体积 /ml	偏高岭土的质量 /g	Al_2O_{3p} 与偏高岭土质量比	Al_2O_{3p} 在材料中的体积分数/%
基体	9.37	21.8	16.6	0	0
A1	9.37	21.8	16.6	1/4	4.6
A3	9.37	21.8	16.6	3/4	6.3
A5	9.37	21.8	16.6	5/4	9.2

对所制备复合材料的 XRD 物相分析(图 6.2)可知,所引入的 Al_2O_3 颗粒仍为 α 相,与其原始状态一致,说明其稳定性良好。其中石英相为初始高岭土中所含杂质相。从图 6.2 中还可以看到,对应于无机聚合物的非晶态馒头峰(中心位置在 28°),当偏高岭土在碱液作用下发生聚合反应生成无机聚合物时,偏高岭土馒头峰的中心从 22° 转移到 28°,并且在各种硅铝比(物质的量比)条件下结果都保持一致(Silva et al 2007)。

(2)显气孔率(Open porosity/Apparent porosity)。

采用国家标准多孔陶瓷显气孔率(又称开口气孔率)、容重试验方法(GB/T 1966—1996)中的煮沸法测定材料的显气孔率,其随 Al_2O_{3p} 与偏高岭土质量比的变化趋势如图 6.3 所示。可见,复合材料的气孔率均在 20% 以上,说明浆料黏度较大排气较为困难;但随 Al_2O_{3p} 含量的增加,显气孔率有所下降,这说明 Al_2O_3 引入在一定程度上有利于气体排除。

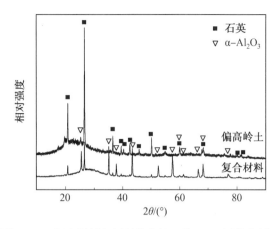

图 6.2　氧化铝增强 K-PSS 复合材料与原料偏高岭土的 XRD 图谱分析对比（梁德富 2007）

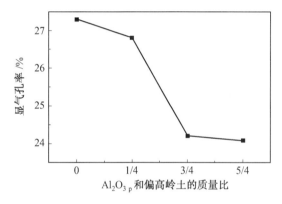

图 6.3　矿物粉体中 Al_2O_{3p} 和偏高岭土的质量比对复合材料显气孔率的影响（梁德富 2007）

（3）力学性能。

表 6.4 给出了基体与氧化铝颗粒增强无机聚合物复合材料的抗弯强度、弹性模量*、断裂韧性和硬度等室温力学性能数据。可见，随 Al_2O_{3p} 含量增加力学性能均有较明显增加，说明 Al_2O_{3p} 起到较好的强韧化效果。具体变化趋势如图 6.4～6.7 所示。很明显，除弹性模量为单调增加外，其他性能指标均呈现先增大、后下降的趋势。如抗弯强度相比于基体材料，提高幅度可达 50%～70%；断裂韧性最高增幅在 1 倍以上；而弹性模量和维氏硬度增幅不太大。

表 6.4　基体与氧化铝颗粒增强无机聚合物复合材料的力学性能（梁德富 2007）

力学性能 材料	抗弯强度 /MPa	弹性模量 /GPa	断裂韧性 /（MPa · m$^{1/2}$）	维氏硬度 /MPa
基体	15.3±1.4	8.3±0.6	0.28±0.05	284±9.3
A1	23.6±0.9	9.2±0.2	0.58±0.03	335±9.1
A3	25.8±1.1	9.8±0.2	0.48±0.01	289±5.9
A5	23.0±0.9	11.3±0.4	0.45±0.02	284±6.5

＊　如未作特殊注明，均指弯曲模量。

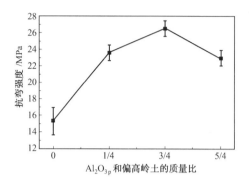

图 6.4 矿物粉体中 Al_2O_{3p} 和偏高岭土的质量比对复合材料抗弯强度的影响（梁德富 2007）

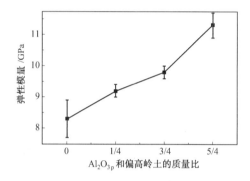

图 6.5 矿物粉体中 Al_2O_{3p} 和偏高岭土的质量比对复合材料弹性模量的影响（梁德富 2007）

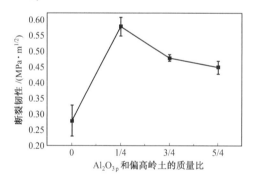

图 6.6 矿物粉体中 Al_2O_{3p} 和偏高岭土的质量比对复合材料断裂韧性的影响（梁德富 2007）

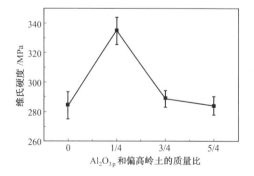

图 6.7 矿物粉体中 Al_2O_{3p} 和偏高岭土的质量比对复合材料维氏硬度的影响（梁德富 2007）

Al_2O_{3p} 引入后增强了无机聚合物,但复合材料承载时发生断裂的特征未改善,仍为典型脆性断裂。基体和复合材料 A5 的载荷–位移曲线如图 6.8 所示。从断口形貌和维氏压痕(vickers' indentation)压角裂纹扩展特征(分别如图 6.9 和图 6.10 所示)上看,引入 Al_2O_{3p} 后的复合材料与基体之间差别不明显。这是由增强相 Al_2O_{3p} 形态、粗细及其与基体界面结合状况所决定的。这也印证了 Al_2O_{3p} 增强相不能从本质上大幅度改善基体材料力学性能。

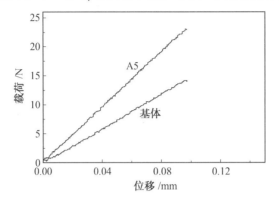

图 6.8　载荷–位移曲线(梁德富 2007)

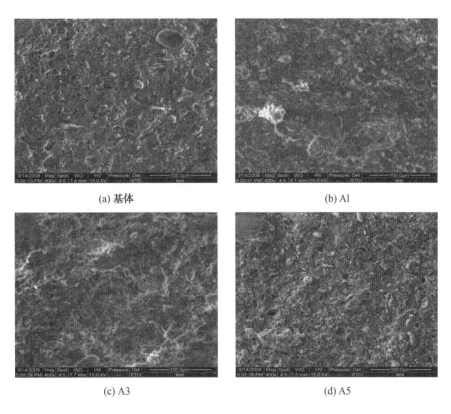

(a) 基体　　　　　　　　　　　　　　(b) Al

(c) A3　　　　　　　　　　　　　　(d) A5

图 6.9　基体和 Al_2O_{3p} 增强 K–PSS 复合材料的 SEM 断口形貌(梁德富 2007)

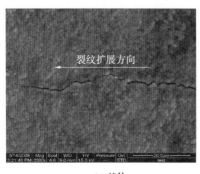 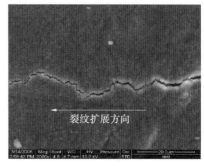

(a) 基体　　　　　　　　　　　(b) A3

图 6.10　基体和 Al_2O_{3p}/K-PSS 复合材料维氏压痕压角裂纹扩展路径
（crack propagation path）SEM 观察（梁德富 2007）

6.1.2　Cr_p/K-PSS 复合材料的组织性能

金属铬热膨胀系数低,仅为 4.9×10^{-6} K^{-1},与热膨胀系数较低的 K-PSS 基体相对匹配,且它具有较好的物理和化学稳定性,故选择它作为金属粉末颗粒的代表开展金属颗粒增强 K-PSS 系无机聚合物复合材料的研究。高蓓(2008)通过正交实验研究了铬粉颗粒(Cr_p)含量、加水量、养护时间、固化成型及养护温度对复合材料性能的影响。

所用铬粉购于上海攀银化工有限公司,纯度大于 99.9%,密度为 7.15 g/cm³;分别选用了 200 目(53.54 μm)、400 目(20.64 μm)及 1 000 目(12.68 μm)3 种规格的粉末。

物相分析表明,铬粉末与无机聚合物材料发生反应(Cr_p/K-PSS 复合材料的 XRD 图谱如图 6.11 所示),说明 Cr_p 在碱性溶液条件下稳定性良好。这为研究它引入 K-PSS 基体后的强化效果奠定了基础。另外,XRD 衍射图谱的特征同基体无机聚合物的一致,即对应于聚合物基体而存在的 26.8°处的非晶峰和偏高岭土中未反应的天然石英晶体 α-SiO_2 的峰。

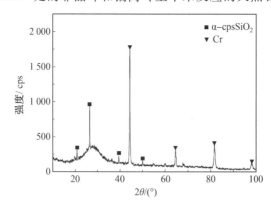

图 6.11　Cr_p/K-PSS 复合材料的 XRD 图谱（高蓓 2008）

表 6.5 列出了在不同因素指标下制备的 Cr_p/K-PSS 复合材料的密度与抗弯强度。其中铬粉占材料总质量分数分别采用 40%、50%、60%、70%;加水量分别为 5 g、6 g、7 g、8 g;养护时间分别采用 5 d、7 d、9 d、11 d;固化成型温度为 80 ℃和 60 ℃。表中温度 80、60 分别表示固化/养护温度（curing temperature）保持在 80 ℃和 60 ℃。而 80+30 和 60+30 表示 80 ℃或 60 ℃固化 3 h,再于 30 ℃下养护表中相应的天数。

表 6.5   Cr$_p$/K-PSS 复合材料的密度与抗弯强度(高蓓 2008)

材料编号	Cr$_p$的质量分数/%	加水量/g	时间/d	固化+养护温度/℃	密度/(g·cm^{-3})	抗弯强度/MPa
1		5	5	80	1.86	15.9±1.0
2	40	6	7	60	1.88	20.7±0.6
3		7	9	80+30	1.92	20.5±0.8
4		8	11	60+30	2.02	20.2±0.6
5		5	7	80+30	2.25	18.8±1.5
6	50	6	5	60+30	1.93	18.9±1.1
7		7	11	80	2.21	24.5±0.5
8		8	9	60	2.22	18.7±0.2
9		5	9	60+30	2.07	21.4±0.5
10	60	6	11	80+30	2.05	20.1±0.1
11		7	5	60	2.30	18.8±0.5
12		8	7	80	2.40	21.5±0.7
13		5	11	60	2.23	24.3±0.7
14	70	6	9	80	2.47	22.0±0.5
15		7	7	60+30	2.13	20.3±0.4
16		8	5	80+30	2.16	21.8±0.2

因铬的密度(7.15 g/cm^3)明显大于无机聚合物(约为 2 g/cm^3),故 Cr$_p$含量增加,复合材料密度有所增加。除了内因铬粉含量外,加水量、固化成型及养护温度和时间也对复合材料密度有影响,加水量越高,固化和养护越充分,越利于获得较高的密度。如在 80 ℃下固化,并持续用该温度养护的复合材料密度较相同铬粉含量的高。60 ℃下固化并持续在 60 ℃养护的材料密度也大于用 30 ℃养护的材料。这原因是,高温蒸汽养护可以改变偏高岭土的矿物结构,从而提高偏高岭土的活性,有利于聚合反应更快、更充分地进行。延长养护时间(curing time)也有利于气孔排除和水化反应充分进行并填充气孔,从而使材料更致密。

图 6.12 所示是 Cr$_p$/K-PSS 复合材料的表面扫描照片。从较低倍数下(图 6.12(a))的照片中可以看出,Cr$_p$在 K-PSS 无机聚合物基体中分布均匀,且基体中存在一些气孔缺陷;更高倍数下(图 6.12(b))对 Cr$_p$与无机聚合物基体界面结合情况进行了观察,可见结合良好,未有明显的气孔等缺陷。

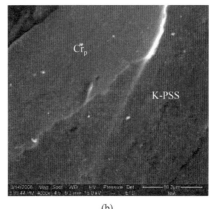

(a)   (b)

图 6.12   Cr$_p$/K-PSS 复合材料的表面 SEM 显微组织(高蓓 2008)

　　Cr_p/K-PSS 复合材料的抗弯强度随各因素的变化情况见表6.5。图6.13所示给出了各因素指标对其力学性能的影响趋势。可见，混料过程中加水量增大，复合材料抗弯强度先上升，加水量为7 g时达到最大值，后又下降。铝硅酸盐无机聚合物的水化过程为：偏高岭土中的铝和硅氧化物颗粒在碱性溶液（KOH）中溶解、聚合，形成凝胶相 $[K_x(AlO_2)_Y \cdot nKOH \cdot mH_2O]$，最后经过凝结硬化，排除剩余的水分（王晴 等 2007）。整个过程为放热脱水的反应，反应以水为传质。用水量过少，浆体流动性差，难以成型，材料气孔率大；用水量过大，浆体凝结慢，也不利于成型。

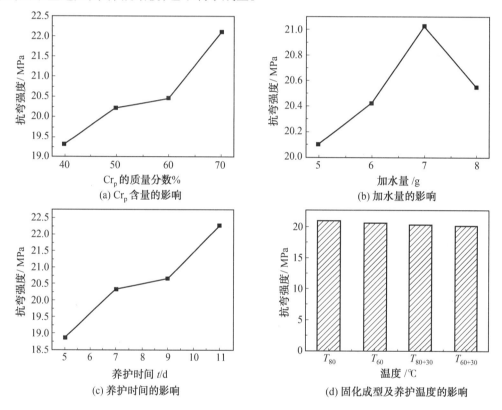

图6.13　各种因素对 Cr_p/K-PSS 复合材料的力学性能的影响（高蓓 2008）

　　此外，延长养护时间、提高成型和养护温度等也都有利于复合材料抗弯强度的提高，这与材料的密度变化一致，这也和 K-PSS 无机聚合物基体的研究结果一致。

　　图6.14所示为 Cr_p/K-PSS 复合材料 SEM 断口扫描照片。可见，无机聚合物基体尚存一些疏松缺陷，这与试样表面的观察结果相对应；另有少量铬颗粒被拔出迹象，但不明显；高倍照片上（图6.14(b)）可以看到基体上还存在一些微裂纹等缺陷，这也是其力学性能仍较低的原因之一。

 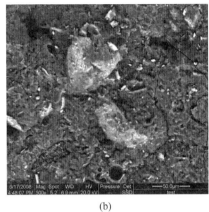

图 6.14　Cr$_p$/K-PSS 复合材料 SEM 断口扫描照片（高蓓 2008）

6.1.3　漂珠/K-PSS 复合材料的组织性能

漂珠（fly ash cenosphere，FAC）薄壁中空,具有密度低（0.4~0.8 g/cm³）、热导率小（约为 0.065 W/(m·K)）、耐火度高（>1 500 ℃）、强度高、化学稳定性好、成本低等优点,是制备隔热保温、吸声、耐高温性能材料理想的添加材料之一。王美荣（2011）将其引入铝硅酸盐聚合物,制得含不同体积分数和尺寸漂珠的漂珠/K-PSS 聚合物复合材料,探讨了该复合材料的体积密度、微观组织、界面、力学性能、热导率以及热尺寸稳定性。

所用漂珠来自于河南平顶山的姚电粉煤灰厂,除了 α-石英和莫来石外,主相为非晶相（对应 XRD 图谱如图 6.15 所示）。其化学组成和基本物理性能指标分别列于表 6.6 和 6.7 中。可见,漂珠中除了 Si、O 和 Al 三种主要元素外,还含有 Fe、Ti、Ca 和 K 等元素。从漂珠 SEM 形貌上看（图 6.16）,多数漂珠表面光滑致密,只是孔壁上存在很多大小不一的气泡。

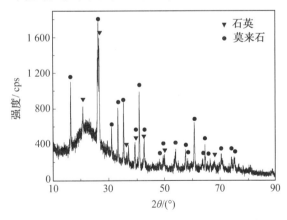

图 6.15　漂珠的 XRD 图谱（王美荣 2011）

表 6.6　漂珠的化学成分（王美荣 2011）　　　　　　　　　　　　%

物质	SiO$_2$	Al$_2$O$_3$	Fe$_2$O$_3$	TiO$_2$	CaO	K$_2$O	其余
质量分数	62.212	29.704	3.531	1.201	0.902	1.702	0.749

表 6.7　平顶山姚电粉煤灰厂漂珠的基本物理性能(王美荣 2011)

性能参数		性能指标
体积密度/(kg·m⁻³)		367~432
抗压强度/MPa		10.3
维氏硬度/MPa		895
熔点/K		1 900
燃烧损失率(ignition loss)/%		1.2
热导率/(W·m⁻¹·K⁻¹)	373 K	0.065
	473 K	0.082
	773 K	0.123
	1 273 K	0.163
	1 573 K	0.173

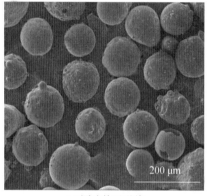

(a) 漂珠外观形貌　　　　　　　　(b) 漂珠断面

图 6.16　平顶山姚电粉煤灰厂漂珠的 SEM 微观形貌(王美荣 2011)

(1)不同漂珠含量复合材料的组织与性能。

①密度与组织结构。所用漂珠的平均直径约为 306 μm、壁厚约为 8.3 μm,体积密度约为 0.432 g/cm³。漂珠/K-PSS 复合材料中漂珠的体积分数分别为 15%、20%、25%、35% 和 40%,制备工艺过程如图 6.17 所示。

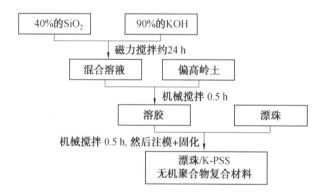

图 6.17　漂珠/K-PSS 无机聚合物复合材料的制备工艺流程(王美荣 2011)

图 6.18 给出了漂珠/K-PSS 无机聚合物复合材料的密度随漂珠体积分数的变化情况。可见,复合材料的密度总体上呈线性下降趋势,当漂珠的体积分数为 40% 时,复合材料的密度降至 0.82 g/cm³,约为基体密度(1.37 g/cm³)的 60%。漂珠降低铝硅酸盐聚合物基复合材料密度的作用显而易见。

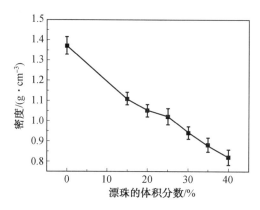

图 6.18　漂珠/K-PSS 复合材料的密度与漂珠体积分数的关系(王美荣 2011)

图 6.19 和图 6.20 所示分别为对应不同漂珠含量的漂珠/K-PSS 复合材料的表面和断口 SEM 照片。可见,漂珠的体积分数在 15% ~ 40% 变化时,其在基体中分布均匀;另外,无论是在试样表面还是断口上,都可观察到基体中存在着较多微裂纹。从复合材料漂珠很少拔出、断口较平滑的情况可知,主裂纹遇到漂珠时倾向于直接穿过漂珠,说明漂珠与基体间的界面结合偏强。

对漂珠/K-PSS 复合材料靠近漂珠断口部位进行了高倍 SEM 观察(图 6.21(a)),可见,漂珠壳壁与基体间的界面清晰,二者结合良好。界面处 K 元素分布线扫描 EDS 分析(图 6.21(b))表明,K 元素从基体中的约 11% 陡降到漂珠壳壁时的 1% 左右。这说明碱激发剂中 K 元素未进入漂珠中,证实漂珠与铝硅酸盐聚合物间未发生明显化学反应。这与李云凯等(2002)、徐风广(2002)、翟冠杰等(2003)、代红艳(2007)和 Chen-Tanw et al (2009)等所报道的粉煤灰与碱性硅酸盐溶液发生溶解、聚合和缩聚反应的情况不同。

对漂珠/基体间界面进行 TEM 分析(图 6.22(a))发现,基体和漂珠之间形成了厚度大约为 250 nm 的界面层,该层为非晶相(图 6.22(c));基体的透射分析结果与 Schmucker et al (2005)、Rees et al (2007)和 Bell et al (2009)等学者的研究结果一致。在基体的高分辨(HRTEM)图片上观察到了一些尺寸为 2 ~ 5 nm 的弥散分布的纳米晶区域(图 6.22(c)中白线所圈区域),通过快速傅里叶变换计算其晶格常数为 0.212 nm,它对应于 α-石英相(王美荣 2011)。

图 6.22(d) ~ (f)所示能谱分析结果表明,界面层成分为 $K_{1.02}Si_{19.33}Al_{9.67}O_{69.96}$,它与基体($K_{10.49}Si_{21.08}Al_{10.59}O_{57.85}$)和漂珠($K_{0.44}Si_{26.47}Al_{6.90}O_{65.29}$)的成分均不相同。界面层的生成说明在铝硅酸盐聚合物与漂珠间存在微弱扩散反应(diffusion reaction),这是导致基体和漂珠之间结合较强的主要原因。此外,界面层(interface layer)的生成还会增大界面热阻(interface thermal resistance)(Nan et al 2000,Nan et al 2004),从而使复合材料的热导率降低,这对用于保温隔热用复合材料来说是有利的。

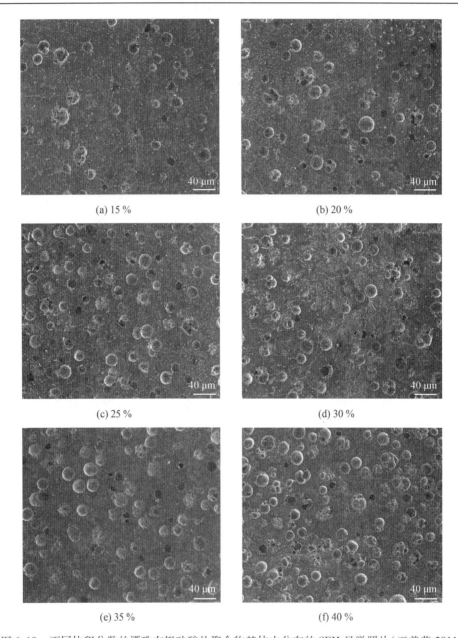

(a) 15 %　　　　　　　　　　　　　(b) 20 %

(c) 25 %　　　　　　　　　　　　　(d) 30 %

(e) 35 %　　　　　　　　　　　　　(f) 40 %

图 6.19　　不同体积分数的漂珠在铝硅酸盐聚合物基体中分布的 SEM 显微照片(王美荣 2011)

②不同漂珠含量复合材料的力学性能。复合材料的抗弯和抗压强度(图 6.23)均随漂珠体积分数在 15％~40％时呈下降趋势,降幅也比较接近。具体来说,因漂珠空心所致的等效强度低,复合材料的抗弯强度从基体的 28.5 MPa 一直降到体积分数为 40％的漂珠时的 5.6 MPa;对应的抗压强度,则从基体的 106.2 MPa 降至体积分数为 40％的漂珠时的 36.5 MPa。但此抗压强度仍可满足绝热材料的要求(江东亮 李龙土 欧阳世翕 等 2007)。

引入漂珠后,复合材料的热导率(图 6.24)也随漂珠体积分数的增加呈线性趋势迅速下降,即从基体的 0.361 W/(m·K)降至漂珠添加量体积分数为 40％时的0.173 W/(m·K),降低幅度超过了 50％(王美荣 2011)。这说明低热导率、低密度漂珠的添加,可有效地降低铝硅酸盐聚合物基复合材料的热导率。根据 Duxson et al（2006）的研究表明，当气孔直径大于 1 cm 时，在气孔中的对流传热很重要；对于大的颗粒当温度大于 200 ℃时，热辐射对于连续材料也有贡献。这里所用漂珠内径约为 160 μm，且热导率测量在室温下进行，对流和热辐射均可忽略，而仅需考虑热传导。因此，漂珠/K-PSS 无机聚合物复合材料的低热导率主要归因于低热导的漂珠；另外，漂珠/基体界面热阻也会降低热导率（Nan et al 2000，Nan et al 2004）。因此说添加漂珠是一种有效降低铝硅酸盐无机聚合物热导率的方法，漂珠/K-PSS 聚合物复合材料的低热导、低密度意味着它在轻质绝热（lightweight thermal insulation）方面有潜在应用。

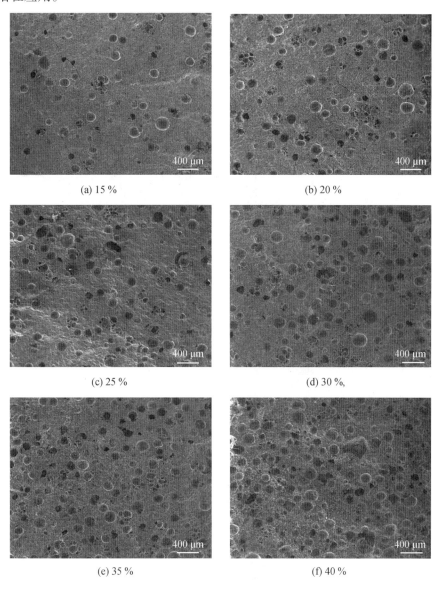

(a) 15 %　　　　　　　　　　　　(b) 20 %

(c) 25 %　　　　　　　　　　　　(d) 30 %,

(e) 35 %　　　　　　　　　　　　(f) 40 %

图 6.20　不同体积分数的漂珠在铝硅酸盐聚合物基体中分布的断口形貌观察（王美荣 2011）

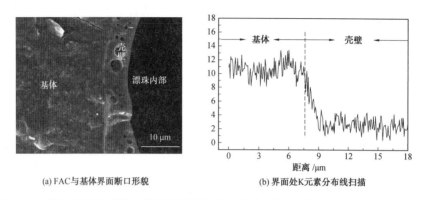

(a) FAC与基体界面断口形貌

(b) 界面处K元素分布线扫描

图 6.21　漂珠╱铝硅酸盐聚合物复合材料的断口形貌及线扫描能谱分析（王美荣 2011）

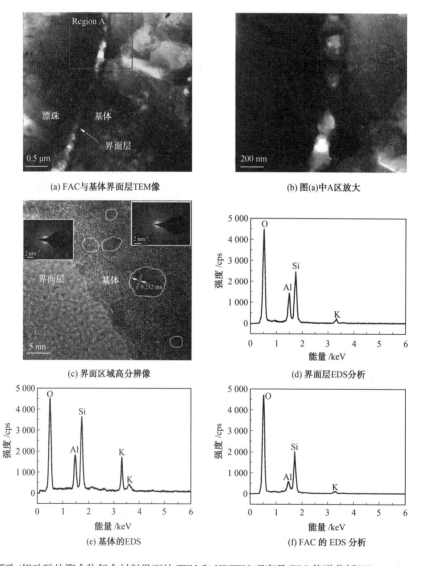

(a) FAC与基体界面层TEM像

(b) 图(a)中A区放大

(c) 界面区域高分辨像

(d) 界面层EDS分析

(e) 基体的EDS

(f) FAC 的 EDS 分析

图 6.22　漂珠╱铝硅酸盐聚合物复合材料界面的 TEM 和 HRTEM 观察及 EDS 能谱分析（Wang, Jia et al 2011）

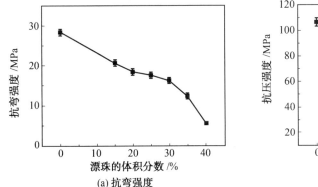
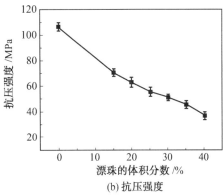

(a) 抗弯强度　　　　　　　　　　　(b) 抗压强度

图 6.23　漂珠/K-PSS 复合材料的强度与漂珠体积分数的关系(Wang, Jia et al 2011)

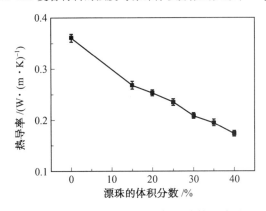

图 6.24　漂珠/K-PSS 复合材料的热导率与漂珠体积分数的关系(Wang, Jia et al 2011)

③不同漂珠含量漂珠/K-PSS 复合材料尺寸的热稳定性(dimension stability)。

图 6.25 所示为不同体积分数的漂珠对其复合材料尺寸的热稳定性的影响。可见,复合材料的基体热演化可分为 4 个阶段:

第 I 阶段为 25 ~ 200 ℃。由于铝硅酸盐聚合物的多孔结构特点,在铝硅酸盐聚合物中不仅含有吸附水,并且还存在层间水,所以需要加热到 200 ℃左右才能完全脱掉。在第 I 阶段温度范围内由于吸附水和层间水的排出,使颗粒之间距离缩短,因此,基体尺寸缩小,大约占总收缩值的 11.7%。

第 II 阶段为 200 ~ 800 ℃。此温度区间内基体脱羟基并以水分子形式失去,大约占总收缩值的 21.5%。

第 III 阶段为 800 ~ 1 008 ℃。基体出现最明显收缩,约占总收缩值的 67.8%,主要是由于黏性烧结所引起。

第 IV 阶段为 1 008 ~ 1 100 ℃。该阶段呈现膨胀特征。这主要是因为原料偏高岭土中含有一定量的石英,在聚合过程中未发生反应,残留在基体中,当温度高于 1 000 ℃时发生三方→六方的晶型转变(crystal transformation),产生体积膨胀,使基体热膨胀。

由图 6.25 还可看出,添加了漂珠后的复合材料热收缩与铝硅酸盐聚合物基体的热收缩随温度变化的规律相似,且随漂珠体积分数由 20% 增大到 50%,复合材料的热收缩逐渐降低,这说明漂珠抑制了基体收缩,使漂珠/K-PSS 聚合物复合材料的热收缩减弱,有利于改善复合材料的尺寸稳定性。

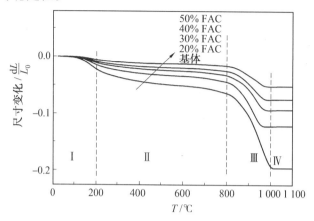

图 6.25　不同体积分数的漂珠对漂珠/K-PSS 复合材料尺寸的热稳定性的影响(王美荣 2011)

（2）不同漂珠尺寸复合材料的组织与性能。

采用了分级筛选的方法获得平均直径分别约为 131 μm、180 μm、215 μm、246 μm 和 306 μm 的漂珠,壁厚分别约为 6.2 μm、6.8 μm、7.4 μm、7.8 μm 和 8.3 μm,密度分别为 0.432 g/cm³、0.394 g/cm³、0.381 g/cm³、0.378 g/cm³ 和 0.367 g/cm³。统一控制漂珠的体积分数为 35%,讨论漂珠尺寸对漂珠/K-PSS 复合材料组织与性能的影响。

①显微组织与界面结构。图 6.26 所示为含有不同尺寸漂珠复合材料的密度。可见,漂珠尺寸增大,复合材料密度呈线性下降,由 1.15 g/cm³ 降低至 0.99 g/cm³。这主要是漂珠尺寸越大,其本身密度越低所致。

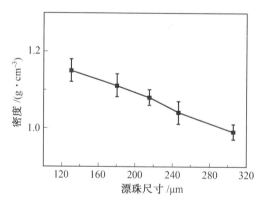

图 6.26　漂珠尺寸对复合材料密度的影响(王美荣 2011)

图 6.27(a)～(e)所示为漂珠体积分数为 35%,平均尺寸分别为 131 μm、180 μm、215 μm、246 μm 和 306 μm 的漂珠填充复合材料的显微组织。可见,漂珠尺寸无论大小,漂珠在基体中的分布均匀性都较好,只是因其体积分数一致使单位面积上漂珠的数量有所减少。从图 6.27(f)可见,基体与漂珠壳壁间的界面清晰,界面特征与前文所示结果没有本质区别,再次印证了漂珠在碱性反应溶液条件下稳定存在。

在漂珠/基体之间同样观察到了一层厚度约为 200 nm 的非晶界面层(图 6.28),该界面层与基体和漂珠结合良好。从界面层能谱分析发现,界面层中非晶化合物的成分为 $KSi_{19}Al_{9.9}Fe_{2.2}O_{69.9}$(原子数分数,%)(王美荣 贾德昌 等 2011),与图 6.22 中观察到的非晶界面反应层相比,除主要元素种类一致外,还探测到了 Fe。

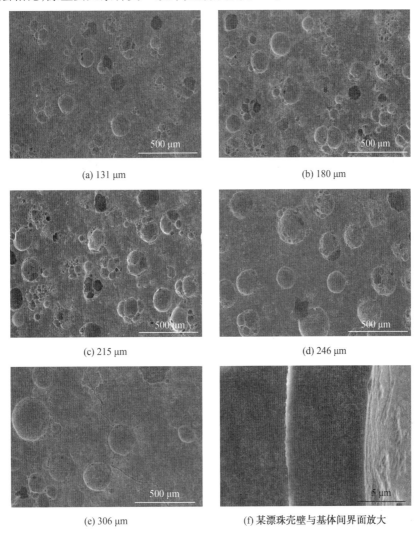

(a) 131 μm　　　　　　　　(b) 180 μm

(c) 215 μm　　　　　　　　(d) 246 μm

(e) 306 μm　　　　　　(f) 某漂珠壳壁与基体间界面放大

图 6.27　具有相同的体积分数(35%)、不同尺寸漂珠 K-PSS 基复合材料的 SEM 表面形貌(王美荣 2011)

②力学性能。图 6.29(a)所示为不同尺寸漂珠对漂珠/K-PSS 复合材料抗弯强度的影响规律。可见,漂珠尺寸增大,复合材料的抗弯强度单调降低,即由漂珠平均直径为 131 μm 时的 14.8 MPa,降低到 306 μm 对应复合材料的 6.4 MPa。可见,漂珠尺寸增大,不利于复合材料强度的提高。

同样,随漂珠平均外径尺寸的增大,复合材料的抗压强度也呈现相同的单调降低趋势(图 6.29(b)),即当漂珠平均直径由 131 μm 增至 306 μm 后,复合材料抗压强度逐渐由 58.9 MPa 降至 16.2 MPa,降幅达 72.5%。

③热导率。图 6.30 所示为不同尺寸的漂珠对体积分数为 35% 的漂珠/K-PSS 复合材料的热导率。可知,漂珠平均尺寸增大,复合材料的热导率基本也呈线性趋势降低,由 0.22 W/(m·K)降至 0.178 W/(m·K)。这主要是漂珠内部中空部分的体积(空心球的空心所引入的空气或惰性气体)分数增大所致,但降幅不太大。

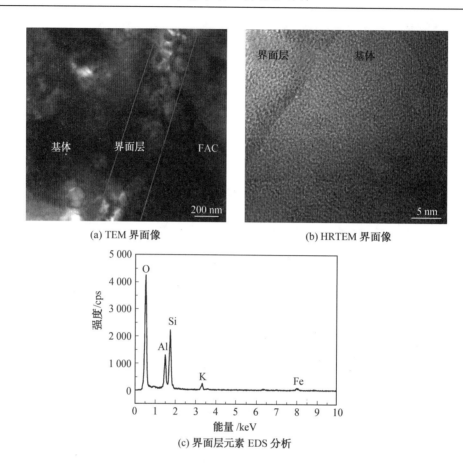

(a) TEM 界面像　　　　　　　　　　(b) HRTEM 界面像

(c) 界面层元素 EDS 分析

图 6.28　漂珠/K-PSS 复合材料的 TEM 分析(王美荣 贾德昌 等 2011)

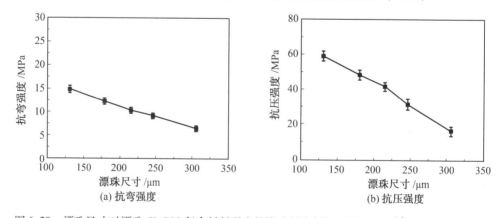

(a) 抗弯强度　　　　　　　　　　(b) 抗压强度

图 6.29　漂珠尺寸对漂珠/K-PSS 复合材料强度的影响(漂珠体积分数为 35%)(王美荣 2011)

④尺寸热稳定性。图 6.31 所示为不同尺寸漂珠对 K-PSS 聚合物基复合材料热收缩曲线的影响。可见,添加不同尺寸漂珠后的 K-PSS 基复合材料的热收缩随温度变化的规律与基体相似,且漂珠的加入明显抑制了基体在全程温度范围内(小于 1 200 ℃)的热收缩。另外,在小于 800 ℃时,随着漂珠平均尺寸的增大,复合材料的热收缩逐渐降低。然而,在 800 ~ 1 008 ℃,漂珠平均尺寸对复合材料热收缩的影响趋于复杂化,还有待深入研究(王美荣 2011)。

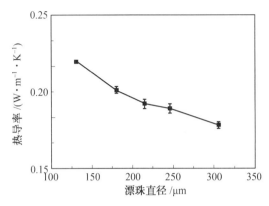

图 6.30　漂珠尺寸对漂珠/K-PSS 复合材料的热导率的影响(王美荣 2011)

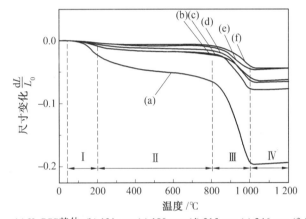

(a) K-PSS基体; (b) 131 μm; (c) 180 μm; (d) 215 μm; (e) 246 μm; (f) 306 μm

图 6.31　漂珠尺寸对漂珠/K-PSS 复合材料高温尺寸稳定性的影响(王美荣 贾德昌 何培刚 等 2011)

6.1.4　本节小结

(1)Cr_p 可对 K-PSS 实现有效强化,Cr_p/K-PSS 的抗弯强度随其添加量增加而增大;增大混料过程中加水量,复合材料抗弯强度呈现先升后降的趋势;延长养护时间、提高成型和养护温度,均有利于复合材料密度和抗弯强度提高。

(2)Al_2O_{3p} 与 K-PSS 无机聚合物基体能够稳定存在,引入 Al_2O_{3p} 对抗弯强度和断裂韧性提高较为明显,弹性模量和维氏硬度增幅不大;强化效果主要依赖于原料矿物粉体中 Al_2O_{3p} 和偏高岭土的质量比;增强后的复合材料仍呈脆性断裂的特征。

(3)K-PSS 无机聚合物中引入漂珠可获得低密度、低热导、耐热性优良、强度较高的漂珠/K-PSS 复合材料;漂珠与基体之间会生成一层约 100 nm 厚的界面非晶层,该界面层有利于增大界面热阻;漂珠的体积分数增加(15%~40%),降低密度与热导率,提高热稳定性越明显。固定漂珠的体积分数为 35% 时,漂珠尺寸越大(131~306 μm),复合材料的密度和热导率越低,热稳定性也越好。

6.2 短纤维增强 K-PSS 基复合材料

6.2.1 无序分布短碳纤维(C_{sf})增强 K-PSS 基复合材料

短碳纤维(short carbon fiber,C_{sf})是制备复合材料常用的价格低廉、实施起来简单方便的增强材料。在力学性能要求不太高的应用场合,成本是重要的问题时,无序分布低体积分数 C_{sf} 增强复合材料无疑有很大的生存空间。本节探讨了低体积分数(0.5% ~ 3.0%)无序分布 C_{sf} 对 K-PSS 基复合材料力学性能的影响。

1. 碳纤维原料及复合材料的制备

基体无机聚合物的原料偏高岭土、硅溶胶(silica sol)和 KOH 等同前文所述。TX-3 型碳纤维为吉林碳素厂生产,主要技术性能参数见表6.8,碳纤维表面形貌如图6.32所示。

表6.8 吉林探碳素厂生产的 TX-3 型碳纤维的主要性能参数(梁德富 2007)

牌号	规格	密度 /(g·cm^{-3})	碳的质量分数 /%	单丝直径 /μm	抗拉强度 /GPa	弹性模量 /GPa	伸长率 /%
TX-3	1K	1.76	≥92	6 ~ 7	≥3.0	210 ~ 230	≥1.4

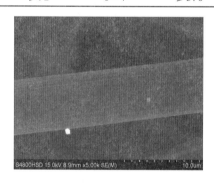

图6.32 单根碳纤维的 SEM 表面形貌(梁德富 2007)

短切的 C_{sf} 长度控制在 1 mm 左右。C_{sf}/K-PSS 复合材料的成分配比见表6.9。复合材料的制备工艺(梁德富 2007)如下:

①采用丙酮将纤维充分超声分散后加入偏高岭土,然后用强力搅拌器搅拌直到混合均匀,再通过抽滤得到混合体。

②将混合体在 50 ℃的烘干箱中放置 24 h 后取出。

③其余步骤按照制备 Al_2O_3 增强复合材料步骤进行(详见6.1.1节)。

表6.9 C_{sf}/K-PSS 复合材料的成分配比(梁德富 2007)

代号	KOH 溶液的质量 /g	SiO$_2$ 溶胶的体积 /mL	偏高岭土的质量 /g	C_{sf}(长约 1 mm)的体积分数 /%
05C	9.37	21.8	16.6	0.5
1C	9.37	21.8	16.6	1.0
2C	9.37	21.8	16.6	2.0
3C	9.37	21.8	16.6	3.0

2. 显微组织形貌

1C 复合材料的 XRD 图谱(图 6.33)具有典型 K-PSS 图谱特征,即基体的非晶态馒头峰和少量杂质 SiO_2 相的衍射峰。碳纤维因含量低且为非晶态,未在图谱中显现。

由 C_{sf}/K-PSS 复合材料的 SEM 显微组织形貌(图 6.34)可见,碳纤维在基体中的分布比较均匀,说明对于约 1 mm 长的短纤维,当含量较低时采用机械搅拌方法可以满足纤维有效分散的需要。另外,由于强力机械搅拌会使纤维沿搅拌器旋转方向呈一定择优取向排布特征;而后注模成型时,浆料会沿其流动方向平铺,从而导致纤维沿垂直于配合料流动方向择优分布。

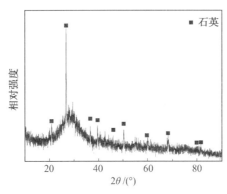

图 6.33　1.0%* C_{sf}/K-PSS 复合材料(代号为 1C)的 XRD 图谱(梁德富 2007)

(a) 0.5%　　　　　　　　　　　(b) 1%

(b) 2%　　　　　　　　　　　(d) 3%

图 6.34　含不同体积分数短碳纤维的 C_{sf}/K-PSS 复合材料的 SEM 显微组织(梁德富 2007)

---

* 增强纤维的百分数为体积分数(下同)。

由复合材料 SEM 显微组织照片上还可观察到基体中存在较为明显的微裂纹,纤维体积分数增高,裂纹逐渐由网状向层状形式过度,当体积分数为 2.0% 时,裂纹最少,当体积分数为 3.0% 时,裂纹密度最高。

3. 力学性能

表 6.10 列出了 K–PSS 基体和 C_{sf}/K–PSS 复合材料的各项力学性能数据。为了更直观地反映力学性能随 C_{sf} 含量的变化趋势,图 6.35 分别给出了抗弯强度、断裂韧性和弹性模量随 C_{sf} 体积分数变化的曲线图。

表 6.10　K–PSS 基体与 C_{sf}/K–PSS 无机聚合物复合材料力学性能(梁德富 2007)

材料 ＼ 力学性能	抗弯强度 /MPa	断裂韧性 /($MPa \cdot m^{1/2}$)	弹性模量 /GPa	维氏硬度 /MPa
基体	15.3±1.4	0.28±0.05	8.3±0.6	284±9.3
05C(0.5%C_{sf}/K–PSS)	11.3±1.2	0.24±0.04	4.7±0.3	271±7.8
1C(1.0%C_{sf}/K–PSS)	14.8±0.7	0.29±0.05	5.6±0.1	262±8.5
2C(2.0%C_{sf}/K–PSS)	25.6±1.6	0.57±0.03	6.0±0.4	245±6.9
3C(3.0%C_{sf}/K–PSS)	22.1±1.3	0.56±0.03	4.2±0.3	243±5.5

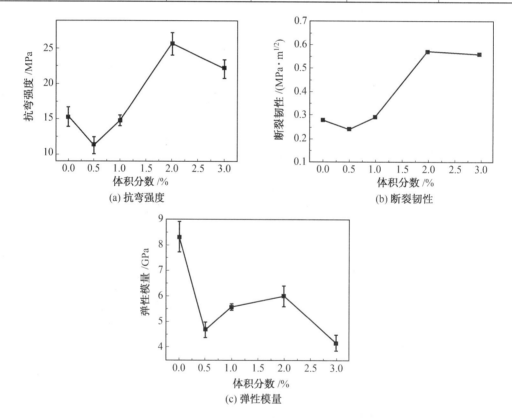

(a) 抗弯强度　　　　　(b) 断裂韧性

(c) 弹性模量

图 6.35　C_{sf}/K–PSS 复合材料力学性能与碳纤维体积分数的关系(梁德富 2007)

可见,C_{sf} 含量增加,C_{sf}/K–PSS 复合材料的抗弯强度和断裂韧性呈类似变化趋势,均先下降,后大幅升高,到达峰值后再缓慢降低。当纤维体积分数为 2.0% 时,复合材料的抗弯强度、断裂韧性从基体的 15.3 MPa、0.28 MPa · $m^{1/2}$ 分别提高到峰值 25.6 MPa 和

0.57 MPa·$m^{1/2}$。弹性模量和维氏硬度也呈现出基本类似的变化趋势,只是首段下降后的上扬不太明显,致使所有复合材料的弹性模量和维氏硬度值均比基体低。可见,虽然碳纤维的弹性模量和维氏强度均显著高于基体,但因体积分数低且长度短,限制了强韧化效果。

纤维体积分数为 0.5% 时,复合材料的强度和韧性最低,还可能与其小于该体系的纤维起到增强作用的临界体积分数(critical volume fraction)有关。另外,值得注意的是,虽然后期基体裂纹更多,材料的抗弯强度和断裂韧性有所降低,但依然能保持较高水平,说明纤维含量提高时,材料的裂纹敏感性大大降低。

4. 复合材料的断裂行为

图 6.36 所示为 C_{sf}/K-PSS 复合材料与基体 K-PSS 的载荷-位移曲线的对比。可见,与 K-PSS 基体典型的脆性断裂不同,C_{sf}/K-PSS 复合材料在经过起初较为短暂的弹性变形阶段后,载荷-位移曲线开始缓慢偏离弹性变形区,进入到典型的非线弹性(nonlinear elastic)或伪塑性变形(pseudo-plastic deformation)阶段;达到载荷峰值后,仍保持较高的承载水平。复合材料损伤以裂纹准静态扩展(quasi-static crack growth/sub-critical crack propagation)方式进行,即承载能力逐步下降,不会发生突然的灾难性断裂(catastrophic failure)。即使最终试验完毕卸载后,试样仍未完全断裂(图 6.37),即为藕断丝连的情况。

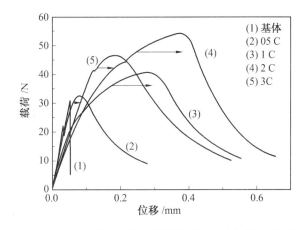

图 6.36　C_{sf}/K-PSS 复合材料与基体的载荷-位移曲线(梁德富 2007)

图 6.37　碳纤维无序分布的 C_{sf}/K-PSS 复合材料三点抗弯强度试验后试样的数码照片(梁德富 2007)

上述的变形和断裂行为,最直接的作用是:①断裂应变均显著增大,低则几倍,高则近十倍;②载荷-位移曲线与横轴位移的包罗面积大幅增加,即断裂功(work of fracture,WOF)显著增大。依据文献(贾德昌 等 2008)中方法计算该复合材料的断裂功,结果如图6.38所示。可见,与前文介绍的抗弯强度(bending strength)、断裂韧性(fracture toughness)、弹性模量(Young's modulus)和维氏硬度(Vicker's hardness)等的变化行为不同,断裂功先增高到体积分数为 2.0% 时的 624.5 J/m^2 的峰值,较基体水平($38.6\sim56.4$ J/m^2)相比提高了 14 倍;纤维再增多到体积分数为 3.0% 时,断裂功反而又明显下降。

　　对载荷-位移曲线以及复合材料断口形貌分析发现,复合材料在断裂过程中通过碳纤维脱粘(debonding)、拔出(pulling out)和桥连(bridging)等方式消耗能量,使其呈现非线弹性(non-linear elastic)变形与断裂行为,有效避免了脆性断裂(brittle fracture)。

　　从图6.39所示的 C_{sf}/K-PSS 复合材料的 SEM 断口照片可较容易看出纤维拔出的情况,且总体上纤维拔出的长度和数目均在增加。这说明了试样承载断裂过程中,碳纤维出现了较明显的脱粘、桥接和拔出的情况,是对基体起到韧化作用的关键。

　　图6.40给出了裂纹扩展过程中与碳纤维的作用情况。可见,除了前文所述的纤维桥接、拔出外,碳纤维对裂纹还起到了较为明显的裂纹偏转(crack deflection)和基于较弱界面结合的裂纹分支(crack branching)增韧作用(toughening effect)。

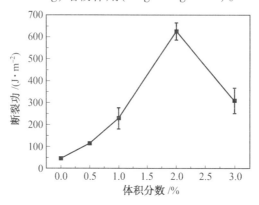

图6.38　碳纤维无序分布的 C_{sf}/K-PSS 复合材料的断裂功与 C_{sf} 体积分数的关系(梁德富 2007)

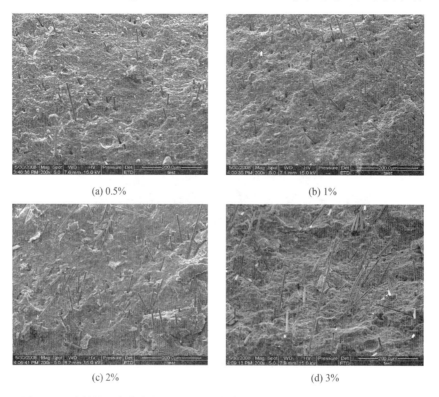

(a) 0.5%　　　　　　　　　　　　(b) 1%

(c) 2%　　　　　　　　　　　　(d) 3%

图6.39　碳纤维无序分布的 C_{sf}/K-PSS 复合材料断口 SEM 照片(梁德富 2007)

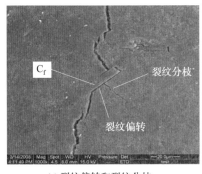
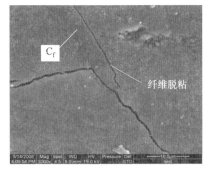

(a) 裂纹偏转和裂纹分枝　　　　　　　　　(b) 界面脱粘

图 6.40　裂纹扩展路径(梁德富 2007)

6.2.2　层状分布短碳纤维增强 K–PSS 基复合材料的力学性能与断裂行为

在复合材料基体与增强相界面结构性质等条件一致的情况下,纤维长度越大,含量越高,其强韧化效果就越明显(王零森 2003)。然而,在实际制备复合材料过程中,纤维太长、含量太高经常会导致纤维的团聚,必将影响纤维的强韧化效果。因此,纤维长度与含量的控制是短切纤维强韧复合材料从优化性能角度必须考虑的重要参数。

前一节中随机分布的短碳纤维对 K–PSS 系无机聚合物起到了较为明显的强韧化作用,但仍然有较大的提升空间。为进一步增大纤维的体积分数和长度,同时防止纤维团聚,开发了采用短纤维预制片层叠的方法,制备碳纤维长度为 2 ~ 12 mm,体积分数可达 7.5% 的二维层状分布短碳纤维增强的 K–PSS 基复合材料(贾德昌 林铁松 2007),进而研究了纤维长度和体积分数对层状分布 C_{sf}/K–PSS 复合材料力学性能与断裂行为的影响。

1. 复合材料的制备工艺

(1)短碳纤维(C_{sf})预制片的制备。

首先将连续的碳纤维按照预先设定的长度分别剪至平均长度为 2 mm、7 mm 和 12 mm。将少量短碳纤维置入无水乙醇溶液中,纤维与乙醇溶液的质量比约为 1:20 000,经超声分散约 2 min 后将纤维用滤网滤出,平放在玻璃板上干燥后得到厚度为 0.1 ~ 0.2 mm 的 C_{sf} 预制片(图 6.41),基本使纤维呈沿薄片方向择优分布(preferential distribution),在平面内则为随机分布(random distribution)。

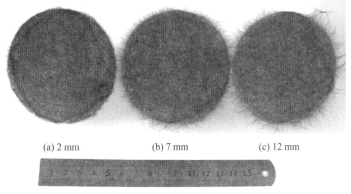

(a) 2 mm　　　　　　　(b) 7 mm　　　　　　　(c) 12 mm

图 6.41　不同初始长度的短碳纤维 C_{sf} 所得预制片数码照片(Lin, Jia, He et al 2008)

（2）铝硅酸盐聚合物配合料的制备。

按典型铝硅酸盐聚合物配合料控制各组含量，$n(SiO_2)/n(Al_2O_3) = 4$、$n(K_2O)/n(SiO_2) = 0.3$、$n(H_2O)/n(K_2O) = 11$。制备工艺过程如下：

①称取适量 KOH 加入到 SiO_2 溶胶中，室温磁力搅拌 3 d，得到混合溶液。

②将相应质量的偏高岭土和 Al_2O_3 的混合粉体逐步添加到盛混合溶液的烧杯中，烧杯外采用冰水浴维持恒定温度。加粉时，采用强力搅拌并保持 30 min，最终得到混合均匀的铝硅酸盐聚合物配合料。

③超声处理 1 ~ 2 min，去除配合料中的气泡。

（3）C_{sf}/K-PSS 复合材料的制备。

在短碳纤维预制片表面浇注适量铝硅酸盐聚合物配合料，然后用塑料刮浆器将配合料在每片碳纤维预制片表面刮覆均匀；依次叠层预制片，获得多层碳纤维预制片的复合材料坯体；将制得的复合材料坯体置于真空袋内，抽真空至约为−0.1 MPa，同时在垂直于复合材料坯体表面施加约 2.0 MPa 的负载，并置于 60 ~ 80 ℃ 的干燥箱内养护 24 ~ 48 h；然后将复合材料从真空袋中取出，在 100 ~ 120 ℃ 的干燥箱中养护 24 ~ 48 h，即制得所需碳纤维增强的铝硅酸盐基聚合物复合材料（C_{sf}/K-PSS）。其工艺流程如图 6.42 所示。

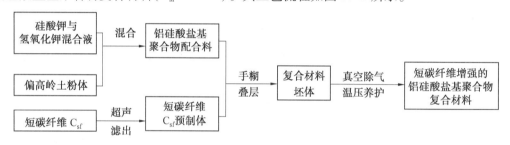

图 6.42　C_{sf}/K-PSS 复合材料的制备工艺流程（林铁松 2009）

2. C_{sf} 长度对 C_{sf}/K-PSS 复合材料组织与性能的影响

（1）不同长度 C_{sf} 增强的 K-PSS 基复合材料的组织结构。

①C_{sf}/K-PSS 物相的组成。图 6.43 所示为 C_{sf}/K-PSS 复合材料与原料偏高岭土、K-PSS 聚合物三者的 XRD 图谱。可见，偏高岭土主要呈非晶相，其"馒头峰"顶端对应的角

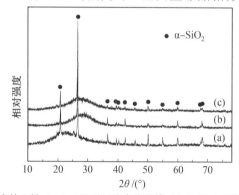

(a) 偏高岭土粉；(b) K-PSS 无机聚合物基体；(c) C_{sf}/K-PSS 复合材料

图 6.43　偏高岭土、铝硅酸盐聚合物以及 C_{sf}/K-PSS 复合材料的 XRD 图谱（林铁松 2009）

度约为 22°;聚合后,该"馒头峰"移至约 28°,这与铝硅酸盐聚合物的特征峰一致(Davidovits 1989)。同前所述,C_{sf} 引入后不会对基体物相产生影响。另外,基体聚合前后以及复合材料中均存在 α-SiO_2 的衍射峰,说明原料中的 α-SiO_2 未参与基体的聚合反应。

②C_{sf}/K-PSS 复合材料的密度。

表 6.11 列出了该复合材料的体积密度(bulk density)(又称表观密度(apparent density))。可见,引入短碳纤维后,复合材料的表观密度没有增加,反而稍有降低,尽管碳纤维的密度(1.76 g/cm³)大于铝硅酸盐聚合物基体的密度。这主要是因为纤维体积含量较低(体积分数为 3.5%),且纤维加入使基体的除气变得困难,使缺陷存在的概率增大所致。

表 6.11　短碳纤维体积分数为 3.5% 的 C_{sf}/K-PSS 复合材料的体积密度(林铁松 2009)

材料	M	C2	C7	C12
密度/(g·cm⁻³)	1.42	1.42	1.40	1.41

③C_{sf}/K-PSS 复合材料的显微组织。

图 6.44 与图 6.45 分别为沿垂直与平行于纤维预制体层铺方向不同长度 C_{sf} 增强 K-PSS 基聚合物复合材料的光学显微照片。可见,3 种长度的 C_{sf} 在基体中分布较为均匀,纤维原始长度越大,越容易出现纤维聚集区以及无纤维区。另外,因纤维继承预制片的状态,所得复合材料中纤维呈现明显的沿着层铺方向分布的特点,纤维长度越长,这种择优取向性越明显。

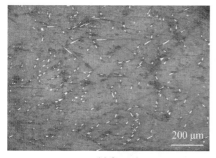
(a) 2 mm

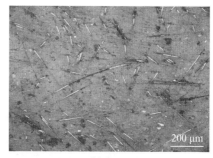
(b) 7 mm

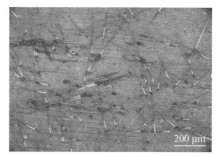
(c) 12 mm

图 6.44　3 种长度纤维(体积分数为 3.5%)C_{sf}/K-PSS 复合材料显微组织的光学显微照片
(观察面垂直碳纤维预制片方向)(Lin, Jia, He et al 2008)

图 6.46 所示为 C_{sf}/K-PSS 复合材料中裂纹扩展路径的 SEM 照片。可见,纤维通过对裂纹的桥接(bridging)和偏转(deflection)机制,起到了有效地阻止裂纹扩展的作用,使材料表现出较好的对裂纹的容忍能力。

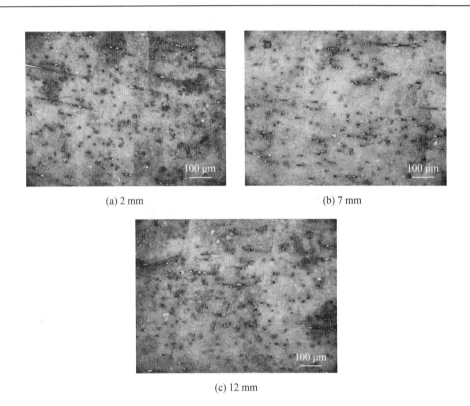

(a) 2 mm   (b) 7 mm

(c) 12 mm

图 6.45　3 种长度纤维(体积分数为 3.5%) C_{sf}/K-PSS 复合材料显微组织的光学显微照片
(观察面平行碳纤维预制片方向)(林铁松 2009)

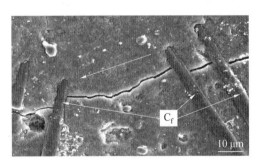

图 6.46　C_{sf}/K-PSS 复合材料中裂纹扩展路径的 SEM 照片(林铁松 2009)

(2) C_{sf} 长度对复合材料力学性能的影响。

复合材料在垂直和平行于层铺两个方向上(图 6.47)的力学性能见表 6.12。可见,在两个方向上,复合材料的抗弯强度均较基体显著改善,尤其是在 y 方向上更加明显,7 mm 长碳纤维的增强效果最佳,达到了 91.3 MPa,是基体 K-PSS 强度的 5 倍以上,断裂韧性更是较基体提高 10 倍多,达 3.26 MPa·$m^{1/2}$;当纤维长度为 12 mm 时,强化效果反而稍有下降。总体上,相比 6.2.1 节中的随机分布的 1 mm 长碳纤维来说,强韧化效果提高非常显著。与此同时,弹性模量均较基体有所下降,可见,在此纤维体积分数的情况下,弹性模量对纤维长度不敏感。图 6.48、图 6.49 给出的柱状图更加清楚地显示了抗弯强度与断裂韧性随碳纤维长度的变化趋势。

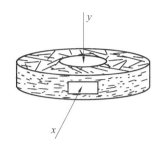

图 6.47　层状分布短碳纤维增强铝硅酸盐聚合物基复合材料抗弯强度试验加载方向示意图(林铁松 2009)

表 6.12　纤维增强铝硅酸盐聚合物基复合材料的力学性能（林铁松 2009）

材料	抗弯强度/MPa		断裂韧性/($MPa \cdot m^{1/2}$)	弹性模量/GPa
	x 方向	y 方向	x 方向	x 方向
M	16.8±0.7	16.8±0.7	0.28±0.05	8.6±0.4
C2	45.9±6.2	61.5±2.8	1.81±0.08	6.7±0.6
C7	52.2±8.9	91.3±1.3	3.26±0.13	6.6±0.2
C12	51.6±12.9	84.6±2.4	2.82±0.13	6.7±0.3

注:x 方向、y 方向分别代表三点弯曲测试时载荷垂直和平行于层铺方向

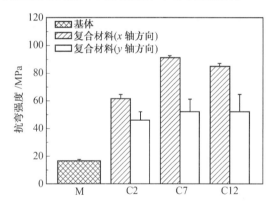

图 6.48　不同长度短碳纤维增强铝硅酸盐聚合物基复合材料的抗弯强度(林铁松 2009)

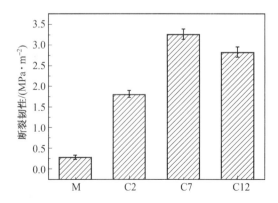

图 6.49　不同长度短碳纤维增强铝硅酸盐聚合物基复合材料的断裂韧性（x 轴方向）（林铁松 2009)

（3）不同长度 C_{sf} 增强复合材料的断裂行为。

图 6.50 所示为抗弯强度测试后试样的数码照片。可见,纤维强韧的复合材料三点弯曲测试后,试样产生很大的开裂变形,但并没有完全断裂,即呈现典型的非灾难性断裂（non-catastrophic failure）特征,这与图 6.39 所示的随机分布碳纤维试样的失效模式（failure modes）一致;而基体材料则呈典型脆性断裂。

这两种断裂方式的差异在三点弯曲测试中的载荷-位移曲线（图 6.51）上同样表现出类似于 6.2.1 节中图 6.38 所示随机分布 1 mm 短切碳纤维增强的复合材料的情况,只是这里因纤维起到更好的强韧化效果,使复合材料对应承载过程中的压头位移或断裂应变更大。复合材料三点抗弯试样在达到其最大载荷时,对应的压头位移达到 1.2 ~ 1.5 mm,这对于纤维含量较低的短碳纤维强韧的脆性基体复合材料来说是非常难得的。

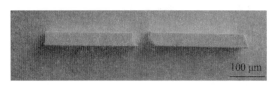

(a) K-PSS无机聚合物基体

(b) C_{sf}/K-PSS复合材料

图 6.50　三点抗弯强度测试后 C_{sf}/K-PSS 复合材料试样的数码照片（Lin, Jia, He et al 2008）

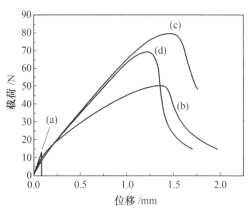

(a) K-PSS基体和3.5%的 C_{sf} 复合材料; (b)~(d)的 C_{sf} 长度分别为2 mm、7 mm 和12 mm (x轴方向)

图 6.51　基体及体积分数为 3.5％的不同长度短切碳纤维增强复合材料的载荷-位移曲线
（x 轴方向）（Lin, Jia, He et al 2008）

断裂功（work of fracture, WOF）随纤维长度的变化规律如图 6.52 所示。可见,复合材料的断裂功相比 K-PSS 聚合物基体材料有了质的提高。2 mm 短碳纤维强韧的复合材料 C_{sf}/K-PSS 的断裂功达 4 143 J/m^2,相比铝硅酸盐聚合物基体的 54.2 J/m^2 提高了近两个数量级。随着纤维长度增加到 7 mm,断裂功值达到 6 435 J/m^2,较铝硅酸盐聚合物 K-PSS 基体提高了 118 倍（Lin, Jia, He et al 2008）。然而当短碳纤维长度为 12 mm 时,复合材料的断裂功有所下降,变为 4 511 J/m²。这一方面可能由于 12 mm 的短碳纤维超声分散(ultrasonic dispersion)困难,所制备的纤维预制体内部有部分纤维团聚造成的,另一方面可能由于纤维的长度较大导致复合材料在断裂时大量纤维拔断,而不是拔出所致(林铁松 2009)。

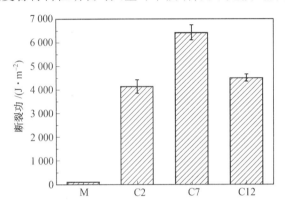

图 6.52　不同长度纤维增强铝硅酸盐聚合物基复合材料的断裂功(x 轴方向)(林铁松 2009)

对复合材料试样的三点弯曲测试后受拉应力面的 SEM 照片如图 6.53 所示。垂直于拉伸方向的复合材料表面主裂纹附近分布着大量的微裂纹,这些裂纹分布的间距为 150 ~ 300 nm,裂纹扩展路径曲折,并经常伴有分叉现象,且在裂纹之间存在明显的纤维桥连现象。

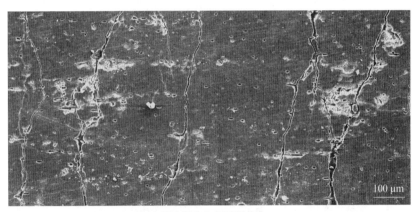

(a) 低倍照片上的裂纹分布

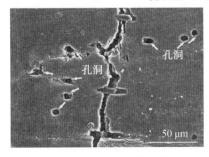

(b) 裂纹偏转与 C_f 拔出遗留孔洞

(c) 纤维桥连情况

图 6.53　C_sf/K–PSS 复合材料试样三点弯曲测试(x 轴方向)后受拉应力面的 SEM 照片(Lin, Jia, He et al 2008)

　　另外，C_{sf}/K-PSS 复合材料试样表面存在大量的纤维鞘洞，这是复合材料在断裂过程中，纤维与基体脱粘并被"拔出"而在基体表面留下来的，此过程必将消耗复合材料在断裂过程中的断裂应变能。在进行复合材料断裂测试时，除了主裂纹在测试过程中在延伸、扩展时由于纤维的拔出而消耗大量的断裂应变能（fracture strain energy）外，拉伸面存在的这些次生裂纹也会随着裂纹的扩展、纤维的脱粘、拔出消耗大量的断裂能量，并更有利于保证复合材料的非灾难性断裂（non-catastrophic failure）。

　　C_{sf}/K-PSS 复合材料拉伸面次生裂纹如此的多，以至于其消耗的能量也相当惊人，这也是该复合材料中的纤维含量虽然较小但却具有较大断裂功的原因。大量次生裂纹的产生也加大了复合材料在断裂过程中的变形。

　　由于纤维的理论强度远远高于铝硅酸盐聚合物的强度，且 C_{sf}/K-PSS 界面结合强度适中，保证了材料断裂时碳纤维出现非常明显地拔出现象。这可从复合材料断口 SEM 显微形貌上清楚地得到印证（图 6.54），断口表面拔出现象非常丰富，纤维拔出长度甚至超过200 μm，因此必定消耗大量的断裂能，从而使复合材料表现出较高的韧性、断裂功和断裂应变。

(a) 体积分数为4.5 %

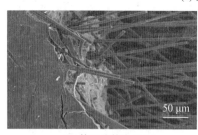

(b) 体积分数为6.0 %

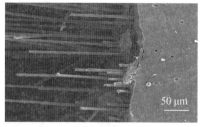

(c) 体积分数为6.0 %

图 6.54　C_{sf}/K-PSS 复合材料抗弯测试（x 轴方向）后断口的 SEM 照片（林铁松 2009）

　　可见，纤维的桥连和拔出是复合材料主导韧化方式。此外，可以发现在复合材料断裂表面上存在大量的裂纹，这主要是由于纤维在以不同方向拔出过程中将基体"撕裂"而产生的，这同样对于复合材料韧性的提高有利。复合材料中纤维增强体的层叠排布方式使纤维在拔出后在不同方向上体现原有的排布方式。

3. C_{sf} 含量对层状分布 C_{sf}/K–PSS 复合材料的力学性能及断裂行为的影响

林铁松(2009)通过在复合材料制备成型的过程中施加不同压力的方式,制备了不同体积分数的 7 mm 纤维增强铝硅酸盐聚合物基复合材料,进而探讨了短碳纤维含量、界面状态对复合材料的力学性能及断裂行为的影响。

(1)组织结构。

不同体积分数的 7 mm C_{sf} 增强 K–PSS 基复合材料的表面形貌如图 6.55 和图 6.56 所示。可以看出,纤维体积分数从 4.5％增加至 7.5％,基体中碳纤维分散的仍然比较均匀,未发现明显的纤维团聚现象。可见,采用预先借助超声分散(ultrasonic dispersion)制备短碳纤维预制片,然后再与基体材料复合的方法,可有效避免常规通过球磨法或搅拌法制备短纤维强韧的复合材料时存在的纤维分布复合不均匀、甚至团聚(agglomeration)的问题。

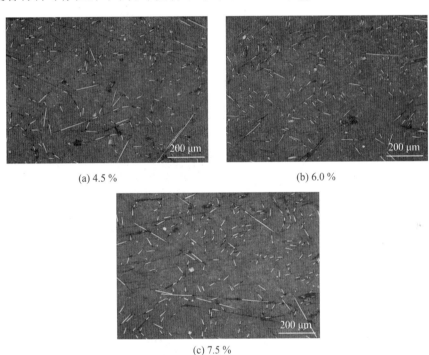

(a) 4.5 %　　　　　　　　　　　　　　(b) 6.0 %

(c) 7.5 %

图 6.55　不同体积分数的 7 mmC_{sf}增强 K–PSS 基复合材料表面光学显微照片(Lin, Jia et al 2009)

密度测试结果(图 6.57)发现,复合材料随纤维含量增加密度增加。这与纤维密度较基体密度高有关,同时复合材料制备过程中施加一定压力也对减小复合材料的气孔率(porosity)有一定关系。

(2)力学性能。

表 6.13 列出了不同纤维含量的 C_{sf}/K–PSS 复合材料的抗弯强度和弹性模量。弹性模量在纤维体积分数为 6.0％时,均显著增加,较 3.5％的增加 2 倍以上;继续增大纤维体积分数到 7.5％时,弹性模量反而稍有下降,主要是纤维重叠搭接概率增大,复合材料致密度降低所致;另外,林铁松(2009)认为这与在复合材料真空袋固化加载过程中,压力增加造成基体中水分挤出过多,基体聚合不够充分有关;压力高也会导致纤维损伤概率增大,增强效果被部分抵消,也可能是其中原因之一。弹性模量随纤维含量变化趋势曲线如图 6.58 所示。

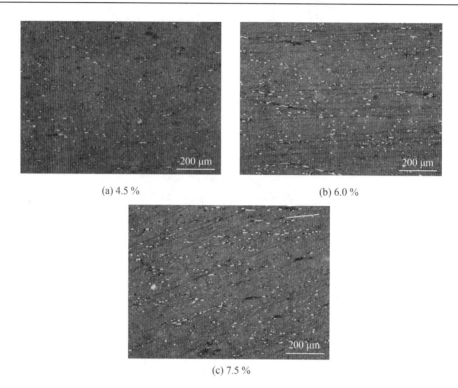

(a) 4.5 %   (b) 6.0 %

(c) 7.5 %

图 6.56   不同体积分数短碳纤维(平均长度 7 mm)增强 K-PSS 基复合材料横截面的光学显微照片(林铁松 2009)

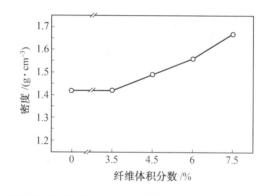

图 6.57   不同体积分数短碳纤维(平均长度 7 mm)增强 K-PSS 基复合材料的密度(Lin, Jia et al 2009)

表 6.13   不同体积分数短碳纤维(平均长度 7 mm)增强 K-PSS 基复合材料的力学性能(林铁松 2009)

纤维的体积分数/%	抗弯强度/MPa		弹性模量/GPa
	x 方向	y 方向	x 方向
3.5	91.3±1.3	44.2±8.9	6.6±0.6
4.5	96.6±4.9	76.6±1.6	12.0±0.5
6.0	87.4±14.5	69.7±11.8	20.5±1.6
7.5	42.0±6.1	25.5±2.7	17.8±0.8

注:x 方向、y 方向分别代表三点弯曲测试时载荷垂直和平行于层铺方向;短碳纤维平均长度为 7 mm

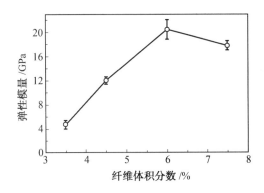

图 6.58　不同体积分数的 7 mm C_{sf}/K-PSS 复合材料的弹性模量（x 轴方向）（林铁松 2009）

图 6.59 所示为 C_{sf}/K-PSS 复合材料的抗弯强度随短碳纤维含量的变化趋势。可见，总体上，抗弯强度随纤维含量增加先增后减，峰值强度出现在 4.5％（体积分数）时，达到 96.6 MPa，较 K-PSS 基体的抗弯强度提高了 4.7 倍；在 6.0％~7.5％内，强度降低幅度较大，甚至反而比 3.5％的还要低很多。但 x 和 y 方向上稍有差别，即在初始上升阶段，y 方向强度增幅更大。

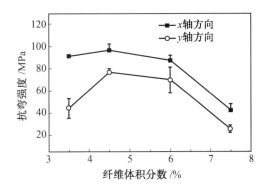

图 6.59　不同体积分数的 7 mm C_{sf}/K-PSS 复合材料的抗弯强度（林铁松 2009）

纤维体积分数在 6.0％~7.5％时，复合材料强度显著下降原因同前面所述弹性模量下降的原因一致，即复合材料致密度降低所致；复合材料真空袋固化加载过程中因压力增加、水分挤出过多，基体聚合不够充分；压力增加，纤维损伤概率增大，增强效果（reinforcing / strengthening effect）被抵消。这在本节后文"（4）裂纹萌生（crack initiation）与扩展行为的原位扫描电镜观察（in situ SEM observation）研究"得到证实。

（3）变形和断裂行为。

不同纤维体积分数的 7 mm C_{sf}/K-PSS 复合材料的载荷-位移曲线如图 6.60 所示。同前文介绍的其他形式短纤维增强的复合材料类似，该层状分布短碳纤维复合材料在 x 方向上呈现典型韧性断裂的特征，其中当纤维体积分数为 6.0％以下时，均存在明显的伪塑性（pseudo plasticity）或非线弹性变形（non linear elastic deformation）行为特征；但当纤维体积分数为 7.5％时，非线弹性变形消失。这说明，在纤维含量较低时，因施加压力适中，纤维与基体的结合强度适度，有利于纤维的桥连和拔出机制发挥作用；但当纤维含量较高伴随的成型压力增大，纤维基体界面结合过牢，纤维搭接处已造成损伤，致使纤维容易发生低应力下的早期断裂,削弱了纤维的强韧化效果,断裂应变也显著降低。

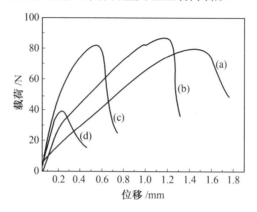

图 6.60　不同体积分数的 7 mm C_{sf}/K-PSS 复合材料的载荷-位移曲线（x 轴方向）（Lin, Jia et al 2009）

根据载荷-位移曲线计算得到复合材料的断裂功随纤维含量变化关系如图 6.61 所示。可见,纤维体积分数为 3.5% ~ 7.5% 时,断裂功基本呈抛物线下降的趋势,即由起始的 6 435 J/m^2 迅速减小到纤维体积分数为 7.5% 时的 805 J/m^2,下降幅度高达 87.5%。

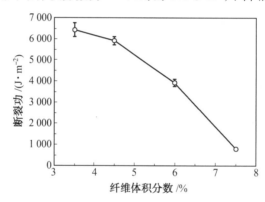

图 6.61　不同体积分数的 7 mm C_{sf}/K-PSS 复合材料的断裂功（x 轴方向）（林铁松 2009）

从复合材料断口侧面的 SEM 形貌照片（图 6.62）可明显看出大量拔出的碳纤维,这确保了复合材料的非灾难性断裂方式;另外,随纤维体积分数增加,纤维拔出的长度明显变短,从最初的约 600 μm 逐步减小到 100 μm。纤维拔出长度的减小、拔断概率的增加必将降低复合材料在断裂过程中的能量消耗,这与复合材料的变形和断裂行为、断裂功的变化趋势是一致的。因为纤维拔断所消耗的能量要远远小于纤维拔出所消耗的能量（Mulligan et al 2003）。

（4）裂纹萌生（Crack initiation）与扩展行为的原位扫描电镜观察（in situ SEM observation）研究。

采用扫描电镜原位观察技术,同时对照载荷-位移曲线的特征变化,可以更为细致、准确地记录与揭示复合材料裂纹萌生、扩展和断裂行为机理（贾德昌 等 1996）,有助于准确定位复合材料的强韧化机制。

采用 FET 公司 Quanta 200 型环境扫描电子显微镜对试样在三点弯曲过程过程中侧面裂纹萌生与扩展的情况进行了实时观察和记录。所用试样尺寸为 2 mm×4 mm×36 mm,跨

(a) 3.5 %   (b) 4.5 %

(c) 6 %   (d) 7.5 %

图 6.62 不同体积分数的 7 mm C_{sf}/K-PSS 复合材料的 SEM 断口侧面形貌(林铁松 2009)

距为 30 mm;加载速率即十字压头的移动速率为 0.5 mm/min。

碳纤维的体积分数为 3.5%,长度为 7 mm 的复合材料(C7)测试试样的载荷-位移曲线以及不同阶段所对应试样侧面的扫描电镜的原位观察(in situ observation)照片分别如图 6.63 与图 6.64 所示。

由图 6.63 可见,根据该层状短碳纤维增强复合材料的载荷-位移曲线特点,可大致分为 3 个阶段(林铁松 2009):在第 I 阶段曲线呈线弹性。在载荷大约达到 6 N 时曲线出现一个微小的曲折而过渡到第 II 阶段;第 II 阶段曲线保持着近似的线弹性变化,直到载荷接近最大值时,显现出一定的屈服或"伪塑性"特征;在第 III 阶段,载荷超过最大值后逐步减小,并拉出一个长长的"尾巴"。

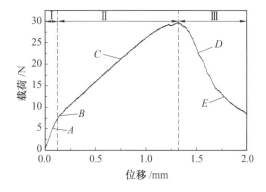

图 6.63 C_{sf}/K-PSS 复合材料 C7 典型的载荷-位移曲线(Lin, Jia et al 2009)

(a) 对应图6.63中曲线上A点时刻

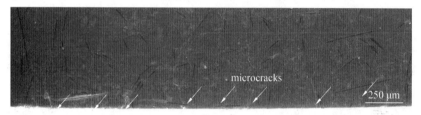

(b) 对应图6.63中曲线上B点时刻

(c) 对应图6.63中曲线上C点时刻

(d) 对应图6.63中曲线上D点时刻

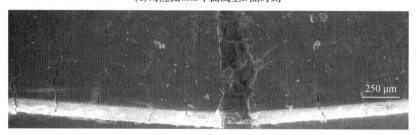

(e) 对应图6.63中曲线上E点时刻

图 6.64　C_{sf}/K–PSS 复合材料 C7 试样弯曲强度测试过程中与载荷–位移曲线（图 6.63）上 A ~ E 点记录的侧面裂纹萌生、扩展的环境扫描电镜原位观察照片（Lin, Jia et al 2010）

对应 C7 复合材料试样弯曲强度测试过程中与载荷–位移曲线(图6.63)上 $A \sim E$ 6 点时刻记录的侧面裂纹萌生与扩展情况的环境扫描原位观察照片如图6.64 所示。可见,A 点时刻对应的复合材料侧面没有发现裂纹萌生。第 I 和第 II 阶段的转折点对应微裂纹的萌生,在刚刚跨转折点时的 B 点停止继续加载,记录的结果如图6.64(b)所示,在试样拉伸面和侧面均出现了大量的裂纹,裂纹长度在 0.5 mm 左右,裂纹间的距离为 $200 \sim 300 \ \mu m$,但此时尚无明显的主裂纹。随着载荷进一步增大,到 C 点时(图6.64(c)),这些裂纹逐步扩展,裂纹张开宽度稍有增加,但仍未分化出明显的主裂纹。当达到最大载荷点,即第 II 和第 III 阶段的交界点时,对应压头部分下面的试样最大应力处的裂纹在与其他裂纹的竞争中占得先机,突然扩展,裂纹张开幅度也随之加大,由此,在试样的侧面逐步形成了一个主裂纹。随着位移继续增大,主裂纹逐步扩展,试样的承载能力缓慢下降,图6.64(d)即为该段 D 点对应的照片;继续加载,主裂纹继续扩展同时加宽,与此同时其他的次生裂纹则有一定程度的闭合趋势,如图6.64(e)所示。另外,在上述各个阶段,均可以观察到碳纤维对裂纹的钉扎和桥接作用,尤其是在主裂纹内部,可以发现大量处于桥接状态的从基体中部分拔出。

复合材料试样三点弯曲测试结束后侧面的照片如图6.65 所示。可见,在复合材料几乎整个侧面上都分布着大量垂直于拉应力方向的微裂纹。越靠近主裂纹,次生裂纹越长,裂纹宽度越大。相反,距离主裂纹越远,次生裂纹越小,其扩展得也就越短。与此同时,在次生裂纹处可以观察到大量由于纤维存在而产生的裂纹偏转、分叉与纤维桥连现象。这必然消耗大量的断裂能,使复合材料呈准静态裂纹扩展的特性,导致载荷–位移曲线呈伪塑性变形行为。

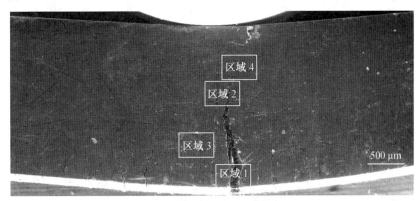

(a) 侧面裂纹路径整体情况

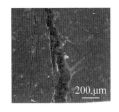 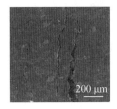 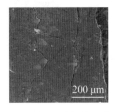 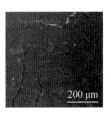

(b) (a)图中区域1的放大　(c) (a)图中区域2的放大　(d) (a)图中区域3的放大　(e) (a)图中区域4的放大

图 6.65　C_{sf}/K–PSS 复合材料 C7 试样弯曲强度测试最后时刻侧面裂纹路径观察的显微照片(Lin, Jia et al 2010)

短碳纤维体积分数分别为 4.5%、6.0% 和 7.5% 的 C_{sf}/K–PSS 复合材料(C_f 平均长度为 7 mm)试样的环境扫描电镜的原位观察记录照片分别如图6.66 ~ 6.68 所示。

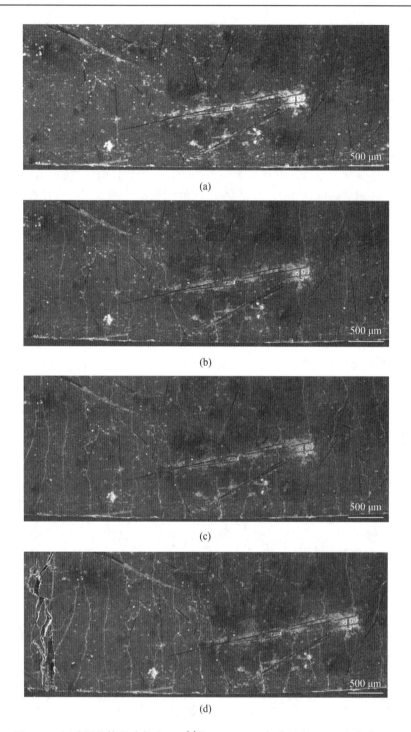

图 6.66 短碳纤维体积分数为 4.5% 的 C_{sf}/K-PSS 复合材料 C7 三点弯曲测试
过程试样侧面裂纹萌生与扩展的环境扫描电镜原位观察照片
（林铁松 贾德昌 等 2010）

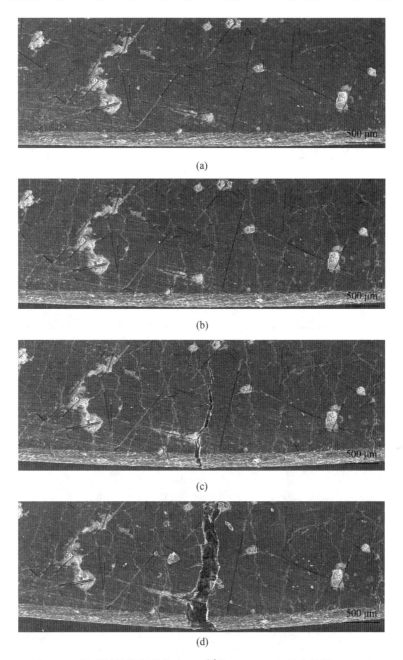

(a)

(b)

(c)

(d)

图 6.67　短碳纤维体积分数为 6.0％的 C_{sf}/K-PSS 复合材料 C7 三点
弯曲测试过程试样侧面裂纹萌生与扩展的 SEM 原位观察照片
（林铁松 贾德昌 等 2010）

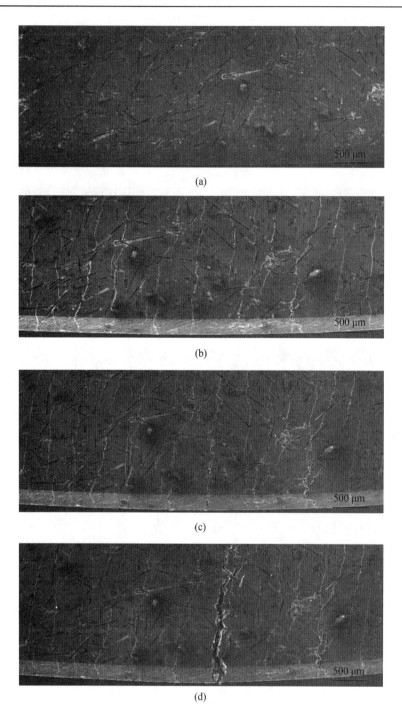

图 6.68　短碳纤维体积分数为 7.5 % 的 C_{sf}/K–PSS 复合材料 C7 三点弯曲
测试过程试样侧面裂纹萌生与扩展的 SEM 原位观察照片
（林铁松 贾德昌 等 2010）

　　图 6.66 ~ 6.68 所示结果与前文介绍的体积分数为 3.5% 碳纤维复合材料的总体规律基本一致,即随施加载荷增加到一定程度,产生大量均布裂纹(evenly distributed cracks);载荷继续增加,当次生裂纹稳态扩展;载荷增加到最大值时,某一裂纹(通常是压头下方对应最大应力附近处的一条)即演化为主裂纹,承载能力随之下降;继续加载,该主裂纹加速扩展,载荷继续降低直至材料失效。不同纤维含量间复合材料试样拉伸侧面次生裂纹的间距相差并不大,但是随纤维含量增加,次生裂纹的扩展幅度呈现逐步减小的趋势,次生裂纹的张开位移也变得较小。这反映在载荷-位移曲线上为在复合材料达到最大载荷时所对应的位移值随纤维含量增加呈现递减趋势,也同样说明了次生裂纹在复合材料断裂过程中的作用随纤维含量增加而减弱。

　　之所以能够产生如此众多的均布次生裂纹,材料仍能表现出较高强度,以下几个条件必不可少:①基体强度低,脆性大,断裂应变低,易于在较低应力下萌生裂纹;②均匀分布碳纤维长度足够,强度足够高,通常可见碳纤维能够跨越几个次生裂纹区;③基体与碳纤维结合强度适中,载荷达到一定程度即可脱粘,同时,即使萌生裂纹,纤维仍能起到较好的桥连、拔出、增强效果(林铁松 2009)。

　　C_{sf}/K-PSS 复合材料试样在三点弯曲作用下受拉面的应力分布情况,如图 6.69 所示;而受拉面的应力发展情况随载荷加大直至萌生主裂纹的情况,如图 6.70 所示。

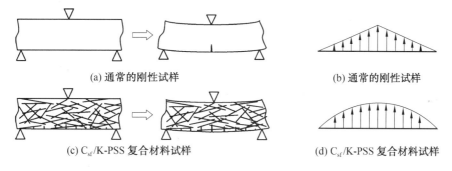

(a) 通常的刚性试样　　　　　　　　　　　(b) 通常的刚性试样

(c) C_{sf}/K-PSS 复合材料试样　　　　　　　(d) C_{sf}/K-PSS 复合材料试样

图 6.69　三点抗弯强度测试时试样弹性变形示意图和受拉面的应力分布示意图(Lin, Jia et al 2010)

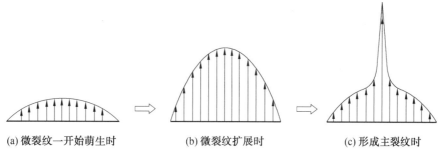

(a) 微裂纹一开始萌生时　　　(b) 微裂纹扩展时　　　(c) 形成主裂纹时

图 6.70　三点抗弯强度测试时试样受拉面的应力分布(Lin, Jia et al 2010)

4. 小结

（1）无序分布短（控制长度约 1 mm）碳纤维（C_{sf}）增强 K-PSS 基复合材料的抗弯强度、弹性模量、断裂韧性和断裂功都随纤维含量增加先升后降，在纤维体积分数为 2.0% 时达到最大值，分别为 25.6 MPa、6.0 GPa、0.57 MPa·$m^{1/2}$ 和 624.5 J/m^2，除弹性模量和维氏硬度外，均比 K-PSS 有大幅提高，其中断裂应变和断裂功最大可分别增加约 10 和 14 倍。复合材料表现出典型的非线弹性/伪塑性变形和断裂行为，C_{sf} 拔出、桥连、界面脱粘和诱导裂纹偏转和裂纹分支等复合材料的主要增韧机制。C_{sf} 含量增多，拔出数目和长度均有所增加，韧化效果越好。但因长度短、含量低，对基体强韧化效果还有很大的提升空间。

（2）通过超声振荡处理制备 C_{sf} 预制片并与 K-PSS 聚合物配合料复合，进而叠层温压制备了系列二维层铺分布 C_{sf}/K-PSS 复合材料。C_{sf} 初始控制长度为 7 mm 的 3.5% C_{sf}/K-PSS 复合材料，其抗弯强度、断裂韧性与断裂功分别比基体提高了 4.4、10.6 和 118 倍；抗弯强度的最大值来自 4.5% C_{sf}/K-PSS，其 x 与 y 方向分别达到 96.6 MPa 和 76.6 MPa。

（3）该系复合材料表现出明显"伪塑性"变形行为和韧性断裂特征，典型载荷-位移曲线分为 3 个阶段：第 Ⅰ 和 Ⅱ 段之间转折点对应众多均布基体裂纹的萌生；峰值载荷点对应于主裂纹的形成；碳纤维通过桥连和拔出机制起到显著强韧化效果。纤维从 3.5% 增至 6%（体积分数）时，载荷-位移曲线的特征变化不明显；到 7.5% 时，载荷-位移曲线的第 Ⅰ、Ⅱ 阶段间界限消失。

（4）C_{sf}/K-PSS 复合材料产生众多次生裂纹后，C_{sf} 仍能通过桥连、拔出机制起到较好的增强效果，使其具有较高强度，原因在于 C_{sf} 均匀分布、强度足够高、足够长（C_{sf} 能跨越几个次生裂纹区）；K-PSS 与 C_{sf} 之间结合强度适中。

6.2.3　纤维表面涂敷 Ni-P 对 C_{sf}/K-PSS 材料力学性能与断裂行为的影响

复合材料中纤维与基体的界面性能对于复合材料的力学性能至关重要。界面结合过弱不利于复合材料力学性能的提高，界面结合太强又不利于复合材料的韧性（Singh et al 1999）。前文中对 C_{sf}/K-PSS 复合材料的讨论可知，C_{sf} 与基体之间界面结合强度似乎尚有进一步提高的余地。因此，采用短碳纤维表面化学镀 Ni-P 涂层的方法改变复合材料的界面性能，探讨涂层厚度对复合材料力学性能与断裂行为的影响。

1. 碳纤维表面化学镀 Ni-P 涂层的制备

纤维表面金属化主要包括镀镍和镀铜两类，其中由于镍的密度较小，镀层质量相对稳定而得到广泛应用。林铁松（2009）根据摸索性试验并参考文献（Shi et al 1999，Das et al 2000，Mironov et al 2000，Park et al 2002），采用化学镀法（electroless plating method）在碳纤维表面制备金属镍涂层，纤维化学镀前的预处理、化学镀镍（electroless nickel plating）溶液成分以及配置如下：首先将分散好的 C_{sf} 预制体先后置于 $SnCl_2$ 与 $PdCl_2$ 溶液中进行敏化（sensitized）、活化（activited）处理；然后再置于酸性镀液中进行化学镀 Ni-P（electroless Ni-P plating）。酸性镀液（acidic bath）具有稳定、反应过程易于控制、设备简单、操作方便等特点。镀液配置成分见表 6.14。将 C_{sf} 预制体置入镀液中 0.5~3 min 后取出，采用蒸馏水洗涤多次后，放到 80 ℃ 烘箱中保持 12 h 后取出待用。

表 6.14　化学镀液的具体成分以及工作条件(Lin, Jia et al **2009**)

NiSO$_4$·6H$_2$O 的质量浓度 /(g·L^{-1})	NaH$_2$PO$_2$·2H$_2$O 的质量浓度 /(g·L^{-1})	C$_3$H$_6$O$_3$ 的质量浓度 /(g·L^{-1})	KIO$_3$ 的质量浓度 /(mg·L^{-1})	NaAC 的质量浓度 /(g·L^{-1})	pH	T /℃	化学镀时间 /min
25	25	25	1	5	4.8	70	0.5~3

采用分析天平称量碳纤维化学镀前后质量,来计算增重率 $\Delta G/G$;然后根据公式(6.1)计算镀层厚度 Δr。

$$\Delta r = \left[\left(1 + \frac{\rho_{Ni}\Delta G}{\rho_C G}\right)^{1/2} - 1\right] r \tag{6.1}$$

式中　ΔG——碳纤维化学镀前后的质量差,g;

G—— 化学镀前碳纤维的质量,g;

r—— 碳纤维的半径,μm;

ρ_{Ni}——镍的密度,g/cm^3;

ρ_C——碳纤维的密度,g/cm^3。

图 6.71 和图 6.72 为碳纤维化学镀 Ni-P 涂层前后表面形貌的 SEM 照片。可以看出,未处理的碳纤维表面清洁,存在明显的拉丝工艺沟槽(见高倍照片所示)。化学镀 Ni-P 后,纤维表面的沟槽逐渐被添平;涂层厚度增加,涂层表面"黏附的颗粒"越多,使纤维变得越来越粗糙。即使在较低倍 SEM 下看似较为平滑的表面,在放大倍数更高的图像上也可以看出直径为 200~300 nm 的"颗粒"状物较为紧密地堆积排布起来,使得表面依然较为粗糙。上述这样的结构,有利于实现其和基体间的相互嵌连与互锁,增加纤维拔脱时的阻力,与增加界面结合强度有异曲同工之处。对涂层微区的 EDS 分析可见,涂层中 Ni 与 P 的质量比约为 43/7(图 6.71(f))。

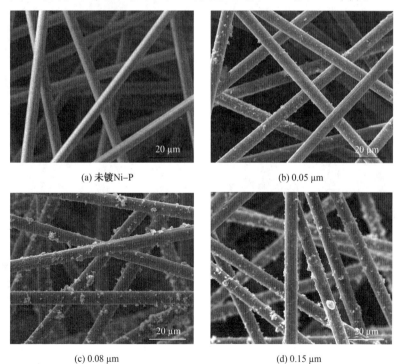

(a) 未镀Ni-P

(b) 0.05 μm

(c) 0.08 μm

(d) 0.15 μm

图 6.71　碳纤维化学镀 Ni-P 不同厚度镀层的 SEM 表面形貌及其元素的 EDS 分析(林铁松 2009)

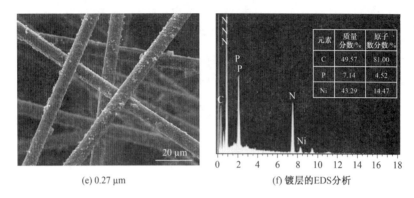

元素	质量分数/%	原子数分数/%
C	49.57	81.00
P	7.14	4.52
Ni	43.29	14.47

(e) 0.27 μm　　　　　　　　　　　(f) 镀层的EDS分析

续图 6.71

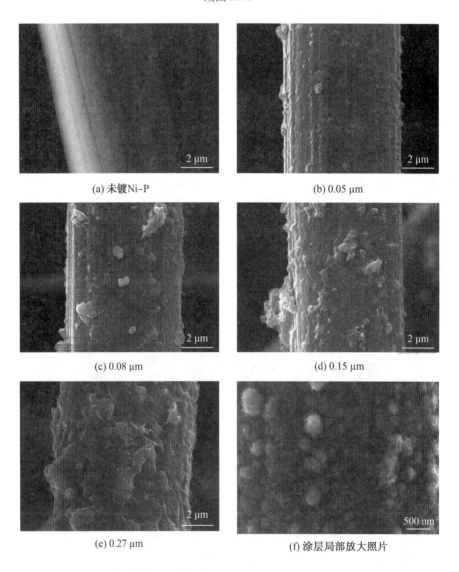

(a) 未镀Ni-P　　　　　　　　　　(b) 0.05 μm

(c) 0.08 μm　　　　　　　　　　(d) 0.15 μm

(e) 0.27 μm　　　　　　　　　　(f) 涂层局部放大照片

图 6.72　碳纤维表面不同厚度 Ni-P 镀层的 SEM 照片(林铁松 2009)

2. 纤维表面涂敷 Ni–P 后 C$_{sf}$/K–PSS 复合材料的显微组织

碳纤维 Ni–P 涂层后 C$_{sf}$/K–PSS 复合材料的密度见表 6.15。可见，化学镀 Ni–P 涂层后 C$_{sf}$/K–PSS 复合材料的密度较未处理纤维强韧复合材料密度明显增加，而随纤维表面涂层厚度的增大，材料密度总体上呈小幅增加趋势。

表 6.15　碳纤维 Ni–P 涂层后 3.0％C$_{sf}$/K–PSS 复合材料的密度（林铁松 2009）

材料	C7	C7N05	C7N08	C7N15	C7N27
密度/(g·cm^{-3})	1.40	1.56	1.58	1.59	1.58

碳纤维直径细小、表面不含活性基团且呈疏水性（关新春 2003），与铝硅酸盐聚合物的界面结合主要靠范德瓦耳斯力（van der waals force），因而黏结较弱，通常在纤维与基体间会遗留少量空隙导致复合材料密度下降。然而纤维表面化学镀 Ni–P 涂层后变为亲水性（Park et al 2001），纤维与基体间的界面结合明显改善，使纤维与基体间的空隙缺陷明显减少，这有利于增加复合材料的密度；同时，纤维表面高密度 Ni–P 涂层的引入，对增加复合材料密度也有一定贡献。

图 6.73 为复合材料表面显微组织的背散射照片以及界面处的元素分布情况的线扫描分析。图中纤维表面的化学镀 Ni–P 涂层清晰可见，高倍照片（图 6.73（b））上显示，Ni–P 涂层连续但厚度不均匀，涂层的颗粒状凸起延伸到基体之中。这与前面对纤维表面涂层的观察结果相一致。另外，基体可以充分进入涂层表面凸起的颗粒间隙，涂层/基体两相接触良好。

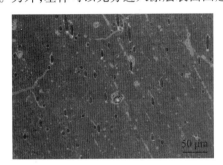 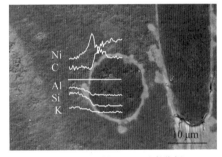

(a) C$_{sf}$/K–PSS 复合材料组织形貌　　　　(b) C$_{sf}$/K–PSS 界面EDS元素分析

图 6.73　碳纤维 Ni–P 镀层后 3.0％C$_{sf}$/K–PSS 复合材料表面背散射照片
及界面处线扫描分析（林铁松 2009）

3. 纤维表面 Ni–P 镀层厚度对 C$_{sf}$/K–PSS 复合材料力学性能的影响

（1）抗弯强度。

复合材料的抗弯强度随纤维表面 Ni–P 镀层厚度的变化规律如图 6.74 所示。开始阶段，抗弯强度随镀层厚度增加呈小幅增长，即从未引入镀层的 51.5 MPa 增加到 Ni–P 镀层厚度为 0.15 μm 时的 55.2 MPa；而当镀层厚度增至 0.27 μm 时，抗弯强度反而下降到 46.3 MPa，相比 0.15 μm 时的峰值和未镀 Ni–P 镀层 C$_{sf}$/K–PSS 复合材料分别降低了 16.0％和10.1％。可见，纤维表面镀层薄厚对界面复合材料的抗弯强度影响很明显，只有薄厚适宜即约0.15 μm时，界面结合强度适中时，才能使纤维发挥更好的强化效果。

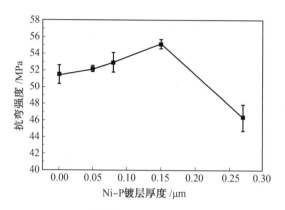

图 6.74　C_{sf} 表面不同厚度 Ni-P 镀层 3.0% C_{sf}/K-PSS 复合材料的抗弯强度（x 轴方向）（Lin, Jia 2009）

（2）弹性模量。

复合材料弹性模量随纤维表面 Ni-P 镀层厚度的变化趋势（图 6.75）与抗弯强度的比较类似，即镀层厚度为 0.15 μm 时达到峰值，之前呈递增趋势，之后下降；只是之前阶段增幅较抗弯强度的较大，之后阶段下降相对缓慢。这同样印证了纤维表面镀层只有厚度适当，基体与纤维间结合强度互相咬合力大小适宜，才最有利于纤维对基体的强化。

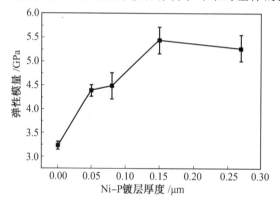

图 6.75　C_{sf} 表面不同厚度 Ni-P 镀层 3.0% C_{sf}/K-PSS 复合材料的弹性模量（x 轴方向）（Lin, Jia 2009）

（3）断裂功。

复合材料的断裂功随纤维表面 Ni-P 镀层厚度的变化如图 6.76 所示。与前述抗弯强度和弹性模量的变化趋势截然不同，断裂功随着纤维表面镀层厚度增加，总体上呈单调下降趋势，且在起始阶段快速降低，具体来说从原始状态的 3 656 J/m² 急剧下降到镀层厚度为 0.05 μm 时的 2 309 J/m²；之后，随纤维镀层厚度继续增大至 0.15 μm 之前，断裂功变化缓慢；再之后到镀层厚度达到 0.27 μm 阶段，降幅又有所增大。可见，断裂功对界面镀层更为敏感。

前述抗弯强度、弹性模量和断裂功的变化规律，也均从复合材料的载荷-位移曲线（图 6.77）上得到充分反映。断裂功之所以随镀层引入而显著下降，直接的原因是断裂模式的改变：未涂层纤维强韧复合材料呈"伪塑性"断裂，纤维起到很充分的桥接、拔出增韧作用（reinforcing/strengthening effect），而纤维引入涂层后，纤维的桥接、拔出增韧作用被明显削弱，致使复合材料逐渐从伪塑性断裂（pseudo plastic fracture/failure）转向脆性断裂（brittle fracture/failure）。

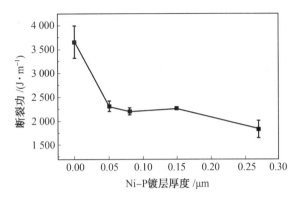

图 6.76　C_{sf} 表面不同厚度 Ni-P 镀层 3.0％C_{sf}/K-PSS 复合材料的断裂功（x 轴方向）（Lin，Jia 2009）

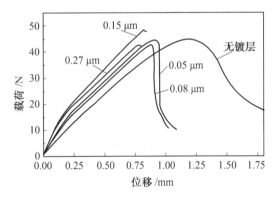

图 6.77　C_{sf} 表面不同厚度 Ni-P 镀层 3.0％C_{sf}/K-PSS 复合材料载荷-位移曲线（x 轴方向）

（Lin，Jia 2009）

　　化学镀 Ni-P 镀层的 C_{sf}/K-PSS 复合材料的断裂后纤维拔出长短的情况可从断口形貌（图 6.78）上得到直接反映。从未镀 Ni-P 到镀层厚度增至 0.27 μm，纤维的平均拔出长度从 600 μm 持续下降到 100 μm。结合前述力学性能和断裂行为的变化可知，纤维拔出长度减小使复合材料断裂迅速由韧性向脆性过度，断裂功迅速下降；而纤维拔出长度减小在较大范围内未影响强化效果，直到平均长度降至 100 μm 左右时才有所反映。

　　综上，纤维镀层处理体现出对该种复合材料的强化与韧化之间的矛盾。因此，实际工程中，要根据具体的服役条件要求，对镀层厚度进行优化控制。

4. 小结

　　（1）对于二维层状短碳纤维 C_{sf} 增强的 3.0％C_{sf}/K-PSS 复合材料，碳纤维表面化学镀 Ni-P 可以进一步改善碳纤维对 K-PSS 基体的强化作用，最佳镀层厚度约为 0.15 μm，此时抗弯强度达 55.2 MPa。

　　（2）3.0％C_{sf}/K-PSS 复合材料因碳纤维表面 Ni-P 镀层的引入和镀层增厚，基体与碳纤维间结合咬合力增大，逐渐由原始的"伪塑性"断裂向脆性断裂形式转变；纤维表面镀层越厚，脆性断裂特征越明显。这是碳纤维拔出长度随 Ni-P 镀层引入和镀层增厚而减小，桥连、拔出增韧作用明显削弱所致。

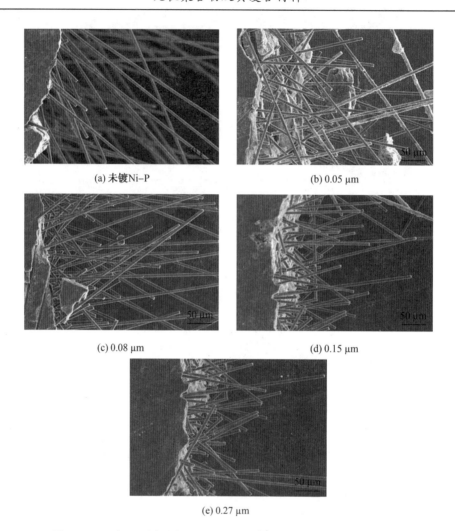

(a) 未镀Ni-P

(b) 0.05 μm

(c) 0.08 μm

(d) 0.15 μm

(e) 0.27 μm

图 6.78 C_{sf} 表面不同厚度 Ni-P 镀层 $3.0\%C_{sf}$/K-PSS 复合材料垂直于
断裂表面和纤维层铺方向 SEM 显微照片(林铁松 2009)

6.2.4 短碳化硅纤维(SiC$_{sf}$)增强 K-PSS 基复合材料

1. 材料制备

(1)碳化硅纤维及其预处理。

碳化硅纤维(SiC$_f$)购于苏州赛力菲陶纤有限公司,牌号为 SLFC1,其主要性能参数见表 6.16,其表面形貌如图 6.79 所示。6.3.2 节中将用到日本宇部 SiC$_f$,这里一起将其性能参数列入表 6.16,对应纤维的表面形貌照片如图 6.79 所示。

表 6.16 碳化硅纤维 SiC$_f$ 的主要性能参数 (徐兰兰 2011,郑斌义 2013)

生产厂家与牌号	密度 /(g·cm^{-3})	单丝直径 /μm	抗拉强度 /GPa	弹性模量 /GPa	伸长率 /%
苏州赛力菲陶纤有限公司, SLFC1	2.36	13±0.5	1.5~1.6	140±10	1.3~1.4
日本宇部公司, ZMI	2.48	11	3.4	200	1.7

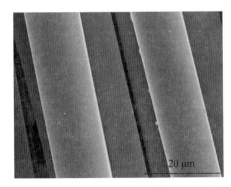
(a) 国产 SLFC1 纤维

(b) 日本宇部 ZMI 纤维

图 6.79　两种碳化硅纤维的 SEM 表面形貌

将 SiC 纤维剪成 2 mm、5 mm 和 8 mm 3 种长度的短 SiC 纤维,即 SiC_{sf}。因 SiC_{sf} 表面涂覆了有机物,通过 SiC_{sf} 在空气气氛下的热失重曲线分析,结合不同温度下氧化预处理后的红外分析,确定对其在 370 ℃ 空气炉中保温 2 h 的预氧化处理(徐兰兰 2011),以保证其在后续工艺过程中 SiC_{sf} 的良好分散性。

(2)随机分布 SiC_{sf} 复合材料的制备。

典型铝硅酸盐聚合物配合料各组分的物质的量比为 $n(SiO_2)/n(Al_2O_3) = 4$、$n(K_2O)/n(SiO_2) = 0.3$、$n(H_2O)/n(K_2O) = 11$,成分设计见表 6.17。

表 6.17　不同纤维含量 SiC_{sf}/K–PSS 复合材料的成分配比 (徐兰兰 2011)

代号	KOH 的质量 /g	SiO_2 溶胶的质量 /g	偏高岭土的质量 /g	SiC_{sf} 的体积分数 /%	SiC_{sf} 的长度 /mm
M	12.50	30.00	24.25	—	—
S05	12.50	30.00	24.25	0.5	2
S10	12.50	30.00	24.25	1	2
S20	12.50	30.00	24.25	2	2
S30	12.50	30.00	24.25	3	2

制备工艺如下:

①称取适量的 KOH 加入到 SiO_2 中,室温磁力搅拌 3 d,得到混合溶液。

②将相应质量的 2 mm 切短且除胶的 SiC_{sf} 和偏高岭土粉体逐步添加到盛混合溶液的烧杯中,添加的同时采用强力搅拌并保持 30 min,混合均匀后得到含有纤维的铝硅酸盐聚合物混合体,为保证整个过程在恒定较低的温度下进行,烧杯外采用冰水浴冷却。

③通过超声振动(ultrasonic vibration)的方法除去混合体中的气泡。

④将混合体注入模具,在 70 ℃ 干燥箱中进行养护。

(3)SiC_{sf} 层状分布复合材料的制备。

该复合材料的制备工艺流程与前文所述二维层状 C_{sf} 增强 K–PSS 复合材料的(图 6.42)相同,只是其中 C_{sf} 更换成了 SiC_{sf}。具体来说,将碳化硅纤维剪至 5 mm、8 mm,经过上述相同的氧化预处理后在无水乙醇中超声分散(ultrasonic dispersion),分散均匀后用滤网滤出,平放在托盘上干燥 20 h,所得到的短纤维预制片的直径大约为 70 mm。在短碳纤维预制片表面浇注少量的铝硅酸盐聚合物配合料,然后用塑料刮浆器将配合料在每片碳纤维预制片表面涂覆均匀,依次叠层预制片,制得多层碳化硅纤维预制片的复合材料坯体。将制得的复合材料坯体置于真空袋内并在 70 ℃的干燥箱中养护,即制得短碳化硅纤维增强的铝硅酸盐聚合物基复合材料 SiC$_{sf}$/K-PSS。材料成分设计见表 6.18。

表 6.18　不同长度纤维 SiC$_{sf}$/K-PSS 复合材料的成分设计(徐兰兰 2011)

代号	KOH 的质量 /g	SiO$_2$ 溶胶的质量 /g	偏高岭土的质量 /g	SiC$_{sf}$的体积分数 /%	SiC$_{sf}$的长度 /mm
M	12.50	30.00	24.25	—	—
S2	12.50	30.00	24.25	2	2
S5	12.50	30.00	24.25	2	5
S8	12.50	30.00	24.25	2	8

2. 纤维随机分布 SiC$_{sf}$/K-PSS 复合材料的力学性能和断裂行为

(1)物相组成。

图 6.80 所示为纤维随机分布 SiC$_{sf}$/K-PSS 复合材料与铝硅酸盐聚合物基体的 XRD 图谱。可见,固化后复合材料物相与对应基体的一致,即基体非晶态铝硅酸盐与原料中遗留的少量石英。除此之外未发现新的物相生成,说明 SiC 纤维与基体的化学相容性(chemical compatibility)良好。

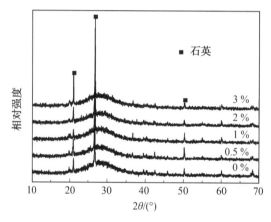

图 6.80　铝硅酸盐聚合物基体以及 SiC$_{sf}$/K-PSS 复合材料的 XRD 图谱(徐兰兰 2011)

(2)显微组织。

图 6.81 所示为 SiC$_{sf}$/K-PSS 复合材料显微组织的光学显微组织照片。可见,SiC 纤维随机分布于基体中,分散均匀性随 SiC$_{sf}$含量增加逐渐变差,出现纤维相互接触或集中分布的概率在 3.0%SiC$_{sf}$/K-PSS 中明显增大。

(3)表观密度及显气孔率。

复合材料表观密度随 SiC$_{sf}$纤维含量的变化如图 6.82 所示。可见,SiC$_{sf}$纤维含量增加,复合材料密度明显下降,尽管 SiC$_{sf}$纤维的密度(2.36 g/cm^3)明显比基体的(1.505 g/cm^3)要高。这是因为 SiC 异种界面吸附作用(adsorption)使排气更加困难,复合材料气孔率增加所致。显气孔率(图 6.83)的测试结果也证实了这一点。

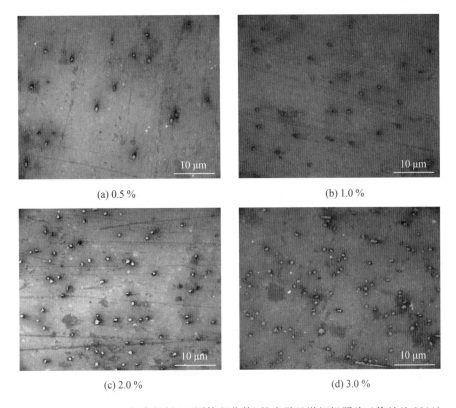

(a) 0.5 %　　　　　　　　　　　　　　　(b) 1.0 %

(c) 2.0 %　　　　　　　　　　　　　　　(d) 3.0 %

图 6.81　SiC_{sf}/K-PSS 复合材料(不同体积分数)的光学显微组织照片（徐兰兰 2011）

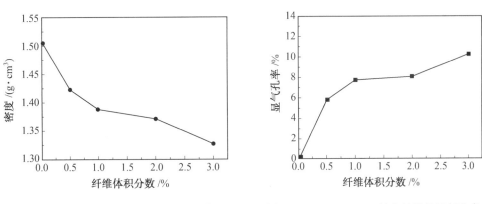

图 6.82　SiC_{sf}/K-PSS 复合材料的密度　　　图 6.83　SiC_{sf}/K-PSS 复合材料的显气孔率
（徐兰兰 2011）　　　　　　　　　　　　（徐兰兰 2011）

（4）力学性能。

表 6.19 列出了 SiC_{sf}/K-PSS 复合材料的力学性能。可见,除了断裂功之外,复合材料的弹性模量和抗弯强度均未有太大的改善。这一方面与纤维引入后复合材料致密度下降有关,另外,还可能与 SiC 纤维的质量有直接关系。因为与类似纤维体积含量的碳纤维增强 K-PSS 复合材料相比,性能也有很大差距。

表 6.19　SiC$_{sf}$/K-PSS 复合材料的力学性能（徐兰兰 2011）

材料代号	抗弯强度 /MPa	弹性模量 /GPa(x 方向)	断裂功/J·m^{-2}(x 方向)
M	8.9±0.41	4.7±0.05	30.1±1.2
S05	3.2±0.27	5.7±0.16	20.1±0.9
S10	8.0±0.54	4.3±0.08	111.8±5.3
S20	10.6±0.69	4.5±0.12	123.6±4.8
S30	9.3±0.32	4.2±0.11	108.4±3.9

　　图 6.84 为随机分布 SiC$_{sf}$/K-PSS 复合材料抗弯强度测试时的载荷–位移曲线。复合材料的强度、模量和断裂功等性能参数的变化趋势也可以从中得到直观反映。同时,复合材料由 K-PSS 聚合物基体明显的脆性断裂,变为"伪塑性"式的非灾难断裂(non-catastrophic failure),即对应于纤维拔出的载荷–位移曲线跨越峰值应力后的拖尾阶段还比较明显,说明纤维的拔出增韧作用比较突出。

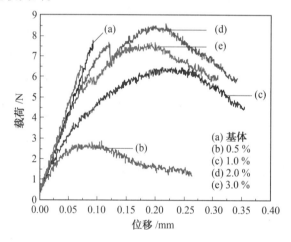

图 6.84　SiC$_{sf}$/K-PSS 复合材料(不同体积分数)的载荷–位移曲线（徐兰兰 2011）

　　引入随机分布低体积分数的短(2 mm)SiC 纤维对 K-PSS 的强韧化效果,与前文所述低体积分数随机分布短(1 mm)C$_f$纤维强韧化 K-PSS 复合材料的情况(参见 6.2.1 节)相类似,即低体积分数的增强相的强化效果不如韧化效果突出,难以实现强度、断裂功的同步大幅提高;但与 C$_f$纤维强韧化 K-PSS 复合材料的强韧化效果相比,SiC$_{sf}$的还是要稍逊一筹。可见,SiC$_{sf}$的抗拉强度(1.5～1.6 GPa)和弹性模量(140 GPa)均显著低于 C$_f$的抗拉强度(≥3.0 GPa)和弹性模量(210～230 GPa)是主要原因。另外,SiC 纤维的直径较粗(13 μm),且柔韧性较差,也是导致其在较低应力(承载后期出现的弯折作用)下发生断裂、不能充分发挥其强韧化作用的原因。在对 SiC 纤维的前期处理过程中,也发现了它很脆、容易折断的情况(徐兰兰 2011)。

　　从图 6.85 所示 SiC$_{sf}$/K-PSS 复合材料的断口形貌上可见,SiC$_{sf}$的体积分数较低时(图 6.84(a)和图 6.84(b)),断口上虽然存在纤维拔出露头和纤维拔脱后遗留壳槽的情况,但数量偏少,基体断面也较为平滑,说明纤维桥连拔出(fiber bridging and pulling out)和诱导裂纹偏转(crack deflection)的作用还较弱;当纤维含量稍多时,SiC$_{sf}$拔出的情况明显增多、诱导裂纹偏转的作用也有所加强。

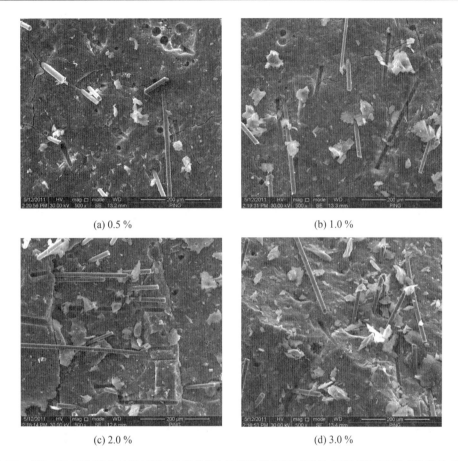

(a) 0.5 %   (b) 1.0 %

(c) 2.0 %   (d) 3.0 %

图 6.85 SiC$_{sf}$/K-PSS 复合材料(不同体积分数)的弯曲强度测试后的 SEM 断口形貌 (徐兰兰 2011)

图 6.86 为碳化硅纤维从基体中拔出后纤维根部的高倍 SEM 照片。可见,拔出纤维表面非常光滑,与 SiC 纤维原始情况的表面(图 6.79)没有什么变化;另外,纤维根部和基体之间发生了脱粘。这些也都说明了基体与纤维间的界面结合比较弱,属于弱机械结合,所以纤维脱粘、拔出等消耗的能量就不会太高,因而也限制了强韧化效果。

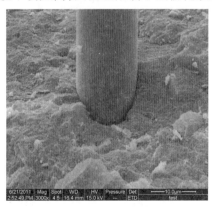

图6.86 SiC 纤维与基体间界面结合的 SEM 照片(徐兰兰 2011)

SiC$_{sf}$/K-PSS 复合材料的抗压强度(图 6.87)则呈现出与抗弯强度完全不同的变化趋

势。SiC_{sf} 的体积分数增加,复合材料的抗压强度呈现先增高后降低的趋势,当纤维的体积分数为 2.0% 时,抗压强度达到最大值 101.2 MPa,为基体的 1.62 倍。另外,所有复合材料的抗压强度均比基体的 62.5 MPa 要高。这说明 SiC_{sf} 的引入更有利于改善材料抗压强度。

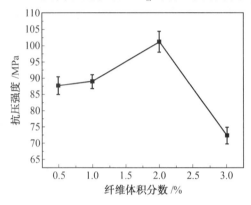

图 6.87　SiC_{sf}/K-PSS 复合材料的抗压强度与 SiC_{sf}(体积分数)的关系(徐兰兰 2011)

3. 纤维长度对 SiC_{sf}/K-PSS 复合材料的力学性能和断裂行为的影响

采用长度分别为 2 mm、5 mm 和 8 mm 的国产短 SiC 纤维(SiC_{sf})制备纤维的体积分数均为 2.0% 的 SiC_{sf}/K-PSS 复合材料,主要讨论 SiC_{sf} 长度对 SiC_{sf}/K-PSS 复合材料力学性能与断裂行为的影响。

(1)组织结构。

图 6.88 所示为几种 2.0%SiC_{sf}/K-PSS 复合材料的光学显微组织照片。可见,纤维分布均匀,但呈明显二维分布特征。另外,国产 SiC 纤维直径的一致性不甚理想。

(a) S5 正面　　　　　　　(b) S8 正面　　　　　　　(c) S8 侧面

图 6.88　几种 2%SiC_{sf}/K-PSS 复合材料中 SiC_f 分布的光学显微照片(徐兰兰 2011)

(2)表观密度。

表 6.20 为不同长度 SiC_{sf} 增强复合材料的表观密度。可见,虽然 SiC 纤维密度大于 K-PSS 铝硅酸盐聚合物基体的密度,但是复合材料的表观密度相对基体并未增加,反而有一定程度的降低。正如前文所述,SiC_{sf} 的引入,因料浆与 SiC 纤维表面相互作用,使气体更易被吸附或限制在基体中难以排出,手糊法加压过程也仅能消除部分气孔。

表 6.20　2%SiC_{sf}/K-PSS 复合材料的表观密度随 SiC_{sf} 长度的变化(徐兰兰 2011)

复合材料	M	S2	S5	S8
密度 /($g \cdot cm^{-3}$)	1.505	1.371	1.435	1.420

（3）力学性能。

图 6.89 所示列出了几种 $2\%SiC_{sf}/K\text{-}PSS$ 复合材料抗弯强度随纤维长度的变化情况。可见，复合材料的抗弯强度虽有一定的各向异性，即在 x、y 方向上存在差异（SiC_{sf} 长度为 5 mm 时最突出），但不是非常大。总体上看，随着 SiC_{sf} 长度的增加，复合材料的抗弯强度呈先增加后减小变化趋势。

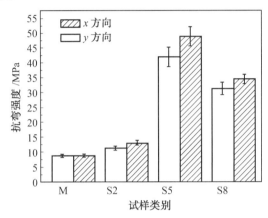

图 6.89　几种 $2\%SiC_{sf}/K\text{-}PSS$ 复合材料的抗弯强度随 SiC_{sf} 长度的变化（徐兰兰 2011）

以 x 方向即平行于纤维层铺方向的测试数据为例，即当 SiC_{sf} 长度为 2 mm 时，由于此时纤维的长度接近其临界长度（critical fiber length）（徐兰兰 2011），故强化作用（strengthening effect）不明显，复合材料较基体强度仅稍有增加；当 SiC_{sf} 增至 5 mm 时，复合材料的弯曲强度达到峰值 49.0 MPa，较基体强度高 2.4 倍；SiC_{sf} 长度增加到 8 mm，复合材料的强度又回落到 33.6 MPa。这是由于纤维太长，分散的均匀性较难以保证，基体中气孔被禁锢概率变大，材料气孔等缺陷增多，材料密度减小所致。因此，对于此种 SiC 纤维，在该种工艺条件下，SiC 纤维起到最佳强化作用的长度，即为 5 mm 左右。

复合材料弹性模量随 SiC 纤维长度的变化趋势（图 6.90）与抗弯强度的基本一致，也是在 5 mm 处达到峰值，也充分体现了纤维的临界长度、复合材料致密度的影响。

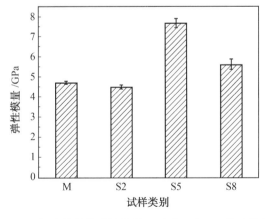

图 6.90　$2\%SiC_{sf}/K\text{-}PSS$ 复合材料的弹性模量（x 方向）随 SiC_{sf} 长度的变化（徐兰兰 2011）

$2\%SiC_{sf}/K\text{-}PSS$ 复合材料在 x 和 y 方向上的断裂功（work of fracture, WOF）随纤维长短的变化如图 6.91 所示。其变化规律与抗弯强度的一致：x 和 y 方向上的差别在纤维长度为

5 mm 和 8 mm 时相差稍大;另外,SiC 纤维长度为 5 mm 时,复合材料的断裂功值达到峰值 1 488.1 J/m² ,是基体的 30 倍;当纤维长度增加至 8 mm,复合材料的断裂功值降至 1 112.8 J/m² ,仍比基体高很多。这一方面是由于复合材料发生断裂时,纤维与基体间的滑移,纤维脱粘、桥连以及拔出等行为消耗了大量的断裂能,纤维起到了很好的增韧作用;另一方面,随着纤维长度的增加部分纤维出现了拔断的现象,降低了复合材料的断裂能。表6.21 汇总了这几种 2%SiC$_{sf}$/K-PSS 铝硅酸盐聚合物基复合材料的力学性能数据。

图 6.92 给出了载荷方向垂直于层铺方向上几种 2%SiC$_{sf}$/K-PSS 复合材料的载荷-位

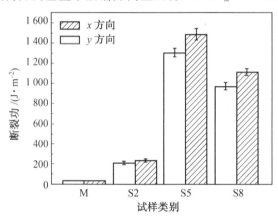

图 6.91　几种 2%SiC$_{sf}$/K-PSS 复合材料的断裂功随 SiC$_{sf}$长度的变化(徐兰兰 2011)

表 6.21　2%SiC$_{sf}$/K-PSS 复合材料力学性能随 SiC$_{sf}$长度的变化(徐兰兰 2011)

材料	弹性模量 /GPa	抗弯强度/MPa		断裂功/(J·m^{-2})
	x 方向	x 方向	y 方向	x 方向
M	4.7±0.05	8.9±0.4	8.9±0.4	30.1±1.2
S2	4.5±0.12	13.1±0.8	11.3±0.6	235.9±7.4
S5	7.7±0.2	49.0±3.3	42.0±3.3	1 488.1±57.3
S8	5.6±0.3	34.6±1.6	31.4±2.1	1 112.8±34.8

注:x 方向与 y 方向分别代表三点弯曲测试时载荷平行和垂直于层铺方向

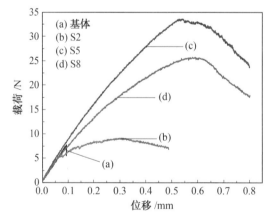

图 6.92　SiC$_{sf}$原始长度不同的 2%SiC$_{sf}$/K-PSS 复合材料的

载荷-位移变化曲线(y 方向)(徐兰兰 2011)

移曲线图。与基体材料典型的脆性断裂模式不同,复合材料均表现出典型的"伪塑性"断裂特征,只是 SiC 纤维越长,载荷-位移曲线初期承载时偏离基体弹性阶段的程度越小;同时最高载荷点之后,承载能力下降的速度随纤维长度增加由比较缓慢下降逐渐加快。可见,SiC 纤维起到了较为理想的桥连、拔出韧化作用,长度为 5 mm 和 8 mm 的 SiC$_{sf}$作用尤其明显。这也可以从 2%SiC$_{sf}$/K-PSS 复合材料断口形貌(图 6.93)上得到直接的证据,长度为 2 mm 的 SiC$_{sf}$增强的复合材料断口表面,纤维拔出的数量和拔出长度,均显著低于 5 mm 和 8 mm SiC$_{sf}$增强的 SiC$_{sf}$/K-PSS 复合材料。

(a) S2

(b) S5

(c) S8

图 6.93　SiC$_{sf}$原始长度不同的 2%SiC$_{sf}$/K-PSS 复合材料的断口形貌(徐兰兰 2011)

(4)SiC$_{sf}$/K-PSS 复合材料裂纹萌生扩展的原位观察。

通过对 S5 复合材料 2%SiC$_{sf}$/K-PSS 某一试样裂纹萌生(crack initiation)、裂纹扩展行为(crack propagation behavior)的原位观察,并与其典型载荷-位移曲线(图 6.94)相对照,进一步揭示复合材料的断裂行为与强韧化机制。图 6.95 所示为该复合材料三点弯曲测试中试样侧面进行的裂纹萌生与扩展的原位观察记录结果。

由图 6.94 可见,载荷-位移曲线起始阶段(Ⅰ)呈线弹性,当载荷达到约 7.5 N 时曲线出现一个微小的曲折而过渡到第Ⅱ阶段,该阶段的对应 A 点的原位观察表明,试样完好,未发现裂纹萌生(图 6.95(a));通过对 B 点对应的裂纹原位观察(图 6.95(b))发现,试样表面萌生出了与加载方向一致的均匀分布纵向裂纹,但即使如此,第Ⅱ阶段初期载荷-位移曲

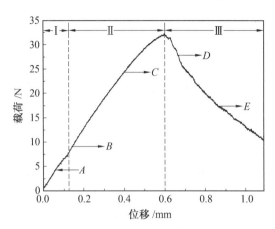

图 6.94　2.0%SiC$_{sf}$/K-PSS 复合材料 S5 三点抗弯加载时的典型载荷-位移曲线(徐兰兰 2011)

线仍保持着近似的线弹性变化;继续加载到达 C 点,载荷-位移曲线逐渐偏离线弹性阶段,C 点对应的裂纹原位观察(图 6.95(c))发现,试样表面上原来出现的裂纹多数张开不明显,即仍处于近似闭合阶段,裂纹长度较 B 点对应裂纹长度稍有增加,只有对应加载压头最近的两条裂纹开始有进一步张开迹象;载荷最高点,即第 Ⅱ 和第 Ⅲ 阶段的交界处,对应复合材料的主裂纹在与多条裂纹扩展竞争中占得先机,突然扩展,之后的 D 点对应的裂纹扩展原位观察结果如图 6.95(d)所示,主裂纹张开扩展已经非常明显,靠 SiC 纤维所起到的桥接和拔出作用,试样仍然有较大的承载能力,裂纹继续呈现准静态扩展(quasi static propagation);到达 E 点时,裂纹张开最大处已约有 0.8 mm,裂纹内表面内,SiC 纤维桥接、拔出的情况更加明显;直到最后,试样呈现藕断丝连的情况。与 C$_{sf}$/K-PSS 复合材料稍有不同,次生裂纹的张开与闭合效应(opening and closing effect)在此表现不明显。

5. 小结

(1)将不同体积分数(0.5%~3.0%)短 SiC 纤维(平均长度为 2 mm)分别引入 K-PSS,抗弯强度随 SiC$_{sf}$体积分数增加在 2.0%时出现最高值 10.6 MPa,但仅比基体强度提高约 20%,弹性模量最大增幅也仅约 20%,断裂功在纤维体积分数为 2.0%时达到最大值 123.6 J/m^2,较基体增加 3 倍;复合材料表现出典型的伪塑性断裂行为。

(2)SiC$_{sf}$体积分数增加,SiC$_{sf}$/K-PSS 的抗压强度呈先增高后降低趋势,当纤维的体积分数为 2.0%时,抗压强度达最大值 101.2 MPa,为基体的 1.62 倍;SiC$_{sf}$改善抗弯强度效果不如改善抗压强度效果明显。

(3)用长度 2 mm、5 mm 和 8 mm SiC$_{sf}$增强 K-PSS 所得复合材料 2.0%SiC$_{sf}$/K-PSS,其弹性模量、抗弯强度和断裂功均随 SiC$_{sf}$加长呈先增后降趋势,在 5 mm 时达到最高值 7.7 GPa、49.0 MPa(x 向)、42.0 MPa(y 向)和 1 488.1 J/m^2,其中,抗弯强度和断裂功分别提高了 5.5 倍和 30 倍,强韧化效果显著。SiC$_{sf}$/K-PSS 复合材料表现为典型的韧性断裂,桥连与拔出为主要强韧化机制。

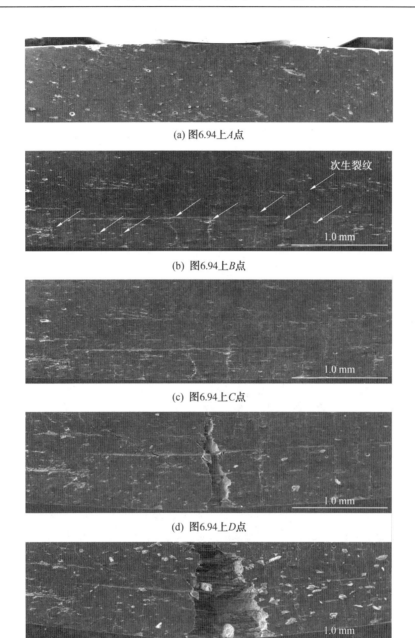

(a) 图6.94上A点

(b) 图6.94上B点

(c) 图6.94上C点

(d) 图6.94上D点

(e) 图6.94上E点

图 6.95　2.0%SiC$_{sf}$/K–PSS 复合材料 S5 试样在弯曲过程中的典型载荷–位移曲线

（图 6.94）上 A、B、C、D 和 E 点对应的原位 SEM 观察结果（徐兰兰 2011）

6.2.5　C$_{sf}$–Al$_2$O$_{3p}$复合增强 K–PSS 基复合材料

　　6.1.1 中介绍到少量引入 Al$_2$O$_{3p}$到 K–PSS 中,可有效提高抗弯强度和断裂韧性,显著改善了抗高温收缩性能,但 Al$_2$O$_{3p}$/K–PSS 复合材料最终仍呈脆性断裂。6.2.1 节中介绍了体积分数为 2.0%的无序分布切短碳纤维(C$_{sf}$)引入 K–PSS 中,可全面提高材料的抗弯强度、弹性模量、断裂韧性,且使复合材料呈准静态裂纹扩展的特征,断裂功可提高近 20 倍,可有效避免灾难性断裂(catastrophic failure)。若将 Al_2O_3 颗粒与 C_{sf} 同时加入 K-PSS 基体,二者是否能起到互补强韧化(complementary reinforcement)也非常令人期待。林铁松等(2009)同时向 K-PSS 基体中添加了 Al_2O_{3p} 与 C_{sf},探讨了高模量 $\alpha-Al_2O_3$ 弥散强化与 C_{sf} 的桥连、拔出强韧化互补性。

所用 $\alpha-Al_2O_{3p}$ 为中国建筑材料研究院产品,纯度为 98%,平均粒径为 0.75 μm,与 6.1.1 节中的一致。材料的制备方法与单独 C_f 单独增强复合材料的类似,只需在用丙酮分散纤维时同时加入偏高岭土和 Al_2O_3 颗粒进行抽滤得到混合体(梁德富 2007)。

1. 物相与显微组织

图 6.96 所示为 $2\%C_{sf}-Al_2O_3$ 基复合增强 K-PSS 基复合材料的 XRD 图谱。可见,在材料制备过程中 KOH 溶液造成的碱性环境下,$\alpha-Al_2O_3$ 的稳定性与其单独加入 K-PSS 时没有区别。

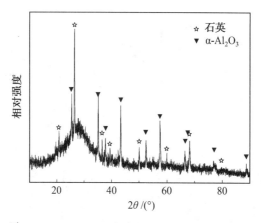

图 6.96　$2\%C_{sf}-Al_2O_{3p}$/K-PSS 复合材料的 XRD 图谱(梁德富 2007)

图 6.97 给出了 C_{sf}(体积分数为 2%、平均长度约为 1 mm)与 Al_2O_{3p} 复合增强 K-PSS 复合材料在垂直于配合料流动方向上的显微组织。其中,A0、A1、A3 和 A5 分别代表 Al_2O_{3p} 与基体原料中偏高岭土的质量比为 0、1/4、3/4 和 5/4。可见,$2\%C_{sf}-Al_2O_{3p}$/K-PSS 复合材料与 C_{sf}/K-PSS 复合材料组织的特征一致,碳纤维分布也比较均匀。

采用长 7 mm、体积分数为 3.5% 的短碳纤维 C_{sf} 与 $\alpha-Al_2O_{3p}$ 复合增强 K-PSS,材料代号及其成分见表 6.22,复合材料的密度如图 6.98 所示。可见,$\alpha-Al_2O_{3p}$ 含量增加,复合材料的密度小幅线性增加。但增幅仍小于其对应的理论密度值(林铁松 2009)的增幅,可能是由于 $\alpha-Al_2O_{3p}$ 掺入后配合料的黏度增加、成型时排气困难所致。

2. 力学性能

图 6.99 所示分别是 C_{sf} 平均长度为 1 mm 的 $2\%C_{sf}-Al_2O_{3p}$/K-PSS 复合材料的抗弯强度、弹性模量和断裂韧性与粉体中颗粒与偏高岭土质量比的变化趋势。Al_2O_{3p} 含量增加,抗弯强度呈线性上升趋势,增幅较为明显;弹性模量增幅比较明显,尤其是在后段;而断裂韧性则与弹性模量的变化趋势刚好相反,Al_2O_3 含量越高,K_{IC} 数值越低,表现出了强化(strengthening)与韧化(toughening)之间的矛盾。该复合材料及相应基体的具体力学性能数据汇总于表 6.23 中。

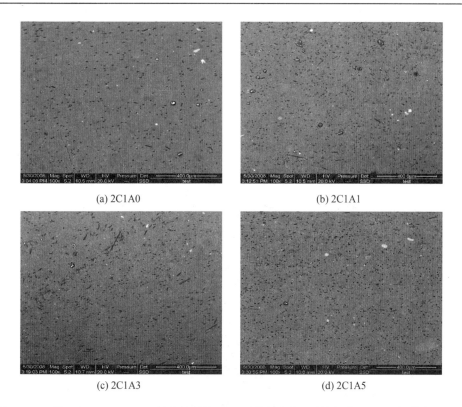

(a) 2C1A0　　　　　　　　　　　　　(b) 2C1A1

(c) 2C1A3　　　　　　　　　　　　　(d) 2C1A5

图 6.97　$2\%C_{sf}-Al_2O_{3p}/K-PSS$ 复合材料的 SEM 显微组织（C_{sf} 平均长度 1mm）（梁德富 2007）

表 6.22　C_{sf} 平均长度 **7** mm 的 **3.5**$\%Al_2O_{3p}/K-PSS$ 复合材料的成分及编号（林铁松 **2009**）

材料	碳纤维		铝硅酸盐聚合物配合料	
代号	体积分数/%	平均长度/mm	体积分数/%	$\alpha-Al_2O_3$/偏高岭土
3.5C7A0	3.5	7	96.5	0
3.5C7A1	3.5	7	96.5	1/4
3.5C7A3	3.5	7	96.5	3/4
3.5C7A5	3.5	7	96.5	5/4

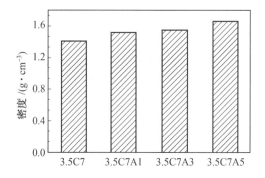

图 6.98　$3.5\%C_{sf}-Al_2O_{3p}/K-PSS$ 复合材料的密度（林铁松 2009）

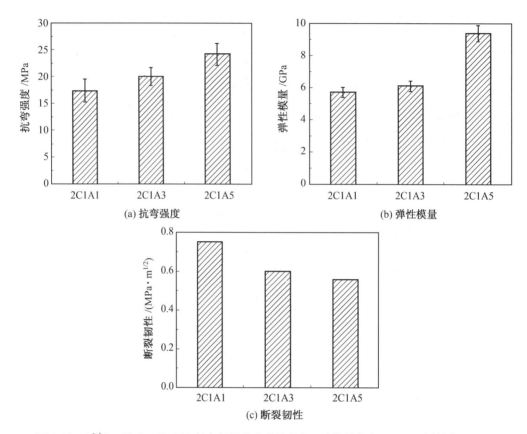

图 6.99　2%C_{sf}-Al_2O_{3p}/K-PSS 复合材料的力学性能（C_{sf}平均长度为 1 mm）（梁德富 2007）

表 6.23　2.0%C_{sf}-Al_2O_{3p}/K-PSS 复合材料的力学性能（C_{sf}平均长度为 1 mm）（梁德富 2007）

力学性能 材料代号	抗弯强度 /MPa	弹性模量 /GPa	断裂韧性 /(MPa·$m^{1/2}$)	硬度 /MPa
K-PSS（基体）	15.3±1.4	8.3±0.6	0.28±0.05	284±9.3
2C1A0	25.6±1.6	6.0±0.7	0.55±0.05	245±6.9
2C1A1	17.3±2.1	5.7±0.3	0.75±0.01	224±5.9
2C1A3	19.9±1.7	6.1±0.3	0.60±0.02	181±8.6
2C1A5	24.1±2.0	9.4±0.5	0.56±0.03	241±8.9

　　图 6.100 所示分别给出了 C_{sf}平均长度为 7 mm 的 3.5%C_{sf}-Al_2O_{3p}/K-PSS 复合材料的抗弯强度及弹性模量。可见，与 1 mm 长、体积分数为 2% 的 C_{sf}复合材料情况不同，Al_2O_{3p}引入及体积分数增多，复合材料的抗弯强度基本呈线性下降（即使如此，抗弯强度仍然显著高于加入 1 mm 长 C_{sf}的情况），而弹性模量则呈非单调性变化，在 Al_2O_{3p}/偏高岭土的质量比值为 3/4 时出现最高值。

　　与断裂韧性随 Al_2O_{3p}含量（体积分数，下同）的变化规律相同，C_{sf}-Al_2O_{3p}复合增强 K-PSS 基复合材料的断裂功随 Al_2O_3含量在 α-Al_2O_3/偏高岭土的质量比值从 1/4、3/4 增至 5/4 的范围内，呈现线性小幅单调下降趋势（图 6.101），虽然数值较 C_{sf}/K-PSS 复合材料（2C1）下降较大（约为 50%），但仍大大高于 K-PSS 基体的水平。这是由于碳纤维仍起到较明显的桥连和拔出韧化作用（裂纹扩展过程裂纹内表面桥接的图片如图 6.102 所示），故复

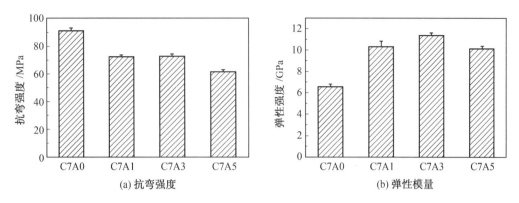

图 6.100　3.5％C_{sf}-Al_2O_{3p}/K-PSS 复合材料（x 轴方向）力学性能随 Al_2O_{3p} 体积分数的变化
（C_{sf} 平均长度 7 mm）（林铁松 2009）

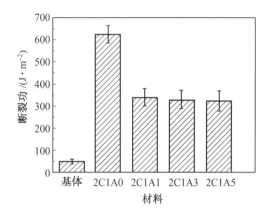

图 6.101　2.0％C_{sf}-Al_2O_{3p}/K-PSS 复合材料断裂功随 Al_2O_{3p} 体积分数的变化
（C_{sf} 平均长度为 1 mm）（梁德富 2007）

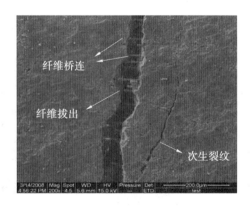

图 6.102　C_{sf} 平均长度为 1 mm、体积分数为 2.0％的 C_{sf}-Al_2O_{3p}/K-PSS 复合材料裂纹
扩展张开内表面碳纤维桥接拔出的 SEM 照片（梁德富 2007）

合材料表现出明显韧性断裂特征（载荷位移曲线如图 6.103 所示）。

平均长度 7 mm、体积分数为 3.5％的 C_{sf} 增强的复合材料的断裂功（图 6.104），则也随 Al_2O_{3p} 体积分数的增加而呈现下降的趋势,但其具体断裂功数值仍分别较前一种高一个数量级。可见,复合材料强韧化的效果严重依赖于碳纤维的长短与体积分数。

两种复合材料的三点抗弯断口形貌(图 6.105 和图 6.106)上也能明显见到碳纤维拔出情况的区别。

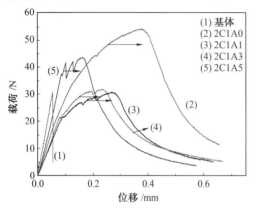

图 6.103　C_{sf} 平均长度为 1 mm、体积分数为 2.0% 的 $C_{sf}-Al_2O_{3p}/K-PSS$ 复合材料的载荷-位移曲线(梁德富 2007)

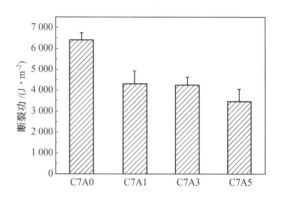

图 6.104　C_{sf} 平均长度为 7 mm、体积分数为 3.5% 的 $C_{sf}-Al_2O_{3p}/K-PSS$ 复合材料的断裂功(林铁松 2009)

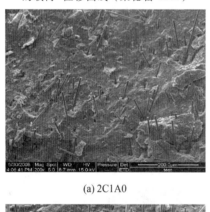

(a) 2C1A0

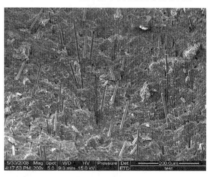

(b) 2C1A1

(c) 2C1A3

(d) 2C1A5

图 6.105　C_{sf} 平均长度为 1 mm、体积分数为 2.0% 的 $C_{sf}-Al_2O_{3p}/K-PSS$ 复合材料的 SEM 断口形貌(梁德富 2007)

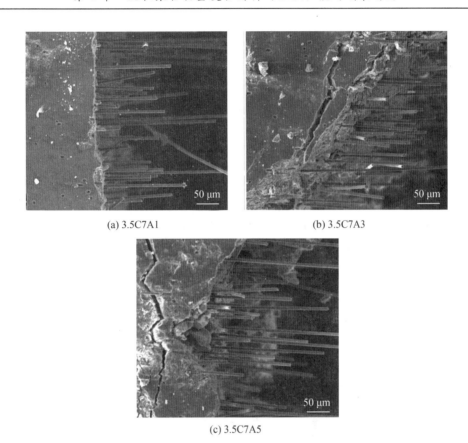

(a) 3.5C7A1　　　　　　　　　　　(b) 3.5C7A3

(c) 3.5C7A5

图 6.106　C_{sf} 平均长度为 7 mm、体积分数为 3.5％的 C_{sf}-Al_2O_{3p}/K-PSS 复合材料
平行于纤维层铺方向的 SEM 断口形貌（林铁松 2009）

3. 小结

（1）短碳纤维（C_{sf}）与 Al_2O_3 对 K-PSS 基体可以实现有效复合增强作用,但强韧化效果强烈依赖于短纤维的长度、体积分数和 Al_2O_{3p} 的体积分数;C_{sf} 地拔出和桥连作用明显,C_{sf}-Al_2O_{3p}/K-PSS 复合材料均表现出明显的伪塑性变形和韧性断裂特征。

（2）对于平均长度为 1 mm 的 C_{sf}、2.0％C_{sf}-Al_2O_{3p}/K-PSS 复合材料的抗弯强度、弹性模量随 Al_2O_3 的体积分数增加而增大,断裂韧性和断裂功则呈下降趋势。

（3）对于平均长度为 7 mm 的 C_{sf}、3.5％C_{sf}-Al_2O_{3p}/K-PSS 复合材料的抗弯强度、断裂功均随 Al_2O_3 的体积分数增加而线性降低,弹性模量则呈先增加后下降趋势;但力学性能总体水平仍明显高于 1 mm 长 C_{sf} 增强的 C_{sf}-Al_2O_{3p}/K-PSS 复合材料。

6.2.6　本节小结

本节较详细研究了短碳纤维（C_{sf}）无序分布 C_{sf}/K-PSS 复合材料、C_{sf} 涂覆 Ni-P 镀层前后的二维层布 C_{sf}/K-PSS 复合材料以及 SiC_{sf}/K-PSS 和 C_{sf}-Al_2O_{3p}/K-PSS 无机聚合物基复合材料等的力学性能与断裂行为。发现较低体积含量的 C_{sf} 就能够通过拔出、桥连、界面脱粘、诱导裂纹偏转和裂纹分支等机制对 K-PSS 无机聚合物起到明显的强韧化作用,力学性能成倍或成数量级地提高,复合材料可表现出明显的非线弹性/伪塑性变形和断裂行为。通过裂纹扩展的环境扫描电镜原位观察,揭示了短纤维及其表面 Ni-P 镀层处理后,在 K-PSS 复合材料在承载过程中的裂纹萌生、扩展直至断裂各个阶段碳纤维所扮演的角色。最后探讨了短纤维与陶瓷颗粒 Al_2O_3 复合强韧化的效果。

6.3 单向连续纤维增强无机聚合物基复合材料

6.3.1 单向连续碳纤维(C_{uf})增强(Cs,K)-PSS 基复合材料

1. 复合材料的制备工艺

将单向碳纤维(unidirectional carbon fiber,C_{uf})预制片放入 K-PSS 铝硅酸盐无机聚合物或添加 Cs 离子激发的铝硅酸盐无机聚合物(Cs,K)-PSS 料浆中,采用超声辅助浸渍料浆 8 min,然后捞出铺层,依次叠层,制得多层碳纤维预制片的复合材料坯体。将制得的复合材料坯体进行真空除气,然后置于 60 ℃ 干燥箱中固化 48 h,基体充分固化后即制得 C_{uf} 增强的(Cs,K)-PSS铝硅酸盐聚合物基复合材料(C_{uf}/(Cs,K)-PSS)。其工艺流程如图 6.107 所示。

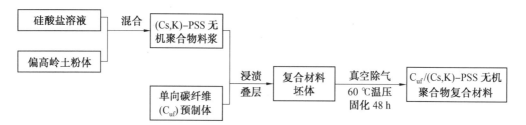

图 6.107　单向碳纤维(C_{uf})增强(Cs,K)-PSS 基复合材料的制备工艺流程(何培刚 2011)

2. 纤维含量对 C_{uf}/K-PSS 复合材料的组织与力学性能的影响

(1)显微组织。

结合 K-PSS 无机聚合物料浆的性质和实验室条件,通过控制浸渍料浆后坯体固化过程中施加压力的大小,获得 4 种碳纤维体积分数(10%、20%、25% 和 30%)的单向连续 C_{uf}/K-PSS复合材料,分别标记为10C、20C、25C 和 30C。它们的显微组织如图 6.108 所示。可见,纤维束丝间均充满基体,浸渍效果良好;同时,纤维含量增加,缺陷的含量逐渐增多。这是在较高的压力下,浸渍料浆外挤离析增多、基体聚合缩松增多所致(何培刚 2011)。

图 6.109 为不同含量碳纤维增强复合材料的密度。可见,C_{uf}含量增加,复合材料的密度呈线性增加;但与复合材料的理论密度相比,增幅较小。由于纤维表面为非极性,与水基铝硅酸盐聚合物基体相容性较差,因此,在基体与碳纤维界面区域不可避免会遗留气孔等缺陷,这就使实际密度偏离了理论线性值,而且纤维含量越高,这种差异会越明显。

(2)力学性能。

表 6.24 给出了 10C、20C、30C 和 40C 几种 C_{uf}/K-PSS 复合材料的力学性能。可见,与基体材料 K-PSS 相比,C_{uf}/K-PSS 的力学性能,包括抗弯强度、弹性模量和断裂功,在 x 方向(即碳纤维长轴方向)均有了大幅度提高。其中,20%C_{uf}/K-PSS 在 x 方向上的抗弯强度、弹性模量和断裂功分别达到了 143.5 MPa、36.5 GPa 和 3 874.5 J/m²,较基体K-PSS分别提高了 10.6 倍、2.6 倍和 70.5 倍。

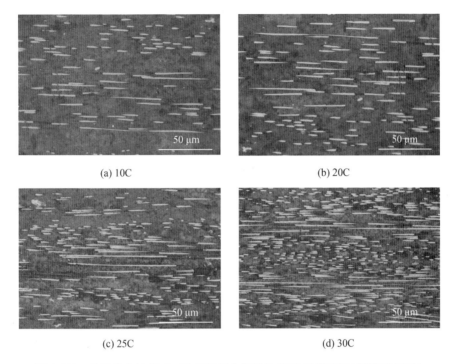

图 6.108　几种单向连续 C_{uf}/K-PSS 复合材料的 SEM 显微组织（何培刚 2011）

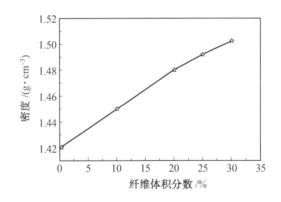

图 6.109　几种单向连续 C_{uf}/K-PSS 复合材料密度随纤维含量的变化（何培刚 2011）

图 6.110 给出了力学性能随 C_{uf} 含量的变化趋势。可见，在轴向（x 方向）上的抗弯强度、弹性模量和断裂功均随 C_{uf} 含量增加呈现同步先增加后减小的趋势，即当 C_{uf} 的体积分数为 20％时出现峰值，之后 C_{uf} 含量继续增加，力学性能则缓慢下降。而在横向（y 向）上，C_{uf}/K-PSS复合材料的抗弯强度均比基体 K-PSS 有所下降，且随 C_{uf} 含量增多，总体上小幅下降。这反映出了 C_{uf} 强韧化效果逐渐被复合材料缺陷增多、纤维损伤程度增加所抵消的趋势。

表 6.24　单向连续碳纤维增强的 C_{uf}/K-PSS 复合材料的力学性能(何培刚 2011)

材料代号	抗弯强度/MPa		弹性模量/GPa	断裂功/(J·m⁻²)
	x 方向	y 方向	(x 方向)	(x 方向)
K-PSS 基体	12.3±1.2	12.3±1.2	10.3±1.2	54.2±8.1
10C	109.8±7.6	9.4±1.7	23.1±2.9	2 146.7±184.7
20C	143.5±8.5	8.6±2.3	36.5±3.4	3 874.5±266.8
25C	136.0±6.1	8.8±1.5	37.8±4.8	3 793.1±257.4
30C	128.5±9.5	7.6±1.9	32.8±4.2	3 511.4±218.6

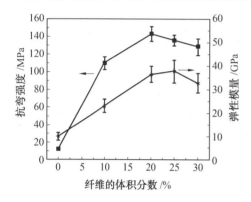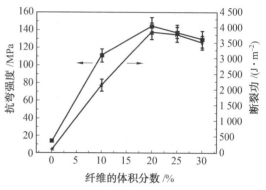

图 6.110　单向连续 C_{uf}/K-PSS 复合材料的抗弯强度和弹性模量(x 轴方向) (何培刚 2011)

　　单向连续碳纤维增强的 C_{uf}/K-PSS 复合材料的抗弯强度测试时的载荷-位移曲线如图 6.111 所示。纤维含量增加,复合材料载荷-位移曲线的初始阶段的斜率逐渐增大直到纤维体积分数为 25% 时有一定程度的下降。与基体的脆性断裂特征不同,碳纤维的引入使复合材料呈现出典型的韧性断裂特征,在强度明显提高的基础上,断裂应变也显著增加,因而使曲线与横轴合围面积大幅度增大,此即复合材料断裂功呈数量级提高的原因。

　　图 6.112 所示的 20% C_{uf}/K-PSS 复合材料的 SEM 断口形貌。可见,基体碎屑分布于纤维束丝间,纤维大量裸露,却几乎观测不到纤维断裂拔出的现象,这说明基体还比较脆弱,还有进一步提升的空间。

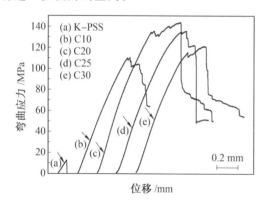

图 6.111　单向连续碳纤维增强的 C_{uf}/K-PSS
复合材料的弯曲应力-位移曲线
(x 轴方向) (何培刚 2011)

图 6.112　20% C_{uf}/K-PSS 复合材料的
SEM 断口形貌(何培刚 2011)

3. 硅铝比对 C$_{uf}$/KGP 复合材料的组织与力学性能的影响

对于 KGP 铝硅酸盐聚合物,硅铝比(以下指物质的量比)提高,性能也逐渐提高。马鸿文等(2002)研究表明,高硅铝比的 KGP 聚合物虽然力学性能优异,但耐干湿循环能力差。因此,将硅铝比设定为较低的范围即 $n(Si)/n(Al) = 2 \sim 4$。在第 2 章曾就硅铝比对铝硅酸盐聚合物 KGP 的结构和力学性能的影响进行了讨论。这里即讨论硅铝比对单向连续 C$_{uf}$/KGP 复合材料组织与性能的影响。将基体 KGP 的硅铝比分别为 2、2.5、3、3.5 和 4 的复合材料 20%C$_{uf}$/KGP 分别标记为 CG2、CG2.5、CG3、CG3.5 和 CG4。

(1)显微组织。

不同硅铝比基体的 20%C$_{uf}$/KGP 复合材料的 SEM 显微组织如图 6.113 所示。可见,基体浸渍比较充分,纤维分布较为均匀。硅铝比增加,C$_{uf}$/KGP 复合材料的 SEM 显微组织没有显著差别。

(2)力学性能与断裂行为。

图 6.114 所示给出了 20%C$_{uf}$/KGP 复合材料的力学性能随硅铝比增加的变化趋势。硅铝比增加,复合材料的抗弯强度和弹性模量,尤其是弹性模量保持线性增加的趋势,硅铝比由 2 增到 4 时,抗弯强度从 143.5 MPa 增至 250.0 MPa,弹性模量从 36.5 GPa 增至 56.5 Pa;而断裂功(WOF)则呈非单调变化(non-uniformly/monotonically change),即先随硅铝比增加而增加,在硅铝比为 3 时出现峰值,随后逐渐降低。可见,在碳纤维含量一定的情况下,硅铝比通过对基体性能的影响,能显著影响 20%C$_{uf}$/KGP 复合材料的力学性能。

低硅铝比复合材料,基体强度很低,纤维与基体间的界面结合弱,在纤维与基体界面间存在较多空隙,未能充分发挥纤维强韧化作用;提高硅铝比后,基体强度增加,纤维和基体间的界面结合强度逐渐增加,更有利于基体上的载荷向增强碳纤维上传递,故利于提高 C$_{uf}$/KGP 复合材料的抗弯强度和弹性模量。

断裂功则表现出不同于抗弯强度和弹性模量的变化规律。在 CG2 和 CG2.5 复合材料中,由于多数纤维没有断裂,复合材料的断裂功主要由纤维和基体间的脱粘贡献;而 CG3、CG3.5 和 CG4 复合材料的断裂功则主要得益于纤维的断裂和拔出,纤维的断裂和拔出功远高于脱粘功,因此 CG3、CG3.5 和 CG4 复合材料的断裂功高于 CG2 和 CG2.5 复合材料;当基体硅铝比由 3 增至 4 时,裂纹沿界面扩展以及纤维与基体间的脱粘变得困难,在复合材料的断裂过程中纤维拔出长度变短,拔出功降低,因此复合材料的断裂功逐渐下降。图 6.115 所示为不同硅铝比复合材料的应力-位移曲线。可以看出,基体硅铝比增大,复合材料均表现出韧性断裂特征。从复合材料试样断裂后的宏观照片(图 6.116)可见,CG2.5 复合材料主裂纹不明显,材料失效后仍保持"藕断丝连"的状态,且试样抗压一侧分层损伤严重,这说明复合材料的破坏为剪切破坏模式;而当硅铝比提高至 3 时,纤维断裂及拔出现象明显,断口随硅铝比提高而变得平整,说明其断裂模式由剪切破坏转变为抗弯破坏模式。

由于碳纤维的表面是非极性的,在碱溶液中呈惰性并与水基的铝硅酸盐聚合物之间的相容性较差,同时在这种较低的制备温度下二者之间不会发生界面反应,因此纤维和基体之间处于较弱的机械结合状态(林铁松 2009)。基体硅铝比提高,基体固化收缩更为明显,一方面基体密度增加,同时,基体对纤维的握裹力(force of gripping)增大,在基体与纤维之间摩擦因数一定的条件下,纤维和基体的界面摩擦力和机械结合强度必然会提高,从而提高界面结合强度(interfacial bonding strength)。

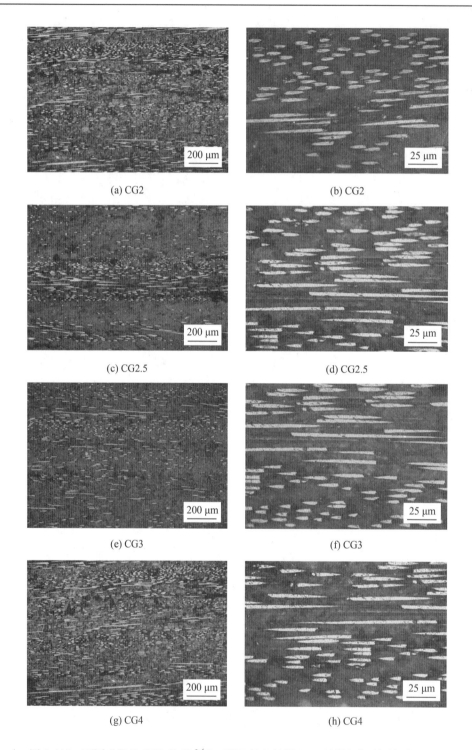

(a) CG2　　　　　　　　　　　　(b) CG2

(c) CG2.5　　　　　　　　　　　(d) CG2.5

(e) CG3　　　　　　　　　　　　(f) CG3

(g) CG4　　　　　　　　　　　　(h) CG4

图 6.113　不同硅铝比 KGP 的 20%C_{uf}/KGP 复合材料 SEM 显微组织(何培刚 2011)

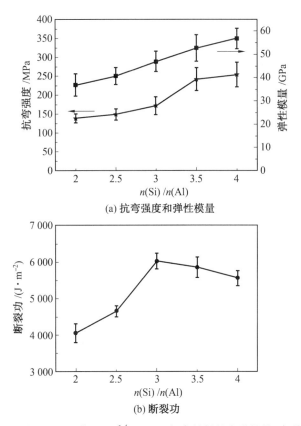

(a) 抗弯强度和弹性模量

(b) 断裂功

图 6.114　不同硅铝比基体的 20%C_f/KGP 复合材料的力学性能(何培刚 2011)

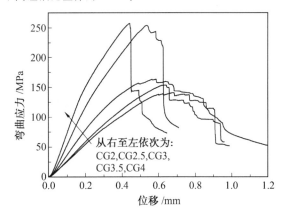

从右至左依次为:
CG2,CG2.5,CG3,
CG3.5,CG4

图 6.115　不同 Si/Al 比基体的 20%C_{uf}/KGP 复合材料弯曲
应力-位移曲线(何培刚　贾德昌　等 2011)

　　复合材料的断口形貌(图 6.117)清楚地显示出了材料断裂特征随硅铝比增加的变化趋势。硅铝比为 2.5 的复合材料断口上大多数纤维并没有断裂,并且基体疏松,松散的碎屑分布于纤维之间,表明基体与纤维界面结合较弱。而硅铝比从 3、3.5 增至 4 时,复合材料的基体越来越致密,纤维拔出现象都非常明显,但纤维拔出的长度和数量均逐渐减小,表明界面结合强度逐渐提高。这与复合材料的力学性能变化规律对应较好,即硅铝比为 4 时,基体最为致密,碳纤维有明显拔出,但拔出长度较短,纤维起到最好的增强作用,因而复合材料的强度和模量最高;而硅铝比为 3 的复合材料,基体致密度适中,碳纤维拔出最长,拔出的纤维数量最多,因而表现出最大的损伤容忍能力,断裂功值最高。

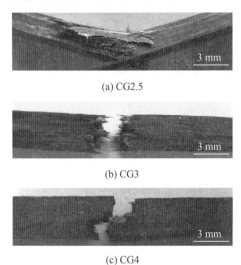

图 6.116　基体不同硅铝比的 $20\%C_{uf}/KGP$ 复合材料试样三点抗弯强度测试
破坏情况的数码照片(何培刚 贾德昌 等 2011)

图 6.117　不同硅铝比基体的 $20\%C_{uf}/KGP$ 复合材料的断口形貌(何培刚 贾德昌 等 2011)

　　图 6.118 和图 6.119 分别给出了 CG2 和 CG4 复合材料断裂过程的裂纹扩展示意图和受拉面的应力分布图。由于 CG2 基体的力学性能远低于碳纤维,复合材料拉伸面的应力很容易超过基体极限强度,因此会在拉伸面形成较多微裂纹,并且越靠近主裂纹,裂纹宽度越大,相反距离主裂纹越远,裂纹越小,其延伸也就越短(林铁松 2009)。在这些微裂纹作用下应力由线性分布转变为曲线分布。由于纤维的强度较高,纤维在较低的应力下不会被拉断,因此纤维在裂纹处形成了一定的"钉扎(pinning)"作用,阻碍裂纹进一步扩展(周玉 2004)。裂纹沿界面扩展过程中,纤维附近应力重新分布,低强度基体在压应力作用下断裂成碎屑,并引起纤维脱粘;同时,受压面在压应力作用下基体同样产生较多微裂纹,并且由于纤维单向分布,在垂直纤维方向上基体很容易在低应力下断裂使复合材料会产生剪切破坏。随着位移进一步增大,在拉伸面最大应力附近形成主裂纹扩展区域,当基体裂纹贯通时,基体失去连续相的作用,复合材料呈松散状,即发生破坏。因此复合材料破坏过程中多数纤维未被拉断,其强化作用不能得到充分发挥。

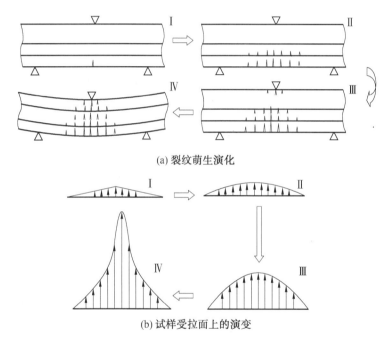

(a) 裂纹萌生演化

(b) 试样受拉面上的演变

图 6.118　代号为 CG2 的 20%C_{uf}/KGP 复合材料断裂过程的裂纹扩展和受拉面应力分布示意图(何培刚 2011)

　　而 CG4 为另外一种情况。由于基体强度较高,低应力水平下不会出现较多的裂纹。当主裂纹扩展遇到纤维时,裂纹受阻,欲使裂纹扩展必须提高外加应力。随外加应力水平的提高,裂纹沿界面扩展导致基体与纤维界面解离(interface debonding),界面处形成应力集中使纤维断裂并从基体中拔出。另外,由于基体强度的显著差异,CG4 复合材料的层间结合强度远高于 CG2,致使其未发生剪切破坏。在复合材料破坏过程中多数纤维被拉断,使纤维的强化作用发挥较充分,因而表现为较高的断裂强度。

　　虽然硅铝比提高,基体力学性能大幅度改善,碳纤维的强韧化作用也较明显,但是,当 $n(Si):n(Al) \geqslant 3$ 时,KGP 基体的化学稳定性和热性能都变差(Barbosa & MacKenzie 2003)。这必然会使复合材料的应用范围受到限制,因此需研究其他方法来强化基体。

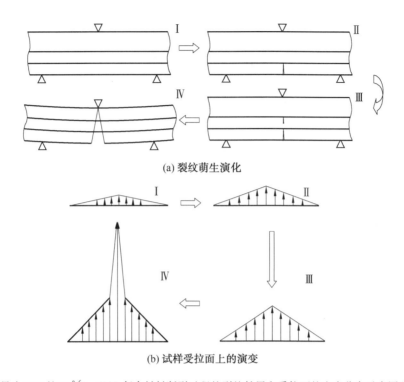

(a) 裂纹萌生演化

(b) 试样受拉面上的演变

图 6.119　代号为 CG4 的 20％C_{uf}/KGP 复合材料断裂过程的裂纹扩展和受拉面的应力分布示意图(何培刚 2011)

6.3.2　单向连续碳化硅纤维(SiC_{uf})增强 K-PSS 基复合材料

1. SiC_{uf}/K-PSS 复合材料的制备工艺

本小节同样采用超声辅助浸渍和层铺工艺,制备单向 SiC_f 增强 K-PSS 基复合材料,所用 SiC_f 为苏州赛力菲陶纤有限公司和日本宇部公司生产的两种(性能参数见表 6.16)。具体工艺与制备单向 C_f 增强 K-PSS 基复合材料相似,重要的是要保证 SiC_f 单向性及其料浆的透彻浸渍。

考虑脱胶处理后的纤维易于散开、难以定向排布,故首先将剪成定长的 SiC_f 去离子水浸润湿捋直,沿同一方向平行地排布在玻璃板上,然后置于 60 ℃ 干燥箱中干燥 24 h;然后取出在空气炉 370 ℃ 中保温 2 h,去除表面有机胶;去胶后的 SiC_f 采用胶条固定其两端,修剪整齐即为单向 SiC_f 预制片(图 6.120(c)、(d))。

后续的浸渍料浆及固化的工艺过程与制备单向 C_f 增强的 K-PSS 复合材料完全一致(图6.107)。即将单向 SiC_f 预制片放入 K-PSS 聚合物料浆中,采用超声辅助浸渍料浆 8 min,然后取出层铺叠放,获得多层 SiC_f 预制片坯体。将坯体进行真空除气,然后置于 60 ℃ 干燥箱中固化 48 h,基体充分固化后即制得单向 SiC_f 增强的 K-PSS 聚合物基复合材料,两种代表性复合材料试片如图 6.120(e)和(f)所示。

最后得到不同体积分数(10％、15％、20％和 25％)单向连续 SiC_f 增强的铝硅酸盐聚合物(K-PSS)基复合材料,代号分别为 10S、15S、20S 和 25S。

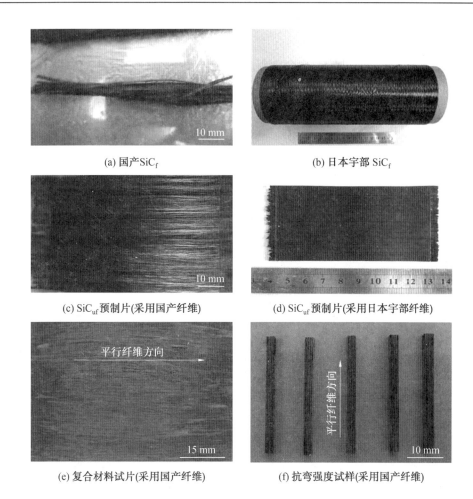

(a) 国产SiC$_f$　　　　　　　　　　(b) 日本宇部 SiC$_f$

(c) SiC$_{uf}$预制片(采用国产纤维)　　(d) SiC$_{uf}$预制片(采用日本宇部纤维)

(e) 复合材料试片(采用国产纤维)　　(f) 抗弯强度试样(采用国产纤维)

图 6.120　单向碳化硅纤维(SiC$_{uf}$)预制片的制备过程及最终 SiC$_{uf}$/K–PSS 复合材料
试片及切割磨削完毕的三点抗弯强度试样(王金艳 2011,郑斌义 2013)

2. SiC$_{uf}$/K–PSS 复合材料的组织结构

(1)物相组成。

SiC$_{uf}$/K–PSS 复合材料与偏高岭土粉(简称 NMK)、铝硅酸盐聚合物(K–PSS) XRD 图谱对比如图 6.121 所示。可见,高岭土粉体经过煅烧后得到的 NMK 主要为非晶相,其馒头峰顶端对应的角度约为 22°;聚合反应生产无机聚合物后,馒头峰移至高角区(约 28°)。而复合材料 SiC$_{uf}$/K–PSS 的衍射图谱上出现两个相连的漫散射峰,靠左的漫散射峰对应于非晶的 SiC$_f$;靠右的曼散射峰则可能是 SiC$_f$引入使得 K–PSS 聚合反应不充分造成。此外,同前文讨论的无机聚合物一样,在 K–PSS 聚合前后以及复合材料中都有对应于 α–SiO$_2$ 相衍射峰的存在,同之前其他体系的结果相同。而采用国产 SiC$_f$ 和日本产 SiC$_f$所得复合材料的衍射图谱没有明显区别。

(2)显微组织。

图 6.122 所示为不同含量单向连续 SiC 纤维增强的 K–PSS 复合材料光学显微组织照片。可见,纤维束丝间充满基体,浸渍效果较好;SiC$_f$单向性较好,且分布也较为均匀。SiC$_f$

的体积分数增至 25％时，复合材料缺陷增多、纤维分布均匀度下降。这是因为层铺法制备复合材料时，在采用相同 SiC_f 料浆浸渍片的条件下，通过控制纤维片层数及施加压力实现的。增大压力才能提高纤维含量，但浸渍料浆被挤出、产生缺陷、聚合物聚合反应不充分可能性增大。

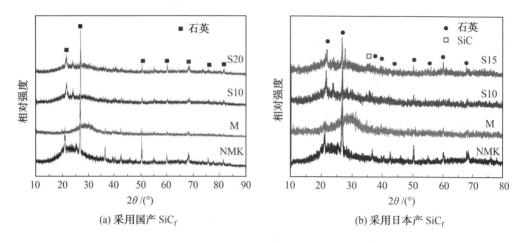

(a) 采用国产 SiC_f (b) 采用日本产 SiC_f

图 6.121　SiC_{uf}/K-PSS 复合材料与偏高岭土粉、K-PSS 无机聚合物的 XRD 图谱

（王金艳 2011，郑斌义 2013）

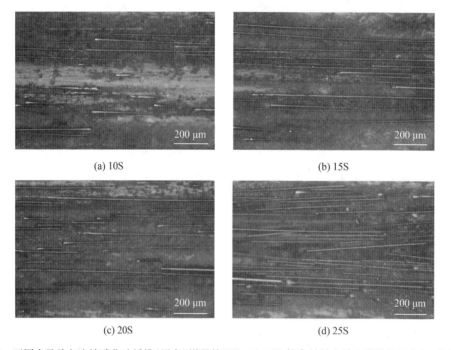

(a) 10S   (b) 15S

(c) 20S   (d) 25S

图 6.122　不同含量单向连续碳化硅纤维（国产）增强的 SiC_{uf}/K-PSS 复合材料光学显微组织照片（王金艳 2011）

　　采用 SEM 对较高纤维体积分数的 25％SiC_{uf}/K-PSS 复合材料表面形貌进行了进一步观察，可见，SiC_f 单向性和均匀性尚好（图 6.123（a）、（c））；在更高倍数下观察，发现局部区域基体还比较疏松，与 SiC_f 结合不太理想（图 6.123（b））。这主要是靠提高施加压力增加 SiC 纤维含量的工艺会引起基体填充亏空、聚合反应不充分所致；另外，基体局部还发现微

裂纹存在(图 6.123(d))。

(a) 采用国产纤维　　　　　　　　(b) 采用国产纤维

(c) 采用日本纤维　　　　　　　　(d) 采用日本纤维

图 6.123　SiC_{uf}/K-PSS 复合材料表面的 SEM 形貌(王金艳 2011,郑斌义 2013)

图 6.124 所示为 SiC_{uf}/K-PSS 复合材料的密度和理论密度(theoretical density)随 SiC_f 体积分数的变化。SiC_f 的密度(2.36 g/cm³)高于铝硅酸盐聚合物基体密度(1.38 g/cm³),故 SiC_{uf}/K-PSS 复合材料的理论密度随纤维体积分数增加而线性增大。但其实际密度随 SiC_f 体积分数增加始终低于理论密度,且差值有增大趋势。这是由于 SiC_f 加入使基体除气困难,且纤维含量越高,基体填充越容易在纤维聚集区出现亏空等因素共同作用的结果。

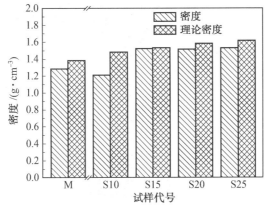

图 6.124　SiC_{uf}/K-PSS 复合材料的密度和理论密度随 SiC_f 含量的变化(王金艳 2011)

3. 单向连续 SiCf 增强 K-PSS 复合材料的力学性能

表 6.25 给出了不同纤维含量的 SiC_{uf}/K-PSS 复合材料的力学性能数据。可见，两种 SiC_f 均起到了显著强韧化作用，抗弯强度、弹性模量、断裂韧性和断裂功均较基体 K-PSS 有了质的改善；总的来看，日本宇部 SiC_f 强韧化效果更突出些。为了更清楚地显示复合材料性能随纤维含量的变化趋势，将相关数据绘制成柱状图，分别如图 6.125 和图 6.126 所示。

图 6.125 分别为 SiC_{uf}/K-PSS 复合材料的抗弯强度和弹性模量随 SiC_f 的变化趋势。可见，二者随 SiC_f 含量增加均呈现先增后降的趋势，且在 SiC_f 的体积分数均为 20% 时达到最大值，相比基体分别提高了 12.5 倍和 2.5 倍；日本宇部产纤维增强复合材料表现出相似的变化规律，只是增幅更大，分别提高了 14.4 倍和 3.4 倍。当 SiC_f 的体积分数超过 20% 时，复合材料的抗弯强度及弹性模量反而有所下降，这是由于在复合材料的制备过程中成型压力的增加，一方面复合材料基体中的缺陷数量增加；另一方面，导致 SiC 纤维损伤概率加大。

表 6.25　不同纤维含量的 SiC_{uf}/K-PSS 复合材料的力学性能（王金艳 2011，郑斌义 2013）

纤维种类及体积分数		试样代号	抗弯强度/MPa	弹性模量/GPa	断裂韧性/(MPa·m$^{1/2}$)	断裂功/(J·m^{-2})
基体		M	11.2±2.2	7.7±1.2	0.28±0.05	54.2±8.1
国产 SiC 纤维	10%	S10	113.3±4.5	20.3±1.6	—	1 278.3±224.7
	15%	S15	130.5±7.8	23.1±2.3	3.15±0.19	1 465.2±219.2
	20%	S20	151.4±6.4	26.8±2.9	3.00±0.07	2 784.0±234.9
	25%	S25	147.4±9.3	23.8±3.7	3.14±0.15	2 519.3±221.3
日本宇部 SiC 纤维	10%	S10	147.5±4.8	16.5±1.4	3.09±0.57	3 316.9±160.3
	15%	S15	155.2±5.2	20.6±0.1	3.41±0.78	3 849.7±411.3
	20%	S20	161.6±26.9	26.9±1.0	4.26±0.82	4 421.4±821.3
	25%	S25	133.3±11.5	27.8±1.1	4.25±0.12	2 490.0±465.5

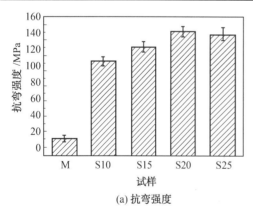

(a) 抗弯强度

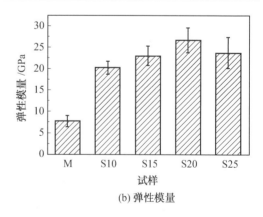

(b) 弹性模量

图 6.125　SiC_{uf}/K-PSS 复合材料的抗弯强度和弹性模量（王金艳 2011）

图 6.126 所示分别为 SiC_{uf}/K-PSS 复合材料的断裂韧性和断裂功随 SiC_f 含量的变化趋势。断裂韧性随 SiC_f 含量的变化与抗弯强度和弹性模量的不尽相同，当 SiC_f 的体积分数为 15% 时，即显著增大，之后均维持在较高水平；而断裂功的变化规律则基本与抗弯强度和弹性模量的相同，在体积分数为 20% 时出现峰值。实际上，20%（体积分数）SiC_f/K-PSS 复合材料的断裂韧性和断裂功分别达到了 3.0 MPa·m$^{1/2}$ 和 2 784 J/m^2，分别比基体增加了 9.7

倍和 50.4 倍;而日本宇部纤维增强复合材料的断裂韧性和断裂功分别达到了 4.26 MPa·m$^{1/2}$和 4 421 J/m^2,分别比基体增加了 15.2 倍和 81.5 倍。可见,日本宇部产碳化硅纤维的韧化效果较国产纤维更加显著。

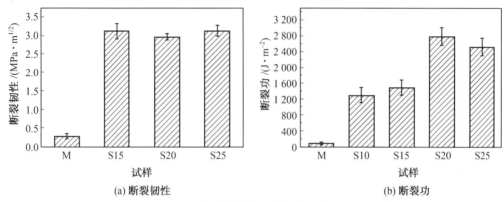

(a) 断裂韧性　　　　　　　　(b) 断裂功

图 6.126　SiC$_{uf}$/K-PSS 复合材料的断裂韧性和断裂功(王金艳 2011)

4. 单向连续 SiC$_f$增强 K-PSS 基复合材料的承载特征与断裂行为

图 6.127 所示为 SiC$_{uf}$/K-PSS 复合材料试样三点弯曲测试后的数码照片。与基体试样完全脆性断裂截然不同,引入 SiC$_f$的复合材料试样产生很大的变形也没有断裂,即呈现典型的非灾难性韧性断裂模式。这两种断裂方式的差异也明显体现在三点弯曲测试过程中的载荷-位移曲线上(图 6.128),可见,SiC 纤维起到了很好的桥连、拔出的强韧化作用。SiC$_f$的体积分数增加,SiC$_{uf}$/K-PSS 复合材料载荷-位移曲线的初始阶段的斜率逐渐增大直到纤维的体积分数为 25% 时有一定程度的下降。这与复合材料弹性模量的变化规律一致。同时,随着 SiC$_f$含量增加,复合材料在达到最大载荷时所对应的位移却逐渐减小,这也是断裂功减小的主要原因。这说明复合材料 SiC$_f$的体积分数超过 20% 后,刚性和抗断裂损伤能力随 SiC$_f$含量进一步增加反而下降。日本宇部产纤维增强复合材料的变化规律与之相同,只是其在达到峰值载荷时载荷突然下降的幅度小,试样后期承担载荷的能力更强,出现更为明显的载荷能力明显回升的情况,这也是其表现出更好的韧性、抵抗断裂损失能力更强的主要原因。

图 6.129 所示给出了 20%SiC$_{uf}$/K-PSS 复合材料的断口形貌。可见,基体很疏松,以至于纤维拔出情况都不明显;基体碎屑分布于纤维束间,几乎观测不到纤维断裂。综合分析可知,在应力作用下,复合材料中产生的裂纹主要通过 SiC$_f$与基体界面在基体中扩展,当基体中的裂纹足够多时,基体断裂成碎屑导致复合材料失效。因此要进一步提高复合材料的强度,还需进一步提高基体强度。

采用环境扫描电子显微镜对体积分数为 20% 的复合材料试样在三点弯曲过程中进行了原位观察,记录了复合材料在断裂过程中的裂纹萌生(crack initiation)、裂纹扩展(crack propagation)过程以及载荷-位移曲线。载荷-位移曲线如图 6.130 所示。在第 Ⅰ 阶段曲线呈现弹性变形特征;当载荷达到 80 N 左右时曲线出现微小的曲折过渡到第 Ⅱ 阶段,第 Ⅱ 阶段即表现出一定的“伪塑性(pseudo plasticity)”特征,并且载荷达到最高值,此阶段所呈现的载荷数次突然下降又逐渐回升的锯齿状曲线特征,与碳纤维(包括二维层状分布的和单向连续的)C$_f$增强的 K-PSS 复合材料呈现的柔和型“伪塑性”变形的特征(图 6.94 和图 6.111)明显不同;在第 Ⅲ 阶段,载荷超过最大值后开始逐步减小,呈现出缓慢下降的趋势。

(a) 基体试样

(b) 国产纤维增强复合材料试样

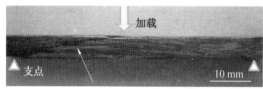

(c) 日本宇部纤维增强复合材料试样

图 6.127　三点弯曲测试后 SiC$_{uf}$/K-PSS 复合材料和基体试样数码照片对比（王金艳 2011，郑斌义 2013）

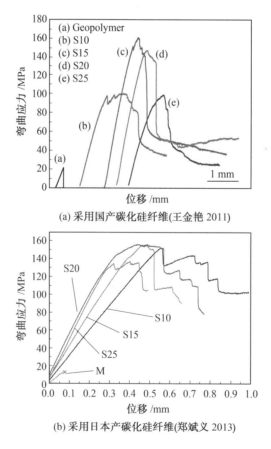

(a) 采用国产碳化硅纤维(王金艳 2011)

(b) 采用日本产碳化硅纤维(郑斌义 2013)

图 6.128　SiC$_f$ 含量不同的 SiC$_{uf}$/K-PSS 复合材料弯曲应力-位移曲线

图 6.129　20％SiC$_{uf}$/K-PSS 复合材料的 SEM 断口形貌（王金艳 2011）

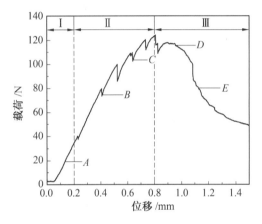

图 6.130　20％SiC$_{uf}$/K-PSS 复合材料测试试样的载荷-位移曲线（王金艳 2011）

　　对应载荷-位移曲线上各点（A,B,C,D 和 E），对应时刻复合材料试样侧面的裂纹萌生与扩展进行了原位观察，结果如图 6.131 所示。可见，对应于弹性变形阶段，复合材料试样侧面并没有萌生裂纹。到载荷跨越至第 Ⅱ 阶段时，裂纹最先产生于受拉面应力最集中的基体处（对应压头部位的下方）。到 B 点处，裂纹扩展并非在最大应力出现垂直试样扩展，而倾向于沿与试样轴向成 30°的方向斜向上扩展。载荷继续增加，裂纹不断延伸、变宽。此过程 SiC$_f$ 起到了很好的钉扎、桥接，阻碍了裂纹扩展。故虽然基体处已产生裂纹，但未导致材料整体破坏。第 Ⅲ 阶段，基体开始沿裂纹断裂、剥落更加明显，同时伴随着 SiC$_f$ 的脱粘，最终导致试样破坏。

　　该复合材料试样三点弯曲测试结束后侧面的照片如图 6.132 所示。可见，复合材料失效后并未出现明显的主裂纹，断裂表现为基体破碎、脱落，与此同时纤维脱粘，最终导致材料的伪塑性断裂，呈现图 6.127 数码照片中所示的"藕断丝连"的现象，并且在材料的加载点附近损伤尤为严重，材料有明显的分层现象，裂纹主要沿纤维排布方向扩展，因此，该复合材料的破坏模式以剪切破坏为主，这主要是基体强度不够高、基体与 SiC$_f$ 间的界面结合强度不足所致。因此，在 SiC$_f$/复合材料的破坏过程中，绝大多数纤维不会被拉断，其增强作用未得到充分发挥（林铁松 2009）。

(a) 位移–载荷曲线上 *A* 点时刻的记录结果

(b) 位移–载荷曲线上 *B* 点时刻的记录结果

(c) 位移–载荷曲线上 *C* 点时刻的记录结果

(d) 位移–载荷曲线上 *D* 点时刻的记录结果

(e) 位移–载荷曲线上 *E* 点时刻的记录结果

图 6.131　20％SiC$_{uf}$/K–PSS 复合材料试样弯曲强度测试过程中试样
侧面裂纹萌生、扩展的环境扫描照片(王金艳 2011)

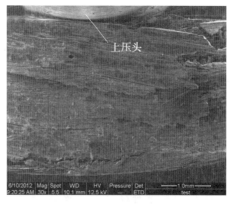

图 6.132　20％SiC$_{uf}$/K–PSS 复合材料试样三点弯曲测试过程压头附近的 SEM 照片(王金艳 2011)

5. SiC$_{uf}$/KGP 复合材料的高温力学性能与断裂行为

图 6.133 所示分别给出了 SiC$_{uf}$/KGP 复合材料空气气氛下的高温抗弯强度、高温断裂

功。总体上,温度升高,抗弯强度几乎呈线性趋势逐渐降低。但在 700 ℃时抗弯强度仅出现少许下降,而 900 ℃下抗弯强度仍能保持其室温强度的 86%,1 000 ℃时仍然保持 70%;温度继续升高至 1 100 ℃,强度下降速度明显减缓。具体测试数据列于表 6.26 中。

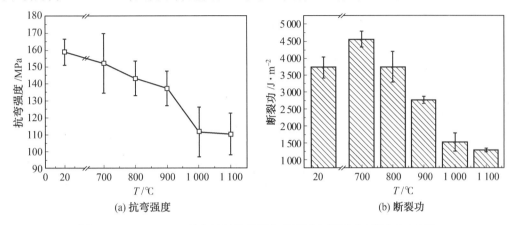

(a) 抗弯强度   (b) 断裂功

图 6.133 SiC_{uf}/KGP 复合材料的高温抗弯强度和断裂功(郑斌义 2013)

表 6.26 SiC_f/KGP 复合材料的高温力学性能参数(郑斌义 2013)

测试温度/℃	试样代号	抗弯强度 /MPa	断裂功 /($J \cdot m^{-2}$)
20	HS-20	158.7±7.7	3 724±310
700	HS-700	152.1±17.7	4 565±231
800	HS-800	143.1±10.0	3 737±457
900	HS-900	137.1±10.6	2 755±88
1 000	HS-1000	111.5±14.7	1 523±270
1 100	HS-1100	110.1±12.4	1 290±55

与高温抗弯强度不同,700 ℃复合材料的高温断裂功反而比室温的显著提高(约22.6%);之后,随测试温度继续升高,断裂功也基本呈线性下降趋势,但在 800 ℃下仍与室温的持平。700～800 ℃,复合材料主要以"伪塑性"方式断裂,纤维与基体的脱粘吸收了大量的功。

SiC_{uf}/KGP 复合材料的高温载荷-位移曲线如图 6.134 所示。可见,室温、700 ℃和800 ℃的样品的高温载荷位移曲线相对比较典型的"阶梯状"曲线,均出现弹性变形阶段和

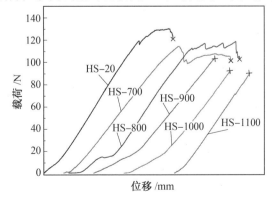

图 6.134 SiC_{uf}/KGP 复合材料的高温载荷-位移曲线(郑斌义 2013)

非弹性变形阶段,复合材料表现出韧性断裂特征;而 900 ℃、1 000 ℃和 1 100 ℃的样品曲线则只有弹性阶段,表现出脆性断裂特征。试样的宏观断裂图片如图 6.135 所示。在室温、700 ℃和 800 ℃下测试,试样没有发生"灾难性"的断裂,仍能保持较好的完整性;而测试温度再升高达到 900 ℃以上后,试样则产生明显的折断,脆性断裂特征较为明显。

(a) HS-20　　　　　　　(b) HS-700　　　　　　　(c) HS-800

(d) HS-900　　　　　　　(e) HS-1000　　　　　　　(f) HS-1100

图 6.135　SiC$_{uf}$/KGP 复合材料试样高温测试后的表面形貌(郑斌义 2013)

图 6.136 所示给出了 SiC$_{uf}$/KGP 复合材料高温抗弯强度测试后的表面形貌。可见,高温测试前材料表面比较平整,微裂纹含量很少;测试温度升高,复合材料表面出现垂直于 SiC$_{uf}$的平行均布裂纹,裂纹使基体烧结致密化收缩承受的张应力超过了其自身抗拉强度极限所致,且纤维有钉扎裂纹的趋势,裂纹密度随着测试温度的进一步升高几乎不变,裂纹张开宽度稍有增加。

复合材料的断裂机制不仅与基体、纤维的强度有关,还与基体和纤维间的结合程度有关。SiC$_{uf}$/KGP 复合材料的断口侧面形貌如图 6.137 所示。由图 6.137(a)~(c)可见,裂纹扩展路径非常曲折,呈锯齿形状,裂纹面上存在大量纤维的脱粘桥接现象,拔断很少;而图 6.137(d)~(f)显示,更高温度下测试的试样断口表面纤维基本都发生断裂,仅伴有少部分脱粘拔出的纤维,断口呈台阶状。结合复合材料的载荷-位移曲线分析得知,在 900~1 100 ℃条件下,测试的试样都发生了脆性断裂,这主要是高温下陶瓷化收缩和高温界面扩散反应,使纤维与基体界面结合强度过高的缘故。

值得提出的是,前面提到的高温强度测试试样表面的均布微裂纹,并不是最终导致试样失效的主要根源,即它们不是力学性能下降的主要原因,说明该复合材料具有较好的微裂纹容忍能力。这也是连续纤维增强复合材料的主要特性之一。

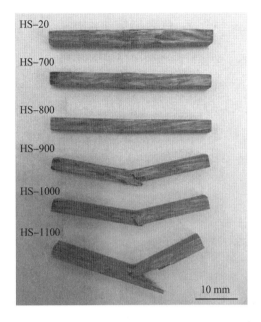

图 6.136　SiC$_{uf}$/KGP 复合材料试样高温抗弯强度测试后的宏观形貌照片（郑斌义 2013）

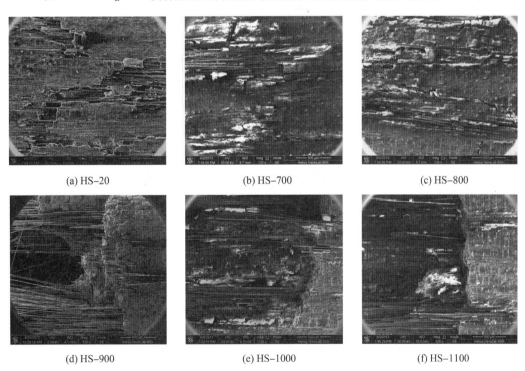

(a) HS-20　　　　　　　(b) HS-700　　　　　　　(c) HS-800

(d) HS-900　　　　　　　(e) HS-1000　　　　　　(f) HS-1100

图 6.137　SiC$_{uf}$/KGP 复合材料高温测试后的断口侧面形貌（郑斌义 2013）

6.3.3 单向连续 SiC$_{uf}$ 与 Al$_2$O$_{3p}$ 复合增强 K-PSS 基复合材料

1. SiC$_{uf}$-Al$_2$O$_{3p}$/K-PSS 复合材料的组织结构

（1）物相组成。

图 6.138 所示为不同 α-Al$_2$O$_{3p}$ 含量的 20%SiC$_{uf}$-Al$_2$O$_{3p}$/K-PSS 复合材料与 α-Al$_2$O$_{3p}$ 的 XRD 图谱。毫无疑问，所添加的 α-Al$_2$O$_3$ 在体系中仍稳定存在，复合材料中没有新物相生成。

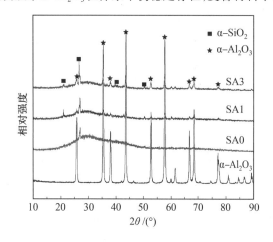

图 6.138 α-Al$_2$O$_3$ 及不同 α-Al$_2$O$_3$ 含量的 20%SiC$_{uf}$-Al$_2$O$_{3p}$/K-PSS 复合材料的 XRD 图谱（王金艳 2011）

（注：S 代表 SiC$_{uf}$，SiC$_{uf}$ 的体积分数统一为 20%；A 代表 Al$_2$O$_3$ 颗粒，A 后面数字代表其质量分数，即分别为 0%、1% 和 3%）

（2）密度。

图 6.139 所示为基体（M）、不同 α-Al$_2$O$_{3p}$ 含量的 Al$_2$O$_{3p}$/K-PSS 复合材料（A1、A2、A3）以及不同 α-Al$_2$O$_{3p}$ 含量的 20% 的 SiC$_{uf}$-Al$_2$O$_{3p}$/K-PSS 复合材料（SA0、SA1、SA2、SA3）的密度。可见，α-Al$_2$O$_{3p}$ 含量增加，SiC$_{uf}$-Al$_2$O$_{3p}$/K-PSS 复合材料的密度平缓增加，这是由于 α-Al$_2$O$_{3p}$ 掺入后使得配合料的黏度增加，其在与纤维复合过程中排气困难造成的。与相同 α-Al$_2$O$_{3p}$ 含量的 Al$_2$O$_{3p}$/K-PSS 复合材料相比，20%SiC$_{uf}$-Al$_2$O$_{3p}$/K-PSS 复合材料的密度更高些。

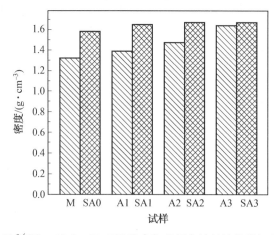

图 6.139 20%SiC$_{uf}$-Al$_2$O$_{3p}$/K-PSS 聚合物基复合材料的密度（王金艳 2011）

2. SiC$_{uf}$–Al$_2$O$_{3p}$/K–PSS 复合材料的力学性能

表 6.27 给出了不同 α–Al$_2$O$_3$ 含量的 20％SiC$_{uf}$–Al$_2$O$_{3p}$/K–PSS 复合材料的力学性能,对应的柱状图分别如图 6.140 和图 6.141 所示。与不同含量 SiC 纤维的 SiC$_{uf}$/K–PSS 复合材料力学性能随 SiC$_f$ 变化(表 6.25)呈现较为清晰的变化规律不同,20％SiC$_{uf}$–Al$_2$O$_{3p}$/K–PSS 复合材料的抗弯强度、杨氏模量、断裂韧性和断裂功随 Al$_2$O$_3$ 含量的增加变化趋势不明显。

表 6.27　不同含量 α–Al$_2$O$_3$ 的 20％SiC$_{uf}$–Al$_2$O$_{3p}$/K–PSS 复合材料的力学性能(王金艳 2011)

材料代号	抗弯强度 /MPa	弹性模量 /GPa	断裂韧性 /(MPa·m$^{1/2}$)	断裂功 /(J·m^{-2})
SA0	127.6±0.8	23.0±0.9	2.98±0.07	2 407.6±228.2
SA1	121.9±4.3	29.3±1.5	3.67±0.38	1 901.5±221.8
SA2	132.0±1.6	25.7±1.2	3.33±0.25	2 009.1±235.9
SA3	151.7±12.0	29.6±1.0	4.73±0.40	2 398.8±264.34

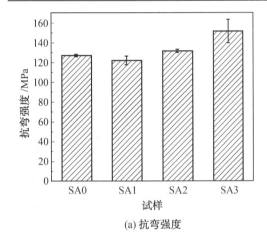

(a) 抗弯强度

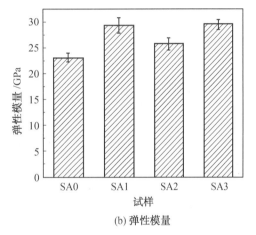

(b) 弹性模量

图 6.140　20％SiC$_{uf}$–Al$_2$O$_{3p}$/K–PSS 复合材料的抗弯强度与弹性模量(王金艳 2011)

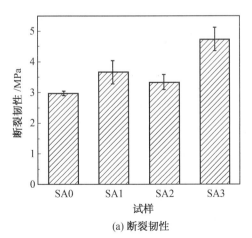

(a) 断裂韧性

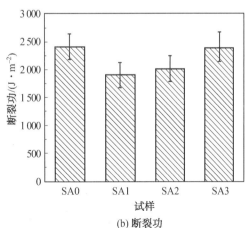

(b) 断裂功

图 6.141　20％SiC$_{uf}$–Al$_2$O$_{3p}$/K–PSS 复合材料的断裂韧性与断裂功(王金艳 2011)

从理论上讲,α–Al$_2$O$_{3p}$ 引入铝硅酸盐聚合物基体,若不影响基体的固化、保持相同的致密度前提下,会对基体起到强化作用,这对复合材料性能的提高有利。但试验过程中发现,在20%SiC$_{uf}$/K-PSS的基础上增加Al$_2$O$_{3p}$时,料浆即铝硅酸盐聚合物配合料的黏度增大,会导致材料气孔率增大、SiC$_{uf}$/K-PSS界面结合弱化,反而又不利于SiC$_f$强化作用的发挥。正是由于上述矛盾因素共同作用,导致复合材料的性能变化复杂化。

虽然变化趋势不明朗,但有一点是确定的,在20%SiC$_{uf}$/K-PSS复合材料基础上进一步增加Al$_2$O$_{3p}$的含量,模量和断裂韧性均有一定程度增加。对引入Al$_2$O$_{3p}$含量最多的20SA3,各项性能指标均达较高水平,抗弯强度、弹性模量、断裂韧性和断裂功分别达到151.7 MPa、29.6 GPa、4.73 MPa·m$^{1/2}$和2 398.8 J/m^2,较K-PSS基体提高了12.5倍、2.8倍、15.8倍和43.2倍,较好地实现了强度与韧性组合。

3. SiC$_{uf}$-Al$_2$O$_{3p}$/K-PSS复合材料的变形与断裂行为

图6.142所示为不同α-Al$_2$O$_3$含量的20%SiC$_{uf}$-Al$_2$O$_{3p}$/K-PSS复合材料的载荷-位移曲线。从图6.142中可以看出,α-Al$_2$O$_{3p}$的引入对载荷曲线特征的影响并不大,复合材料依旧呈现"伪塑性"断裂特征,这与林铁松(2009)研究的C$_{uf}$-Al$_2$O$_{3p}$/K-PSS复合材料的情况一致。随α-Al$_2$O$_{3p}$含量的增加,载荷-位移曲线起始部分斜率均有所增加,即对应的弹性模量增加。

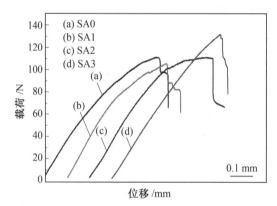

图6.142　20%SiC$_{uf}$-Al$_2$O$_{3p}$/K-PSS复合材料的载荷-位移曲线(王金艳 2011)

图6.143所示为20%SiC$_{uf}$-Al$_2$O$_{3p}$/K-PSS复合材料的SEM纵向断口形貌。可见,与图6.129所示的20%SiC$_{uf}$/K-PSS复合材料的断口特征较为相似,基体呈碎屑状,说明基体本身强度尚不太高,使应力达到某一临界值时,基体较容易与SiC$_f$脱粘或崩落。也正基于此,才实现了20%SiC$_{uf}$-Al$_2$O$_{3p}$/K-PSS复合材料强度与韧性的较好匹配。

图6.143　20%SiC$_{uf}$-Al$_2$O$_{3p}$/K-PSS复合材料SEM纵向断口形貌(王金艳 2011)

　　图 6.144 所示为 $20\%\mathrm{SiC_{uf}}$–$\mathrm{Al_2O_{3p}}$/K–PSS 复合材料典型试样的载荷–位移曲线,其变化特征与 $20\%\mathrm{SiC_f}$/K–PSS 的裂纹萌生及扩展的原位观察结果(图 6.145)对应较好,可见 $\mathrm{Al_2O_{3p}}$ 的额外引入对复合材料的变形和断裂行为没有产生质的影响。

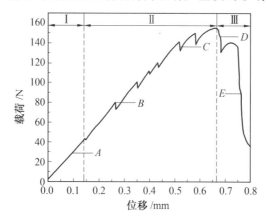

图 6.144　原位观察过程中记录的 SA3 复合材料测试试样的载荷–位移曲线(王金艳 2011)

(a) 载荷曲线上 A 点时刻的记录结果

(b) 载荷曲线上 B 点时刻的记录结果

(c) 载荷曲线上 C 点时刻的记录结果

(d) 载荷曲线上 D 点时刻的记录结果

(e) 载荷曲线上 E 点时刻的记录结果

图 6.145　SA3 复合材料试样弯曲强度测试过程中试样侧面裂纹萌生、扩展环境扫描照片(王金艳 2011)

图 6.145 所示给出了环境扫描电子显微镜下 SiC_{uf}-Al_2O_{3p}/K-PSS 复合材料的裂纹萌生、扩展行为原位观察记录,结果与 20％SiC_{uf}/K-PSS 的(图 6.131)也非常一致,垂直方向的微裂纹受到 SiC 纤维的强烈钉扎不能扩展成危险裂纹,主裂纹萌生扩展不在最大应力处垂直试样扩展,而倾向于沿与试样轴向成 30°的方向斜向上扩展,随载荷继续增加,裂纹不断延伸、变宽,最后呈层状剪切破坏模式为主,整个承载变形断裂过程中 SiC_f 起到了很好钉扎、桥接、诱导裂纹转向的作用。详细情况这里不再赘述。

图 6.146 所示为 SiC_{uf}-Al_2O_{3p}/K-PSS 复合材料试样三点弯曲测试结束后侧面的 SEM 高倍照片,更加清晰地显示出来了 SiC_{uf} 的脱粘、桥连、诱导裂纹分支、偏转的韧化作用机制。

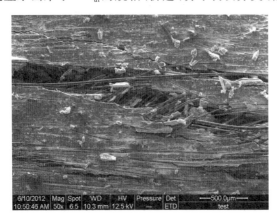

图 6.146　SA3 复合材料试样三点弯曲测试结束后侧面 SEM 扫描照片(王金艳 2011)

6.3.4　本节小结

(1)20％C_{uf}/K-PSS 复合材料中 C_{uf} 强韧化作用显著,复合材料的抗弯强度、弹性模量和断裂功较基体分别提高了 10.6 倍、2.6 倍和 70.5 倍,表现出典型的韧性断裂特征。

(2)增加 KGP 基体的硅铝比可显著改善复合材料的力学性能。硅铝比由 2 增至 4,纤维强韧化作用更显著,但强化与韧化作用不同步;硅铝比为 4 时,强化效果最突出,抗弯强度和弹性模量达最高值;硅铝比为 3 时,韧化作用最明显,断裂功达最高值。

(3)采用超声辅助-料浆浸渍工艺成功制备了(10％~25％)SiC_{uf}/K-PSS 复合材料,SiC_f 强化韧化作用明显,20％SiC_{uf}/K-PSS 的抗弯强度、弹性模量、断裂韧性和断裂功分别比基体提高了 12.5 倍、2.5 倍、9.7 倍和 50.4 倍,达到 151.4 MPa、26.8 GPa、3.0 MPa·$m^{1/2}$、2 784.0 J/m^2;复合材料呈韧性断裂特征,并以剪切破坏为主。

(4)SiC_{uf}/KGP 复合材料表现出较好的高温力学性能,但高温抗弯强度和断裂功随测试温度的升高表现出的变化规律有所不同。700 ℃时抗弯强度仅有少许下降,900 ℃下仍能保持室温强度的 86％,1 000 ℃时仍保持 70％;而 700 ℃下复合材料的断裂功反而比室温提高 22.6％,之后,随测试温度升高,断裂功基本呈线性下降趋势,但在 800 ℃下仍与室温断裂功持平。测试温度升高,SiC_{uf}/KGP 复合材料逐渐由"伪塑性断裂"转变为"脆性断裂"。

(5)SiC_{uf}-Al_2O_{3p}/K-PSS 复合材料中,α-Al_2O_3 与 SiC_{uf} 可实现较好协同强韧化。当 α-Al_2O_3 与偏高岭土质量比为 3∶4 时,20％SiC_{uf}-Al_2O_{3p}/K-PSS 复合材料综合力学性能最优,抗弯强度、弹性模量、断裂韧性和断裂功为 151.7 MPa、29.6 GPa、4.73 MPa·$m^{1/2}$ 和

2 398.8 J/m²,较 K-PSS 基体提高了 12.5 倍、2.8 倍、15.8 倍和 43.2 倍;其中抗弯强度、弹性模量、断裂韧性在 SiC$_{uf}$/K-PSS 的基础上还提高了 18.8%、28.7%、58.7%。复合材料仍呈韧性断裂特征,损伤以剪切破坏为主,SiC$_f$脱粘、桥连、诱导裂纹分支、偏转是其主要韧化机制。

6.4　层布不锈钢纤维网及其与 Cr$_p$ 复合增强 K-PSS 基复合材料

在复合材料中,连续钢纤维(continuous steel fiber)既可有效承担基体传递的载荷,又可使材料在断裂过程中通过纤维网/基体的脱粘、纤维网的塑形变形等消耗更多能量,从而使材料的强度和断裂韧性同时提高。美国 Rogter 大学 Hammell et al(2000)对比研究了长碳纤维、玻璃纤维以及不锈钢纤维网(stainless steel net)增强的无机聚合物基复合材料,发现采用碳纤维增强效果最好,不锈钢纤维网的韧化效果最优,而玻璃纤维由于与基体发生反应,因此在制备复合材料过程中退化严重,增强效果不明显。Zhao et al(2007)也发现采用不锈钢纤维网强韧的铝硅酸盐聚合物基复合材料具有很高的韧性及完美的断裂性能。所以,在一些服役温度不太高的场合,可望能够通过引入层铺钢纤维从根本上改变无机聚合物的脆性断裂的特性。考虑耐碱的需要,探讨了不锈钢纤维网与 Cr$_p$ 复合增强的作用效果,具体来说,影响因素包括不锈钢纤维网体积含量、网孔大小、Cr$_p$ 大小以及硅铝比等。

6.4.1　纤维网体积分数对 K-PSS 基复合材料组织与性能的影响

选用的 301 钢不锈钢纤维网为哈尔滨欧尔福过滤材料有限公司生产,成分为 Cr$_{0.19}$Fe$_{0.7}$Ni$_{0.11}$,网眼孔径有 50 目(270 μm)、80 目(180 μm)及 120 目(120 μm)3 种规格。

此处固定基体 K-PSS 的硅铝比为 2,分别层布 4、7 和 10 层不锈钢纤维网(网孔目数均为 80 目),制备出纤维网体积分数分别为 9%、16% 和 21% 的(不锈钢纤维网-Cr$_p$)/K-PSS 复合材料(代号分别为 W4、W7 和 W10),讨论了不锈钢纤维网体积分数对该复合材料组织与性能影响。

1. 物相组成

以含 10 层(约 21%)不锈钢纤维网的 K-PSS 基复合材料(试片如图 6.147 所示)为例,研究了 Cr$_{0.19}$Fe$_{0.7}$Ni$_{0.11}$ 不锈钢在所制备工艺环境下与基体 K-PSS 的相容性。通过 XRD 图谱(图 6.148)分析发现,除了 K-PSS 的非晶峰,对应于原料中遗留的 α-SiO$_2$ 和 Cr$_{0.19}$Fe$_{0.7}$Ni$_{0.11}$ 不锈钢对应的衍射峰,未发现其他新的反应相的衍射峰,说明 Cr$_{0.19}$Fe$_{0.7}$Ni$_{0.11}$ 不锈钢在碱性反应液中能稳定存在。

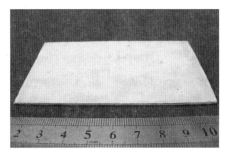

图 6.147　不锈钢纤维网增强 K-PSS 基复合材料试片数码照片

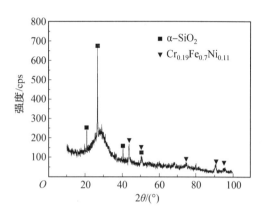

图 6.148　含 10 层不锈钢纤维网(约 21%)的不锈钢纤维网/K-PSS 复合材料的 XRD 图谱(高蓓 2008)

2. 密度

不同层布数不锈钢纤维网/K-PSS 复合材料对应的不锈钢纤维网的体积分数及密度见表 6.28。由于不锈钢密度明显高于无机聚合物基体,故随不锈钢纤维网体积分数增大,材料密度呈线性增加趋势(图 6.149)。

表 6.28　层布不锈钢纤维网/K-PSS 复合材料纤维网体积分数与密度(高蓓 2008)

材料代号	W4	W7	W10
不锈钢纤维网层布数	4	7	10
不锈钢纤维网的体积分数/%	9	16	21
密度/($g \cdot cm^{-3}$)	2.02	2.51	2.88

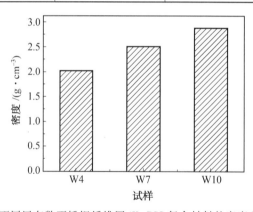

图 6.149　不同层布数不锈钢纤维网/K-PSS 复合材料的密度(高蓓 2008)

3. 显微组织

图 6.150 为不锈钢纤维网/K-PSS 复合材料的表面以及截面的 SEM 照片。可见,不锈钢纤维网与无机聚合物基体紧密结合,层布网在基体上分布较为均匀;另发现基体上有较多网状微裂纹,这与基体养护固化后的收缩受到不锈钢纤维网的约束有关。

4. 力学性能

表 6.29 列出了层布不锈钢纤维网/K-PSS 复合材料的力学性能数据。图 6.151 所示给出了对应柱状图。可见,不锈钢纤维网体积分数增加,力学性能变化趋势不明朗,在体积分数超过 16% 后,性能改善的幅度显著增加。综合来看,不锈钢纤维网体积分数约为 16% 时

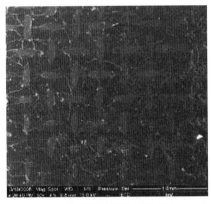

| (a) 观察面平行层布纤维网 | (b) 观察面垂直层布纤维网 |

图 6.150　层布不锈钢纤维网/K-PSS 复合材料的 SEM 显微组织（高蓓 2008）

表 6.29　层布不锈钢纤维网/K-PSS 复合材料的力学性能（高蓓 2008）

材料代号	W4	W7	W10
抗弯强度/MPa	33.6±4.0	96.7±3.2	93.5±3.3
拉伸强度/MPa	49.4±2.5	72.1±2.8	111.1±2.2
弹性模量/GPa	3.1±0.4	11.2±0.9	11.1±0.5
断裂功/（kJ·m^{-2}）	1.95	4.15	2.33

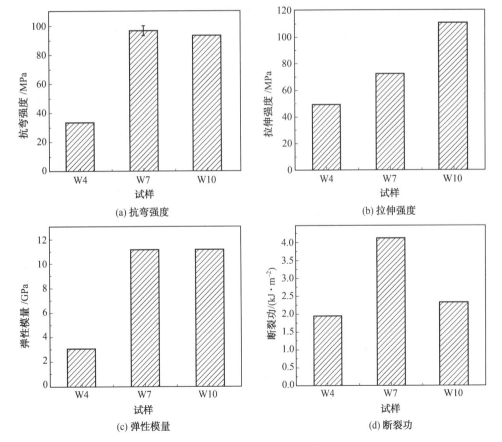

| (a) 抗弯强度 | (b) 拉伸强度 |
| (c) 弹性模量 | (d) 断裂功 |

图 6.151　层布不锈钢纤维网/K-PSS 复合材料的力学性能（高蓓 2008）

的 7 层叠铺复合材料的抗弯和拉伸强度、弹性模量和断裂功达到较佳匹配,分别达到 96.7 MPa、72.1 MPa、11.2 GPa 和 4.15 kJ/m^2。其中,断裂功与 6.1.2 节介绍的 Cr$_p$/K-PSS 无机聚合物复合材料的断裂功相比,增大了两个数量级,甚至超过了 6.2.2 节讨论的 2 mm 长短碳纤维二维随机层布 3.5%C$_{sf}$/K-PSS 复合材料(代号 C2)的断裂功水平;而且,强度和模量甚至全面超过了 7 mm 长短碳纤维二维随机层布 3.5%C$_{sf}$/K-PSS 复合材料(代号 C7)。可见,不锈钢纤维网对 K-PSS 起到了显著的强韧化作用,通过脱粘、塑形变形等方式吸收了大量能量,使复合材料本质上避免了脆性。

在拉伸试验时,随着载荷增大,无机聚合物材料基体逐渐从不锈钢纤维网上剥落,当材料外层不锈钢纤维网断裂时,无机聚合物基体几乎已经全部剥落,因此可以认为所拉伸强度即为相应层数的不锈钢纤维网的强度。也许这正是其抗拉强度高于抗弯强度的原因。

5. 变形与断裂行为

图 6.152 所示为 W4 不锈钢纤维网/K-PSS 复合材料的载荷-位移曲线。可见,复合材料表现出了典型的伪塑性变形(pseudo-plastic deformation)特征,但同前文介绍的短碳纤维 C$_{sf}$、连续碳纤维 C$_f$ 和碳化硅纤维 SiC$_f$ 增强的 K-PSS 复合材料体系的载荷-位移曲线特征又有所不同。当载荷到达最高点后,出现载荷较大幅度突然下降,但马上又稳定下来,之后当位移再次提高到某一临界值后,载荷又一次突然下降,然后停滞于某一载荷水平,且随位移增大呈小幅继续上升的趋势。可见,不锈钢纤维网的增韧效果非常明显,材料的断裂呈准静态方式而非灾难性的脆断,该系列所有材料在卸载之后都没有断裂,但无论是弯曲还是拉伸,均出现层间开裂的现象,说明层间结合强度低是其弱点。

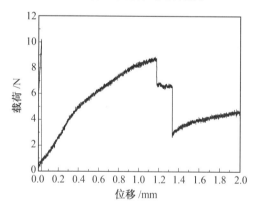

图 6.152　W4 不锈钢纤维网/K-PSS 复合材料的载荷-位移曲线(高蓓 2008)

不锈钢纤维网/K-PSS 复合材料试样强度测试破坏后的数码照片如图 6.153 所示。可见,无论是三点抗弯测试还是拉伸测试,复合材料均呈现明显的分层破坏方式。弯曲试验材料分层后导致性能迅速下降,卸载后材料不断裂;而拉伸检测时,出现了较为明显的基体 K-PSS 的碎裂剥离现象,说明脆性基体与不锈钢纤维网之间的结合力不足,且与塑性良好的不锈钢纤维网拉伸变形不能很好地协调。

图 6.154 为不锈钢纤维网/K-PSS 复合材料受压后的表面和截面 SEM 形貌。可见,材料受压处的表面 K-PSS 基体本身有较多的气孔缺陷,部分基体发生明显碎裂,并存在从不锈钢纤维网上剥离的情况。从不锈钢纤维网/K-PSS 复合材料的截面照片上看,受压处裂纹沿钢丝发生偏转与分支,有效阻止了贯通裂纹产生。可见,除了不锈钢纤维网本身的高韧

性,不锈钢纤维引起的裂纹偏转和分支以及纤维网对裂纹的桥接作用为主要增韧机制。

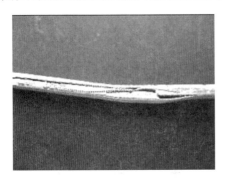

(a) W4 抗弯试验后的试样

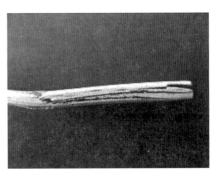

(b) W7 抗弯试验后的试样

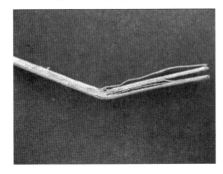

(c) W10 抗弯试验后的试样

(d) 拉伸后的试样

图 6.153　不锈钢纤维网/K-PSS 复合材料承载破坏后的数码照片(高蓓 2008)

(a) 表面

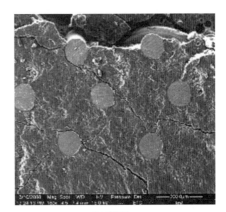

(b) 截面

图 6.154　不锈钢纤维网/K-PSS 复合材料受压后的表面和截面 SEM 形貌(高蓓 2008)

6.4.2　网孔径大小对(不锈钢纤维网-Cr_p)/K-PSS 材料组织与性能的影响

固定基体硅铝比为 2,选择 200 目 Cr_p 粉(质量分数为 70%),层布 7 层不锈钢纤维网,但网孔目数分别为 50 目、80 目和 120 目,制备(不锈钢纤维网-Cr_p)/K-PSS 的复合材料(代号分别为 M50、M80 和 M120),来讨论不锈钢纤维网孔径大小对该复合材料组织与性能的影响。

(1)（不锈钢纤维网-Cr_p）/K-PSS 复合材料的密度。

M50、M80 和 M120 复合材料对应的网孔大小和复合材料的密度见表 6.30。密度的变化趋势如图 6.155 所示。可见,网孔径随纤维网目数增加而减小,密度呈线性下降趋势,这是由于孔径减小依赖于不锈钢纤维网纤维直径减小,导致其体积分数减小所致。

表 6.30　不同网孔大小（不锈钢纤维网-Cr_p）/K-PSS 复合材料的密度（高蓓 2008）

材料代号	M50	M80	M120
网孔目数/目	50	80	120
网孔孔径/μm	270	180	120
密度/(g·cm^{-3})	3.28	3.07	2.83

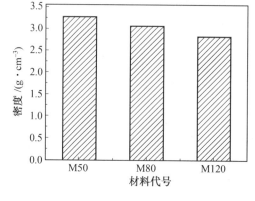

图 6.155　不同网孔大小（不锈钢纤维网-Cr_p）/K-PSS 复合材料的密度（高蓓 2008）

(2)（不锈钢纤维网-Cr_p）/K-PSS 复合材料的显微组织。

图 6.156 所示是不同网孔大小（不锈钢纤维网-Cr_p）/K-PSS 复合材料的背散射电子像。图中尺寸较大、分布较为规则的椭圆或圆形的白亮相为不锈钢纤维截面形貌,分布随机、尺寸较小且形态不规则的白亮相为 Cr_p。可见,纤维及颗粒分布均比较均匀,且纤维由粗变细的情况非常清晰。Cr_p 因密度远远大于无机聚合物基体,在配合料中易发生沉降而导致上下表面的 Cr_p 的体积分数出现了梯度分布。

(3)（不锈钢纤维网-Cr_p）/K-PSS 复合材料的室温力学性能。

表 6.31 列出了不同网孔大小（不锈钢纤维网-Cr_p）/K-PSS 复合材料的抗弯强度、拉伸强度、弹性模量和断裂功等力学性能数据。图 6.157 所示给出了随网孔径尺寸相对应的柱状图。可见,抗弯强度、拉伸强度和弹性模量均随网孔孔径的减小呈小幅线性下降趋势,但仍保持在较高水平;只有断裂功反而呈小幅上升趋势。所以说,不锈钢纤维网孔径减小,依赖于纤维直径减小,结果体积分数减小,复合材料的强度自然随之下降,但韧化效果依然强劲。

(4)（不锈钢纤维网-Cr_p）/K-PSS 复合材料的变形与损伤行为。

图 6.158 所示为不锈钢纤维网孔大小不同的（不锈钢纤维网-Cr_p）/K-PSS 复合材料的载荷-位移曲线(load-displacement curve)。几种复合材料试样的载荷-位移曲线均显示了明显的伪塑性断裂特征,且在最初弹性变形阶段以后,较快但很柔和地进入了非线性变形阶段并有很长一段拖尾。可见,不锈钢纤维网与 Cr_p 起到了理想的协同韧化,提高复合材料抵抗灾难性裂纹扩展的能力,但曲线总体特征与前文讨论的短碳纤维、连续碳纤维和碳化硅纤维增强的 K-PSS 复合材料

体系的载荷–位移曲线特征均不相同,甚至与不锈钢纤维网单独增强的 K–PSS 复合材料的载荷–位移曲线的特征也有较大区别;与 Zhao et al（2007）所报道的不锈钢纤维网增强的铝硅酸盐聚合物基复合材料的应力–应变曲线(stress–strain curve)中显示的弹性变形阶段突然发生屈服的情况也大不相同,且其后期一直处于小幅升高趋势(图 6.159)。

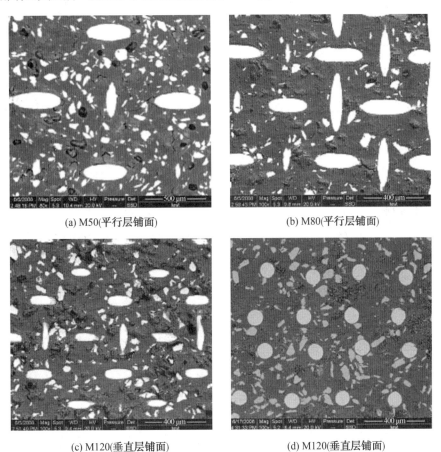

(a) M50(平行层铺面)　　　　　　　(b) M80(平行层铺面)

(c) M120(垂直层铺面)　　　　　　(d) M120(垂直层铺面)

图 6.156　不同网孔大小(不锈钢纤维网–Cr_p)/K–PSS 复合材料的背散射电子像(高蓓 2008)

表 6.31　不同网孔大小(不锈钢纤维网–Cr_p)/K–PSS 复合材料的力学性能(高蓓 2008)

材料代号	M50	M80	M120
网孔孔径/μm	270	180	120
抗弯强度/MPa	104.0±3.5	86.2±2.3	81.4±7.9
拉伸强度/MPa	92.9±1.6	71.5±0.1	64.1±1.1
弹性模量/GPa	21.2±2.4	10.3±3.0	8.8±0.6
断裂功/(kJ·m^{-2})	10.20	10.73	13.78

根据载荷位移曲线的变换特征,可将复合材料的断裂过程分成 3 个阶段:第一阶段,应力水平较低的线弹性阶段;第二阶段,由于复合材料所承受的应力超过了基体的最大值,基体中出现裂纹,复合材料的应力–应变曲线逐渐偏离线性,并在外载荷作用下引起部分纤维和基体界面脱粘,基体逐渐失效,直至复合材料的极限强度;第三阶段,当载荷持续增加,裂纹扩展更加迅速,不锈钢纤维网和基体界面脱粘严重,导致材料分层,此时复合材料的承载能力突然大幅降低。之后,未分层的部分继续承载压力,随应力增大,曲线走势再次上升。

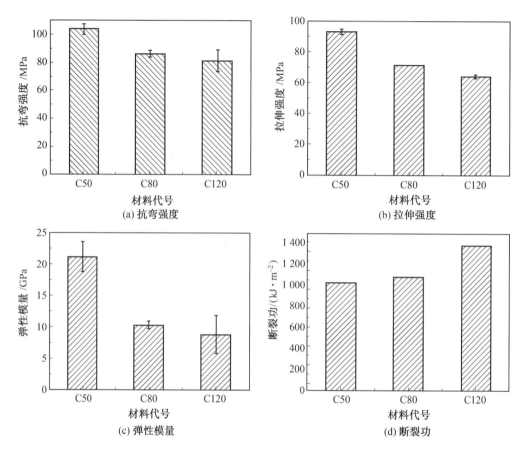

图 6.157　不同网孔大小(不锈钢纤维网-Cr_p)/K-PSS 复合材料的力学性能(高蓓 2008)

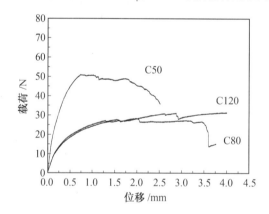

图 6.158　不锈钢纤维网孔大小(不锈钢纤维网-Cr_p)/K-PSS 复合材料的弯曲载荷-位移曲线(高蓓 2008)

　　图 6.160 所示为不锈钢纤维网孔大小(不锈钢纤维网-Cr_p)/K-PSS 复合材料试样经抗弯强度测试后的宏观照片以及 M120 的抗弯试验破坏处的扫描照片。可见,M50 和 M80 均在材料中间位置发生了分层,且 M50 分层较多,而 M120 则是从靠近拉应力的表面一层被破坏的。从扫描照片可以看出,材料的破坏方式和 6.4.1 节中的类似,添加 Cr_p 粉后,基体的破坏程度比纯的 K-PSS 无机聚合物基体轻。

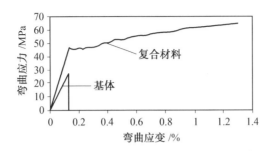

图 6.159　不锈钢纤维网增强铝硅酸盐聚合物复合材料与基体应力–应变曲线（Zhao et al 2007）

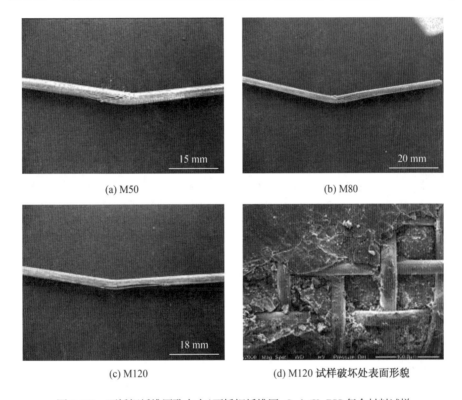

图 6.160　不锈钢纤维网孔大小（不锈钢纤维网–Cr_p）/K-PSS 复合材料试样
抗弯强度测试后的观察照片（高蓓 2008）

6.4.3　Cr_p 粗细对（不锈钢纤维网–Cr_p）/K-PSS 材料组织与性能的影响

固定基体硅铝比为2，选择了3种粒径（200目、400目和1 000目）Cr粉，质量分数均为40%，层布7层不锈钢纤维网，制备（不锈钢纤维网–Cr_p）/K-PSS 的复合材料（代号分别为 R2、R4 和 R10），探讨了 Cr_p 粗细对（不锈钢纤维网–Cr_p）/K-PSS 的复合材料组织与性能影响。

（1）Cr_p 粗细对层布（不锈钢纤维网–Cr_p）/K–PSS 物相的影响。

添加不同粒径铬粉的（不锈钢纤维网–Cr_p）/K–PSS 复合材料的 XRD 图谱如 6.161 所示。可见，即使对最细（1000 目）的 Cr_p，它在工艺过程后仍保持原来的物相，说明它能在碱性溶液条件下稳定存在，而其他物相也与相同类别体系的复合材料一致。

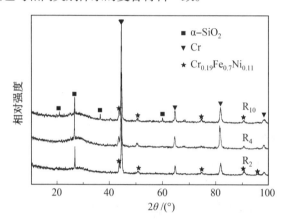

图 6.161　铬粉粒径不同的复合材料的 XRD 图谱（高蓓 2008）

（2）Cr_p 粗细对层布（不锈钢纤维网–Cr_p）/K–PSS 密度的影响。

表 6.32 是添加不同粒径 Cr_p（不锈钢纤维网–Cr_p）/K–PSS 复合材料的密度变化表。图 6.162 是（不锈钢纤维网–Cr_p）/K–PSS 复合材料密度随 Cr_p 粒径减小而变化的柱状图。可见，添加 200 目铬粉的 R2 的密度稍大于其他两组，这是由于添加铬粉的质量分数不同，R2 中铬粉的质量占无机聚合物与铬粉混合物总质量的 70%，而 R4 和 R10 中铬粉的质量分数仅为 40%。Cr_p 粒径较大时，浆料黏度较小，在相同水分含量时，可加入更多的粉体；Cr_p 粒径减小，表面积增大，浆料黏度增大，故此时不再加入水，所能添加 Cr_p 的量减小。

表 6.32　铬粉粒径不同的（不锈钢纤维网–Cr_p）/K–PSS 复合材料的密度（高蓓 2008）

材料代号	R2	R4	R10
目数/目	200	400	1 000
平均粒径/μm	53.5	20.6	12.6
密度/(g·cm^{-3})	3.07	2.87	2.96

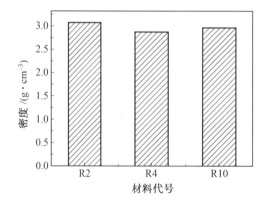

图 6.162　铬粉粒径不同的（不锈钢纤维网–Cr_p）/K–PSS 复合材料的密度（高蓓 2008）

（3）显微组织。

图 6.163 所示是 Cr_p 粗细不同的（不锈钢纤维网–Cr_p）/K–PSS 复合材料表面背散射扫描照片，其中，图 6.163（a）、（c）两张照片均为材料试样的下表面，二者所用 Cr_p 粒径虽有一定差别，但照片上显示差别不太明显；而图 6.163（b）中 Cr_p 平均粒径似乎更小，数量也较少。这是因为铬的密度远大于 K–PSS 基体，在成型过程中容易发生沉降，导致试样上表面 Cr_p 粒径较小、含量较少。

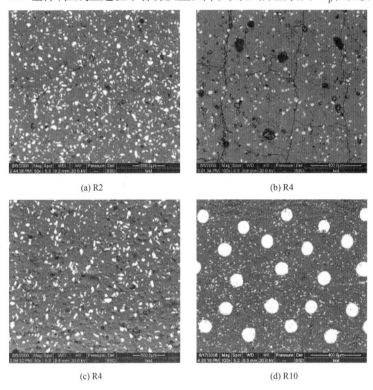

(a) R2

(b) R4

(c) R4

(d) R10

图 6.163　铬粉粒径不同的（不锈钢纤维网–Cr_p）/K–PSS 复合材料的表面 SEM 照片（高蓓 2008）

此外，因气孔上浮导致复合材料试样上表面遗留气孔尺寸较大（图 6.163（b）），同时 R4 上还有明显的网状裂纹（net cracks）。这是在基体固化成型过程中，材料收缩导致基体与不锈钢纤维之间残存应力较大所致，也说明材料制备工艺存在不稳定性。

（4）Cr_p 粗细对层布（不锈钢纤维网–Cr_p）/K–PSS 力学性能的影响。

表 6.33 是铬粉粒径不同的复合材料的力学性能数据。图 6.164 所示给出了材料对应力学性能的柱状图。可见，抗弯强度、拉伸强度和弹性模量均随 Cr_p 变细基本上呈小幅增加的趋势，只有断裂功随 Cr_p 变细反而有所降低。

这是因为细小的 Cr_p 更容易实现均匀分布，使载荷转移强化（load transfer strengthening）发挥得更加良好。另外，根据增强颗粒的粒径比效应，第二相粒子在基体中的分布与粒径比有关（设 a 为增强相粒径，b 为基体粒径），a/b 越小越容易分布均匀，而 a/b 越大越不利分布均匀，分布的非均匀性越明显，对材料性能的弱化效应也越明显（高蓓 2008）。按照增强颗粒的粒径比效应理论，铬粉的粒径减小，有利于在基体中的均匀分布和材料的致密、强化材料性能，继而强化了基体与不锈钢纤维网的界面结合，使得抗拉强度增大。

表 6.33　Cr_p 粒径不同的(不锈钢纤维网–Cr_p)/K–PSS 复合材料的室温力学性能(高蓓 2008)

材料代号	R2	R4	R10
抗弯强度/MPa	86.2±2.3	97.9±9.8	115.3±7.2
拉伸强度/MPa	71.5±0.1	73.8±0.9	85.1±2.4
弹性模量/GPa	8.8±0.6	10.8±2.9	11.0±0.7
断裂功/$(kJ \cdot m^{-2})$	10.73	9.83	8.22

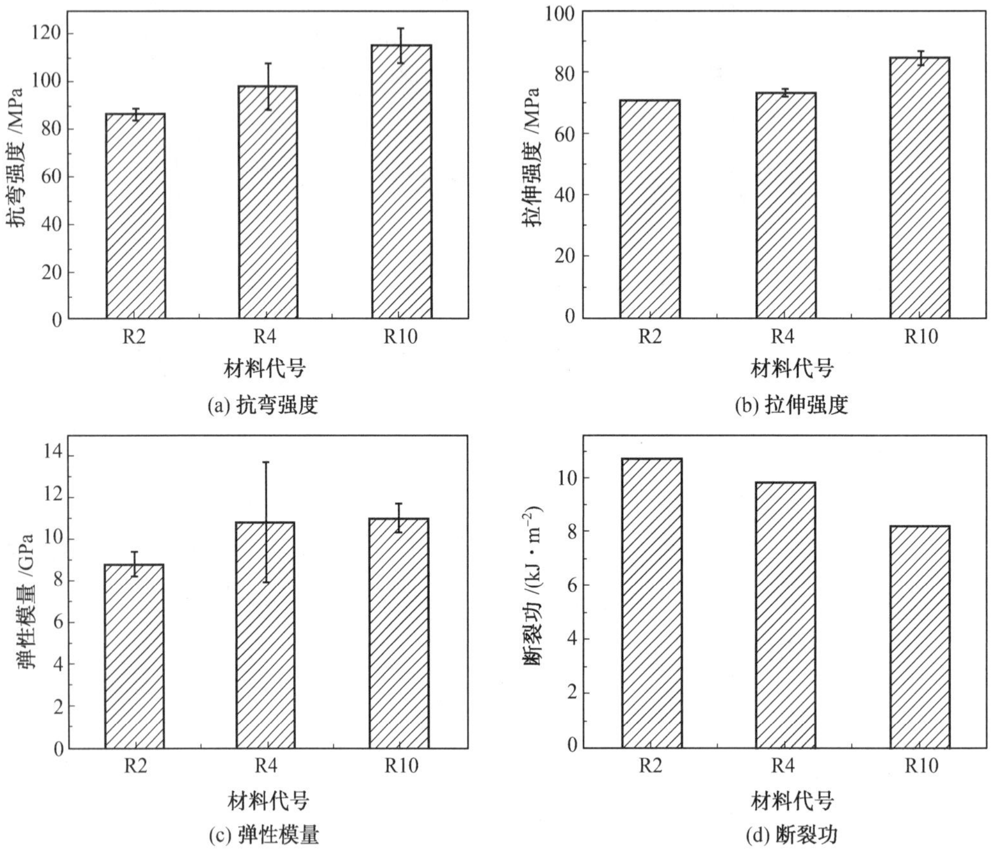

图 6.164　Cr_p 粒径不同的(不锈钢纤维网–Cr_p)/K–PSS 复合材料的力学性能(高蓓 2008)

(5) Cr_p 粗细对层布(不锈钢纤维网–Cr_p)/K–PSS 变形与断裂行为的影响。

图 6.165 所示为 Cr_p 粒径不同的(不锈钢纤维网–Cr_p)/K–PSS 复合材料的载荷–位移曲线(load-displacemen curve),它们均呈现出伪塑性断裂(pseudo-plastic failure)的典型特征,且 3 种材料的载荷–位移曲线非常相似。可见,Cr_p 粗细在 200~1 000 目范围内变化时,对材料的变形与断裂行为差别不明显。

添加不同粒径 Cr_p 的(不锈钢纤维网–Cr_p)/K–PSS 复合材料试样经抗弯试验后的数码照片如图 6.166 所示。随着铬粉粒径的减小,材料从分层破坏,到表面层破坏,到无明显分层破坏,与材料载荷–位移曲线的分析结果一致。

图 6.166(d)是 R10 材料表层破坏处的扫描照片。可见,材料试样表层基体剥离了不锈钢纤维网,但仍有部分基体粘连在不锈钢纤维上,说明基体与不锈钢纤维网之间的界面结合尚好。

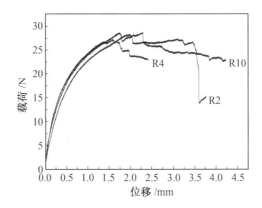

图 6.165　Cr_p 粒径不同的(不锈钢纤维网-Cr_p)/K-PSS 复合材料的载荷-位移曲线(高蓓 2008)

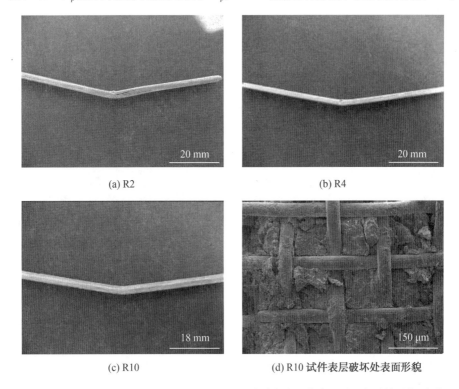

(a) R2　　　　　　　　　　　　　　　　(b) R4

(c) R10　　　　　　　　　　(d) R10 试件表层破坏处表面形貌

图 6.166　Cr_p 粒径不同的(不锈钢纤维网-Cr_p)/K-PSS 复合材料经抗弯试验后的试样形貌(高蓓 2008)

6.4.4　基体硅铝比对(不锈钢纤维网-Cr_p)/KGP 材料组织与性能的影响

（1）物相组成。

图 6.167 所示为不同硅铝比的(不锈钢纤维网-Cr_p)/KGP 复合材料的 XRD 图谱。可见,在此材料体系中,无机聚合物的非晶峰随着硅铝比从 1.75 增大到 2.25 位置上未有明显变化。而未反应的天然石英晶体 α-SiO_2,对应不锈钢纤维网的 $Cr_{0.19}Fe_{0.7}Ni_{0.11}$ 和金属铬的晶相没有何变化。

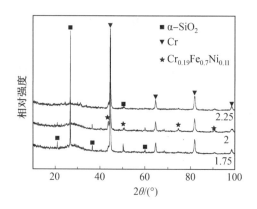

图 6.167　不同硅铝比的(不锈钢纤维网–Cr_p)/KGP 复合材料的 XRD 图谱(高蓓 2008)

(2)密度。

表 6.34 给出了不同硅铝的(不锈钢纤维网–Cr_p)/KGP 复合材料的密度。可见,硅铝比增大,材料密度稍有减小,趋势不明显。无机聚合物基体在低温下随着硅铝比的升高而结构致密。该组材料呈现出相反的变化趋势。其主要原因可能来自于硅铝比以及成型压力的双重影响。

表 6.34　不同硅铝比的(不锈钢纤维网–Cr_p)/KGP 复合材料的密度(高蓓 2008)

材料代号	B1	B2	B3
硅铝比	1.75	2	2.25
密度/(g·cm⁻³)	3.01	2.96	2.96

(3)(不锈钢纤维网–Cr_p)/KGP 复合材料显微组织。

图 6.168 所示给出了不同硅铝比的(不锈钢纤维网–Cr_p)/K–PSS 复合材料的表面形貌。可见,硅铝比为 1.75 时,材料(B1)较致密,气孔少;但沿不锈钢纤维网格处存在微裂纹,与 R4 材料表面裂纹相似,是固化成型过程中表面浆料较厚,水分蒸发快,坯体收缩,基体与不锈钢纤维间产生较大失配应力所致。硅铝比为 2 时,材料(B2)试样表面存在少量气孔,基体与不锈钢纤维网依然结合紧密。硅铝比为 2.25 时,试样(B3)表面发生碎裂,这是硅铝比较大时,配合料黏度大、固化慢,80 ℃养护工艺结束后材料仍未充分固化,导致坯体脱模时受损。对应能谱分析表明材料的成分与设计的配比相一致。

(4)硅铝比对(不锈钢纤维网–Cr_p)/KGP 复合材料力学性能的影响。

表 6.35 给出不同硅铝比的(不锈钢纤维网–Cr_p)/KGP 复合材料的室温力学性能数据。图 6.169 所示给出了(不锈钢纤维网–Cr_p)/K–PSS 复合材料相应力学性能随硅铝比值而变化的柱状图。综合来看,硅铝比为 2 时,复合材料具有较佳的力学性能,其抗弯强度、拉伸强度和断裂功均出现峰值,分别为 115.3 MPa、85.1 MPa 和 8.22 kJ/m²。

因为材料受拉后,最终是以基体与不锈钢纤维网完全脱离的方式破坏的,故抗拉强度大小主要取决于基体与不锈钢纤维网的结合强度。此结果也反映了不同硅铝比的基体与不锈钢纤维网结合力的大小,依次是 B2>B1>B3。

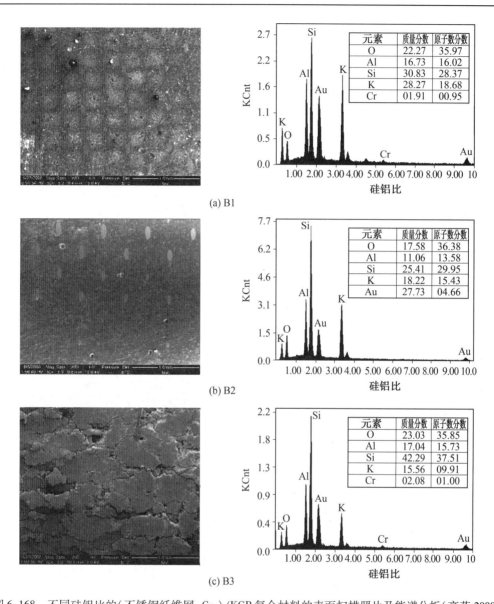

图 6.168　不同硅铝比的(不锈钢纤维网–Cr_p)/KGP 复合材料的表面扫描照片及能谱分析(高蓓 2008)

表 6.35　不同硅铝比的(不锈钢纤维网–Cr_p)/KGP 复合材料的室温力学性能(高蓓 2008)

材料代号	B1	B2	B3
抗弯强度/MPa	96.3±6.2	115.3±7.2	64.0±13.6
拉伸强度/MPa	70.6±0.2	85.1±2.4	68.7±1.5
弹性模量/GPa	12.9±2.5	11.0±0.7	6.8±0.5
断裂功/(kJ·m^{-2})	6.54	8.22	5.73

(5)硅铝比对(不锈钢纤维网–Cr_p)/KGP 复合材料变形与损伤行为的影响。

图 6.170 是基体硅铝比不同的复合材料的载荷–位移曲线,B1 和 B2 的载荷–位移曲线走势与前两节中的一致。而 B3,即硅铝比为 2.25 时,复合材料的载荷–位移曲线表现出金属材料的特征。这主要是基体与不锈钢纤维网的结合较差,在载荷到达曲线转折点后,基体

与纤维脱粘剥落,未起到将不锈钢纤维网有效粘结为整体的作用,故曲线后期是材料中不锈钢纤维网的承载表现。

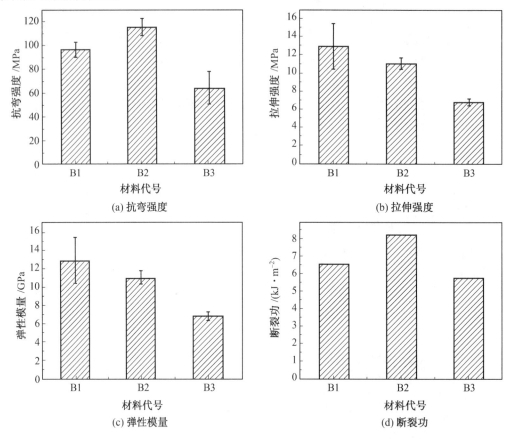

图 6.169　不同硅铝比的(不锈钢纤维网–Cr_p)/KGP 复合材料的力学性能(高蓓 2008)

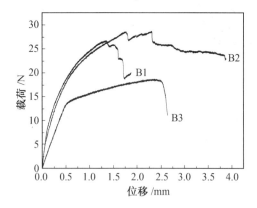

图 6.170　不同硅铝比的(不锈钢纤维网–Cr_p)/KGP 复合材料的载荷–位移曲线(高蓓 2008)

6.4.5　本节小结

本节探讨了不锈钢纤维网体积分数、网孔大小、Cr_p 粒径和基体硅铝比值对（不锈钢纤维网–Cr_p）/K–PSS 复合材料的组织结构和力学性能的影响，主要结论为：

（1）在不锈钢纤维网体积分数为 16% 时，不锈钢纤维网/K–PSS 复合材料表现出较为理想的综合力学性能指标，抗弯强度、拉伸强度、弹性模量和断裂功分别达到 96.7 MPa、72.1 MPa、11.2 GPa 和 4.15 kJ/m^2。

（2）不锈钢纤维网网孔孔径从 50 目减小至 120 目时，（不锈钢纤维网–Cr_p）/K–PSS 复合材料的密度、抗弯强度、弹性模量、拉伸强度逐渐减小，但断裂功增大，且比未添加 Cr_p 复合材料提高显著，即到达 120 目时的 13.78 kJ/m^2。

（3）Cr_p 粒径从 200 目减小到 1 000 目时，（不锈钢纤维网–Cr_p）/K–PSS 复合材料抗弯强度、弹性模量、拉伸强度逐渐增大，而断裂功减小。Cr_p 为 1 000 目时，抗弯强度和拉伸强度分别达到最高值 115.3MPa 和 85.1MPa。

（4）KGP 的硅铝比介于 1.75~2.25，硅铝比为 2 的（不锈钢纤维网–Cr_p）/K–PSS 复合材料具有最佳力学性能。

（5）（不锈钢纤维网–Cr_p）/K–PSS 复合材料承载时均表现出不同于 C_f、SiC_f 等纤维强韧化的 K–PSS 基复合材料不同的韧性断裂行为。

6.5　原位还原石墨烯增强 K–PSS 无机聚合物基复合材料

纳米尺度强韧相的引入，如果可以实现在无机聚合物中的均匀分散，不仅可以显著提升其力学性能，而且可赋予其新的热学、电学等功能从而拓宽其应用领域。

石墨烯是近十年发展起来的新型二维纳米材料，具有轻质、高强、高模量、高韧性，同时兼具高导热/电、耐磨、低热膨胀等特性，在航天、航空、电子、交通等领域具有巨大的应用潜力。然而，由于石墨烯是由苯六元环组成，表面呈惰性状态，同时石墨烯各片层间存在很强的分子间作用力，导致片层极易堆叠在一起而难以分散，很难实现与其他有机或无机材料均匀地复合。氧化石墨烯是实验室采用石墨氧化–剥离–还原法制备石墨烯的中间产物。与石墨烯相比，氧化石墨烯表面含有大量的含氧官能团（如羟基和羧基等），可以非常容易地分散于水基溶液中，从而获得均匀稳定的氧化石墨烯水悬浮液；同时，通过适当的碱处理或高温处理可将氧化石墨烯直接还原为石墨烯。因此，借助氧化石墨烯易分散的特性，若能同时实现其在复合材料中的原位还原，即可跨越石墨烯分散性差的难题，制备出石墨烯均匀分散的复合材料。

无机聚合物是在碱性硅酸盐水溶液中合成，满足氧化石墨烯实现分散和还原的条件要求：水基溶液可以实现氧化石墨烯的均匀分散、碱性溶液环境可实现氧化石墨烯的原位还原。此外，无机聚合物的制备温度（30~80 ℃），可克服陶瓷材料中常见的高温界面反应损伤石墨烯性能的缺点，有望制备出微观组织结构均匀、原位还原的高性能石墨烯/无机聚合物复合材料。

6.5.1　氧化石墨烯在 K–PSS 无机聚合物中的原位还原机理

依据氧化石墨烯（简称 GO）在碱性条件下可以被还原为石墨烯的原理，对氧化石墨烯在无机聚合物(KGP)碱激发溶液和高温处理过程中的原位还原情况进行表征,系统研究了还原温度、时间对 GO 还原前后的微观结构、谱学特征和显微形貌的影响规律,探讨 GO 在无机聚合物碱激发溶液处理阶段的还原转变机制。

1. 碱还原温度对 GO 还原的影响

对于以石墨烯作为增强体引入复合材料来说,石墨烯分散性是影响最终复合材料性能的主要因素。GO 可以在碱性(NaOH)条件下还原成石墨烯。相比于石墨烯来说,GO 表面有很多含氧官能团(如羟基、羧基、羰基、环氧基等),这些含氧官能团的存在可以使 GO 在水中有很高的亲水性,在不需引入分散剂的情况下就可以将其均匀分散于水性溶剂中。本节所涉及无机聚合物是在碱性水溶性条件下合成的,这正适合于氧化石墨烯的均匀分散和制备过程中原位还原,其还原程度与还原温度及时间因素有关。

本节主要探讨还原温度对 GO 在无机聚合物碱激发溶液(主要成分是硅酸钾)中的还原规律。GO 悬浮液质量浓度选定区间为 $0 \sim 16.7 \ \mathrm{mg/mL}$。本节中所需无机聚合物基体成分配比为:$n(\mathrm{SiO_2})/n(\mathrm{Al_2O_3}) = 4.0, n(\mathrm{K_2O})/n(\mathrm{SiO_2}) = 0.25, n(\mathrm{H_2O})/n(\mathrm{K_2O}) = 10 \sim 15$;还原时间为 3 h,还原温度分别为室温(25 ℃)、40 ℃、60 ℃和80 ℃。

(1)rGO 官能团和价键结构分析。

GO 的还原过程,是石墨烯的共轭结构逐渐恢复的过程,这个过程包含了含氧官能团的除去。采用多种表征手段来表征 GO 和还原石墨烯(简称 rGO)表面的官能团变化。利用 GO 亲水性和在碱性条件下还原的特性,将 GO 水溶液与碱激发溶液混合,以便得到分散均匀的石墨烯与无机聚合物碱激发溶液的混合液。GO 还原程度可以通过观察其宏观颜色变化来表征。

低质量浓度的 GO 水溶液的颜色为金黄色,颜色随着质量浓度的增加变深(图 6.171)。GO 与碱性激发溶液混合搅拌后,颜色都有加深,近似黑棕色,说明碱激发溶液在 GO 原位还原过程中起到重要作用。还原后 rGO 与碱激发液的混合液未见任何浑浊与沉淀存在,依旧保持均匀稳定,这适用于后续的石墨烯/无机聚合物复合材料的合成。

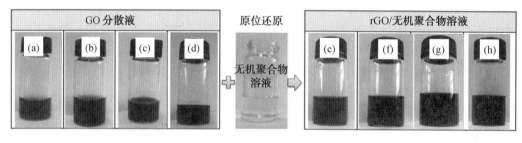

图 6.171　不同浓度 GO 及其分别与碱激发溶液混合 0.25 h 后的宏观照片(闫姝 2016)
(a)GO0.5,(b)GO1,(c)GO3,(d)GO5,(e)rGO0.5,(f)rGO1,(g)rGO3,(h)rGO5
(GO0.5/rGO0.5、GO1/rGO1、GO3/rGO3、GO5/rGO5 分别对应质量浓度为 1.25 mg/mL、2.5 mg/mL、7.5 mg/mL 和 12.5 mg/mL 的氧化石墨烯水溶液)

当 GO 质量浓度提高至 16.7 mg/mL 时,GO 与碱激发溶液的混合液仍保持均一,未见沉淀(图 6.172(a))。相比于同质量浓度的呈现棕色的氧化石墨烯水溶液(图 6.172(a))来说,不同温度还原后的 rGO 与碱激发溶液混合液的颜色随还原温度的提高逐渐加深并近似为黑色(图 6.172(b)～(e))。

GO 的还原程度可以通过 FT-IR 光谱结果中的含氧官能团峰强变化来定性判定,如图 6.173 所示。可见,原始的 GO 在 3 000～3 500 cm⁻¹ 附近有一个较宽、较强的吸收峰,属于自由水 O—H 的伸缩振动;在 1 400 cm⁻¹ 附近的吸收峰属于结合水的 O—H 的伸缩振动峰;1 720 cm⁻¹ 处狭窄的峰对应 GO 表面羧基/羰基上的 C=O 的伸缩振动峰,其中,羧基一般分布在 GO 的边缘,数量相对较少;1 620 cm⁻¹ 对应的是 GO 片层上由碳原子构成的 C—C 骨架的振动峰;1 219 cm⁻¹ 和 977 cm⁻¹ 处对应的是环氧基的 C—O 的振动峰;1 045 cm⁻¹ 处对应的是烷氧基中的 C—O,这说明原始 GO 的氧化程度较高,存在多种含氧官能团。在天然石墨氧化过程中,由于强氧化性物质作用,大量的含氧官能团被引入到石墨片层上,sp² 碳原子构成的稳定结构被破坏,部分 sp² 碳原子被转化为 sp³ 杂化形式。

短时间搅拌还原后,含氧官能团的峰都明显下降,说明氧化石墨烯在无机聚合物碱激发液中短时间内被部分还原。其中,波长为 1 720 cm⁻¹ 处的 C=O 的峰强度下降明显,说明 C=O 含量相对减少。但是,可以观察到原位还原后得到的 rGO 上仍存在一些 C—O,说明此类含氧官能团在碱性溶液中很难被彻底还原。

(a) GO 悬浮液　　　(b) RT　　　(c) 40 ℃　　　(d) 60 ℃　　　(e) 80 ℃

图 6.172　GO 和不同温度还原 3 h 后 rGO 与碱激发溶液混合液的宏观照片(闫姝 2016)

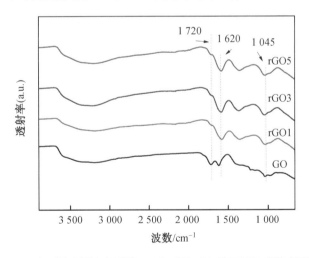

图 6.173　GO 和不同质量浓度还原 0.25 h 后的 rGO 的 FT-IR 光谱(闫姝 2016)

经过不同时间碱还原后,rGO 的含氧官能团的峰强均有所下降,并且随温度升高下降明显。其中,1 720 cm^{-1} 处对应的羧基/羰基上的 C═O 的伸缩振动峰随着温度升高明显下降,80 ℃时几乎完全消失,说明 GO 的还原程度随温度升高而明显增加(图 6.174)。

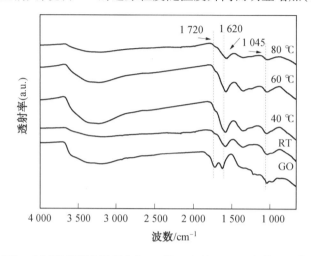

图 6.174   GO 及不同温度还原后 3 h 的 rGO 的 FT-IR 光谱(闫姝 2016)

X 射线光电子能谱分析(XPS)对分析氧化石墨烯及石墨烯表面的碳氧原子的键合状态比 FT-IR 更为精确。可得,GO 的表面存在大量的含氧官能团,拟合得到四种特征峰:284.6 eV 处的峰位显示的是 GO 的 sp^2 杂化的 C—C 的峰;大量含氧基团由于受到强烈的氧化,被引入其中,导致部分碳原子由 sp^2 转化为 sp^3 杂化,这种变化体现在 C1s XPS 谱其余三个峰的出现,分别位于 284.6 eV、286.6 eV 和 287.9 eV,相对应代表了 C—O 、C═O 和 O—C═O 。升高还原温度后,含氧官能团峰的强度有所降低,当采用 80 ℃还原时,代表含氧官能团的峰强降低较多(图 6.175)。

表 6.35 为 GO 和不同温度还原 3 h 得到的 rGO 表面碳氧原子数比和不同含氧官能团与 C—C 峰的面积比值。原始 GO 中碳氧原子数比为 2.48,随着反应温度的提高而增加,室温还原时为 2.74,40 ℃时为 2.85,60 ℃时为 3.06,还原至 80 ℃时增加至 3.36。这是 GO 被还原后表面含氧官能团数量大量减少所致。还原温度为 80 ℃时, C—O / C—C 比例由原始的 0.67 降至 0.48, C═O / C—C 由 0.16 降至 0.07,变化相对明显,说明在较高温度时, C═O 在碱性条件下被转化相对完全, O—C═O 还原前后几乎没有变化,表明该基团在碱中较短时间较难被还原。

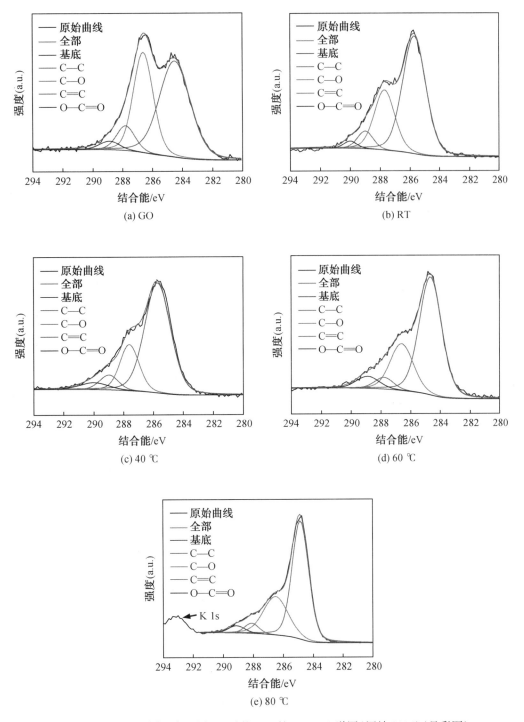

图 6.175　GO 和不同温度还原 3 h 后的 rGO 的 C1s XPS 谱图（闫姝 2016）（见彩图）

表 6.35　GO 和不同温度还原 3 h 得到的 rGO 表面碳氧原子数比及
XPS 谱图上不同含氧键与 C—C 峰的面积比(闫姝 2016)

温度 /℃	$n(C)/n(O)$	C—O	C═O	O—C═O
GO	2.48	0.67	0.16	0.06
RT	2.74	0.5	0.1	0.03
40	2.85	0.31	0.1	0.07
60	3.06	0.4	0.08	0.10
80	3.36	0.48	0.07	0.06

(2)rGO 结构缺陷分析。

GO 的 G 峰位于 1 595 cm⁻¹ 处,随着还原温度的提高,G 峰发生左移,当还原温度在 80 ℃ 时,G 峰已左移至 1 590 cm⁻¹ 处。GO 的 D 峰位于 1 355 cm⁻¹ 处,当还原温度为 80 ℃ 时左移至 1 343 cm⁻¹ 处,靠近于天然石墨的位置(1 576 cm⁻¹),表明 GO 经过不同温度碱还原后结构发生改变,还原前后样品中共平面的 sp² 区均存在一定数量和大小的缺陷(图 6.176)。

此外,D 峰与 G 峰的强度比 I_D/I_G 通常被用作表征石墨烯中缺陷密度的重要参数,通过计算拉曼光谱 D 峰与 G 峰的强度比 I_D/I_G 就可以估算出石墨烯中的缺陷密度。GO 的 I_D/I_G 比值为 0.88,随着还原温度增加出现波动,还原温度为 40 ℃ 时 I_D/I_G 比值达到 0.92,在 80 ℃ 时 I_D/I_G 比值为 0.89,二者均比原始 GO 的 I_D/I_G 比值 0.88 有所提高(图 6.176),这说明 GO 发生了还原,还原后 rGO 的缺陷密度增加。

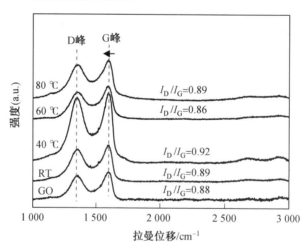

图 6.176　GO 及不同温度还原 3 h 后 rGO 的拉曼光谱(闫姝 2016)

(3)rGO 微观形貌分析。

原始 GO 及其与碱混合 0.25 h 还原后的 rGO 的 AFM 形貌对比如图 6.177 所示。原始 GO 片层平整,单层厚度约为 1.76 nm,这是由于其含有较多的含氧官能团。当混合后发生还原反应,rGO 片层厚度减小为 1.52 nm,片层依旧较为完整且平整,依旧在微米级别,尺寸与原始 GO 差别并不大,说明 GO 可以在该碱激发溶液中短时间被原位还原,并且保持了良好的较完整的形态。

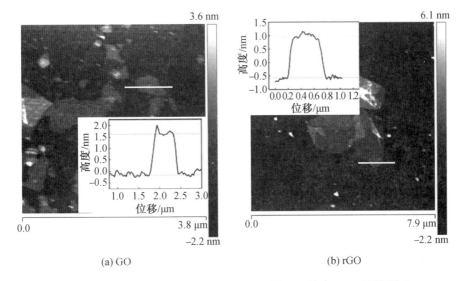

(a) GO　　　　　　　　　　　　(b) rGO

图 6.177　GO 与 rGO 的 AFM 图片及厚度分析(闫姝 2016)(见附彩图)

AFM 形貌对比显示,在较低和较高的温度还原的 rGO 的片层都保持相对完整的形状,尺寸在微米级别,说明在该温度区间 GO 都可以在碱激发溶液中被还原(图 6.178)。

还原温度不仅影响还原得到的 rGO 表面官能团的含量,还影响 rGO 的微观形貌与结构。原始的 GO 呈片状平整铺在底片上,片层呈现半透明状态,表面存在许多卷曲和褶皱,这是氧化石墨上的 sp³ 杂化的含有氧原子官能团破坏原本的 C—C 键造成的。当还原温度为室温时,rGO 片层褶皱程度与原始 GO 相比未见明显变化;当温度升高到 60 ℃时,得到的 rGO 与 GO 相比卷曲程度增加;当温度为 80 ℃时,卷曲褶皱更加明显,这说明 rGO 的 sp³ 杂化对 C—C 键破坏程度随温度的提高而增加。GO 和不同温度还原后得到的 rGO 的 SEM 照片如图 6.179 所示。

TEM 观察显示 60 ℃还原后得到的 rGO 表面褶皱相对较少,为晶态结构;而 80 ℃时还原后,rGO 虽同样为晶态结构,但缺陷增多,结晶度略有下降(图 6.180)。

2. 碱还原时间对 GO 还原的影响

(1)rGO 官能团和价键结构。

宏观照片(图 6.181)显示,随着还原时间的延长,溶液由深棕色变为黑色,说明 GO 完成还原。还原 72 h 后的混合液仍未见沉淀,说明还原所得的 rGO 可以在无机聚合物碱激发溶液中稳定均匀存在。

还原时间延长,代表含氧官能团的吸收峰强度均表现出明显的下降;同时,1 620 cm⁻¹ 处对应的 GO 片层上由碳原子构成的 C—C 骨架的振动峰强度相对明显。还原 72 h 后,仍剩余部分的烷氧基(1 045 cm⁻¹),这说明该基团很难利用碱性溶液还原(图 6.182)。

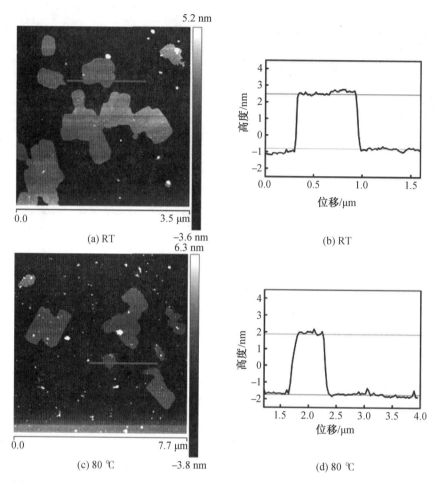

图 6.178　不同温度还原 3 h 后 rGO 的 AFM 图片及厚度分析(闫姝 2016)(见彩图)

　　GO 和 60 ℃还原不同时间的 rGO 的 C1s XPS 谱图(图 6.183)显示,GO 还原前后的 C1s 谱图都可以分为四个峰:284.6 eV、286.6 eV、287.9 eV 和 288.9 eV。还原后,所有含氧基团的峰都有明显下降,尤其是代表 C=O 和 C—O 的峰的强度下降明显,说明延长还原时间可以去除大部分 rGO 表面的含氧官能团。当还原时间为 72 h 时,碱还原作用对该基团的还原效果显著, C=O 的峰几乎完全消失。

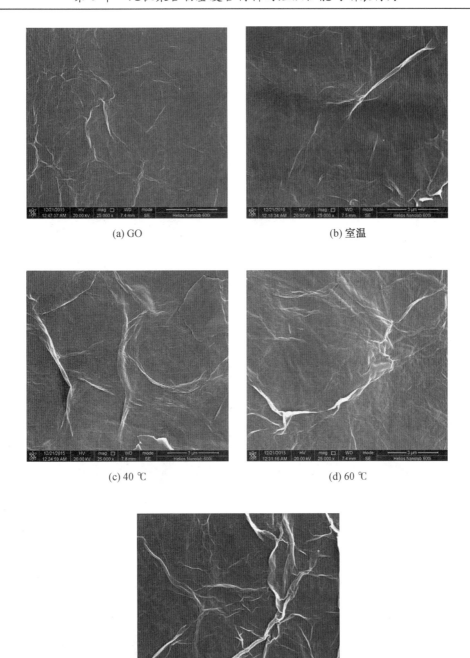

(a) GO

(b) 室温

(c) 40 ℃

(d) 60 ℃

(e) 80 ℃

图 6.179　GO 和不同温度还原 3 h 后 rGO 的 SEM 照片(闫姝 2016)

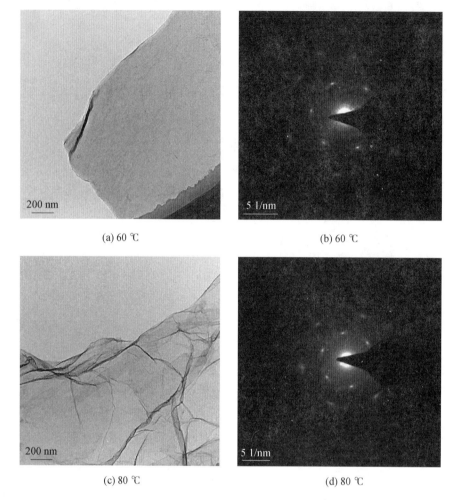

(a) 60 ℃   (b) 60 ℃

(c) 80 ℃   (d) 80 ℃

图 6.180　不同温度还原后的 rGO 的 TEM 形貌和衍射照片（闫姝 2016）

(a) GO 悬浮液   (b) 0.25 h   (c) 3 h   (d) 6 h   (e) 72 h

图 6.181　GO 和 60 ℃不同时间还原的 rGO 与碱激发溶液混合液不同时间的宏观照片（闫姝 2016）
（氧化石墨烯水溶液质量浓度为16.7 mg/mL）

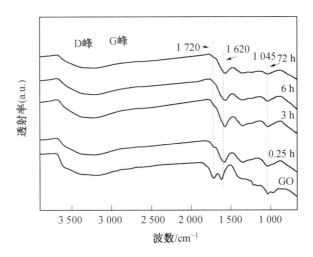

图 6.182　60 ℃不同还原时间的 rGO 的 FT-IR 光谱（闫姝 2016）

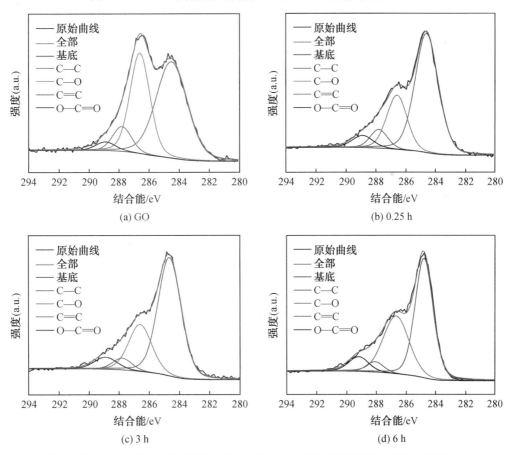

图 6.183　GO 和 60 ℃还原不同时间的 rGO 的 C1s XPS 谱图（闫姝 2016）（见彩图）

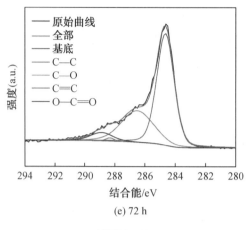

(e) 72 h

续图 6.183

表 6.36 为 60 ℃还原不同时间得到的 rGO 表面的碳氧原子数比和不同含氧官能团与 C—C 的峰面积比值。可见,还原 72 h 后,rGO 表面的 C/O 比从 2.48(GO) 增加至 3.75 (72 h),说明 GO 发生了还原。此外, C—O / C—C 的比值在还原时间较短(0.25 h 和 3 h)时明显降低,但时间延长(>6 h)变化不明显。 C═O / C—C 的比值在 72 h 时下降明显, O—C═O / C—C 的比值在还原后略有提高;还原后,与羧基相关的两个键 C═O 与 O—C═O 的总和呈现明显的下降趋势,结合 FT-IR 结果(图 6.182)分析,还原作用可能归因为碱性条件下 GO 表面含氧官能团发生的脱羧反应,反应式为

$$R-COOH+KOH \rightarrow RH+K_2CO_3+H_2O \tag{6.2}$$

反应后,rGO 表面的大部分含氧官能团已除去,尤其是 C═O 。

表 6.36　60 ℃还原不同时间得到的 rGO 表面的碳氧原子数比和不同含氧官能团与 C—C 的峰面积比值(闫姝 2016)

时间	$n(C)/n(O)$	C—O	C═O	O—C═O
GO	2.48	0.67	0.16	0.06
0.25 h	3.03	0.39	0.12	0.09
3 h	3.06	0.40	0.08	0.10
6 h	3.19	0.66	0.07	0.12
72 h	3.75	0.53	0.01	0.09

(2)rGO 结构缺陷分析。

60 ℃还原不同时间后的 rGO 的拉曼光谱(见图 6.184)显示,rGO 的 G 峰随着反应时间的延长向左偏移,由 1 595 cm^{-1} 偏移至 1 578 cm^{-1} 处(72 h),非常接近完美石墨 G 峰的位置 (1 576 cm^{-1}),说明 GO 还原比较彻底。相比于 GO,还原不同时间的 rGO 的 D 峰峰位没有明显变化,还原 72 h 仍位于 1 355 cm^{-1} 处。

反应时间延长,I_D/I_G 比值由初始的 0.88 缓慢增加到 72 h 时的 0.93,说明石墨烯缺陷密度的增加。I_D/I_G 比值较低,说明还原后的 rGO 缺陷相对较少,结合对应的 FT-IR 图谱(图 6.182)的分析可知,碱性无机聚合物激发溶液的作用可以较好地去除 GO 表面大部分含氧官能团使其还原。

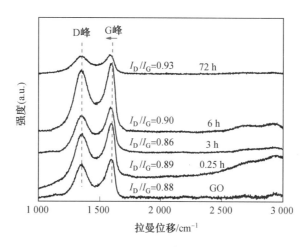

图 6.184　GO 与 60 ℃不同还原时间的 rGO 的拉曼光谱（闫姝 2016）

（3）rGO 微观形貌分析。

60 ℃还原不同时间后 rGO 的 SEM 照片（图 6.185）显示，rGO 都呈现半透明膜状形态，表面的卷曲和褶皱随着还原时间的延长而增加，72 h 时，褶皱已相当明显。

还原前后的 GO 的 TEM 形貌和衍射斑点如图 6.186 所示，原始 GO 片层平整，为微米级别，约几个微米，褶皱现象相对较少（图 6.186(a)）。还原后，rGO 片的尺寸依旧为微米级别，褶皱和卷曲程度有所增加，但总体上 rGO 质量较佳，片层较薄（图 6.186(b)）。氧化石墨烯还原前后的衍射斑点（图 6.186 内右上角的小图）显示，原始氧化石墨烯显示了典型的碳的六边形斑点，说明其为晶态结构，层数较少；还原后，与之前一致，仍为晶态结构，且层数较少。

3. 氧化石墨烯原位还原机制讨论

含氧官能团的引入对氧化石墨烯在水溶性溶剂中的分离起到明显作用，为氧化石墨烯水溶液的形成提供条件，通过还原的方式去除这些含氧官能团，便可以制备出单层的石墨烯。总体来讲，GO 的还原本质是去除其表面含氧官能团的脱氧反应过程。对于碱还原的报道比较少且存在争议，同时，碱性溶液中存在的 OH^- 可以使 GO 边缘处的-COOH 发生中和及脱羧反应，可能存在的脱羧反应的反应式为：$R-COOH+KOH \rightarrow RH+K_2CO_3+H_2O$。GO 还原后表面仍存在部分 C—O ，但适宜的碱还原条件可以减少氧化石墨烯表面大部分的 C—O 和 C—O ，从而实现其还原。

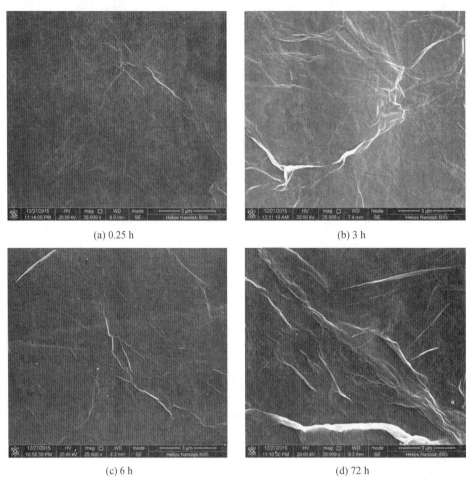

(a) 0.25 h (b) 3 h

(c) 6 h (d) 72 h

图 6.185　60 ℃不同时间还原后 rGO 的 SEM 照片(闫姝 2016)

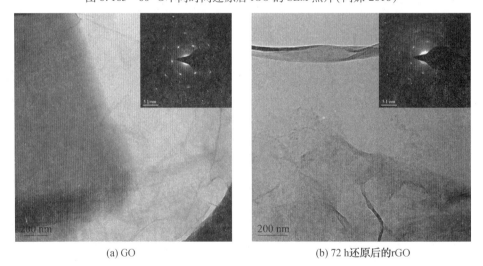

(a) GO (b) 72 h还原后的rGO

图 6.186　GO 与 72 h 还原后的 rGO 的 TEM 形貌和衍射图(闫姝 2016)

6.5.2　氧化石墨烯对 K–PSS 无机聚合物聚合过程的影响

1. rGO/KGP 聚合产物的官能团和价键结构

偏高岭土及 rGO/KGP 养护过程中聚合反应不同时刻的反应产物的 FT–IR 图谱（图 6.187）显示，位于 3 500 cm^{-1} 及 1 650 cm^{-1} 处的吸收峰对应着自由水的峰；463 cm^{-1} 处的峰对应着 Si—O—Si 结构单元；在 880 cm^{-1} 处出现了弱的 Al—OH 伸缩振动峰，说明聚合反应过程中生成了 Al—OH，并随着聚合反应的进行强度降低，说明其含量不断减少。当聚合反应超过 6 h 时，振动中心在 593 cm^{-1} 处出现了 Si—O—Al 的弯曲振动；振动中心在 717 cm^{-1} 处出现了 AlO_4 的 Al—O 的振动。反应进行过程中，偏高岭土中的 Si—O 的峰从原来的 1 090 cm^{-1} 偏移到较低波数 1 022 cm^{-1} 处；这说明随反应进行，Al 替代 Si 的数量增加。

从 rGO/KGP 聚合产物的 FT–IR 图谱上未见 rGO 的特征峰出现，这是由于其含量低未被检测到，rGO 的加入对 KGP 的聚合过程的影响可通过核磁进一步半定量分析得到。

不同聚合时刻的 rGO/KGP 聚合产物的 ^{27}Al NMR 谱与高斯拟合结果（图 6.188 和表 6.37）显示，rGO/KGP 聚合反应初期 0～30 min（图 6.188(a)、(b)），反应产物中的 Al 原子结构单元依旧主要由四、五和六配位三种构成。三种配位数的比例变化不大，并且仍以五配

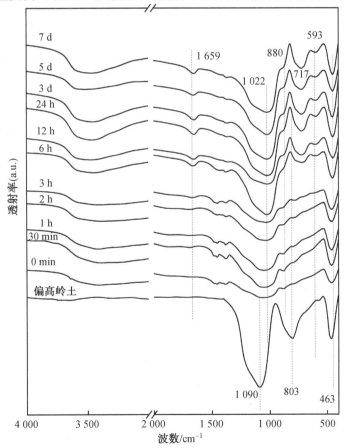

图 6.187　偏高岭土及 rGO/KGP 养护过程中聚合反应不同时刻的反应产物的 FT–IR 图谱（闫姝 2016）

位为主。加入 GO 后,聚合产物的四配位 Al 原子含量相对较多,说明在聚合初始阶段,GO 的加入促进了四配位 Al 的生成。聚合产物主要是由四配位 Al 构成,四配位 Al 原子含量的提高,说明了其他配位向四配位转变。

当聚合反应进行 1 h 时(图 6.188(c)),rGO/KGP 聚合反应产物中四配位、五配位和六配位的比例分别为 46.8%、37.5% 和 15.7%(表 6.37),聚合反应至 2 h 时(图 6.188(d)),配位种类未发生变化,四配位的比例继续增加至 69.8%。当反应超过 3 h(图 6.188(e)),以 56.6 ppm 处的四配位的峰为主,反应至 6 h 时(图 6.188(f)),五配位峰消失。反应至 24 h 时(图 6.188(g)),rGO/KGP 聚合产物中 Al 原子结构单元完全转变为四配位。

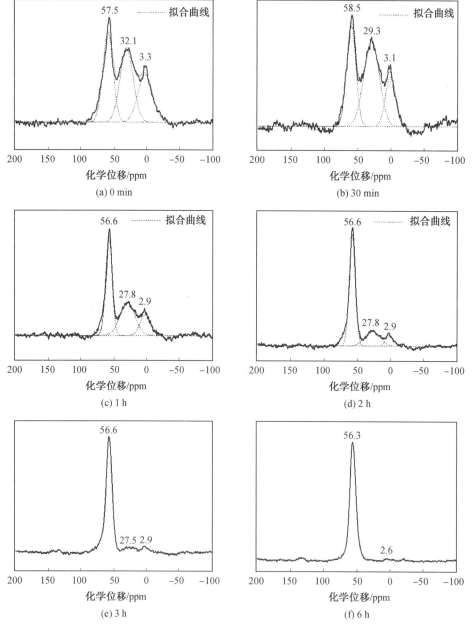

图 6.188　rGO/KGP 聚合反应不同时刻的反应产物的 ^{27}Al NMR 谱(闫姝 2016)

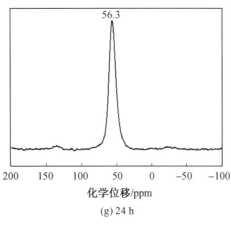

(g) 24 h

续图 6.188

表 6.37　rGO/KGP 养护过程中聚合反应不同时刻的反应产物的高斯拟合结果（闫姝 2016）

样品	Al 原子配位数	化学位移/ppm	相对面积	所占百分比/%
	4	53.3	2.37	21.6
MK	5	29.5	5.28	48.3
	6	3.1	3.29	30.1
	4	57.5	3.16	35.2
rGO/KGP-0 min	5	32.1	3.41	37.8
	6	3.3	2.43	27
	4	58.5	2.25	34.3
rGO/KGP-30 min	5	29.3	3.13	47.6
	6	3.1	1.19	18.1
	4	56.6	2.33	46.8
rGO/KGP-1 h	5	27.8	1.87	37.5
	6	2.9	0.78	15.7
	4	56.6	4.34	69.8
rGO/KGP-2 h	5	27.8	1.39	22.3
	6	2.9	0.49	7.9
	4	56.6	—	—
rGO/KGP-3 h	5	27.5	—	—
	6	2.9	—	—
rGO/KGP-6 h	4	56.3	10	100
	6	2.6	—	—
rGO/KGP-24 h	4	56.3	10	100

在 0～24 h 聚合反应过程中，Al 原子的化学位移逐渐向较低化学位移偏移，四配位由原始偏高岭土的 53.3 ppm 偏移至 24 h 后的 56.3 ppm；这来源于不同反应时刻 Al 原子次外层的 Si 原子对它产生的影响。对比聚合过程中不同配位铝原子结构环境可知，GO 的引入促进了初始阶段（0～30 min）Al 原子向四配位转变，而在聚合后期，影响不明显，这可能是由于 GO 容易吸附纳米级别的无机聚合物产物颗粒，聚合产物可以依附在其表面优先生长的原因；而在后期，GO 表面已全部包裹为 KGP 聚合物颗粒，复合材料逐渐固化，促进作用不明显；结果表明 GO 的加入对聚合反应过程中 Al 原子结构环境造成一定影响，但对 rGO/

KGP 聚合反应产物最终类型影响不大。

　　不同聚合时刻的 rGO/KGP 聚合产物的^{29}Si NMR 结果(图 6.189)显示,偏高岭土加入混合有 rGO 的碱性激发混合溶液搅拌后开始养护时(0 min),^{29}Si NMR 光谱向低磁场移动,在 -80.7 ppm、-87.8 ppm 和 -95.2 ppm 化学位移处分别显示了新结构单元 $Q_4(4Al)$、$Q_4(3Al)$ 和 $Q_4(2Al)$ 的尖锐的峰,与单独的基体相比,增加了 $Q_4(2Al)$ 结构单元(图 6.189(a))。当聚合反应至 30 min 时(图 6.189(b)),产物在 -80.6 ppm、-87.8 ppm 和 -95.2 ppm 处显示了代表结构单元 $Q_4(4Al)$、$Q_4(3Al)$ 和新出现的 $Q_4(2Al)$ 的峰,此时,与基体相比差别不大。rGO/KGP 聚合反应进行至 1 h 时(图 6.189(c)),代表 $Q_4(2Al)$ 的峰分裂为 -92.2 ppm 和 -94.6 ppm两处。反应进行至 2 h 时(图 6.189(d)),rGO/KGP 复合材料的化学位移与 KGP 基体相比差别不大。当聚合反应至 3 h 时(图 6.189(e)),相比于基体,在 -106.2 ppm 出现了表示 $Q_4(1Al)$ 的峰。

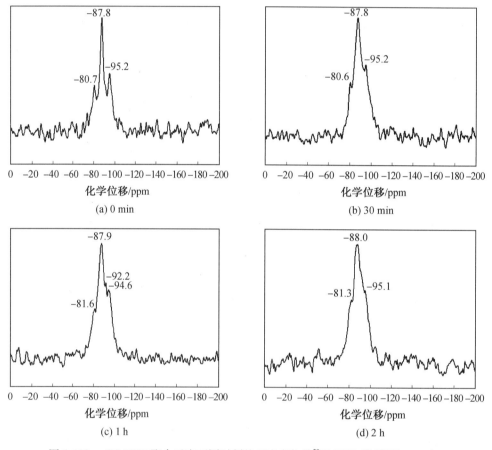

图 6.189　rGO/KGP 聚合反应不同时刻的反应产物的^{29}Si NMR 谱(闫姝 2016)

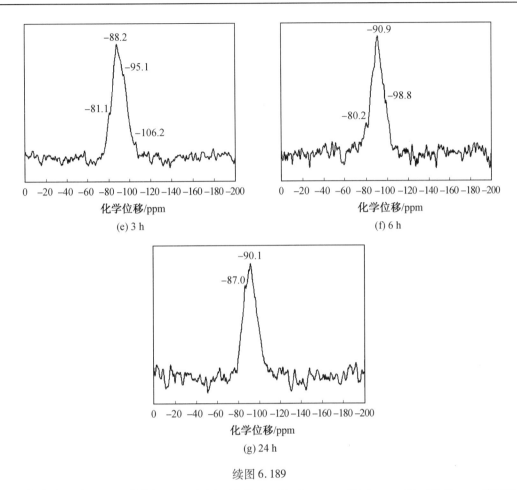

(e) 3 h

(f) 6 h

(g) 24 h

续图 6.189

当聚合反应至 6 h 时(图 6.189(f)),峰位在 -80.2 ppm、-90.9 ppm 和 -98.9 ppm 出现了相应峰强,与 3 h 相比种类几乎未变。当延长反应至 24 h 时(图 6.189(g)),共振峰移动到 -87.0 ppm 和 -90.1 ppm 处,二者均代表转变成 $Q_4(3Al)$ 结构单元。

与单独基体材料相比,聚合过程中,GO 的加入也促进了 Si 原子从 $Q_4(1Al)$ 结构向 $Q_4(4Al)$、$Q_4(3Al)$、$Q_4(2Al)$ 和 $Q_4(1Al)$ 的转变,并促进最终结构单元 $Q_4(3Al)$ 的形成,说明 GO 的引入影响了反应过程中 Si 原子的结构环境,并未明显影响最终聚合产物 Si 原子类型。

2. rGO/KGP 聚合反应产物的物相

rGO/KGP 聚合反应不同时刻反应产物的 XRD 结果显示(图 6.190),在不同反应时刻,KGP 的典型非晶峰中心的位置(约为 28°)大体一致,加入 rGO 后,复合材料的 XRD 图谱与基体的没有明显区别,说明 rGO 没有影响 KGP 聚合产物非晶结构的形成。在反应初始阶段(0~6 h),非晶峰的峰强较低,非晶程度较大;反应超过 12 h,非晶峰的中心位置未发生明显变化,强度明显增加,非晶程度降低。图谱中没有看到代表 rGO 的峰存在,说明 GO 的加入没有影响 KGP 基体的非晶结构的形成。

3. rGO/KGP 聚合反应产物的微观形貌

rGO/KGP 聚合反应不同时刻的反应产物粉体颗粒的 SEM 形貌(图 6.191 和图6.192)

显示,rGO/KGP 聚合反应产物颗粒尺寸明显较大,这是由于其中存在分散分布的 rGO 与基体 KGP 材料相互之间连接聚集,rGO 与基体没有明显的分离现象,说明二者结合情况良好。当偏高岭土粉体刚开始遇到混合有 GO 的碱激发溶液养护开始时(0 min),聚合反应与氧化石墨烯还原二者同时发生(图 6.191(a)),反应产物聚合的颗粒尺寸较小,颗粒疏松,表面存在大量不规则孔隙孔洞,可以看到聚合物颗粒之间夹有片状的 rGO,界面结合较好,rGO 片层尺寸在微米级别。随着反应进行,反应得到产物的粉体颗粒上空隙数量减少,当反应至 2 h时(图 6.192(d)),夹在颗粒之间的 rGO 与无机聚合物反应产物颗粒结合依然良好。当反应至 3 h时(图 6.192(e)),颗粒已与 rGO 相互包裹,结合较佳,粉体颗粒表面已看不到明显的石墨烯片。当反应至 6 h时(图 6.192(f)),颗粒的表面已经非常致密,几乎看不到空洞出现,此时,相比于同时期的基体,棱角增多。

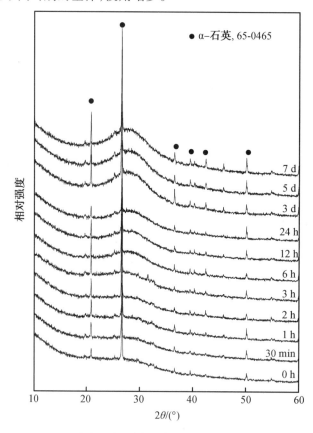

图 6.190　rGO/KGP 聚合反应不同时刻反应产物的 XRD 图谱(闫姝 2016)

　　当聚合反应进行到养护后期(12 h～7 d)(图 6.193),rGO/KGP 已转变为规则块体。可见,rGO 与 KGP 基体结合良好(图 6.193(a)),rGO 片的表面依附着大量的 KGP 聚合产物颗粒。当延长时间至 7 d时(图 6.193(e)),rGO/KGP 复合材料已很致密,与基体相比,已不见明显空洞,较为凹凸不平。

4. 聚合机理的讨论

　　无机聚合物是一类碱激发的具有 AlO_4 和 SiO_4 单元,相互交联形成的三维网络结构的聚合物,其中的网络间隙内分布 Li^+、Na^+、K^+ 或 Cs^+ 等碱金属离子,用来平衡四配位铝的多余负

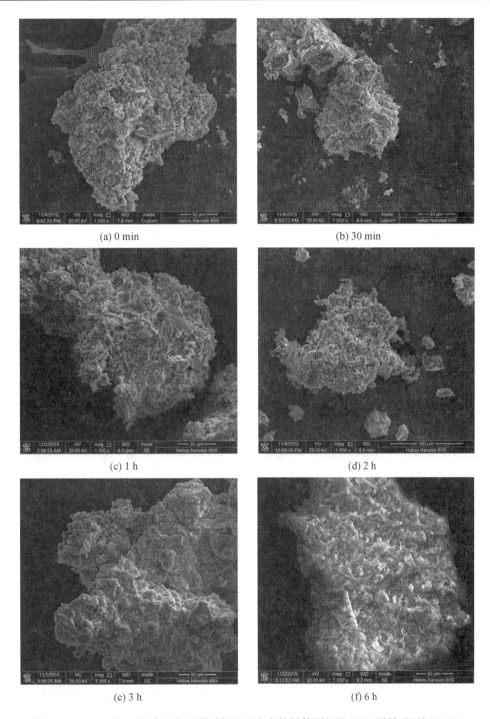

(a) 0 min

(b) 30 min

(c) 1 h

(d) 2 h

(e) 3 h

(f) 6 h

图 6.191   rGO/KGP 聚合反应不同时刻的反应产物粉体颗粒的 SEM 形貌(闫姝 2016)

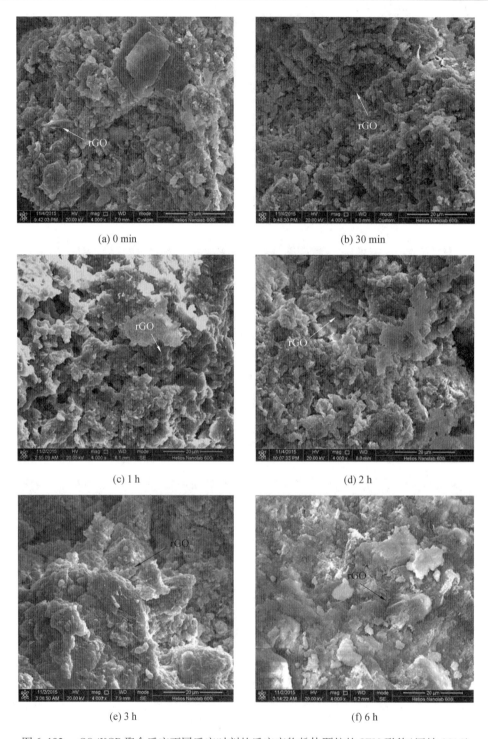

(a) 0 min

(b) 30 min

(c) 1 h

(d) 2 h

(e) 3 h

(f) 6 h

图 6.192　rGO/KGP 聚合反应不同反应时刻的反应产物粉体颗粒的 SEM 形貌（闫姝 2016）

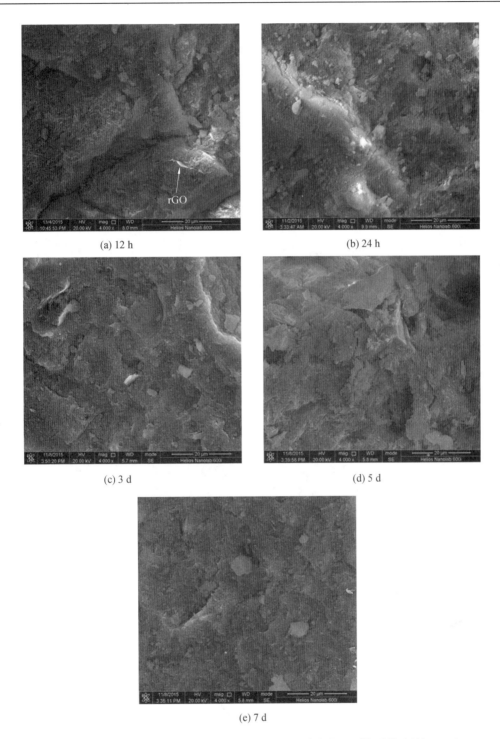

(a) 12 h

(b) 24 h

(c) 3 d

(d) 5 d

(e) 7 d

图 6.193　rGO/KGP 聚合反应进行到养护后期的反应产物的颗粒形貌(闫姝 2016)

电荷。聚合过程主要包含偏高岭土在碱性溶液中的溶解、硅铝单体的形成及扩散迁移、单体缩聚和料浆固化几个过程。图 6.194 为无机聚合物的聚合过程示意图。

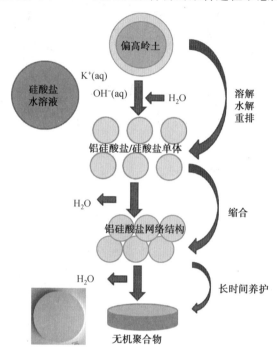

图 6.194　无机聚合物的聚合过程示意图（闫姝 2016）

目前,比较公认的无机聚合物材料的聚合形成机理是 Davidovits 提出的"解聚–缩聚"机理,他提出在碱性催化剂的激发作用下,无机聚合物的硅氧键和铝氧键发生断裂,即发生解聚反应;形成一系列低聚的硅或铝四面体单元,这些低聚物再进一步脱水发生缩聚反应,生成 Si–O–Al 网状结构。无机聚合物可认为近程有序,那么得到的局部结构如图6.195所示。

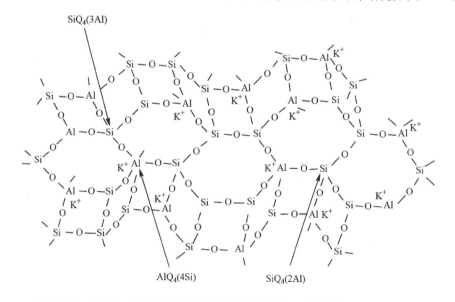

图 6.195　基于合成偏高岭土的无机聚合物的理论 3D 结构模型（闫姝 2016）

rGO/KGP 复合材料的聚合过程示意图如图 6.196 所示。GO 可在碱激发溶液中原位还原,影响 KGP 聚合过程并与其良好结合,固化成型后得到复合材料。

根据 FT–IR、^{27}Al 和 ^{29}Si NMR 谱分析可知,GO 的加入促进了初始阶段(0 ~ 30 min) Al 原子向四配位结构单元的生成,Si 原子向 Q_4(3Al) 结构单元的生成,并没有明显影响和改变 KGP 基体材料的聚合产物类型。在聚合过程中,GO 的加入使聚合产物颗粒聚集程度较大,产物形貌相对凹凸不平。

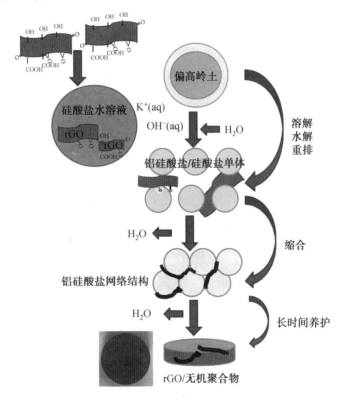

图 6.196　rGO/KGP 复合材料的聚合过程示意图(闫姝 2016)

碱激发溶液中的 OH$^-$ 被 KGP 水解过程与 GO 还原过程二者共同消耗。虽然,以原位还原方式制备得到的 rGO/KGP 中的 GO 还原时会消耗一定的碱,但初始加入的 GO 相对于 KGP 基体来说,含量非常少,实测反应前后溶液 pH 值均为 14,几乎不被影响。

基于上述分析,GO 虽然影响 KGP 聚合过程,但未明显影响聚合产物的类型。所以,原位合成 rGO/KGP 的制备路线可靠。

6.5.3　氧化石墨烯改性 K–PSS 无机聚合物的组织结构和性能

1. rGO/KGP 的组织结构

利用还原充分(60 ℃碱还原 72 h)的混合有 rGO 的 KGP 碱激发液制备 rGO/KGP,来探讨 rGO 和无机聚合物基体间的界面结合情况。KGP 基体的成分配比为:$n(SiO_2)/n(Al_2O_3) = 4.0$,$n(K_2O)/n(SiO_2) = 0.25$,$n(H_2O)/n(K_2O) = 15$。初始 GO 悬浮液的浓度为 16.7 mg/mL,GO 的质量分数为 1%,聚合物浆料的搅拌时间为 45 min,养护条件为 60 ℃养护 7 d。

（1）rGO/KGP 的物相。

KGP 及 rGO/KGP 复合材料的 XRD 图谱（图 6.197）显示，无机聚合物基体在 28°处出现馒头峰，表明此类材料为典型的非晶结构；少量结晶峰对应为石英相，来源于天然偏高岭土中的杂质。加入 GO 后的 rGO/KGP 复合材料的 XRD 谱图与 KGP 基体的谱图没有明显区别，说明还原充分的 rGO 的加入对基体非晶结构影响不大。由于 rGO 含量较少，所以并没有检测到 rGO 的特征峰。

由图 6.197 所给镶嵌图片可见，未加 GO 的 KGP 基体显现白色，而 rGO/KGP 复合材料宏观表现为均匀的黑色，这是因为 GO 还原成 rGO 的引起的颜色加深，黑色的均匀性也说明 rGO 的还原程度较高，并且在聚合物基体中均匀分布。

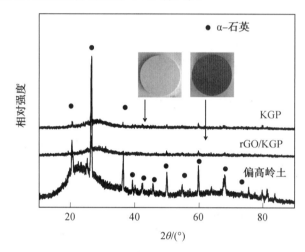

图 6.197　KGP 及 rGO/KGP 复合材料的 XRD 图谱（闫姝 2016）

（2）rGO 与 KGP 基体界面特征。

rGO/KGP 中可以观察到卷曲 rGO 的存在（图 6.198(a)），这与之前 rGO 的 SEM 形貌观察结果一致（图 6.185）。KGP 基体呈现出颗粒形貌，对其进行衍射分析表明其为非晶结构。rGO 与 KGP 基体界面处的衍射主要显现出基体的非晶结构，存在一些衍射斑点，标定为 rGO。从图 6.198(a)还可以看出，部分 rGO 褶皱明显，并出现了团聚现象，这不利于复合材料力学性能的提高；从图 6.198(b)和(c)可见，rGO 与 KGP 基体界面结合状态良好，无明显反应区域存在，这种良好的界面结合有利于加载后力的传递。从高分辨 TEM 照片（图 6.198(d)）可见，位于 rGO/KGP 中的 rGO 的厚度约 5 nm，层数较少。

断口形貌图（图 6.199）显示，KGP 基体的断口呈现出比较平坦的形貌，并且未见到断口处明显的棱角起伏；高倍照片（图 6.199(b)）可以看到其由纳米尺度的颗粒构成。

加入 rGO 后（图 6.199(c)和(d)），断口处与之前相比棱角起伏增多。棱角的出现源于 rGO 的引入，rGO 在 KGP 基体中分布均匀，，rGO 尺寸为 $5 \sim 15$ μm，rGO 片层表面相对平整，并且附着了 KGP 基体的颗粒，这也印证之前对 rGO 与 KGP 基体结合状态的分析。

2. GO 含量对 rGO/KGP 组织结构的影响

rGO/KGP 复合材料的基体成分配比为：$n(SiO_2)/n(Al_2O_3) = 4.0$，$n(K_2O)/n(SiO_2) = 0.25$，$n(H_2O)/n(K_2O) = 10 \sim 15$。采用 GO 加入到碱性激发液中搅拌 0.25 h 后加入偏高岭

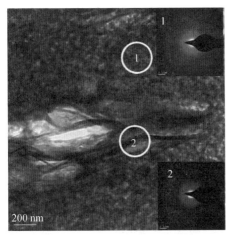

(a) rGO片的褶皱形态,插图分别为无机聚合物
基体(上)和rGO片(下)的SAED图谱

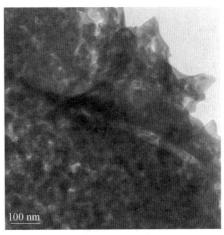

(b) 覆盖有无机聚合物基体细颗粒的rGO片

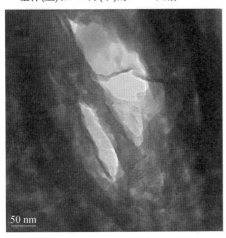

(c) 覆盖有无机聚合物基体细颗粒的rGO片

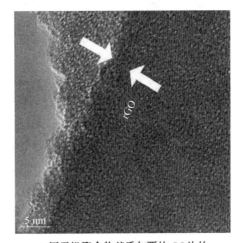

(d) 用无机聚合物基质包覆的rGO片的
HRTEM图像

图 6.198　rGO/KGP 复合材料的 TEM 照片（闫姝 2016）

土的工艺,以期保持 GO 良好平整的片层,最大限度地避免 rGO 团聚的产生。加入的 GO 分散液的浓度分别为 0、1.25 mg/mL、2.5 mg/mL、7.5 mg/mL、12.5 mg/mL 和 16.7 mg/mL。GO 含量以 GO 与偏高岭土的质量比为参照,选择 0、0.05%、0.1%、0.3%、0.5% 和 1%(质量分数),制备得到的 rGO/KGP 复合材料分别记作 rGO/KGP0、rGO/KGP0.5、rGO/KGP1、rGO/KGP3、rGO/KGP5 和 rGO/KGP10。

(1) GO 含量对 rGO/KGP 物相的影响。

不同 GO 含量的 rGO/KGP 复合材料的 XRD 图谱与无机聚合物基体材料物相差别不大,显示出非晶馒头峰,峰的中心位于 28°处(图 6.200);并且有少量石英杂质相,来源于原料偏高岭土中。不同含量的 rGO/KGP 复合材料的 XRD 图谱相互之间没有明显区别,均未出现 rGO 的特征峰。由图 6.200 内嵌宏观照片可见,原始无机聚合物基体材料为白色,加入 GO 后颜色为黑色,并且随着 GO 含量的增加,黑色程度加深,正是由 GO 被还原为 rGO 造成的。

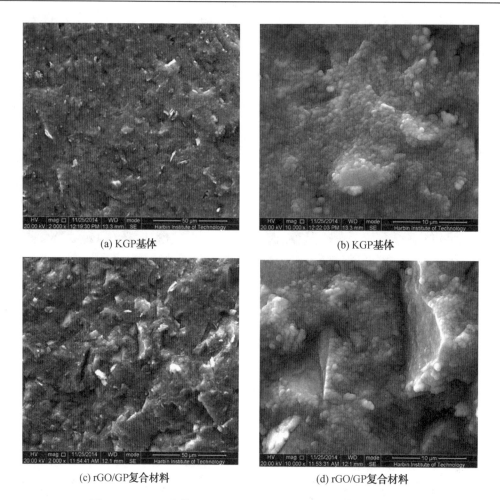

(a) KGP基体

(b) KGP基体

(c) rGO/GP复合材料

(d) rGO/GP复合材料

图 6.199　KGP 基体和 rGO/GP 复合材料断口形貌（闫姝 2016）

不同 GO 含量的 rGO/KGP 复合材料拉曼图谱（图 6.201）显示，对于 KGP 基体材料来说，没有显示出石墨烯独有的特征峰 D 峰和 G 峰；rGO/KGP 复合材料的峰形与原始 GO 相似，在波长约 1 335 cm^{-1} 和 1 599 cm^{-1} 处表现出了 D 峰和 G 峰，定性证明了复合材料中石墨烯的存在性。相比于 GO，rGO/KGP 复合材料的 D 峰与 G 峰的峰强比略有增加，说明 GO 在合成过程中发生原位还原。

（2）GO 含量对 rGO/KGP 微观形貌的影响。

从不同 GO 含量的 rGO/KGP 复合材料的表面形貌（图 6.202）上可以看出，复合材料表面相对致密，没有明显区别，由于 rGO 尺寸非常细小，所以，很难从抛光的表面准确观察到还原后的 rGO 的存在，尤其是当石墨烯片与表面平行的时候。

rGO/KGP5 复合材料的界面透射结果（图 6.203）显示，与其他无机聚合物材料类似，基体由纳米无机聚合物颗粒构成。从图 6.203（a）可以明显看到条状柔韧的 rGO 插入基体中。在图 6.203（b）可以看到此时 rGO 平铺在基体中，周围被基体颗粒包裹结合。对这两处 rGO 做衍射分析可知，它们都呈现出碳的六边形斑点，均为晶态结构。与还原 72 h 后的 rGO（图 6.199）相比，此时 rGO 在复合材料中保持更加平整的形态。

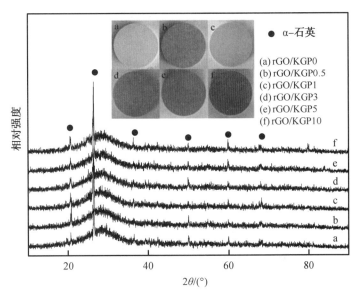

图 6.200　不同 GO 含量的 rGO/KGP 复合材料 XRD 图谱（闫姝 2016）

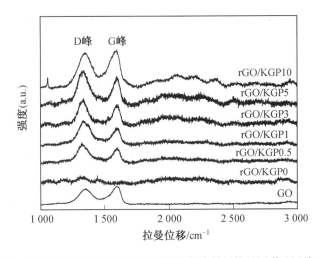

图 6.201　GO 和不同 GO 含量的 rGO/KGP 复合材料拉曼图谱（闫姝 2016）

3. GO 质量分数对 rGO/KGP 力学性能的影响

（1）rGO/KGP 的力学性能。

加入 GO 后，rGO/KGP 复合材料的弹性模量与基体相比有所降低（图 6.204）。这是因为虽然单独的石墨烯的模量较高，但加入的 GO 模量近似多层石墨，所以加入 GO 后模量反而下降。KGP 基体的抗弯强度为 12.3 MPa，当 GO 的质量分数增加到 0.3% 时，抗弯强度达到最大值 17.9 MPa，与基体相比提高了 45%。当 GO 继续增加，抗弯强度出现下降，这可能来源于制备过程中加入 GO 的量的提高，也会引入一些气泡及搅拌不均造成局部缺陷。加入 GO 后，复合材料的断裂韧性有了明显的提高。rGO/KGP5 的断裂韧性从 0.13 MPa·m$^{1/2}$ 提高到 0.21 MPa·m$^{1/2}$，比基体提高了 61%。断裂韧性的提高归因于部分还原的 rGO 与基体间的良好结合，裂纹在 rGO 处出现偏转与增殖，rGO 出现拔出现象。随着 GO 含量的提

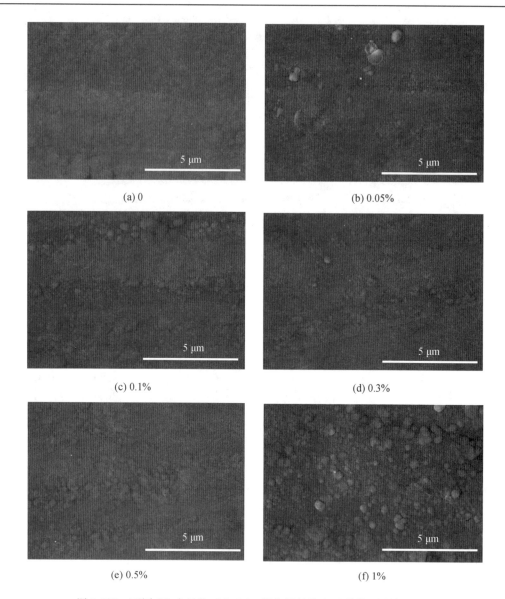

图 6.202　不同 GO 含量的 rGO/KGP 复合材料的表面形貌（闫姝 2016）

高,GO 与基体间的界面数量也随之增加,受力后裂纹会在 rGO 处发生增殖和偏转,避免了裂纹长度方向上的增长,这个过程吸收了较多的能量,对裂纹起到缓冲作用。

　　不同 GO 含量的 rGO/KGP 复合材料的典型断口形貌(图 6.205)显示,未加入石墨烯时断口比较平整,没有明显的棱角起伏(图 6.205(a))。GO 含量增加,断口更加粗糙致密,棱角起伏也更加明显,这些棱角是由于表面黏结无机聚合物材料颗粒的 rGO 片层在受力时被拔出引起的,尤其是 GO 的质量分数大于 0.3％时,复合材料的断口棱角相对较多。

(a) rGO 褶皱

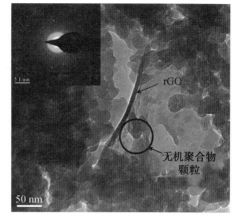
(b) rGO 与基体之间界面

图 6.203　rGO/KGP5 复合材料 TEM 形貌（闫姝 2016）

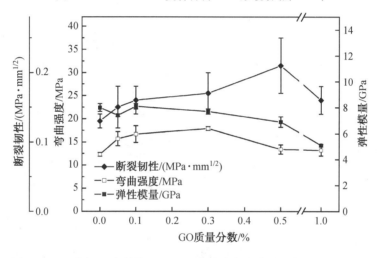

图 6.204　不同 GO 含量的 rGO/KGP 复合材料的力学性能（闫姝 2016）

　　rGO 片层呈现出柔韧的、易弯曲的形态,卷曲分布在基体中,与基体之间界面结合较好,阻止了裂纹的扩展,从图中可以观察到裂纹遇到 rGO 出现偏转与增殖现象（图 6.206（a）、（b））。从图 6.206（c）中也可以观察到断裂后,纳米级别的无机聚合物颗粒依然依附连接在 rGO 表面上,rGO 对一些颗粒也起到包裹作用。从图 6.206（b）和（d）中还可以明显看到大尺寸的 rGO 的拔出现象。因此,可以推断 rGO 的加入可以有效阻碍复合材料在受力情况下裂纹的扩展、促进裂纹增殖。

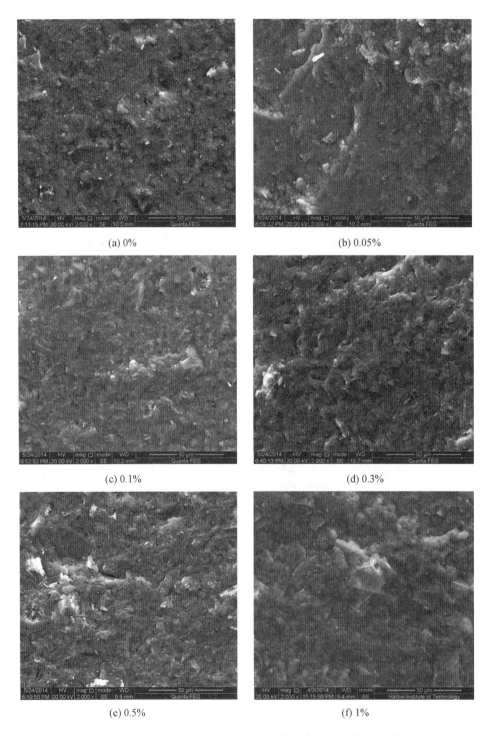

(a) 0% (b) 0.05%

(c) 0.1% (d) 0.3%

(e) 0.5% (f) 1%

图 6.205 不同 GO 含量的 rGO/KGP 复合材料的典型断口形貌(闫姝 2016)

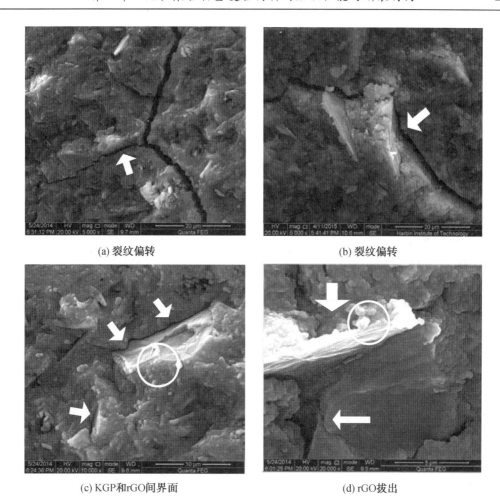

(a) 裂纹偏转　　　　　　　　　　　　(b) 裂纹偏转

(c) KGP 和 rGO 间界面　　　　　　　(d) rGO 拔出

图 6.206　rGO/KGP5 复合材料断口高倍形貌(闫姝 2016)

（2）rGO/KGP 的强韧机制讨论。

rGO/KGP 复合材料的强度与韧性受到 rGO 的含量及分散性两方面因素的影响。当 GO 的质量分数非常低(<0.1%)时,rGO 在 rGO/KGP 复合材料中虽然分散均匀,但并未起到有效的传递载荷传递作用;当 GO 的质量分数相对适中(<0.3%)时,rGO 在基体中容易分散且分散均匀,裂纹增殖并有效阻止裂纹扩展,强度和韧性同步提高;而随着 GO 的质量分数的进一步提高(>0.5%),由于 rGO 的比表面积大,并且 rGO 片层之间存在范德瓦耳斯力,这使得 rGO 的均匀分散比较困难,由于分散不均易在复合材料聚合过程中引入缺陷,如团聚和微裂纹等,造成复合材料强度的下降,但是这些缺陷的存在会在一定程度上促进复合材料断裂过程中的裂纹偏转和石墨烯片层拔出,对韧性的提高是有利的,韧性受缺陷影响不敏感。

多壁碳纳米管(MWCNTs)的分散不均匀产生的团聚缺陷会作为断裂源存在,显著降低 $Al_2O_6ZrO_2$-MWCNTs 纳米陶瓷复合材料抗弯强度。对于 rGO/KGP 复合材料来说,团聚和气孔的出现会导致增强体与基体间界面相容性差的出现,不利于载荷的传递,因而削弱石墨烯的增强效果,直接导致复合材料抗弯强度的降低。而随着 GO 含量的提高,GO 与基体间的界面数量也随之增加,受力后裂纹会在 rGO 处发生增殖和偏转,吸收能量,对裂纹起到了缓冲作用,提高了材料的断裂韧性。加入 GO 后,复合材料的弹性模量与基体相比降低,这是由于虽然石墨烯具有很高的弹性模量,但复合材料中的 rGO 多为多层状态,模量则近似于多层石墨,这种现象在石墨烯强韧陶瓷材料中是普遍存在的。

综上所述,GO 与石墨烯相比,具有较多含氧的亲水官能团,在复合材料制备过程中具有较好的分散性,同时 GO 可通过碱作用去除官能团而转变成 rGO,具有与石墨烯相比拟的力学性能,可作为复合材料的增强体,提高复合材料的力学性能。当 GO 含量很低时,GO 虽然可以很好地分散在基体中,但没有有效地阻止裂纹的扩展;当 GO 含量增加后,裂纹的偏转与增殖、GO 的拔出等现象对复合材料的韧性提高起到了重要作用。

6.5.4 本节小结

(1) 氧化石墨烯在无机聚合物制备过程中可以发生原位还原。氧化石墨烯在无机聚合物碱性激发液中均匀分散并被原位部分还原为石墨烯,还原程度随还原温度的提高和时间的延长而增长,卷曲褶皱程度呈同样规律;60 ℃ 长时间还原可得到碳氧比为 3.75 的石墨烯,还原主要归因于碱性条件下 GO 表面发生的脱羧反应。

(2) 氧化石墨烯的加入影响无机聚合物材料的聚合过程,不影响聚合产物类型,聚合过程中被还原的石墨烯和无机聚合物颗粒结合良好。其聚合过程为:偏高岭土遇碱激发溶液后溶解,Si—O 键和 Al—O 键水解断裂形成硅铝单体,单体扩散迁移并脱水缩聚,五配位和六配位 Al 原子向四配位转变,生成 Si 原子以 Q_4(3Al) 结构单元形式存在、Al 原子以四配位结构存在的网状非晶结构的无机聚合物;聚合反应产物形貌随时间的延长由疏松带多孔变得逐渐致密,非晶化程度随之降低。

(3) 采用原位合成方法制备的石墨烯/无机聚合物基复合材料中,石墨烯在基体中平整并分布均匀,与无机聚合物基体相比,氧化石墨烯的引入使复合材料的力学性能有了显著提高。尤其是当氧化石墨烯含量为 0.3% 时抗弯强度达到 17.9 MPa,比基体提高了约 45%;氧化石墨烯含量为 0.5% 时断裂韧性达到 0.21 MPa·m$^{1/2}$,提高了约 61%。复合材料的增韧归因为裂纹在石墨烯处的偏转与增殖、石墨烯拔出等作用。

6.6 本章小结

本章着重对几种代表性粉体颗粒(Al_2O_{3p}、Cr_p 和漂珠)、短碳纤维(C_{sf})、碳化硅纤维(SiC_f)、不锈钢纤维网,原位还原石墨烯等复合增强的 K-PSS 基复合材料的组织结构、力学性能和断裂行为进行了阐述。无论是从增强相的材质种类、增强相的排布与结构形式,还是考核表征材料性能的种类与条件等方面,本章的研究成果还都比较简单、不够全面,与实际工程应用使用最多的复合材料增强体的形式(如二维纤维布层布形式、层布+z 向穿刺(z-pine)形式、缠绕成型等)、服役承载状态与环境条件(拉伸、疲劳、高温蠕变、烟雾气氛等特殊腐蚀介质等)都还有较大区别。因此,相关方面的研究工作还亟待丰富,有关数据还需要多多积累,以尽快适应其不断拓展的工程化应用,尤其是在工程结构方面的迫切需要。

参考文献

［1］BARBOSA V F F, MACKENZIE K J D, 2003. Synthesis and thermal behaviour of potassium sialate geopolymers ［J］, *Materials Letters*, 57：1477-1482.

［2］BELL J L, DRIEMEYER P E, KRIVEN W M, 2009. Formation of ceramics from metakaolin-based geopolymers. Part Ⅱ：K-Based geopolymer ［J］. *Jouranl of the American Ceramic Society*, 92：607- 615.

［3］CHEN-TAN N W, VAN RIESSEN A, LY C V, et al, 2009. Determining the reactivity of a fly ash for production of geopolymer ［J］. *Journal of the American Ceramic Society*, 9（4）：881- 887.

［4］DAS N C, KHASTGIR D, 2000. Electromagnetic interference shielding effectiveness of carbon black and carbon fibre filled EVA and NR based composites ［J］. *Compos. Part A*,31：1069-1081.

［5］DUXSON P, LUKEY G C, VAN DEVENTER J S J, 2006. Thermal conductivity of metakaolin geopolymers used as a first approximation for determining gel interconnectivity ［J］. *Industrial Engineering Chemistry Research*, 45：7781-7788.

［6］HAMMELL J A, 2000. The influence of matrix composition and reinforcement type on the properties of polysialate composites［D］. New Jersey Rutgers University.

［7］DAVIDOVITS J, 1989. Geopolymers and geopolymeric materials ［J］. *J. Therm. Anal.* 35（2）:429- 441.

［8］LIN Tiesong, JIA Dechang,2009. Mechanical properties and fracture behavior of electroless Ni-plated short carbon fiber reinforced geopolymer matrix composites ［J］. *Int. J. Mod Phys B.* , 23（6,7）：1371-1376.

［9］LIN Tiesong, JIA Dechang, WANG Meirong,et al,2008. Effects of fiber length on mechanical properties and fracture behavior of short carbon fiber reinforced geopolymer matrix composites ［J］. *Material Science and Engineering A.* ,497, 181-185.

［10］LIN Tiesong, JIA Dechang,WANG Meirong, et al, 2009, Effects of fibre content on mechanical properties and fracture behavior of short carbon fiber reinforced geopolymer matrix composites ［J］. *Bulletin of Material Science*, 32 （1）：77-81.

［11］LIN Tiesong, JIA Dechang,HE Peigang, et al, 2010. In situ crack growth observation and fracture behavior of short carbon fiber reinforced geopolymer matrix composites ［J］. *Material Science and Engineering A.* , 527, 2404-2407.

［12］MULLIGAN D R, OGIN S L, SMITH P A, et al, 2003, Fibre-bundling in a short-fibre composite：1. review of literature and development of a method for controlling the degree of bundling ［J］. *Compos. Sci. Technol.* , 63：715-25.

［13］MIRONOV V S, PARK M, 2000. Electroflocking technique in the fabrication and performance enhancement of fiber-reinforced polymer composites ［J］. *Compos. Sci. Technol.* , 60：927-933.

［14］NAN Cewen, LIU Gang, LIN Yuanhua, et al, 2004. Interface effect on thermal conductivity of carbon nanotube composites ［J］. *Applied Physics Letters*, 85：3549-3551.

［15］NAN Cewen, BIRRINGER R, 2000. Effective thermal conductivity of particulate composites with interfacial thermal resistance ［J］. *International Journal of Heat and Mass Transfer*, 43：653- 663.

［16］PARK S J, JANG Y S, REEEY K Y, 2002. Interlaminar and ductile characteristics of carbon fibers-reinforced plastics produced by nanoscaled electroless nickel plating on carbon fiber surface ［J］. *J. Colloid Interface Sci.* , 245：383-390.

［17］PARK S J, JANG Y S, 2001. Interfacial characteristics and fracture toughness of electrolytically Ni-plated carbon fiber-reinforced phenolic resin matrix composites ［J］. *J. Colloid Interface Sci.* , 237：91-97.

［18］REES C A, PROVIS J L, LUKEY G C, et al, 2007. Attenuated total reflectance fourier transform infrared analysis of fly ash geopolymer gel aging ［J］. *Langmuir*, 23：8170-8179.

［19］SCHMUCKER M, MACKENZIE K J D, 2005, Microstructure of Sodium Polysialate Siloxo Geopolymer ［J］. *Ceramics International*, 31：433- 437.

［20］SHI Ziyuan, WANG Xuezhi, DING Zhimin, 1999. The study of electroless deposition of nickel on graphite fibers ［J］. *Appl. Surf. Sci.* , 140：106-110.

［21］SILVA P D, SAGOE-CRENSTIL K, SIRIVIVATNANON V, 2007. Kinetics of geopolymerization：role of Al_2O_3 and SiO_2［J］. *Cement and Concrete Research*, 37：512-518.

［22］SINGH J P, SINGH D, SUTARIA M, 1999. Ceramic composites：roles of fiber and interface ［J］. *Compos. Part A.* , 30：445- 450.

［23］WOODSIDE W, 1958. Calculation of the thermal conductivity of porous media ［J］. *Canadian Jouranl of Physics*, 36：815-823.

［24］ZHAO Qiang, NAIR B, RAHIMIAN T, et al, 2007. Novel geopolymer based composites with enhanced ductility ［J］. *J. Mater. Sci.* , 42：3131-3137.

［25］翟冠杰，符爱云，董岩，2003. 粉煤灰漂珠纳米结构及绝热研究［J］. 德州学院学报，19(2)：46- 48.

［26］翟冠杰，姜建壮，2003. 粉煤灰漂珠的纳米结构及其传热机理研究［J］. 新型建筑材料，8：38- 40.

［27］代红艳，2007. 粉煤灰保温隔热材料的研究［J］. 太原大学学报，8(1)：126-128.

［28］高蓓，2008. 金属/K-PSS 无机聚合物基复合材料的力学性能研究［D］. 哈尔滨：哈尔滨工业大学.

［29］关新春，韩宝国，欧进萍，等，2003. 表面氧化处理对碳纤维及其水泥石性能的影响［J］. 材料科学与工艺，11(4)：343-346.

［30］何培刚，2011. C_f/铝硅酸盐聚合物及其转化陶瓷基复合材料的研究［D］. 哈尔滨：哈尔滨工业大学.

［31］何培刚，贾德昌，王美荣，等，2011. C_f/铝硅酸盐聚合物复合材料的制备和力学性能［J］. 稀有金属材料与工程，40(增刊1)：247-251.

［32］江东亮，李龙土，欧阳世翕，等，2007. 无机非金属材料手册(下)［M］. 北京：化学工

业出版社.

[33]贾德昌,宋桂明,2008.无机非金属材料性能[M].北京:科学出版社.

[34]贾德昌,林铁松,2007. 一种碳纤维增强无机聚合物基复合材料的制备方法.中国:ZL 200710144583.5[P].

[35]贾德昌,何培刚,2009. 连续纤维增强无机聚合物基复合材料的制备方法.中国,ZL 200910071697.0[P].

[36]贾德昌,王美荣,何培刚,2009. 一种不锈钢纤维网增强铝硅酸盐聚合物复合材料的制备方法.中国:ZL 200910071753.0[P].

[37]李云凯,王勇,高勇,等,2002.粉煤灰空心微珠性能的测试研究[J].硅酸盐学报,30(5):664-667.

[38]梁德富,2008.$C_{sf}+\alpha$-Al_2O_{3p}增强无机聚合物的组织与力学性能[D],哈尔滨:哈尔滨工业大学.

[39]林铁松,贾德昌,梁德富,2009.$C_{sf}(\alpha$-$Al_2O_{3p})$强韧铝硅酸盐聚合物基复合材料机械性能及断裂行为[J].人工晶体学报,38(增刊):283-287.

[40]林铁松,2009.$C_{sf}(Al_2O_{3p})$强韧铝硅酸盐聚合物基复合材料的力学性能及断裂行为[D].哈尔滨:哈尔滨工业大学.

[41]林铁松,贾德昌,何培刚,等,2010. 短碳纤维增强无机聚合物基复合材料的力学性能及断裂行为[J].硅酸盐通报,29(2):278-283.

[42]马鸿文,凌发科,杨静,等,2002. 利用钾长石尾矿制备矿物聚合材料的实验研究[J].地球科学,27(5):1-9.

[43]王金艳,2011.SiC_f/铝硅酸盐聚合物复合材料的力学性能和断裂行为[D].哈尔滨:哈尔滨工业大学.

[44]王零森,2003. 特种陶瓷[M].长沙:中南大学出版社.

[45]王美荣,2011. 铝硅酸盐聚合物聚合机理及含漂珠复合材料组织与性能[D].哈尔滨:哈尔滨工业大学.

[46]王美荣,贾德昌,何培刚,等,2011. 漂珠尺寸对35vol.%漂珠/铝硅酸盐聚合物复合材料组织结构与性能的影响[J].稀有金属材料与工程(增刊),40:1-4.

[47]王晴,吴泉,吴昌鹏,2007.新型胶凝材料-无机矿物聚合物性能的研究[J].混凝土,208(2):62-63.

[48]徐兰兰,2011.SiC_f增强铝硅酸盐聚合物基复合材料的力学性能及断裂行为[D].哈尔滨:哈尔滨工业大学.

[49]徐凤广,2002. 漂珠的物性研究及与原始粉煤灰的比较[J].煤炭科学技,30(9):49-52.

[50]徐凤广,2002. 粉煤灰中漂珠的物性研究与应用[J].中国矿业,11(6):43-45.

[51]郑斌义,2013. 单向连续SiC_f增强铝硅酸盐聚合物基复合材料的力学性能[D].哈尔滨:哈尔滨工业大学.

[52]闫姝,2016.氧化石墨烯增强铝硅酸盐聚合物的聚合与陶瓷化机制[D].哈尔滨:哈尔滨工业大学.

[53]周玉,1996. 陶瓷材料学[M].哈尔滨:哈尔滨工业大学出版社.

第7章 短纤维增强无机聚合物基复合材料的力学性能预测

本章利用材料细观力学理论,建立短纤维复合材料力学性能同纤维的含量、长径比、分布及纤维性能等细观结构之间的对应关系,进而对短纤维增强无机聚合物基复合材料的强度、模量以及拔出能进行预测研究,为该类复合材料的进一步力学分析与优化设计提供理论参考。

7.1 短纤维增强无机聚合物基复合材料抗弯强度的预测

7.1.1 短纤维增强复合材料的强度理论

纤维增强的复合材料在承受荷载作用时,纤维并不直接受力,荷载直接作用到基体材料,然后通过基体与纤维之间的界面传递到纤维中去,从而实现纤维的增强作用。因而增强体纤维的长度、排布方式以及纤维与基体间的界面结合对复合材料的力学性能都有重要的影响。当纤维长度比传递应力的界面区长度大很多时,纤维末端的传递载荷作用可忽略不计,此时纤维可以看成是连续的。在短纤维复合材料的情况下,随着纤维长径比的减小,纤维与周围基体的应力、应变场因纤维的不连续而发生了改变,纤维增强基体的效率下降,因此短纤维端部应力分布对于短纤维增强复合材料的性能起着非常重要的作用。

最早Cox(1952)利用剪滞法对短纤维端部应力进行了研究,发现对于短纤维来说,达到最大纤维应力$(\sigma_f)_{max}$存在一个最小纤维长度。如果纤维受力方向沿着载荷加载的方向,则此短纤维的最小长度定义为临界纤维长度L_c(critical fiber length),即

$$L_c = \frac{\sigma_{fu} d_f}{2\tau_i} \tag{7.1}$$

式中,σ_{fu}为纤维拉伸强度(fiber tensile strength);d_f为纤维直径(fiber diameter);τ_i为界面剪切应力(interfacial shear stress)。

临界纤维长度L_c是载荷传递长度的最大值,而且与作用应力无关,它是短纤维复合材料的重要参量之一,并能影响复合材料的极限性能。如果纤维的实际长度L小于或等于L_c,则复合材料在断裂过程中纤维会全部被拔出。而当纤维的实际长度L大于L_c时,由于增强纤维的应力可以达到其平均强度,因此复合材料断裂时纤维一部分会被拔出,另一部分则会被拔断。

在纤维增强复合材料中,只有当纤维完全与载荷同方向时,其对基体的增强效果最大。当纤维垂直于载荷方向时,就完全失去了增强作用。对于与载荷方向成θ角的纤维,Cox(1952)和Bowyer(1972)等通过引入纤维取向系数η_θ(fiber oriental coefficient)(或称取向因子(orientation factor))对与载荷呈一定角度的纤维分担外载荷的效果进行了分析。定义

增强纤维与载荷方向呈 θ 角时,其能够分担外荷载的有效长度为其沿荷载方向的投影长度 $L\cos(\theta)$,把纤维的有效长度记为 $\eta_\theta L$。复合材料中每根纤维都处于不同方向时,η_θ 为所有纤维取向角上的纤维方向余弦的平均值,并有 $0 \leqslant \eta_\theta \leqslant 1$。

假设复合材料断裂时纤维的屈服应变大于基体的屈服应变($\varepsilon_{fu} > \varepsilon_{cu}$),可以获得复合材料的预测强度如下:

① 如果 $L < L_c$,那么纤维的最大应力达不到对应基体极限拉应变时纤维的应力 $(\sigma_f)_{\varepsilon_{cu}}$。因此,无论作用应力有多大,纤维均不能达到其平均强度 σ_{fu} 而断裂。复合材料的破坏是由于基体或界面破坏引起的,同时考虑到纤维的排布方式,所以其抗弯强度为

$$\sigma_{cu} = \eta_\theta \frac{\tau L}{d_f} V_f + \sigma_{mu} V_m \tag{7.2}$$

② 如果 $L > L_c$,当基体应力达到其强度 σ_{mu} 时,纤维最大应力 $(\sigma_f)_{max}$ 达到对应基体极限拉应变 ε_{cu} 时的纤维应力 $(\sigma_f)_{\varepsilon_{cu}}$。当纤维的体积比较小时,基体一经开裂,纤维马上被拉断,复合材料的破坏表现为简单破坏。此时其抗弯强度的预测公式为

$$\sigma_{cu} = \eta_1 \eta_\theta (\sigma_f)_{\varepsilon_{mu}} V_f + \sigma_{mu} V_m \tag{7.3}$$

式中,η_1 为纤维长度系数(fiber length coefficient),是在考虑短纤维末端对于应力传递影响的情况下纤维的平均应力与最大应力间的比值。当纤维的体积比较大时,基体某断面由于开裂而转移给纤维的荷载不能使纤维拉断,通过一定的黏结力传递,这部分载荷又重新回到基体中去,造成基体的多缝开裂,当复合材料破坏时,载荷已全部由纤维承担,复合材料的破坏表现为复合破坏,其抗弯强度预测公式为

$$\sigma_c = \eta_1 \eta_\theta \sigma_{fu} V_f \tag{7.4}$$

令式(7.3)与式(7.4)相等,得到两种破坏形式对应的临界纤维体积比为

$$V_{fcr} = \frac{\sigma_{mu}}{\eta_1 \eta_\theta [\sigma_{fu} - (\sigma_f)_{\varepsilon_{mu}}] + \sigma_{mu}} \tag{7.5}$$

根据 Cox 的简化应力传递理论 η_1 为

$$\eta_1 = 1 - \frac{L_c}{2L} \tag{7.6}$$

7.1.2　短纤维增强 KGP 基复合材料抗弯强度的预测及分析

无论采用高模量的碳纤维、碳化硅纤维、钢纤维、石英纤维、聚乙烯醇纤维以及各种矿物纤维(如玄武岩纤维)等哪种纤维增强 KGP 基复合材料,在承受外加载荷时,其纤维的最大应变都远大于基体的应变,因此对于短纤维增强的 KGP 基复合材料强度均可依照式(7.2)、(7.3)和(7.4)进行预测。下面以文献(林铁松 2009,徐兰兰 2011,梁德富 2008)研究的短碳纤维和短碳化硅纤维增强的 K - PSS 复合材料为例,对其强度进行预测及分析。

对于二维平面短纤维增强的复合材料,假设平面取向的短纤维在二维方向上呈现均匀分布的特征,纤维在圆平面上的分布概率是相等的,纤维与复合材料受力方向的夹角为 θ,因此纤维的取向系数可由式(7.7)获得。

$$\eta_\theta = \int_0^{\frac{\pi}{2}} \frac{2}{\pi} \cos \theta d\theta = \frac{2}{\pi} \approx 0.637 \tag{7.7}$$

碳纤维和碳化硅纤维增强体的部分物理及力学性能参数见表 7.1。依照文献(林铁松

2009)假设碳纤维与 K – PSS 基体间界面结合强度为 3.7 MPa。依据式(7.1)及组分材料的基本性能参数得到此复合材料中短碳纤维的临界长度为 2.92 mm。由此当纤维长度为 2 mm 时,低于临界长度,复合材料的强度需根据式(7.2)进行预测;当碳纤维的长度为 7 mm 和 12 mm 时,依照式(7.6)获得复合材料的长度系数 η_l 分别为 0.793 和 0.878。通过计算对应的临界纤维的体积分数为 1.46%。由于均低于实际采用的纤维的体积分数为(3.5%),因此复合材料的强度预测需依据式(7.4)进行。同理,依照文献(徐兰兰 2011)碳化硅纤维与 K – PSS 基体间界面结合强度为 6.9 MPa,计算获得碳化硅纤维的临界长度为 2.82 mm。由此根据式(7.2)对纤维长度为 2 mm 时复合材料强度进行预测。同样当碳化硅纤维的长度为 5 mm 和 8 mm 时,其对应的临界纤维体积分数均低于实际采用的纤维体积分数为(2.0%),因此复合材料的强度预测也需依据式(7.4)进行。

表 7.1　增强纤维的性能参数

材料	强度 /MPa	弹性模量 /GPa	剪切模量 /GPa	泊松比	直径 /μm	长度 /mm
碳纤维	2 700	230	88.46	0.3	8	2、7、12
碳化硅纤维	3 000	200	—	—	13	2、5、8

对于文献(梁德富 2008)描述的乱向短碳纤维增强 K – PSS 复合材料,若假设该复合材料中纤维的重力作用和边壁效应可以忽略不计,短碳纤维可以看作是在三维方向均匀分布,纤维在半球内任意一个位置均具有相同的概率分布。因此纤维的取向系数可表示为

$$\eta_\theta = \int_0^{\frac{\pi}{2}} \cos\theta \sin\theta \mathrm{d}\theta = \frac{1}{2} \tag{7.8}$$

由于复合材料中短碳纤维的长度只有 1 mm,小于上述计算的临界纤维长度 2.92 mm,因此该复合材料的强度预测依据式(7.2)进行。

将复合材料中各组分材料的基本参数代入复合材料强度预测公式得出预测值,并与实测值进行对比。由于预测公式给出的强度是指复合材料的拉伸强度,而复合材料的拉伸强度与弯曲强度间存在一换算系数 α,根据经验以及纤维增强的 K – PSS 复合材料的性质,二维和三维短纤维复合材料拉伸强度与抗弯强度间的换算系数分别定为 1.66 和 1.2。具体的强度预测结果见表 7.2。

表 7.2　短纤维增强 K – PSS 基复合材料抗弯强度预测值

复合材料	复合材料强度		
	实际值 /MPa	预测值 /MPa	相对误差 /%
C2V35	61.5	64.3	+ 4.6
C7V35	91.3	79.5	− 12.9
C12V35	84.6	88.3	+ 4.2
S2V20	13.1	25.7	+ 96.1
S5V20	49.0	45.6	− 6.9
S8V20	34.6	52.3	+ 51.2
C1V05	11.3	19.6	+ 73.4
C1V10	14.8	20.9	+ 41.2
C1V20	25.6	23.6	− 7.8
C1V30	22.1	26.2	+ 18.5

注:C 和 S 分别代表短碳纤维和短碳化硅纤维,后面的数字代表纤维的长度;V 及后面的数字代表纤维的体积分数

由于预测模型建立在复合材料完全致密、内部不存在任何孔隙的基础上,而实际制备的复合材料由于纤维的引入使得排气变得困难,尤其对于无压力成型的复合材料中气孔所占的比例很大,严重削弱了复合材料中基体强度;同时,复合材料内部比较多的气孔若存在于纤维与基体的界面处,则也会削弱纤维与基体间的剪切强度。综上因素造成大部分预测值较实测值偏高,并且偏差随着复合材料内部气孔的增多而增大。

7.2　短纤维增强 KGP 基复合材料弹性模量的预测

众多的研究学者对单向纤维增强复合材料刚度预测方面已经做了非常多的研究工作,并得到了很多在理论和工程上都比较有用的理论或半理论半经验模型。其计算结果也存在或大或小的误差。对于短纤维增强的复合材料,由于纤维在基体中存在分布的随机性、计算模型和实验误差等因素,不论在理论上做何等精密的分析和计算,与实验结果之间总是存在一定的差距。

赵延军(2004)对于计算复合材料弹性常数的几个常用模型,如 Hashin – Shrikman 上下限模型、Eshelby 模型、Mori – Tanaka 模型、Halpin – Tsai 模型、剪切迟滞模型与 Tengdon – Weng 模型的适用性与准确性进行了分析。Hashin – Shriklman 上下限模型虽然能给出较为准确的各模量的上、下限,对其他模型的计算值和实验结果进行一个大概的判定,但对于要求各模量精确值的工程计算,其结果远远不能满足要求。Eshelby 模型思路简单明了,但由于其假设的前提条件是无限大基体包围单根纤维,没有考虑纤维与纤维之间的相互作用,所以,用它所得的模量值随复合材料中的纤维含量的增加而线性地增加。这与实际情况不相符,因而只适用于纤维含量极低的情况;另外,由于其假定纤维是椭球体,而非与实际纤维形状接近的圆柱体,这就使其计算结果与实验值差距增大。剪切迟滞模型把一部分基体当作纤维,充分考虑了纤维与基体之间的过渡,即纤维与基体的结合性,故其模拟结果较准确;但它只能用于求解纤维方向的弹性模量 E_{11},要想得到其他模量值,还得借助于其他模型。

Halpin – Tsai 模型、Mori – Tanaka 模型及 Tengdon – Weng 模型是工程计算或学者研究时常用的模型。Halpin – Tsai 模型建立在实验与理论基础上的一个模型,既简单又比较精确,使用时只要将 η 值用理论和实验相结合的方法确定得更为合适就行。Mori – Tanaka 模型运算简单,并考虑了复合材料中纤维与纤维之间的相互作用,所以在复合材料中纤维体积分数较高的情况下,其模拟值也比较准确。Tengdon – Weng 模型则是 Mori – Tanaka 模型的改进。

7.2.1　单向短纤维复合材料的模量预测

Halpin – Tsai 模型是一个公认为比较好的半经验模型,并长期被用来预测短纤维复合材料。顾震隆(1985)对于纤维体积比小于 1 的复合材料预测值与实验值对比表明这个模型的预测结果还是比较准确的。Charles(1999)给出的 Halpin – Tsai 模型成立的假设前提条件如下:

(1)纤维和基体都是线弹性的。基体是各向同性的,而纤维可以是各向同性的,也可以是横观各向同性的。

(2)纤维具有相同的形状和尺寸,呈轴对称。

（3）纤维和基体结合良好，即使在变形的过程中也保持很好的结合性。这样，可以不用考虑纤维和基体界面上地滑动、分离及基体的微裂纹。

Halpin – Tsai 模型表达式为

$$\frac{P}{P_m} = \frac{1 + \zeta \eta v_f}{1 - \eta v_f}, \qquad \eta = \frac{P_f/P_m - 1}{P_f/P_m + \zeta} \tag{7.9}$$

式中，P 为要预测的复合材料弹性常数；P_f 为纤维相应的弹性常数；P_m 为基体相应的弹性常数；ζ 是一个决定于基体泊松比和特殊弹性性能的参数。其取值见表 7.3。

表 7.3 Halpin – tsai 方程中的参数值（Charles **1999**）

P	P_f	P_m	ζ
E_{11}	E_f	E_m	$2(L/d_f)$
E_{12}	E_f	E_m	2
G_{12}	G_f	G_m	1
G_{23}	G_f	G_m	$(1 + v_m)/(3 - v_m - 4v_m^2)$
v_{12}	—	—	$V_f v_f + V_m v_m$

单向短纤维复合材料是一种正交异性材料，记 1 为纤维方向，2 为面内垂直于纤维的方向，3 为厚度方向。在面内受力情况下，处于平面应力状态。仅有面内应力 σ_1、σ_2、τ_{12}，其他应力为零，即 $\sigma_3 = \tau_{23} = \tau_{13} = 0$。顾震隆（1985）给出的纤维方向与外部应力方向平行或垂直时的正轴宏观本构方程为

$$\begin{Bmatrix} \sigma_1 \\ \sigma_2 \\ \tau_{12} \end{Bmatrix} = \begin{pmatrix} Q_{11} & Q_{12} & 0 \\ Q_{21} & Q_{22} & 0 \\ 0 & 0 & Q_{66} \end{pmatrix} \begin{Bmatrix} \varepsilon_1 \\ \varepsilon_2 \\ \gamma_{12} \end{Bmatrix} \tag{7.10}$$

即 $\{\sigma\} = [Q]\{\varepsilon\}$，其中，$[Q]$ 称为正轴刚度系数（orthoaxis stiffness coefficient）。

进行力学分析时，要用到非材料主轴下的应力应变关系，即偏轴宏观本构方程。图 7.1 中 1O2 为材料主轴，xOy 为偏轴（外部应力实际方向），由 x 轴到 1 轴的夹角为 θ。

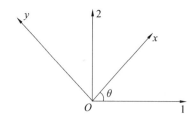

图 7.1 材料主轴与偏轴关系图（王彦明 2006）

利用坐标转换有

$$\begin{Bmatrix} \sigma_x \\ \sigma_y \\ \tau_{xy} \end{Bmatrix} = \begin{pmatrix} \cos^2\theta & \sin^2\theta & -2\sin\theta\cos\theta \\ \sin^2\theta & \cos^2\theta & 2\sin\theta\cos\theta \\ \sin\theta\cos\theta & -\sin\theta\cos\theta & \cos^2\theta - \sin^2\theta \end{pmatrix} \begin{Bmatrix} \sigma_1 \\ \sigma_2 \\ \tau_{12} \end{Bmatrix} \tag{7.11}$$

令

$$[T]^{-1} = \begin{pmatrix} \cos^2\theta & \sin^2\theta & -2\sin\theta\cos\theta \\ \sin^2\theta & \cos^2\theta & 2\sin\theta\cos\theta \\ \sin\theta\cos\theta & -\sin\theta\cos\theta & \cos^2\theta - \sin^2\theta \end{pmatrix} \tag{7.12}$$

为了更自然地表示应变向量,引进 Router 矩阵为

$$[R] = \begin{pmatrix} 1 & 0 & 0 \\ 0 & 1 & 0 \\ 0 & 0 & 2 \end{pmatrix} \tag{7.13}$$

可以证明

$$\begin{Bmatrix} \sigma_x \\ \sigma_y \\ \tau_{xy} \end{Bmatrix} = [R][T]^{-1}[R]^{-1}[Q][T] \begin{Bmatrix} \varepsilon_x \\ \varepsilon_y \\ \gamma_{xy} \end{Bmatrix} \tag{7.14}$$

若令

$$\begin{Bmatrix} \sigma_x \\ \sigma_y \\ \tau_{xy} \end{Bmatrix} = \begin{pmatrix} Q'_{11} & Q'_{12} & Q'_{16} \\ Q'_{12} & Q'_{22} & Q'_{26} \\ Q'_{16} & Q'_{26} & Q'_{66} \end{pmatrix} \begin{Bmatrix} \varepsilon_x \\ \varepsilon_y \\ \gamma_{xy} \end{Bmatrix} \tag{7.15}$$

则可求出偏轴刚度系数(offaxis stiffness coefficient)$[Q']$ 的值为

$$\begin{cases} Q'_{11} = Q_{11}\cos^4\theta + Q_{22}\sin^4\theta + (2Q_{12} + 4Q_{66})\sin^2\theta\cos^2\theta \\ Q'_{22} = Q_{11}\sin^4\theta + Q_{22}\cos^4\theta + (2Q_{12} + 4Q_{66})\sin^2\theta\cos^2\theta \\ Q'_{66} = (Q_{11} + Q_{22} - 2Q_{12} - 2Q_{66})\sin^2\theta\cos^2\theta + Q_{66}(\sin^4\theta + \cos^4\theta) \\ Q'_{12} = (Q_{11} + Q_{22} - 4Q_{66})\sin^2\theta\cos^2\theta + Q_{12}(\sin^4\theta + \cos^4\theta) \\ Q'_{16} = \sin\theta\cos\theta[Q_{11}\cos^2\theta - Q_{22}\sin^2\theta + (Q_{12} + 2Q_{66})(\sin^2\theta - \cos^2\theta)] \\ Q'_{26} = \sin\theta\cos\theta[Q_{11}\sin^2\theta - Q_{22}\cos^2\theta + (Q_{12} + 2Q_{66})(\cos^2\theta - \sin^2\theta)] \end{cases} \tag{7.16}$$

7.2.2　乱向短纤维复合材料的模型及预测

对于乱向短纤维增强复合材料模量的预测,赵彦军(2004)等充分利用了单向纤维增强复合材料力学模型,将乱向短纤维增强复合材料进行了分解。即用只有平面取向的假设复合材料的叠加来代替具有三维空间取向的乱向复合材料。如图 7.2 中坐标系所示,如果要计算 1 方向的弹性模量,则以 1 方向为主方向。θ 表示纤维取向方向与轴 1 方向的夹角($0 \leqslant \theta \leqslant \pi/2$),$\varphi$ 表示每一材料层具有的取向角($0 \leqslant \varphi \leqslant 2\pi$)。假设 $\varphi = 0$,则乱向复合材料实为二维平面复合材料。将二维平面复合材料可进一步分解,即可分解成具有不同 θ 取向角的单向取向层状材料的叠加。基于此简化,如图 7.2(a) 乱向复合材料可分解为图 7.2(b) 中所示的取向角为 $\varphi(0 < \varphi < 2\pi)$ 的平面取向纤维增强复合材料,再进一步将每一个平面增强复合材料分解为取向角为 θ 的不同单向纤维取向复合材料层(图 7.2(c)),各层的纤维取向角为 $\theta(0 < \theta < \pi/2)$,为平面内纤维取向方向与所选的主方向的夹角。由此可推得平均纤维取向角 θ_{mean} 的表达式为

$$\theta_{\text{mean}} = \int_{\theta_{\min}}^{\theta_{\max}} \theta g(\theta) \mathrm{d}\theta \tag{7.17}$$

式中,$\theta_{\min}$ 为纤维取向角中的最小值;$\theta_{\max}$ 为纤维取向角中的最大值。

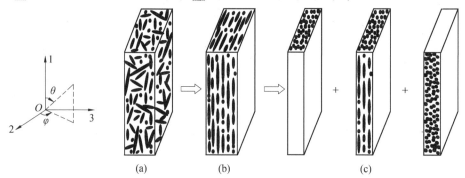

图 7.2　平面取向短纤维增强复合材料的代表单元及模型简化(赵延军 2004)

按照图 7.2 所示的步骤对乱向纤维增强复合材料进行简化之后,可以依据单向纤维增强复合材料弹性模量模型推导出二维平面增强复合材料的弹性模量;然后依照相似的方法,获得乱向纤维增强的复合材料模量。具体计算步骤如下:

(1) 根据单向短纤维复合材料模量预测模型求出图 7.2 中各单向取向单层复合材料的模量 E_{11}、E_{22}、G_{12}、G_{23}、υ_{12} 等,即取向角为 0 层的正轴弹性模量。

(2) 由(1) 中所得的各层的弹性模量,利用式(7.10) 求出取向角为 θ 的单向层的正轴刚度系数 $[Q]$。

(3) 由转角公式将各层的 1 – 2 坐标系中的正轴刚度系数转化为 $x - y$ 坐标系中的偏轴刚度系数 $[Q']$。

(4) 采用式(7.18) 将任意纤维方向里 $[Q']$ 的平均值作为各向同性复合材料的平面刚度矩阵 $[C_{ij}]$。

$$[C_{ij}] = \frac{1}{\pi}\int_0^{\pi} Q'_{ij}\mathrm{d}\theta \tag{7.18}$$

同时在平面应力状态下各向同性材料的应力 – 应变关系也可以写成

$$\begin{Bmatrix} \sigma_{11} \\ \sigma_{22} \\ \tau_{12} \end{Bmatrix} = \begin{pmatrix} \dfrac{\bar{E}}{1-v^2} & \dfrac{\bar{v}\bar{E}}{1-v^2} & 0 \\[3mm] \dfrac{\bar{v}\bar{E}}{1-v^2} & \dfrac{\bar{E}}{1-v^2} & 0 \\[3mm] 0 & 0 & \dfrac{\bar{E}}{2(1+v)} \end{pmatrix} \begin{Bmatrix} \varepsilon_{11} \\ \varepsilon_{22} \\ 2\varepsilon_{12} \end{Bmatrix} \tag{7.19}$$

(5) 联立式(7.15) 和式(7.16) 求出二维平面复合材料的弹性模量。

(6) 利用通过单向复合材料推导平面复合材料模量相似的方法,由平面复合材料推导获得乱向复合材料的弹性模量。

7.2.3　短纤维增强 KGP 基复合材料弹性模量的预测及验证

为了与已知实验数据相比较,短纤维增强 KGP 基复合材料弹性模量的模型验证同样以 5.2.2 节二维短碳纤维增强的 K – PSS 基复合材料为基础。依据 Halpin – tsai 方程、平面短纤维强韧模型以及该复合材料基本的性能参数预测复合材料的模量。本次预测参照张云升(2003)的工作,将试验中基体材料的泊松比定为 0.227。同样,对于复合材料内部气孔做如下假设:复合材料中的气孔均为封闭的球形气孔。依据气孔对复合材料弹性模量的影响,获得复合材料弹性模量影响公式为

$$E = E_t(1 - 1.9p + 0.9p^2) \tag{7.20}$$

式中,E_t 为根据模型预测得出的复合材料弹性模量;p 为气孔率。

表 7.4 为纤维体积分数为 3.5%,气孔率为 16.5% 的不同长度二维短碳纤维增强的 K – PSS 复合材料弹性模量预测值。可以看出,复合材料弹性模量预测值与实测值具有较好的匹配性,相对误差只有 - 2.9% ~ - 1.5%。这说明采用 Halpin – tsai 方程以及平面取向短纤维复合材料简化模型并考虑复合材料内部气孔率对弹性模量的影响后,可以相对准确地预测短纤维增强 KGP 基复合材料弹性模量。

表 7.4　复合材料弹性模量预测值(林铁松 2009)

复合材料	复合材料弹性模量		
	实测值 /GPa	预测值 /GPa	相对误差 /%
C2V35	6.7	6.5	- 2.9
C7V35	6.7	6.6	- 1.5
C12V35	6.7	6.6	- 1.5

注:C 代表短碳纤维,后面的数字代表纤维的长度;V 及后面的数字代表纤维的体积千分含量

7.3　短纤维增强 KGP 基复合材料纤维拔出能的计算

纤维对于复合材料的强化,不仅体现在复合材料强度提高上,而且还体现在材料应用的高可靠性上,这表现在材料性能上为复合材料断裂能的大幅度提高。在纤维强韧化复合材料中促使复合材料断裂能提高的方式包括纤维 – 基体界面脱粘、脱粘后的摩擦、基体变形、纤维与基体的断裂以及纤维的拔出等。然而并不是所有的方式在某一复合材料系统中都起主要作用。针对某一特定的复合材料系统,也许某一方式对复合材料的断裂能的提高起到主导作用,其他方式只起到辅助作用。对于高模量短纤维增强的 KGP 基复合材料,由于纤维与基体间强度差异巨大,复合材料断裂过程中纤维的拔出是其最主要的韧化方式,吸收绝大部分的断裂能。因此,计算复合材料在断裂过程中的拔出能可以很好地表征复合材料的断裂行为。

7.3.1　短纤维增强复合材料中单根纤维的拔出能

对于单向短纤维增强的复合材料来说,纤维的临界纤维长度 L_c 在节 7.1.1 中已经讨论。而对于非单向短纤维增强的复合材料来说,纤维与复合材料承载的方向呈一定的角度,因此此时的临界纤维长度也有所变化。Fu(1997) 等人给出乱向短纤维增强复合材料时临界纤维长度 $L_{c\theta}$ 为

$$L_{c\theta} = \frac{\sigma_{fu\theta}d_f}{2\tau_i \exp(\mu\theta)} \tag{7.21}$$

式中,$\sigma_{fu\theta}$ 为沿载荷方向纤维对强度的贡献,即纤维倾斜强度(fiber inclined strength)。

$$\sigma_{\mathrm{fu}\theta} = \sigma_{\mathrm{fu}}(1 - A\tan\theta) \tag{7.22}$$

将式(7.22)代入式(7.21),同时考虑式(7.1)$L_{\mathrm{c}} = \dfrac{\sigma_{\mathrm{fu}}d_{\mathrm{f}}}{2\tau_i}$,则可得到 $L_{\mathrm{c}\theta}$ 与 L_{c} 之间的关系,即

$$L_{\mathrm{c}\theta} = \frac{L_{\mathrm{c}}(1 - A\tan\theta)}{\exp(\mu\theta)} \tag{7.23}$$

式中,A 为影响纤维倾斜强度常数(a constant determining the fiber inclined strength);μ 为摩擦因数(friction coefficient)。对于非单向纤维增强的复合材料,必须考虑当纤维与断裂面呈一定的角度从基体中被拔出时纤维与基体间的摩擦。此时的界面剪切应力为

$$\tau(\delta) = a_0 + a_1\delta + a_2\delta^2 \tag{7.24}$$

式中,a_0、a_1、a_2 为经验常数;δ 为纤维拔出长度(fiber pull-out length)。

图7.3 所示假设复合材料裂纹扩展方向与纤维分布方向的夹角为 θ,并且碰到纤维时,距离裂纹处较短长度纤维的一段被拔出。受到纤维与基体间摩擦力的影响,拔出纤维时所用的力为

$$P(l,s,\theta) = \tau_{\mathrm{f}}(s)\pi d_{\mathrm{f}}(l - s)\exp(\mu\theta) \tag{7.25}$$

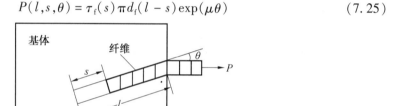

图7.3　短纤维从复合材料基体中拔出的示意图(Fu et al 1997)

如果纤维是不可变形的,那么裂纹扩展长度与纤维的滑移距离是相等的,有 $s = \delta$,因此有

$$\begin{cases} P(l,\delta,\theta) = \tau_{\mathrm{f}}(\delta)\pi d_{\mathrm{f}}(l - \delta)\exp(\mu\theta) & (l \geqslant \delta) \\ P(l,\delta,\theta) = 0 & (l \geqslant \delta) \end{cases} \tag{7.26}$$

因此纤维拔出能(fiber pull-out energy)为

$$\begin{cases} W_{\mathrm{po}}(l,\theta) = \displaystyle\int_{\delta=0}^{l} P(l,\delta,\theta)\,\mathrm{d}\delta & (l \leqslant L_{\mathrm{c}\theta}) \\ W_{\mathrm{po}}(l,\theta) = 0 & (l \geqslant L_{\mathrm{c}\theta}) \end{cases} \tag{7.27}$$

7.3.2　短纤维增强复合材料中纤维的拔出能

假设复合材料试样是一个长宽高分别为 c_1、c_2、c_3 的试条。c_3 轴平行于载荷方向。A_{c} 与 A_{f} 分别为复合材料和纤维的断裂面面积。V_{f} 与 L' 分别为纤维的体积分数和平均长度。则试样中纤维的数量为

$$N = \frac{A_{\mathrm{c}}c_3 V_{\mathrm{f}}}{A_{\mathrm{f}}L'} \tag{7.28}$$

假设纤维的长度分布函数与角度分布函数是分别独立的,那么在 L 至 $L + \mathrm{d}L$,θ 至 $\theta + \mathrm{d}\theta$

范围内纤维的数量为

$$\mathrm{d}N = N f(L) g(\theta) \mathrm{d}L \mathrm{d}\theta \tag{7.29}$$

如果纤维在复合材料中的分布是均匀的,那么通过任意断面在 L 至 $L + \mathrm{d}L$, θ 至 $\theta + \mathrm{d}\theta$ 范围内纤维数量是

$$\mathrm{d}N_{\mathrm{c}} = \frac{\mathrm{d}N L \cos \theta}{c_3} \tag{7.30}$$

因此通过任意断面的较短部分纤维长度在 l 至 $l + \mathrm{d}l$ 的数量为

$$\mathrm{d}N_{\mathrm{c}}(l) = \mathrm{d}N_{\mathrm{c}}\left(\frac{2\mathrm{d}l}{L}\right) \tag{7.31}$$

7.3.1 节已经讨论了纤维与复合材料承载的方向呈一定的角度情况下的纤维的临界长度问题。受纤维与基体间界面摩擦力以及纤维倾斜强度的影响,因此对于任何当 $l \geqslant L_{c\theta}/2$,纤维都会被拔断。下面通过一个分布函数来考虑纤维的拔断问题

$$U(l) = \begin{cases} 1 & (l < L_{c\theta}/2) \\ 0 & (l \geqslant L_{c\theta}/2) \end{cases} \tag{7.32}$$

此时复合材料的纤维拔出能可以表示为

$$W_{\mathrm{po}} = \frac{1}{A_{\mathrm{c}}} \int_{\theta=0}^{\frac{\pi}{2}} \int_{L=L_{\min}}^{L=L_{\max}} \int_{l=0}^{\frac{L}{2}} W_{\mathrm{po}}(l,\theta) U(l) N f(L) \times g(\theta) \left(\frac{2\cos\theta}{c_3}\right) \mathrm{d}l\mathrm{d}L\mathrm{d}\theta \tag{7.33}$$

若纤维的长度是一定的,则式(7.33) 可变为

$$W_{\mathrm{po}} = \frac{8 V_{\mathrm{f}}}{\pi d_{\mathrm{f}}^2 L} \int_{\theta=0}^{\frac{\pi}{2}} \int_{l=o}^{\frac{L}{2}} W_{\mathrm{po}}(l,\theta) U(l) g(\theta) \cos \theta \mathrm{d}l\mathrm{d}\theta \tag{7.34}$$

将式(7.27) 代入式(7.34),得

$$W_{\mathrm{po}} = \frac{8 V_{\mathrm{f}}}{d_{\mathrm{f}} L} \int_{\theta=0}^{\frac{\pi}{2}} \int_{l=o}^{\frac{L}{2}} \left(\frac{\alpha_0 l^2}{2} + \frac{\alpha_1 l^3}{6} + \frac{\alpha_2 l^4}{12}\right) \exp(\mu\theta) U(l) g(\theta) \cos \theta \mathrm{d}l\mathrm{d}\theta \tag{7.35}$$

为了保证 $\sigma_{\mathrm{fu}\theta} = \sigma_{\mathrm{fu}}(1 - A\tan \theta) \geqslant 0$。因此必然对应的纤维轴向与载荷间的夹角也有一个最大值,即

$$\theta_{\max} = \arctan\frac{1}{A} \tag{7.36}$$

因此

$$W_{\mathrm{po}} = \frac{8 V_{\mathrm{f}}}{d_{\mathrm{f}} L} \int_{\theta=0}^{\theta_{\max}} \int_{l=o}^{\frac{L}{2}} \left(\frac{\alpha_0 l^2}{2} + \frac{\alpha_1 l^3}{6} + \frac{\alpha_2 l^4}{12}\right) \exp(\mu\theta) U(l) g(\theta) \cos \theta \mathrm{d}l\mathrm{d}\theta \tag{7.37}$$

假设所有纤维与拉伸方向所成的角度是定值,则复合材料的纤维拔出能为

$$W_{\mathrm{po1}} = \frac{8 V_{\mathrm{f}}}{d_{\mathrm{f}} L} \int_{l=o}^{\frac{L}{2}} \left(\frac{\alpha_0 l^2}{2} + \frac{\alpha_1 l^3}{6} + \frac{\alpha_2 l^4}{12}\right) \exp(\mu\theta) \cos \theta \mathrm{d}l \quad (L < L_{c\theta}) \tag{7.38}$$

$$W_{\mathrm{po2}} = \frac{8 V_{\mathrm{f}}}{d_{\mathrm{f}} L} \int_{l=o}^{\frac{L_{c\theta}}{2}} \left(\frac{\alpha_0 l^2}{2} + \frac{\alpha_1 l^3}{6} + \frac{\alpha_2 l^4}{12}\right) \exp(\mu\theta) \cos \theta \mathrm{d}l \quad (L > L_{c\theta}) \tag{7.39}$$

同时复合材料的纤维拔出能也可表示为

$$W_{\mathrm{po}} = \int_{\theta=0}^{\theta_{\max}} (W_{\mathrm{po1}} + W_{\mathrm{po2}}) g(\theta) \mathrm{d}\theta \tag{7.40}$$

7.3.3　短纤维增强 KGP 基复合材料纤维拔出能的预测及验证

Suemasu 等人(2001)对于短纤维增强复合材料的角度分布函数给出的计算公式为

$$g(\theta) = \begin{cases} \dfrac{2}{\pi} & (\text{短纤维在二维平面均匀分布}) \\ \sin\theta & (\text{短纤维在三维方向均匀分布}) \end{cases} \tag{7.41}$$

同样为了与本书 5.2.2 节制备的二维短碳纤维增强 K - PSS 基复合材料的断裂功相对应,此次预测取 $g(\theta)=\dfrac{2}{\pi}$,并且假设纤维与基体间的界面剪切应力是常数,即 $a_1 = a_2 = 0$,则 $\tau_f = a_0$,复合材料的纤维拔出能可表示为

$$W_{po} = \frac{8V_f \alpha_0}{\pi d_f L} \Big[\int_{\theta=0}^{\arctan\frac{1}{A}} \int_{l=o}^{\frac{L}{2}} l^2 \exp(\mu\theta)\cos\theta \mathrm{d}l\mathrm{d}\theta + \int_{\theta=0}^{\arctan\frac{1}{A}} \int_{l=o}^{\frac{L_{c\theta}}{2}} l^2 \exp(\mu\theta)\cos\theta \mathrm{d}l\mathrm{d}\theta \Big]$$

$$\tag{7.42}$$

从式(7.42)中可以看出,V_f 与 d_f 未参与积分,由此根据公式的对应关系可以得出复合材料的纤维拔出能与纤维的体积分数成正比,与纤维的直径成反比。

结合 5.2.2 节中二维短碳纤维增强的 K - PSS 复合材料的基本参数选取 $V_f = 0.035$、$d_f = 8~\mu m$、$a_0 = 3.7~\mathrm{MN/m^2}$,假定式(7.42)中 $\mu = A = 0.25$。采用美国 Wolfram 研究公司生产的软件 mathematics7.0(本章下面的积分计算均采用此软件)对上式积分计算后可以得的曲线如图 7.4 所示。

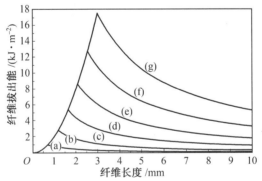

(a) L_c=0.4 mm; (b) L_c=1 mm; (c) L_c=1.6 mm; (d) L_c=2.2 mm; (e) L_c=2.8 mm; (f) L_c=3.4 mm; (g) L_c=4 mm

图 7.4　不同纤维长度下复合材料的纤维拔出能(林铁松 2009)

由图 7.4 可以看出,在临界纤维长度为定值的情况下,复合材料的纤维拔出能随着纤维长度的增加达到一最大值,然后又逐步减小。因此可以得出,在制备短纤维增强 K - PSS 基复合材料时,提高短纤维的长度并不一定对复合材料的纤维拔出能起到积极作用,在纤维长度大于纤维的临界纤维长度时,纤维长度太大反而容易拔断,不利于纤维的拔出。由于纤维在拔出过程中消耗的能量要大于纤维拔断所消耗的能量,因此纤维长度增加表现出来的断裂功不一定增加(本书忽略纤维的拔断对于复合材料断裂功的影响)。

5.2.2 节中制备的复合材料其短碳纤维的临界长度为 2.92 mm,当短纤维长度为 2 mm时,其长度低于临界长度,其纤维被拔出的比例很高,但是并没有达到可获得最大拔出能的纤维临界长度,当短纤维长度增加到 7 mm 时,纤维长度已超过临界纤维长度。当纤维长度

增加到 12 mm 时,其断裂功明显减小,这是由于在复合材料断裂过程中纤维被拔断的比例提高所致。另外,不同复合材料制备过程时通过增加制备压力或者采用纤维表面修饰提高纤维与基体间的结合力,这在一定程度上会增加复合材料的强度,但对复合材料拔出能的影响并不一定是积极的,这是由于复合材料中短纤维长度为定值时,由 $L_c = \sigma_{fu} d_f / 2\tau_i$ 可知,纤维与基体间的界面剪切应力越大,纤维的临界纤维长度就越小,因此在其他条件不变的情况下纤维的拔出能也就越小。

如果假设式(7.42)中,$A = 0.25$、$V_f = 0.035$、$d_f = 8\ \mu m$、$a_0 = 3.7\ MN/m^2$、$L_c = 2.92\ mm$,通过积分计算后可以获得如图 7.5 所示曲线。从图 7.5 中可以看出,在纤维较短时,纤维与基体的摩擦因数越大,相同短纤维长度下复合材料的纤维拔出能就越大,理论上可以获得的最大拔出能也就越高。这是由于纤维长度较短时,复合材料破坏并不会导致纤维的拔断,而是由基体与界面的破坏引起的。因此,界面结合强度越大,材料破坏时消耗的拔出能也就越大。而随着纤维长度增加到大于纤维的临界纤维长度以上时,复合材料破坏时纤维的断裂概率增加。而随着摩擦因数的增大,这种断裂概率会进一步增加,因此复合材料的纤维拔出能会随之减小。

如果假定式(7.42)中,$\mu = 0.25$、$V_f = 0.035$、$d_f = 8\ \mu m$、$a_0 = 3.7\ MN/m^2$、$L_c = 2.92\ mm$,通过积分计算后可以得到如图 7.6 所示曲线。

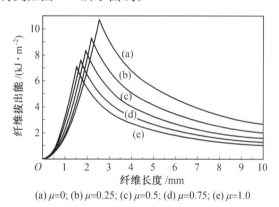

(a) $\mu=0$; (b) $\mu=0.25$; (c) $\mu=0.5$; (d) $\mu=0.75$; (e) $\mu=1.0$

图 7.5　不同纤维长度下复合材料的纤维拔出能(林铁松 2009)

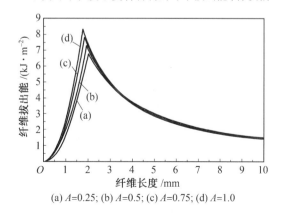

(a) $A=0.25$; (b) $A=0.5$; (c) $A=0.75$; (d) $A=1.0$

图 7.6　不同纤维长度下复合材料的纤维拔出能(林铁松 2009)

从图7.6中可以看出,在界面剪切力以及临界纤维长度为定值的条件下,随着 A 值的增加,相同短纤维长度下复合材料的纤维拔出能就越大,理论上可以获得的最大拔出能也就越高;但是获得理论上的最大拔出能所对应纤维长度在一定程度上减小了。参考式(7.34)和式(7.35),这同样也说明,纤维的倾斜强度越大,临界纤维长度越大,同样纤维长度下复合材料的纤维拔出能也就越大。当复合材料中的纤维长度较大时,同样符合此规律;但是复合材料的纤维拔出能相差并不大。这是因为纤维过长时,复合材料拔出能主要取决于纤维与基体间的界面能以及摩擦因数。

7.4　本章小结

(1)依据传统复合材料强度理论,考虑了纤维取向、长度以及体积分数的影响,建立了短纤维增强 KGP 基复合材料强度和模量预测模型,并通过与实际短纤维增强的 K - PSS 复合材料的强度和模量进行对比验证表明,该模型预测强度和预测模量与实测值误差不大,可以比较准确地预测短纤维增强 KGP 基复合材料的强度和模量。

(2)短纤维增强 KGP 基复合材料的纤维拔出能不仅与纤维的体积分数成正比,与纤维直径成反比,且随着复合材料临界纤维长度 L_c、纤维倾斜强度系数 A 的增加而增加。复合材料中纤维/基体界面摩擦因数 u 的增大在纤维较短时有利于拔出能的增大,但在纤维较长时,由于纤维的拔断概率增加反而不利于获得较高的断裂能。然而无论其他因素如何变化,复合材料的纤维拔出能随着纤维长度的增加都呈现先增大后减小的趋势。

参考文献

[1]BOWYER W H, BADER M G, 1972. On the reinforcement of thermoplastics by imperfectly aligned discontinuous fibers[J], *J. Mat. Sci.*, 7:1315-1321.

[2]CHARLES L, TUCKER I I I, ERWIN L, 1999. Stiffness predictions for unidirectional short-fiber composites: review and evaluation [J]. *Compos. Sci. Technol.*, 59:655-671.

[3]COX H L, 1952. The elasticity and strength of paper and other fibrous materials[J]. *British Journal of Applied Physics*, 3:72-79.

[4]FU Shaoyun,LAUKE B, 1997. The fibre pull-out energy of misaligned short fibre composites [J]. *J. Mater. Sci.*, 32:1985-1993.

[5]SUEMASU H, KONDO A, ITATANI K, et al, 2001. A probabilistic approach to the toughening mechanism in short-fiber-reinforced ceramic-matrix composites[J]. *Compos. Sci. Technol.*, 61:281-28.

[6]顾震隆,1985. 短纤维复合材料力学[M].北京:国防工业出版社.

[7]梁德富, 2008. $C_f + \alpha\text{-}Al_2O_{3p}$ 增强无机聚合物的组织与力学性能[D]. 哈尔滨:哈尔滨工业大学.

[8]林铁松, 2009. $C_{sf}(Al_2O_{3p})$ 强韧铝硅酸盐聚合物基复合材料的力学性能及断裂行为 [D]. 哈尔滨:哈尔滨工业大学.

[9]王彦明,2006.短碳纤维增强酚醛树脂/石墨复合材料的制备与力学行为研究[D].青岛:山东大学.

[10]徐兰兰,2011.SiC$_f$增强铝硅酸盐聚合物基复合材料的力学性能及断裂行为[D].哈尔滨:哈尔滨工业大学.

[11]张云升,2003.高性能地聚合物混凝土结构形成机理及其性能研究[D].南京:东南大学.

[12]赵彦军,2004.短纤维增强复合材料力学性能的预测研究[D].郑州:郑州大学.

第8章 铝硅酸盐无机聚合物陶瓷化机制与结晶动力学

铝硅酸盐聚合物材料在承受热载荷时,材料的组织结构、性能会发生什么样的变化,不仅蕴含着许多重要学术问题,而且对于在防火建筑材料、防火阻燃材料(flameresistant material)、耐热结构材料等方面的应用来说至关重要。经过高温处理,具有非晶网络结构的铝硅酸盐聚合物将发生从非晶态到晶态的转变,即发生"陶瓷化",结构也变得更为致密,力学性能也将随之改善。但目前有关铝硅酸盐聚合物陶瓷化的研究仍然很缺乏,如晶化动力学(crystallization kinetics)和陶瓷化产物热膨胀系数调控等方面至今仍然没有相关报道。本章将探讨钾离子(K$^+$)激发偏高岭土基铝硅酸盐聚合物(KGP)热演化(thermal evolution)机制和晶化动力学,并对其陶瓷化产物进行表征;同时为了抑制陶瓷化产物中白榴石的四方 – 立方相变、降低其热膨胀系数,采用铯离子(Cs$^+$)等量替代部分 K$^+$,讨论了 Cs$^+$ 等量替代后铝硅酸盐聚合物(CsKGP)的陶瓷化机制和陶瓷化产物的性能。

8.1 铝硅酸盐无机聚合物的热演化机制

制备铝硅酸盐无机聚合物的具体成分与工艺为:以偏高岭土(Al$_2$O$_3$ · 2SiO$_2$)、硅酸钾溶液(K$_2$O · 2SiO$_2$ · 15H$_2$O)、Cs$^+$ 等量替代 K$^+$ 硅酸钾溶液((Cs$_{(1-x)}$K$_x$)$_2$O · 2SiO$_2$ · 15H$_2$O,$x =$ 0.1、0.2、0.3、0.4)、熔石英粉末(SiO$_{2p}$)为原料,合成钾离子激发铝硅酸盐聚合物(K$_2$O · Al$_2$O$_3$ · 5SiO$_2$,KGP)和铯 – 钾离子混合激发铝硅酸盐聚合物((Cs$_{(1-x)}$K$_x$)$_2$O · Al$_2$O$_3$ · 5SiO$_2$,Cs$_x$K$_{(1-x)}$GP)。采用的高温处理工艺分为两种:一是到达所需高温后不保温直接降温,升降温速率均为 10 ℃/min(与热分析试验一致);二是高温保温试验,升降温速率为 5 ℃/min,保温 2 h。

8.1.1 KGP 的热重/差热分析

图 8.1 为 KGP 的 TG/DTA 曲线。可见,在连续加热情况下,KGP 失重约 12%(质量分数),这主要是吸附水(adsorbed water)和羟基的脱除所致。吸附水的挥发在较低温度下就能完成,而羟基需要克服结合能才能扩散至表面,因此其挥发温度可达 500 ℃,甚至更高。即在 RT ~220 ℃ 时,材料表现出最大失重量,这主要是表面和孔隙的吸附水失去所致。该阶段对应 DTA 曲线上存在一个明显的吸热峰(endothermic peak),表明失水过程吸热量大。在 220 ~600 ℃,材料进一步失重,主要是羟基缩聚(polycondensation)生成水分子挥发所致,如式(8.1)所示:

$$T—OH + HO—T \longrightarrow T—O—T + H_2O \qquad (8.1)$$

式中,T 为 Al 或 Si,并且缩聚能的排列顺序为 Si—O—Al >Si—O—Si >Al—O—Al。因此,该阶段发生失重的温度范围较宽。该温度区间内 DTA 曲线上有一宽化放热峰,表明羟基缩聚

（放热）和水分子挥发（吸热）总体表现为放热反应。当温度继续升高时,TG 曲线恒定不再变化,表明材料脱水（dehydration）完成。DTA 曲线在 960～1 006 ℃ 处出现一个放热峰（exothermic peak）,放热峰对应985 ℃,初步推断是晶化出白榴石（lucite）相所致；当温度超过晶化温度后,KGP 很快达到玻璃软化温度（softening point/temperature）而开始大量吸热熔化,使 DTA 曲线平滑下降。

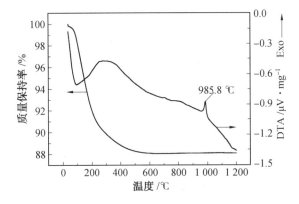

图 8.1　KGP 的 TG/DTA 曲线（升温速率为 5 ℃/min）（He, Jia et al 2011）

8.1.2　KGP 的热收缩分析

图 8.2 为 KGP 的热收缩曲线（thermal shrinkage curve）。据此,KGP 的热演化可以划分为 4 个阶段:第 Ⅰ 阶段为 RT～100 ℃,只有表面吸附水挥发,故 KGP 表现出最小收缩；第 Ⅱ 阶段为 100～220 ℃,KGP 开始出现较大收缩,约占总收缩量的 10%,主要来自于毛细管收缩,即 KGP 主要失去毛细管（capillary tube）吸附水,形成毛细管压力,导致 KGP 表现出明显的收缩；温度继续升高到 220～700 ℃,对应热演化的第 Ⅲ 阶段,此温区内 KGP 脱羟基（dehydroxylation）并以水分子形式失去,收缩较小；第 Ⅳ 阶段为 700 ℃ 以上,KGP 收缩最为明显,约占总收缩量的 70%,主要是由于黏性烧结所引起。第 Ⅳ 阶段的初始温度和终止温度均低于 Kobayashi（1996）与 Duxson et al（2006）的报道,这主要是硅铝比不同引起的。这里采用的硅铝比为 2.5,高于 Duxson et al（2006）所用的硅铝比 2,而从 K_2O – Al_2O_3 – SiO_2 相图（Schairer & Bowen 1955）上可以看到偏离白榴石的理论化学组成（$n(Si)/n(Al)=2$）越远,高温下液相含量越多,越有利于材料实现黏性烧结（viscous sintering）致密化。

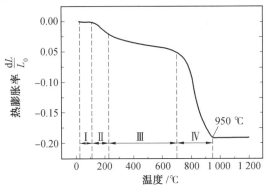

图 8.2　KGP 热收缩曲线（升温速率为 5 ℃/min）（He, Jia et al 2011）

图8.3 为两种KGP试样陶瓷化处理前后的形状与尺寸变化,线性尺寸收缩约20%(He, Jia et al 2013),陶瓷化后试样形状与表面质量仍完好如初,未产生裂纹。

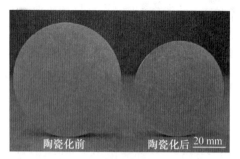

(a) 圆片状

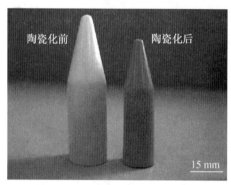

(b) 子弹头状

图 8.3　圆片状及子弹头状 KGP 试样陶瓷化前后的形状与尺寸变化

(KGP 试样陶瓷化处理工艺为:RT ~ 600 ℃,以 2 ℃/min 的速率升温,600 ~ 1 000 ℃,以 5 ℃/min 的速率升温,于 1 000 ℃ 保持 2 h)(He, Jia et al 2013)

8.1.3　KGP 的物相演化

(1)KGP 不同温度高温处理后物相组成。

图 8.4 为 KGP 升至不同温度但未经保温而直接降温处理后的 XRD 图谱。可见,KGP 从室温至900 ℃ 均为非晶态,其中所含石英(quartz)来自原料中的偏高岭土;经950 ℃ 高温处理后,发现已经晶化,出现了四方白榴石(tetragonal leucite) 相的衍射峰;1 000 ℃ 高温处理后衍射峰强度增加,KGP晶化加剧;白榴石含量随处理温度升高而增加,经 1 025 ℃ 处理后,KGP 中生成大量白榴石。

XRD 图谱也显示了 KGP 经 950 ℃ 处理后生成了少量钾霞石(kalsilite) 相,但温度继续升高时, 其含量只有微量增长。Ota et al (1993)、Wolfram et al (1995) 和 Zhang et al (2006) 等的工作表明,无论是采用溶胶 - 凝胶法还是高温熔化 - 再结晶法制备白榴石过程中,出现钾霞石均不可避免。对铝硅酸盐聚合物而言,偏高岭土(metakaolin) 并非全部溶解在硅酸钾溶液中,而有少量残余,从而引起材料在微观区域成分的不均匀。在微观区化学成分偏离白榴石时,钾霞石会以亚稳中间相析出。当温度继续升高或者延长保温时间后,钾霞石将会消失(Zhang et al 2006)。

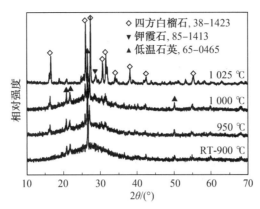

图 8.4　KGP 升至不同温度但未经保温而直接降温处理后的 XRD 图谱(何培刚 2011)

图 8.5 为 KGP 经不同温度保温 2 h 后的 XRD 图谱。可以看出,KGP 经 800 ℃ 保温 2 h 后生成四方白榴石晶相,并含有少量钾霞石相;温度升高钾霞石含量逐渐减少,且主相没有变化,说明在 800 ℃ 保温 2 h 后 KGP 晶化已经基本完成,并且白榴石在高温下比较稳定。与其他的相关研究相比,这里的 KGP 晶化温度较低,例如,Bell, Driemeyer, Kriven (2009a, 2009b) 报道在硅铝比为 2 的铝硅酸盐聚合物($K_2O \cdot Al_2O_3 \cdot 4SiO_2 \cdot 11H_2O$) 中,KGP 晶化形成白榴石的温度约为 1 130 ℃,这与初始偏高岭土的组成有关。这里所用偏高岭土中含有约 10%(质量分数) 的石英,且聚合反应后它们依然存在,高温处理时它们可能会作为晶种成为形核中心,从而促进 KGP 的晶化,类似的现象在其他溶胶 – 凝胶法合成陶瓷过程中也存在(Vilmin et al 1987, Tartaj et al 2001)。

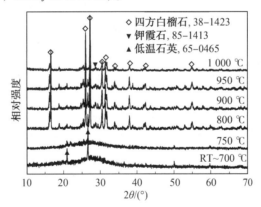

图 8.5　KGP 经不同温度保温 2 h 后的 XRD 图谱(He, Jia et al 2013)

(2)KGP 组织演化(structural evolution)。

图 8.6 为 KGP 经不同温度保温 2 h 处理后的显微组织对比。图 8.7 为 KGP 的气孔率随处理温度的变化曲线。显而易见,处理温度升高,材料气孔含量快速降低,趋于致密化。经 1 000 ℃ 高温处理 2 h 后,材料致密化达到相当高程度,气孔率降至 7% 以下;处理温度继续升高,气孔率则基本不再继续下降。

图 8.8 为 KGP 经不同温度处理 2 h 后的断口形貌对比。可见,未经高温处理的 KGP 由铝硅酸盐聚合物相和未完全反应的偏高岭土组成,且铝硅酸盐聚合物相是由纳米颗粒组成的。800 ℃ 保温 2 h 处理之后,这些纳米颗粒显著粗化且相互黏结在一起(图 8.8(d));而经 1 000 ℃ 保温 2 h 处理后,原来的纳米颗粒完全消失,演化成光滑的、类似玻璃相光滑平坦均

匀组织（图 8.8（f））。这种纳米颗粒粗化且连成一体的现象与热收缩烧结阶段观测到的大幅度收缩相对应。

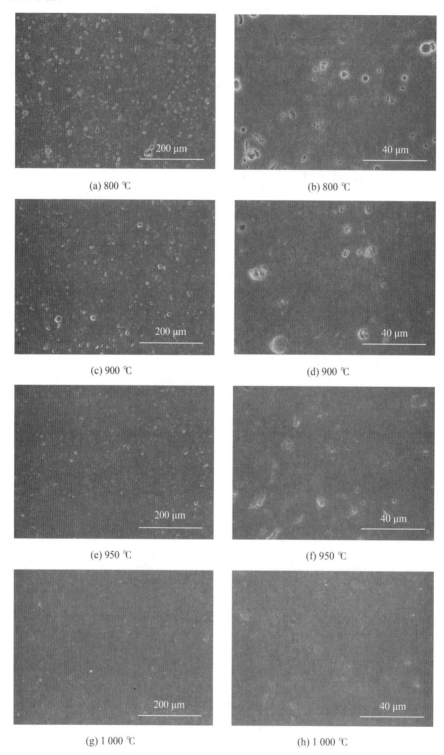

图 8.6　KGP 经不同温度保温 2 h 处理后的显微组织对比（何培刚 2011）

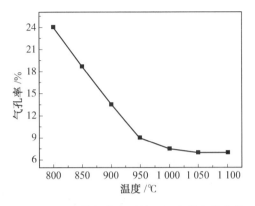

图 8.7　KGP 的气孔率随处理温度的变化曲线

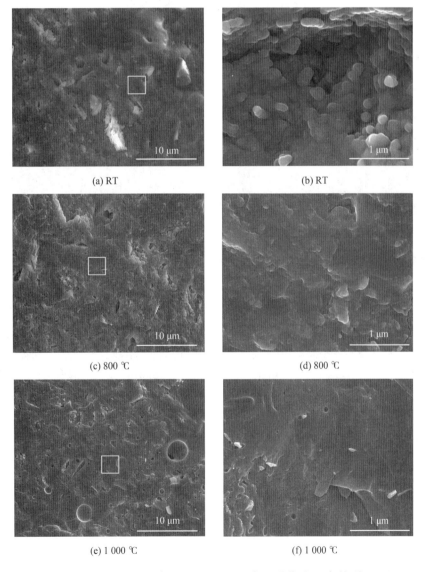

图 8.8　KGP 经不同温度保温处理 2 h 后的断口形貌对比(何培刚 2011)

　　图8.9为不同温度保温2 h处理后KGP断口再经3‰(质量分数)HF溶液室温腐蚀30 s后的形貌。可见,高温处理后的KGP含有弥散分布的白榴石晶粒、玻璃相基体以及腐蚀过程中部分白榴石晶粒被腐蚀掉而残留的凹坑。处理温度升高,白榴石含量逐渐升高,晶粒尺寸变化不大。

(a) 800 ℃　　　　　　　　　　　　　(b) 900 ℃

(c) 950 ℃　　　　　　　　　　　　　(d) 1 000 ℃

图8.9　不同温度保温2 h处理后KGP断口再经3‰(质量分数)HF溶液室温腐蚀30 s后的形貌(何培刚 2011)

　　在铝硅酸盐聚合物中偏高岭土未完全溶解,即偏高岭土中的[AlO_4]没有完全连接到聚合物中的结构上,从而使聚合物中起平衡[AlO_4]负电荷作用的K^+会部分以自由K^+形式存在。在加热时,这些自由K^+能与Si—O 和Al—O 基团反应生成碱金属硅酸盐和铝酸盐,而这些反应产物难于结晶,故多数会以玻璃相的形式遗留下来(何培刚 2011)。另外,氧化硅含量增加或者碱金属离子半径减小,这种非晶相(amorphous phase)的形成趋势会增大(Bailar 1973)。

　　图8.10为原始偏高岭土的组织形貌。可见,偏高岭土在 SEM 下呈典型层片状组织(lamellar structure),成片厚度约为 200 nm;而在 TEM 下观察,偏高岭土的颗粒呈现更细小的层片状,厚度小于 100 nm,一般仅有 20 ～ 50 nm,错动排列呈羽毛状(图8.10(b) 和(c));而其中也含有少量石英相(图8.10(b))。而合成的无机聚合物在 TEM 下观察发现,原始偏高岭土的层片状结构消失,生成具有纳米孔和纳米颗粒相间分布网状结构的铝硅酸盐聚合物相(图8.11)。这些纳米孔是固化过程中水分子挥发所留下的凝胶孔,同样的纳米孔结构在 Na^+ 激发铝硅酸盐聚合物中也存在(Blackford et al 2007)。其衍射分析和 HRTEM 研究表明(图8.11),它具有完全的非晶结构(amorphous structure)(He, Jia et al 2013)。

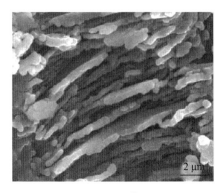
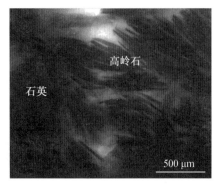

(a) SEM 像　　　　　　　　　　　　(b) TEM 像

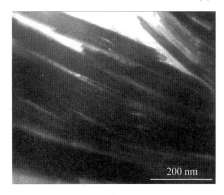

(c) TEM 像

图 8.10　偏高岭土显微组织形貌(He, Jia et al 2013)

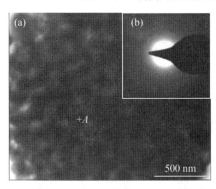

(a) 无机聚合物的TEM形貌　(b) 衍射花样　　　(c) 对应(a)中A点的HRTEM形貌

图 8.11　偏高岭土生成的铝硅酸盐无机聚合物的 TEM、HRTEM 形貌(He, Jia et al 2013)

图 8.12 为 KGP 无机聚合物试样在 800 ℃ 保温处理 30 min 后产物的 TEM 和 HRTEM 组织形貌。可见,开始阶段的蜂窝状组织(honeycomb structure) 完全消失,取而代之的是更为致密结构(图8.12(a))。同时,SAD 衍射花样标定和傅里叶变换(FFT) 分析进而证实,从非晶的无机聚合物基体中开始析出纳米级白榴石(Leucite) 粒子。进而对 KGP 无机聚合物试样在 800 ℃ 保温处理 120 min 后的产物的形貌和结构进行了进一步 TEM 观察分析(图8.13),发现发育长大的白榴石陶瓷晶粒具有孪晶结构(twin structure),另外,还发现残余的石英相开始出现部分溶解的迹象(He, Jia et al 2013)。

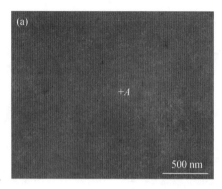

(a) TEM 像

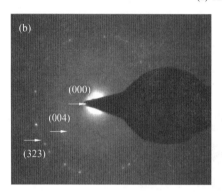

(b) SAD 分析标定　　　　(c) HRTEM 像　(d) 对应(a)中+A点的FFT再生像衍射花样

图 8.12　KGP 无机聚合物试样在 800 ℃ 保温处理 30 min 后产物的 TEM 和 HRTEM 组织形貌
（He，Jia et al 2013）

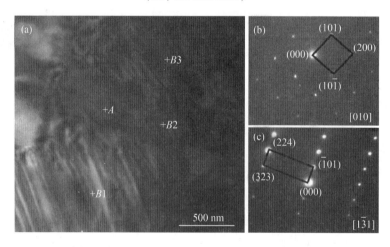

图 8.13　KGP 无机聚合物试样在 800 ℃ 保温处理 120 min 后产物的 TEM 组织形貌及衍射分析
（He，Jia et al 2013）

　　图 8.14 为 KGP 铝硅酸盐聚合物经 1 000℃ 保温 2 h 处理后陶瓷化产物的 TEM 组织形貌。经 1 000℃ 处理后，原来细小的白榴石相已经明显粗化，亚结构组织也发育得非常清晰，为典型的四方相白榴石所具有的明暗相间的板条特征（8.14(a) 和(b)）；另有一些白榴石呈针状（图 8.14(c)）。这些板条状（lath-shaped）和针状（needlelike）的孪晶组织是其在降

温过程中发生的立方相→四方相的位移型相变（displacive phase transformation）形成的。

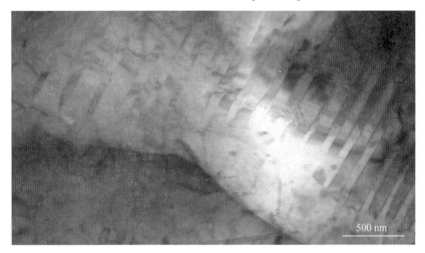

(a) 较低倍数

(b) 较高倍数

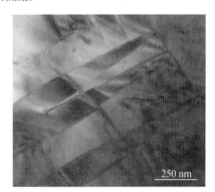

(c) 更高倍数

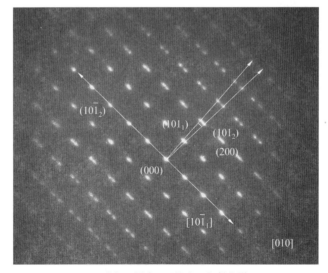

(d) 对应(b)图中D区的选区衍射花样

图 8.14　KGP 铝硅酸盐聚合物经 1 000℃ 高温 2 h 后陶瓷化产物的 TEM 组织形貌（He，Jia et al 2013）

　　图 8.14(d) 给出了(b) 图中 D 区域沿[010] 晶带轴的衍射花样(diffraction pattern)。可以观测到两个孪生方向,并且引起平行于$(10\bar{1})$的衍射斑点成对出现,而$(10\bar{1})$面没有分离,因此孪生定律是以$(10\bar{1})$晶面为镜面的反映对称(孟庆昌 1998)。

　　图 8.15 为白榴石立方相和四方相沿[001] 方向的晶体结构。在降温过程中,由于晶格振动频率降低,四面体框架沿[001] 方向扭曲,同时四元环(图中黑色四面体) 沿 < 111 > 晶向转动,导致 < 111 > 结构间隙塌陷,使晶体结构由高温立方结构转变为室温四方结构。这种结构转变是基于孪生的相变,故产生孪晶现象(Palmer et al 1997),并伴随着巨大晶格畸变(lattice distortion)。

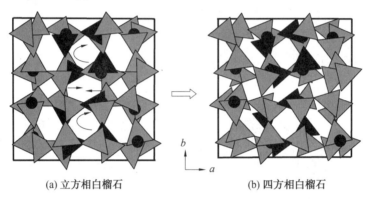

(a) 立方相白榴石　　　　　　　(b) 四方相白榴石

图 8.15　　立方相及四方相白榴石的晶体结构(何培刚 2011)

8.1.4　KGP 的烧结动力学

　　从图 8.8 所示断口形貌可以推断,在 800 ~1 000 ℃,KGP 的烧结过程是黏性流动占主导的液相烧结过程,故其烧结动力学(sintering kinetics) 可借鉴 Frenkel (弗伦克尔) 双球烧结模型进行推导(黄培云 2004)。

$$-\ln p = k \times t + B \tag{8.2}$$

$$\ln k = -\frac{E}{RT} + C \tag{8.3}$$

式中,k 为与时间相关的动力学常数;p 为不同保温时间的气孔率;t 为时间;E 为烧结活化能(sintering activation energy);T 为绝对温度。由 $-\ln p$ 与 t 的直线关系可以求得 k,再根据 $\ln k$ 与 $-1/T$ 作直线可求得活化能。

　　将 KGP 分别在不同温度保温 30 ~ 120 min,测得样品的气孔率,按照式(8.2) 作图求出不同温度下的动力学参数 k(图 8.16),再按式(8.3) 作图进行线性拟合,求出烧结活化能(图 8.17)。计算出烧结活化能为 101.6 kJ/mol,这要低于董青石(cordierite) 等玻璃陶瓷(glass ceramic),这说明碱金属离子的存在降低了 KGP 高温下的黏度,从而促进了材料烧结致密化。

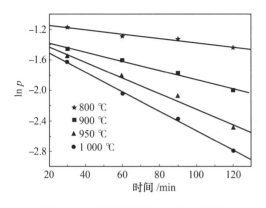

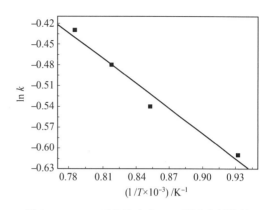

图 8.16　不同温度下 ln p 随时间的
变化曲线(何培刚 2011)

图 8.17　KGP 无机聚合物 ln k 随温度倒数的
变化曲线(何培刚 2011)

8.1.5　KGP 的晶化动力学

　　铝硅酸盐聚合物处于较高的自由能状态,具有向能量较低的非晶态或晶态转变的趋势。在固化过程中,由于与碱金属离子和铝硅原子相连的羟基和水分子的存在,材料中的原子难以重新排列和分布,从而形成混乱的非晶态结构(amorphous structure)。然而这种非晶态结构是热力学上的亚稳态,在较高温度下失去水分子和羟基后有向排列更紧密、更稳定的状态转变的趋势,以降低其化学位(chemical potential)。这个由亚稳的非晶态向稳定的晶态转变的过程即晶化过程,它是原子逐步获得能量,增加活动能力,达到激活状态(越过能量势垒(energy barrier))发生扩散并重新形核和长大的过程。这里借鉴广泛应用于玻璃晶化研究的非等温固相转变动力学模型,利用 DTA 系统来导出 KGP 的晶化动力学参数。

　　同其他非晶粉末一样,铝硅酸盐聚合物的晶化特性也可用 JMA 方程(Oprea et al 1999)来研究。JMA 方程认为,对于等温结晶过程,结晶体积分数 x 与时间 t 的关系为

$$- \ln(1 - x) = (kt)^n \tag{8.4}$$

式中,x 为 t 时刻结晶相的体积分数,%;n 为 Avrami 指数;t 为时间,min;k 为反应速率,mol/(L·min)。图 8.18 为 KG2.5(硅铝比为 2.5 的 KGP)以不同的加热速率条件下晶化体积分数随温度的变化关系。

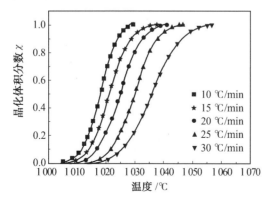

图 8.18　KG2.5 以不同的加热速率条件下晶化体积分数随温度的变化关系(He, Jia et al 2011)

　　反应速率 k 是温度的函数,对于非等温结晶过程 k 可以用 Arrhenius 方程表示为

$$k = v\exp\left(-\frac{E}{RT}\right) \tag{8.5}$$

式中,v 为频率因子,min^{-1};R 为理想气体常数;E 为结晶激活能,kJ/mol。

结合以上两式进行推导及修正,非等温结晶动力学表达式可以归纳为(Boccaccini et al 1999)

$$\ln\left(\frac{T_\mathrm{p}^{\ 2}}{\beta}\right) = -\frac{E_\mathrm{c}}{RT_\mathrm{p}} + \ln\frac{E}{Rv} \tag{8.6}$$

式中,T_p 为晶化峰温度值 ℃;β 为加热速率 ℃/min。

通过测定不同加热速率下的晶化峰值温度 T_p 即可获得玻璃态物质的结晶活化能。图 8.19 给出了不同加热速率下 KGP 的 DTA 曲线。可见,加热速率提高,晶化峰温度值 T_p 逐渐增大,由 10 ℃/min 的 1 010.3 ℃ 升高到 30 ℃/min 的 1 035.9 ℃。通过对 $\ln(\beta/T_\mathrm{p}^{\ 2}/) - 1/T_\mathrm{p}$ 曲线做线性拟合(图 8.20),由直线斜率求出 KGP 的结晶活化能 E_c 为 455.9 kJ/mol。

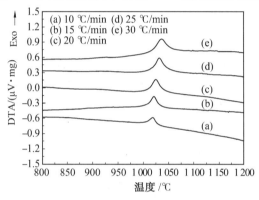

图 8.19　不同加热速率下 KGP 的 DTA 曲线(He, Jia et al 2011)

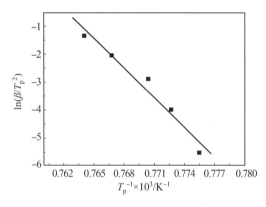

图 8.20　KGP 无机聚合物的 Kissinger 曲线 $\ln(\beta/T_\mathrm{p}^{\ 2}) - T_\mathrm{p}^{-1}$(He, Jia et al 2011)

一般情况下,E_c 指非晶结构晶化过程中原子跃迁的平均势垒,反映了晶化的难易程度。采用不同方法制备白榴石的结晶活化能是不同的。Zhang,Wu et al(2006)采用水热法合成了白榴石前驱体,计算出其结晶活化能为 125 kJ/mol,远低于我们所得的 455.9 kJ/mol 的活化能数值,这可能是材料微观尺度上成分的均匀性不同所致。水热法合成的白榴石前驱体成分在分子尺度上非常均匀。而 KGP 因有未反应偏高岭土存在,成分在分子尺度上不均匀,使其在由非晶结构向晶体结构转化的过程中原子需要跨过更高的势垒来完成结构重构。Takeil et al（2001）在莫来石结晶动力学研究中发现了类似规律。

Avrami 指数 n 是表征晶化机理、形核位置及长大维数有关的参数，其数值可根据 Augis-Bennett 等式（Okada et al 2003）求解，即

$$n = \frac{2.5RT_p^2}{\Delta TE} \tag{8.7}$$

计算出来的 n 值为 3.89。通常，n 接近于 1 表明表面结晶过程，n 接近于 2 表明平面（二维）晶化过程，n 接近于 3 表示整体晶化，而 n 接近于 4 表示三维均匀晶化（Vaqueiro et al 1998）。本实验中得出 n 值接近于 4，因此 KGP 晶化机制为三维均匀晶化。

研究表明，当 $\alpha-Al_2O_3$ 加入 KGP 时会提高 KGP 的晶化起始温度，同时降低晶化速率（林铁松 2009；Lin，Jia et al 2009）。

8.1.6 KGP 陶瓷化产物的种类与组织性能

1. 陶瓷化产物的种类与晶粒组织形貌

根据无机聚合物的原始组成及陶瓷化处理温度高低，其结晶产物也各不相同，主要以榴石（$M_2O \cdot Al_2O_3 \cdot 4SiO_2$）和霞石（$M_2O \cdot Al_2O_3 \cdot 2SiO_2$）为主，如白榴石（leucite）、六方钾霞石（kalsilite）；另外，也会出现少量次生相，如刚玉（corundum）、莫来石（mullite）和方石英（cristobalite）等。无机聚合物的陶瓷化产物及熔点见表8.1。

表8.1 无机聚合物的陶瓷化产物及熔点[17]

无机聚合物的组成	陶瓷化处理温度及结晶产物	熔点 $T/℃$
$n(SiO_2):n(Al_2O_3):n(K_2O):n(H_2O) = 4:1:1:10$	1 100 ℃：$KAlSi_2O_6$，白榴石（leucite）	1 689
$n(SiO_2):n(Al_2O_3):n(K_2O):n(H_2O) = 4.126:1:1.51:10.48$	1 000 ℃：$KAlSi_2O_6$ + $KAlSiO_4$ 即白榴石（leucite）+ 六方钾霞石（kalsilite）	> 1 400
$n(SiO_2):n(Al_2O_3):n(K_2O):n(H_2O) = 5.32:1:1.1:10.41$	1 000 ℃：$KAlSiO_4$，即六方钾霞石（kalsilite） 1 200 ℃：$KAlSi_2O_6$ + 少量方石英（cristobalite）即白榴石（leucite）+ 少量方石英（cristobalite）	< 1 200
$n(SiO_2):n(Al_2O_3):n(Na_2O):n(H_2O) = 3.3:1:0.825:8.25$	1 200 ℃：$Al_6Si_2O_{13}$ + $\alpha-Al_2O_3$ 即莫来石（mullite）+ 刚玉（corundum） 1 300 ℃：$Al_6Si_2O_{13}$ + $\alpha-Al_2O_3$ + 少量方石英（cristobalite）	1 300
$n(SiO_2):n(Al_2O_3):n(Na_2O):n(H_2O) = 3.3:1:0.825:20.625$	1 100 ℃：$NaAlSiO_4$，霞石（nepheline） 1 200 ℃：$Al_6Si_2O_{13}$，莫来石（mullite）	1 300
$n(SiO_2):n(Al_2O_3):n(Na_2O):n(H_2O) = 3.8:1:1.14:15.35$	800 ℃：$NaAlSiO_4$，霞石（nepheline） 1 200 ℃：$Al_6Si_2O_{13}$，莫来石（mullite）	1 100

　　Bell、Driemeyer、Kriven（2009a）研究了组成为 $K_2O \cdot Al_2O_3 \cdot 4SiO_2 \cdot 11H_2O$ 的钾激发铝硅酸盐无机聚合物在加热过程中的结构演化和晶化行为。当加热到 1 000 ℃ 未经保温直接以 10 ℃/min 的速率冷却下来后，发现其中析出了白榴石（leucite），其晶粒细小（1 ～ 2 μm），此时，大部分基体仍为玻璃相；当加热温度超过 1 000 ℃ 时，除了白榴石相外，还会生成少量六方钾霞石（kalsilite）。

　　何培刚（2009）对组成为 $K_2O \cdot Al_2O_3 \cdot 5SiO_2$ 的 KGP 无机聚合物研究则表明，经 1 000 ℃ 处理后，陶瓷化产物为四方白榴石，基本呈现表面呈平直的四方晶形状，绝大多数晶粒尺寸小于 2.5 μm。图 8.21 所示为白榴石晶粒放大形貌和尺寸分布及累积分布图，图 8.21（b）左侧坐标是晶粒尺寸为某一特定值的晶粒数量占总晶粒数量的比例，右侧坐标为累积分布。

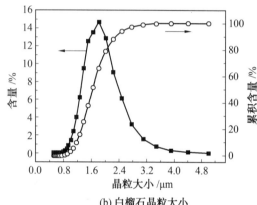

(a) 白榴石晶粒形貌　　　　　　　　　　(b) 白榴石晶粒大小

图 8.21　KGP 无机聚合物经 1 000 ℃ 处理并经 3‰HF 腐蚀 30 s 后晶粒形貌及尺寸分布（He, Jia et al 2013）

2. 力学性能

　　表 8.2 给出了 KGP 铝硅酸盐聚合物陶瓷化前后的力学性能对比。可见，陶瓷化后材料的各项力学性能指标均显著升高。陶瓷化后材料的力学性能与文献报道的白榴石玻璃陶瓷力学性能基本一致。例如，Cesar et al（2003）报道白榴石基牙科陶瓷的断裂韧性和维氏硬度分别为 0.82 MPa · $^{1/2}$ 和 5.69 GPa；Sheu et al（1994）采用溶胶 – 凝胶法制备了白榴石先驱体粉体，1 100 ℃ 高温烧结后的抗弯强度为 80 MPa；Hashimoto et al（2005）采用热压法制备了白榴石陶瓷，其抗弯强度、断裂韧性和维氏硬度达到了 173 MPa、2.3 MPa · $m^{1/2}$ 和 5.3 GPa。另外，白榴石（$K_2O \cdot Al_2O_3 \cdot 4SiO_2$）还具有较强的抗蠕变能力；铯榴石（pollucite）（$Cs_2O \cdot Al_2O_3 \cdot 4SiO_2$）则表现出和钇铝石榴石（yittrium aluminium garnet，YAG）相近的抗高温蠕变性能，因此使它成为先进陶瓷复合材料的理想基体材料，可望用于航空航天防热、隔热和耐热结构材料。

表 8.2　KGP 无机聚合物陶瓷化前后的力学性能对比（He, Jia et al **2013**）

材料试样	致密度 /%	抗弯强度 /MPa	弹性模量 /GPa	断裂韧性 /（MPa · $m^{1/2}$）	维氏硬度 /GPa
KGP 无机聚合物（陶瓷化前）	—	12.3 ±1.2	10.3 ±1.2	0.2 ±0.04	0.68 ±0.04
白榴石陶瓷　　　（陶瓷化后）	93	70.0 ±6.8	65.0 ±6.3	1.3 ±0.16	7.39 ±0.24

陶瓷化后力学性能提高主要归因于材料中化学键的变化。铝硅酸盐聚合物中的化学键含有部分氢键,结构中含有部分分子间作用力;陶瓷化后,氢键断裂并消失,通过元素原子扩散和迁移材料完成烧结致密化,结构以共价键作用为主。共价键强度远高于氢键,因此宏观表现为力学性能显著升高。另外,Mackert et al (2001) 认为,降温过程中的立方 → 四方白榴石相变,粒径尺寸小于 4 μm 的白榴石晶粒能够显著阻止微裂纹扩展。图 8.21 中显示陶瓷化产物中白榴石晶粒尺寸绝大多数在 2.5 μm 以下,这也是材料表现出较高力学性能的原因之一。

3. 热学性能

铝硅酸盐无机聚合物的陶瓷化产物中,以榴石的热学性能最为优良。比如,白榴石($K_2O \cdot Al_2O_3 \cdot 4SiO_2$)的熔点为 1 698 ℃,而铯榴石(pollucite)($Cs_2O \cdot Al_2O_3 \cdot 4SiO_2$)的熔点更是高达 1 900 ℃,两者均具有出良好的耐热性能。

纯白榴石具有较高的热膨胀系数。图 8.22 给出了 KGP 陶瓷化产物的热膨胀曲线。可明显看到,400 ℃ 附近材料表现出快速体积膨胀,起因是白榴石从低温四方相转变成了高温立方相(Hatch et al 1999, Palmer et al 1990)。计算其在 25 ~1 200 ℃ 的平均热膨胀系数为 15.4×10^{-6} ℃$^{-1}$。

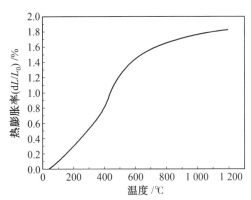

图 8.22　KGP 陶瓷化产物的热膨胀曲线(何培刚 2011)

由前文可知,纯白榴石的热膨胀系数较高。但它可以通过注入离子半径大于钾离子的金属离子来调低,也可通过注入离子半径小于钾离子的金属离子来进一步提高,这种热膨胀系数宽温域可调的特性使其能够和很多材料相匹配使用(Xu 2000)。

不同的是,铯榴石的热膨胀系数本身就较低,但仍然可以通过引入少量 Na^+ 或 Li^+ 替代部分 Cs^+ 后,继续调低热膨胀系数,且调整幅度可以很大(表 8.3),如 $n(Li_2O)$: $n(Cs_2O)$: $n(Al_2O_3)$: $n(SiO_2) = 0.2 : 0.7 : 0.9 : 4.2$,其在 200 ~ 700 ℃ 的热膨胀系数降至 0.55×10^{-6}/℃,较 $n(Cs_2O)$: $n(Al_2O_3)$: $n(SiO_2) = 1.0 : 1.0 : 4.0$ 时的 $4.5 \times 10^{-6-1}$ 低了近一个数量级,达到了熔融石英(fused silica)的热膨胀系数的水平。铯榴石上述特点使其在制备具有优良抗热震性的先进陶瓷基复合材料及航空航天防热构件的开发方面具有很大的发展潜力和应用前景。

表 8.3　不同组成铯榴石的热膨胀系数[10]

成分 /mol					平均热膨胀系数 CTE
Li₂O	Na₂O	Cs₂O	Al₂O₃	SiO₂	$\alpha/10^{-6}$ ℃（25 ~ 1 000 ℃）
		1.0	1.0	4.0	4.5
		1.0	1.0	4.2	2.05
	0.1	0.9	1.0	4.0	2.5 ~ 3.0
	0.2	0.8	1.0	4.0	2.5 ~ 3.0
	0.2	0.8	1.0	4.2	1.5 ~ 2.0
	0.2	0.7	0.9	4.2	1.0 ~ 1.5
0.1		0.8	0.9	4.2	1.0 ~ 1.25
0.2		0.7	0.9	4.2	0.5 ~ 1.0
0.2		0.7	0.9	4.2	0.55（200 ~ 700 ℃）

8.2　Cs⁺ 等量替代 K⁺ 对铝硅酸盐聚合物陶瓷化的影响

由前文可知,高温处理后 KGP 能够转变为具有优异力学性能的白榴石陶瓷材料。但其热膨胀系数较高,且冷却过程中会发生立方 - 四方白榴石相变,伴随着约 5 ％ 的体积收缩。若采用常用增强相如碳纤维、碳化硅纤维等（它们的热膨胀系数较低）对其增强时,基体与增强相热失配严重,且使增强纤维承受很大的残余压应力,不利于增强作用;另外,较高的热膨胀系数也不利于材料本身在服役过程中的尺寸稳定性。因此,降低白榴石热膨胀系数、抑制其相变以获得稳定的高温白榴石相对于设计研制白榴石基体陶瓷复合材料至关重要。

Stephen et al（1998）,Denry et al（1996）在白榴石中引入 Cs⁺（以铯榴石或碳酸铯形式）后,高温立方白榴石相能够稳定至室温,且能够显著降低材料的热膨胀系数。根据铝硅酸盐聚合物的合成特性,只需改变初始碱溶液的化学组成,就可以将 Cs⁺ 十分方便地引入到材料体系中。以不同 Cs⁺ 含量碱溶液激发偏高岭土制备不同 Cs⁺ 等量替代 K⁺ 的铝硅酸盐聚合物（$Cs_xK_{1-x}GP$）,来讨论 Cs⁺ 替代量对铝硅酸盐聚合物的热演化机制（thermal evolution mechanism）和晶化动力学（crystallization kinetics）的影响,以及铯离子对白榴石相变的影响机制。

8.2.1　$Cs_xK_{1-x}GP$ 的热重／差热分析

图 8.23 所示为不同含量 Cs⁺ 等量替代 K⁺ 的 $Cs_xK_{1-x}GP$ 的热重曲线（thermogravimetric curve,TG curve）。在连续加热情况下,铝硅酸盐聚合物均表现出较大失重,失重趋势也类似,即低温（RT ~300 ℃）失重是吸附水的挥发引起的,且 Cs⁺ 含量增加,聚合物结构中吸附水的含量逐渐减少,材料失重逐渐降低。这主要是因为 K⁺ 的水合能（hydration energy）（$K^+_{(aq)}$）高于 Cs⁺ 的水合能（$Cs^+_{(aq)}$）（Hollman et al 1972）。

在 300 ~600 ℃,材料因失去羟基失重进一步增加。温度继续升高,$x \leqslant 0.2$ 的 $Cs_xK_{1-x}GP$ 基本保持稳定,而 $x > 0.2$ 的铝硅酸盐聚合物在温度高于 1 000 ℃ 时失重继续增大,这是 Cs⁺ 挥发所致。如前所述,在铝硅酸盐聚合物中偏高岭土并未完全溶解,从而在聚合物中存在自由碱金属离子。在 Cs⁺ 等量替代后的铝硅酸盐聚合物中,随 Cs⁺ 含量增加,处于自由存在状态的 Cs⁺ 增加,而且结构对它的束缚比铯榴石或者铯沸石更弱,在相对较低的温度下即可挥发。因此从材料高温稳定性角度来看,铝硅酸盐聚合物中 Cs⁺ 含量不宜过高。

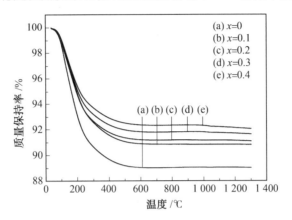

图 8.23　不同含量 Cs⁺ 等量替代 K⁺ 的 $Cs_xK_{1-x}GP$ 的热失重曲线 (He, Jia et al 2010)

　　图 8.24 所示为不同含量 Cs⁺ 等量替代 K⁺ 后铝硅酸盐聚合物 $Cs_xK_{1-x}GP$ 的 DTA 曲线。低温下吸热峰($T < 200$ ℃)和放热峰(200 ℃ $ < T < 600$ ℃)分别是吸附水挥发和羟基缩聚 – 水分子挥发所引起;高温下的放热峰则是由铝硅酸盐聚合物晶化所致。由图 8.24 还可看出,Cs⁺ 含量增加,结晶峰温度逐渐向低温区偏移,表明 Cs⁺ 含量高的铝硅酸盐聚合物更易于晶化。这可能是由于离子半径较大的 Cs⁺ 对铝硅酸盐聚合物的稳定作用高于较小离子半径的 K⁺,从而有利于室温下铝硅酸盐聚合物的有序排布,继而促进其高温下的晶化,这种现象在只以 Cs⁺ 为激发离子时更为明显(Bell, Driemeyer, Kriven 2009a)。

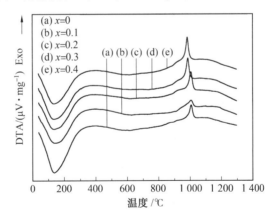

图 8.24　不同含量 Cs⁺ 等量替代 K⁺ 后铝硅酸盐聚合物 $Cs_xK_{1-x}GP$ 的 DTA 曲线 (He, Jia et al 2010)

8.2.2　$Cs_xK_{1-x}GP$ 的热收缩分析

　　图 8.25 显示了不同 Cs⁺ 等量替代对铝硅酸盐聚合物 $Cs_xK_{1-x}GP$ 的热收缩曲线的影响。可见,与 KGP 类似,$Cs_xK_{1-x}GP$($x = 0.1$、0.2、0.3、0.4)的热收缩曲线也可分为 4 个阶段:①结构弹性;②脱水(dehydration)收缩;③脱羟基(dehydroxylation)收缩;④烧结致密化(sintering densification)。前两个阶段的起始温度基本接近,明显的差别发生在烧结致密化阶段。

　　玻璃和溶胶 – 凝胶材料的烧结机制表明(Pierre 1998):在黏性流动烧结过程中,原子运动以共同迁移机制完成,而非单个原子扩散。这同样适用于铝硅酸盐聚合物材料。随 Cs^+ 含量的增加,第四个阶段的起始温度逐渐升高,分别为 700 ℃、850 ℃、865 ℃、870 ℃ 和 900 ℃,较高的初始粘性流动温度表明,Cs^+ 含量高的铝硅酸盐聚合物更加难熔。Bell, Driemeyer, Kriven (2009a) 研究发现 CsGP 比 K/NaGP 更加难熔,直到 1 200 ℃ 粘性烧结阶段仍未出现,而此时已经出现了大量的铯榴石晶相。另外,在 $Cs_2O - K_2O - Al_2O_3 - SiO_2$(Bedard et al 1992) 的四元相图上,在 $K_{(1-0.7)}Cs_{(0-0.4)}AlSi_2O_6$ 成分范围内并没有发现低共熔点相存在,因此笔者研究结果与 Bell 等的基本一致,即随 Cs^+ 含量增加烧结致密化阶段延后。

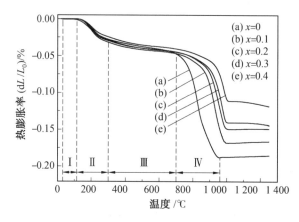

图 8.25　不同 Cs^+ 替代铝硅酸盐聚合物 $Cs_xK_{1-x}GP$ 的热收缩曲线(He, Jia et al 2010)

　　由图 8.25 还可知,Cs^+ 含量增加,烧结致密化温度区间延后,总收缩率也逐渐降低。这与材料晶化温度不同有关。由 DTA 分析(图 8.24)可知,Cs^+ 含量增加,铝硅酸盐聚合物的晶化峰温度逐渐降低,分别为 1 010.3 ℃、1 009.7 ℃、1 009.0 ℃、989.8 ℃ 和 986.3 ℃,而各材料的烧结致密化温度区间分别为 700 ~954.3 ℃($x = 0$)、850 ~993.7 ℃($x = 0.1$)、865 ~1 004.4 ℃($x = 0.2$)、870 ~997.3 ℃($x = 0.3$)和 900 ~1 008.5 ℃($x = 0.4$),各个温度点的变化规律如图 8.26 所示。当 Cs^+ 原子数分数不超过 20% 时($x \leqslant 0.2$),大量晶化出现在烧结致密化完成之后,这有利于材料的完全致密化;而当 Cs^+ 原子数分数超过 20%($x > 0.2$)且致密化未完成时,聚合物开始大量结晶,结晶相显著降低材料黏度,这不利于材料进一步致密化。因此,只有当温度继续升高时材料才会出现进一步致密化。

　　根据 Frenkel 烧结模型,分别计算出 $Cs_xK_{1-x}GP$ 无机聚合物的烧结活化能(表 8.4)。可见,Cs^+ 含量增加,铝硅酸盐聚合物的烧结活化能增加,致密化过程阻力增大。这说明具有较大离子半径的 Cs^+ 显著增加了铝硅酸盐聚合物在高温下的黏度,并且随其含量增加,这种作用逐渐加强,从而使致密化延伸至较高温区,这与升温带来的致密化收缩结果一致。

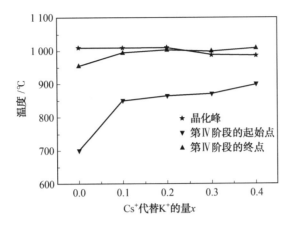

图 8.26　Cs^+ 替代量对 $Cs_xK_{1-x}GP$ 铝硅酸盐聚合物烧结阶段起始温度和晶化温度的影响（He, Jia et al 2010）

表 8.4　不同组成 $Cs_xK_{1-x}GP$ 铝硅酸盐聚合物的烧结活化能（何培刚 2011）

成分	x				
	0	0.1	0.2	0.3	0.4
烧结激活能 $/(kJ \cdot mol^{-1})$	101.6	117.4	123.2	159.7	179.8

8.2.3　$Cs_xK_{1-x}GP$ 的物相组成及演化

图 8.27 所示给出了 $Cs_xK_{1-x}GP(x=0、0.1、0.2、0.3、0.4)$ 在 Ar 气中以 5 ℃/min 的速度升温至 1 200 ℃ 高温保温 2 h 后陶瓷化产物的物相组成。从图 8.27 可以看出，经 1 200 ℃ 处理 2 h 后，所有的聚合物材料均结晶生成白榴石相，但是从各特征衍射峰的强度变化可以观察到四方相和立方相的相对含量此消彼长的变化趋势。Cs^+ 含量增加，四方白榴石（tetragonal leucite）相逐渐减少，立方白榴石（cubic leucite）相逐渐增多；当 Cs^+ 的原子数分数达到 20％ 时（$x=0.2$），结晶相完全转变为立方白榴石相，说明高温立方相完全被稳定至室温；Cs^+ 含量继续增加时，物相组成不再变化。结合之前热分析结果，故确定了 Cs^+ 的替代量为 20％（原子数分数）。

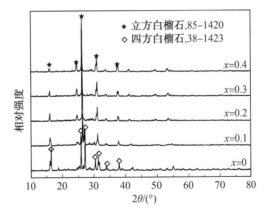

图 8.27　在 Ar 气中以 5 ℃/min 的速率升温至 1 200 ℃ 保温 2 h 处理后 $Cs_xK_{1-x}GP$ 陶瓷化产物的 XRD 图谱（He, Jia et al 2010）

图 8.28 所示为 $Cs_{0.2}K_{0.8}GP$ 经不同温度未保温处理后的 XRD 图谱。除了原材料中含有的石英相杂质，$Cs_{0.2}K_{0.8}GP$ 从室温至 900 ℃ 的都保持其非晶结构（amorphous structure）不变；经 950 ℃ 处理后，材料中出现了立方白榴石相，当温度进一步升高至 1 000 ℃ 和 1 050 ℃，结晶相含量增加，非晶相几乎完全消失。在相同温度下处理后，$Cs_{0.2}K_{0.8}GP$ 比 KGP 的结晶相更多，说明 Cs^+ 部分替代 K^+ 后铝硅酸盐聚合物更易晶化，这与热分析结果一致。

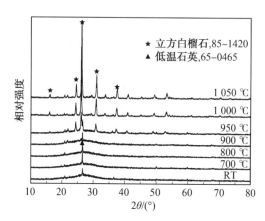

图 8.28　$Cs_{0.2}K_{0.8}GP$ 升至不同温度未经保温处理后的 XRD 图谱（何培刚 2011）

8.2.4　$Cs_xK_{1-x}GP$ 的显微组织演化

图 8.29 给出了 $Cs_{0.2}K_{0.8}GP$ 升至不同温度但未经保温直接降温处理后材料的 SEM 断口形貌。同 KGP 类似，未高温处理 $Cs_{0.2}K_{0.8}GP$ 中含有未完全反应的偏高岭土，且铝硅酸盐聚合物为组织细小的纳米颗粒；经过 900 ℃ 处理后，纳米颗粒显著粗化并发生粘连；继续升高处理温度，这些颗粒进一步粗化，并演变成光滑的具有类似玻璃的典型组织结构；经 1 050 ℃ 和 1 100 ℃ 处理后，仍可观察到一些离散分布的闭气孔（图 8.29(e)、(f)）。

8.2.5　$Cs_xK_{1-x}GP$ 的晶化动力学

图 8.30 所示为 $Cs_{0.2}K_{0.8}GP$ 在空气和氩气气氛中不同加速率下的 DTA 曲线。可见，空气和氩气气氛下晶化峰位置基本相同，表明气氛对铝硅酸盐聚合物晶化影响不大。采用 Augis – Bennett 等式和 Kissinger 方程分别计算了 $Cs_{0.2}K_{0.8}GP$ 在空气和氩气气氛下的 Arvarami 指数和晶化激活能（crystallization activation energy）。图 8.31 分别给出了 $Cs_{0.2}K_{0.8}GP$ 在空气和氩气气氛下的 Kissinger 曲线，晶化参数计算结果列于表 8.5 中。

可见，在空气和氩气气氛下聚合物的晶化激活能和 Arvarami 指数基本相同，进一步说明气氛对其晶化影响不大。这主要是由材料的化学组成决定的。一般地，对氧化物陶瓷来说，气氛为材料晶化提供外部的氧分压，如果材料化学组成为化学计量比，氧原子不仅在材料体系内部扩散，而且要与气氛中的氧分压达到平衡，则气氛的选择对晶化影响较为严重。笔者研究的铝硅酸盐聚合物材料为非化学计量比（non-stoichiometric），氧原子含量较高，故气氛对其晶化影响不大。

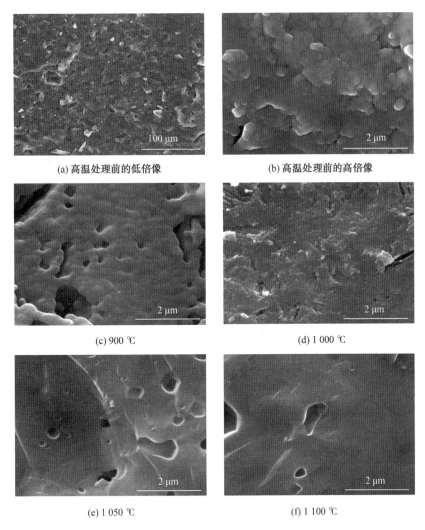

(a) 高温处理前的低倍像　　　　　　　(b) 高温处理前的高倍像

(c) 900 ℃　　　　　　　　　　　(d) 1 000 ℃

(e) 1 050 ℃　　　　　　　　　　　(f) 1 100 ℃

图 8.29　$Cs_{0.2}K_{0.8}GP$ 经不同温度处理后的 SEM 断口形貌（何培刚 2011）

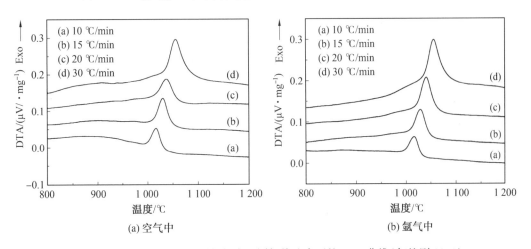

(a) 空气中　　　　　　　　　　　(b) 氩气中

图 8.30　$Cs_{0.2}K_{0.8}GP$ 在不同气氛中不同加热速率下的 DTA 曲线（何培刚 2011）

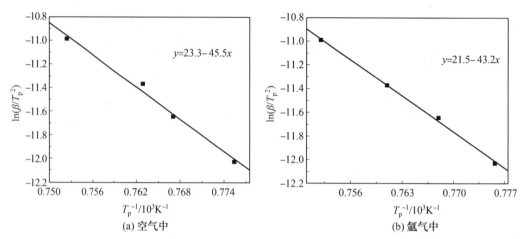

图 8.31　$Cs_{0.2}K_{0.8}GP$ 在不同气氛中 Kissinger 曲线 $\ln[\ln(\beta/T_p^2)-T_p^{-1}]$（何培刚 2011）

表 8.5　$Cs_{0.2}K_{0.8}GP$ 在不同气氛下的晶化激活能和晶化指数（何培刚 2011）

气氛种类	氩气	空气
$E_a/(kJ \cdot mol^{-1})$	259.0	278.4
晶化指数 n	4.3	4.1

8.3　Cs^+ 等量替代 K^+ 对白榴石立方相向四方相转变的影响

8.3.1　不同 Cs^+ 含量 $Cs_xK_{1-x}GP$ 陶瓷化产物的结构

对材料在 24.5°～28°进行 XRD 慢扫（图 8.32（a）），以进一步探讨 Cs^+ 对陶瓷化产物结构的影响。可见,立方白榴石相在 26.3°(400)的衍射峰逐渐向低角度偏移,表明材料中晶格间距逐渐变大。图 8.32（b）为各陶瓷化产物中立方白榴石相的晶格参数。可以看出,Cs^+ 的原子数分数从 $x=0.1$ 增至 $x=0.4$,晶格参数基本保持线性增加,证明了高温下较大尺寸的 Cs^+ 部分取代白榴石结构相中 K^+ 所占据的位置确实引起了晶格膨胀。

图 8.33 所示给出了不同温度下白榴石中结构孔隙的晶体结构。沿[111] 方向观测可以看出,两套六元四面体环(上、下各一套,上面由黑色表示,下面由白色表示)形成瓶颈结构,即为⟨111⟩结构孔隙,碱金属离子分布在其中(W 位置)。在室温下,瓶颈结构使⟨111⟩孔隙受挤压,导致 K^+ 沿[110] 方向偏离中心,使白榴石呈四方结构,空间群为 $I4_1/a$。温度升高,晶格热振动导致⟨111⟩结构孔隙膨胀,K^+ 的偏心作用逐渐降低。当温度升高至 773 K 时,K^+ 沿孔隙方向中心排列,白榴石的晶体结构转变为立方结构,空间群为 $Ia3d$。

在铝硅酸盐聚合物结构中,Cs^+ 和 K^+ 占据完全相同的位置(Taylor et al 1968, Naray - Szabo 1969);与 Cs^+(0.188 nm)相比,半径较小的 K^+(0.166 nm)不能够将 W 位置完全占满,因此在温度降低时,四面体框架结构沿[001] 晶向扭曲导致晶格畸变,使其由高温下的立方结构转变为四方结构。图 8.34 所示给出了 Cs^+ 含量对白榴石单胞填充率的影响。Cs^+ 含量增加,白榴石单胞填充率逐渐增加,这主要是因陶瓷化产物中碱金属离子平均半径随 Cs^+ 含量增加而逐渐增加,混合碱金属离子能够比单独 K^+ 更充分地填充 W 位置。故在降温过程中,沿[001] 晶向晶格畸变被抑制,高温立方相能够稳定至室温。

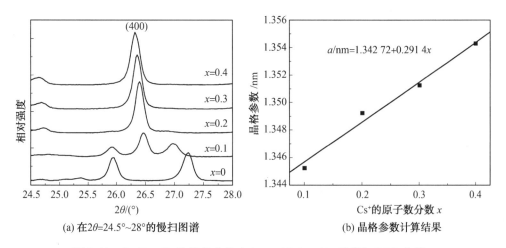

(a) 在2θ=24.5°~28°的慢扫图谱　　　　(b) 晶格参数计算结果

图 8.32　$Cs_xK_{1-x}GP$ 陶瓷化产物在 $2\theta = 24.5° \sim 28°$ 的慢扫 XRD 分析

晶格参数计算结果（He，Jia et al 2010）

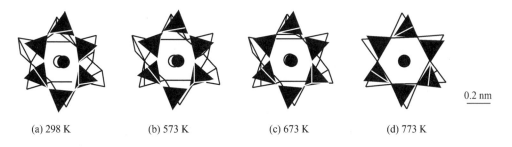

(a) 298 K　　　　(b) 573 K　　　　(c) 673 K　　　　(d) 773 K

图 8.33　随温度变化白榴石沿 [$\overline{111}$] 方向的孔隙结构图

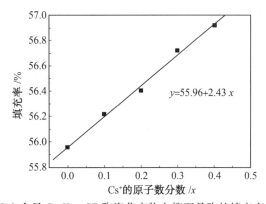

图 8.34　不同 Cs^+ 含量 $Cs_xK_{1-x}GP$ 陶瓷化产物白榴石晶胞的填充率（何培刚 2011）

　　室温下沿 [$\overline{111}$] 方向观测不同 Cs^+ 含量白榴石 W 孔隙的晶体结构如图 8.35 所示。可见，Cs^+ 含量增加，室温下碱金属离子沿 [110] 方向的偏心作用逐渐减弱，材料保持立方晶体结构。

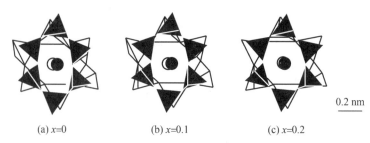

(a) $x=0$　　　　　　(b) $x=0.1$　　　　　　(c) $x=0.2$

图 8.35　随 Cs^+ 含量增加白榴石室温下的孔隙结构变化（何培刚 2011）

8.3.2　Cs_xK_{1-x}GP 陶瓷化产物的形貌

图 8.36 所示为不同组成铝硅酸盐聚合物陶瓷化产物的典型 TEM 形貌。KGP 陶瓷化产物显现出典型孪晶组织结构（twin structure）特征，且随 Cs^+ 含量增加，孪晶特征逐渐减弱。当采用 20%（原子数分数）Cs^+ 等量替代 K^+ 后，基本观察不到孪晶存在，证明白榴石完全转变为稳定立方相结构。

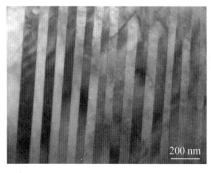

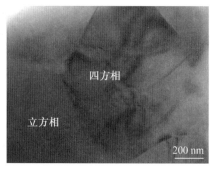

(a) $x=0$　　　　　　　　　　　　　　　(b) $x=0.1$

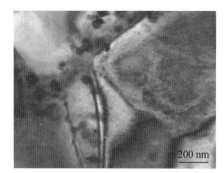

(c) $x=0.2$

图 8.36　Cs_xK_{1-x}GP 陶瓷化产物白榴石的 TEM 形貌（何培刚 2011）

8.3.3　Cs_xK_{1-x}GP 陶瓷化产物的热膨胀性能

不同组成铝硅酸盐聚合物陶瓷化产物的热膨胀曲线（图 8.37）同样表明了 Cs^+ 稳定高温立方白榴石相的作用。未引入 Cs^+ 的材料在 400 ℃ 附近有一显著的体积膨胀，这是由升温过程中白榴石的四方－立方相变引起的。Cs^+ 替代量为 10%（原子数分数）时，400 ℃ 附近的体积膨胀显著降低，且在 Cs^+ 替代量为 20%（原子数分数）时完全消失，再次说明 Cs^+

替代量为 20％(原子数分数)时白榴石完全变为高温立方白榴石晶相。

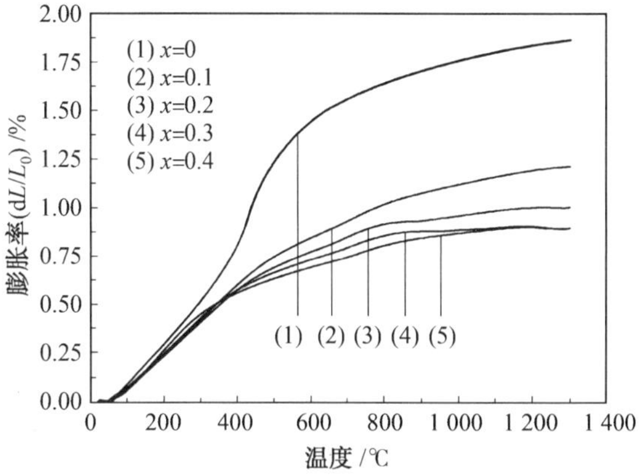

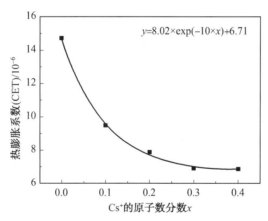

图 8.37 $Cs_xK_{1-x}GP$ 陶瓷化产物的热膨胀曲线 (He, Jia et al 2010)

图 8.38 给出了不同组成铝硅酸盐聚合物陶瓷化产物在 RT ~1 300 ℃ 的热膨胀系数。可见,Cs^+ 含量增加,陶瓷化产物的热膨胀系数基本呈指数形式降低,说明 Cs^+ 替代 K^+ 起到了良好的降低 KGP 热膨胀系数的效果,可在较大范围内$((7 ~ 14.5) \times 10^{-6}/K)$对基体进行热膨胀系数的调控。

图 8.38 $Cs_xK_{1-x}GP$ 陶瓷化产物随 Cs^+ 含量增加的热膨胀系数变化(He, Jia et al 2010)

8.4 本章小结

(1) 铝硅酸盐聚合物(KGP)经过适当高温处理后可转变为四方或者立方白榴石陶瓷。KGP 的热演化(thermal evolution)过程可以分为结构弹性、脱水(dehydration)、脱羟基(dehydroxylation)和烧结致密化四个阶段。

(2) K^+ 激发铝硅酸盐聚合物的晶化活化能为 455.9 kJ/mol,Avrami 指数接近 4,其晶化机制为三维均匀晶化;Cs^+ 部分等量替代 K^+ 后,$Cs_xK_{1-x}GP$ 的晶化激活能(crystallization activation energy)降低,晶化温度下降。

(3) KGP 陶瓷化产物室温下为四方白榴石,其具有典型的孪晶组织结构特征,其孪生定律是以[$\overline{101}$]晶面为镜面反映对称。

(4)Cs$^+$ 部分等量替代 K$^+$,Cs$_x$K$_{1-x}$GP 的高温相立方白榴石能被稳定至室温;当 Cs$^+$ 替代量为 20%(原子数分数)时,高温立方相被完全稳定至室温,同时孪晶结构消失。

(5)Cs$^+$ 部分等量替代 K$^+$,使 Cs$_x$K$_{1-x}$GP 的陶瓷化产物热膨胀系数呈指数下降,并可在较大范围((7 ~ 14.5)×10^{-6} K)内对其进行调控。

参考文献

[1]BAILAR J C, 1973. Comprehensive inorganic chemistry[M]. New York:Pergamon Press.

[2]BEDARD R L, BROACH R W, FLANIGEN E M, 1992. Leucite-pollucite glass ceramics: a new family of refractory materials with adjustable thermal-expansion[J]. *Mat, Res. Soc. Symp. Proc.*, 271: 581-587.

[3]BELL J L, DRIEMEYER P E, KRIVEN W M, 2009. Formation of ceramics from metakaolin-based geopolymers: part I-Cs-Based geopolymer[J]. *J. Am. Ceram. Soc.*, 92 (1): 1-8.

[4]BELL J L, DRIEMEYER P E, KRIVEN W M, 2009. Formation of ceramics from metaka-olin-based geopolymers. part II: K-based geopolymer[J]. *J. Am. Ceram. Soc.*, 92 (3): 607- 615.

[5]BLACKFORD M G, HANNA J V, PIKE K J,et al, 2007. Transmission electron microscopy and nuclear magnetic resonance studies of geopolymers for radioactive waste immobilization [J]. *J. Am. Ceram. Soc.*, 90(4): 1193-1199.

[6]BOCCACCINI A R, KHALIL T K, BUCKER M, 1999. Activation energy for the mullitiza-tion of a diphasic gel obtained from fumed silica and boehmite sol[J]. *Mater. Lett.*, 38: 116-120.

[7]CESAR P F, GONZAGA C C, OKADA C Y, 2003. Variables that affect the indentation fracture testing (IF) of a dental porcelain[J]. *Adv. Powder Technol.* Ⅲ., 416(4): 663-668.

[8]DENRY I L, MACKERT J R, HOLLOWAY J A, et al, 1996. Effect of cubic leucite stabili-zation on the flexural strength of feldspathic dental porcelain[J]. *J. Dent. Res.*, 75(12): 1928-1935.

[9]DUXSON P, LUKEY G C, JANNIE S J, et al, 2006. The thermal evolution of metakaolin geopolymers: part 1-physical evolution[J]. *J. Non-Cryst. Solids*, 352: 5541-5555.

[10]HASHIMOTO S, SATO F, HONDA S, 2005. Fabrication and mechanical properties of sin-tered leucite body[J]. *J. Am. Ceram. Soc.*, 113(1319): 488- 490.

[11]HATCH D M, GHOSE S, STOKES H T, 1990. Phase transitions in leucite, KAlSi$_2$O$_6$[J]. *Phys. Chem. Miner.*, 17: 220-227.

[12]HE Peigang,WANG Meirong, JIA Dechang, et al,2010. Effect of cesium-substitution on the thermal evolution and ceramics formation of potassium-based geopolymer[J]. *Ceramics International*, 36 (8): 2395-2400.

[13]HE Peigang, JIA Dechang, WANG Shengjin,et al, 2011. Thermal evolution and crystalli-zation kinetics of potassium-based geopolymer[J]. *Ceramics International*, 37 (1): 59-63.

[14]HE Peigang, JIA Dechang, WANG Shengjin, 2013. Microstructure and integrity of leucite ceramic derived from potassium-based geopolymer precursor[J]. *Journal of the European Ceramic Society*, 33, 689- 698.

[15]KOLLMAN P A, KUNTZ I D, 1972. Studies of cation hydration[J]. *J. Am. Ceram. Soc.* , 94(26): 9236-9237.

[16]LIN Tiesong, JIA Dechang, HE Peigang,et al, 2009. Thermo-mechanical and microstruc-tural characterization of geopolymers with alpha-Al_2O_3 particle filler[J]. *International Journal of Thermophysics*,30(5): 1568-1577.

[17]MACKERT J R, TWIGGS S W, RUSSELL C M, et al, 2001. Evidence of a critical leucite particle size for microcracking in dental porcelains[J]. *J. Dent. Res.* , 80(6): 1574-1579.

[18]NARAY-SZABO I, 1969. Inorganic crystal chemistry[M]. Budapest:Akademiai Kiado.

[19]OKADA K, KANEDA J, KAMESHIMA Y, et al, 2003. Crystallisation kinetics of mullite from polymeric Al_2O_3-SiO_2 xerogels[J]. *Mater. Lett.* , 57: 3155,3159.

[20]OPREA C, STAN C, ROTIU E, 1999. Non-isothermal crystallization behavior of cordierite glasses[J]. *J. Therm. Anal. Calorim.* , 56(2): 611- 615.

[21]OTA T, TAKAHASHI M, YAMAI I, et al, 1993. High-temperature-expansion polycrystal-line leucite ceramic[J]. *J. Am. Ceram. Soc.* , 76: 2379-2381.

[22]PALMER D C, DOVE M T, IBBERSON R M,et al, 1997. Structural behavior, crystal chemistry, and phase transitions in substituted leucite: high-resolution neutron powder dif-fraction studies[J]. A*m. Mineral.* , 82: 16-29.

[23]PALMER D C, BISMAYER U, SALJE E K H, 1990. Phase transition in leucute: order oa-rameter behaviour and the landau potential deduced from raman spectroscopy and birefrin-gence studies[J]. *Phys. Chem. Miner.* , 17: 259-265.

[24]PIERRE A C, 1998. Introduction to sol – gel processing[M]. Norwell:Kluwer Academic.

[25]SHEU T S, OBRIEN W J, RASMUSSEN S T, 1994. Mechanical-properties and thermal-expansion behavior in leucite containing materials[J]. *J. Mater. Sci.* , 29(1): 125-128.

[26]SCHAIRER J F, BOWEN N L, 1955. The system K_2O-Al_2O_3-SiO_2[J]. *Am. J. Sci.* , 253, 681-746.

[27]STEPHEN T R, CAROLE L G, WILLIAM J O, 1998. Stress induced phase transformation of a cesium stabilized leucite porcelain and associated properties[J]. *Dent. Mater.* ,14(3): 202-211.

[28]TAKEI1T, KAMESHIMA Y, YASUMORI A,et al, 2001. Crystallization kinetics of mullite from Al_2O_3-SiO_2 glasses under non-isothermal conditions[J]. *J. Eur. Ceram. Soc.* , 21: 2487-2493.

[29]TARTAJ J, MOURE C, DURAN P, 2001. Influence of seeding on the crystallisation kinet-ics of $PbTiO_3$ from gel-derived precursors[J]. *Ceram. Int.* , 27: 741-747.

［30］TAYLOR D, HENDERSON C M B, 1968. The thermal expansion of the leucite group of minerals［J］. *Am. Miner.*, 53：1476-1489.

［31］VAQUEIRO M P, LÓPEZ-QUINTELA A, 1998. Synthesis of yttrium aluminium garnet by the ccitrate gel process［J］. *J. Mater. Chem.*, 8：161-163.

［32］VILMIN G, KOMARNENI S, ROY R, 1987. Lowering crystallisation temperature of zircon by nanoheterogeneous sol-gel processing［J］. *J. Mater. Sci.*, 22：3556-3560.

［33］WOLFRAM H, MARTIN F, VOLKER R, 1995. Surface crystallization of leucite in glass ［J］. *J. Non-Cryst. Solids*, 180：292.

［34］XU Hua, DEVENTER J, 2000. The geopolymerization of alumino-silicate minerals［J］. *Int. J. Miner. Process*, 59：247-266.

［35］ZHANG Yi, LV Ming, CHEN Dongdan, et al, 2007. Leucite crystallization kinetics with kalsilite as a transition phase［J］. *Mater. Lett.*, 61：2978-2981.

［36］ZHANG Yi, WU Jianqing, RAO Pingen, et al, 2006. Low temperature synthesis of high purity leucite［J］. Mater. Lett., 60：2819-2823.

［37］何培刚, 2011. C_f/铝硅酸盐聚合物及其转化陶瓷基复合材料的研究［D］. 哈尔滨：哈尔滨工业大学材料科学与工程学院.

［38］黄培云, 2004. 粉末冶金原理［M］. 2版. 北京：冶金工业出版社.

［39］林铁松. 2009. $C_{sf}(Al_2O_{3p})$强韧铝硅酸盐聚合物基复合材料的力学性能及断裂行为 ［D］. 哈尔滨：哈尔滨工业大学.

［40］孟庆昌, 1998. 透射电子显微学［M］. 哈尔滨：哈尔滨工业大学出版社.

第9章 无机聚合物转化法制备陶瓷基复合材料的组织与性能

由第8章可知,经适当温度(1 000 ~ 1 100 ℃)处理后,铝硅酸盐聚合物最终能够发生致密化和陶瓷化,力学性能也随之大幅提高。对碳纤维强韧铝硅酸盐聚合物基复合材料而言,基体陶瓷化能够显著改善基体性能,而且相对于精细陶瓷的常用烧结温度来说,无机聚合物的陶瓷化温度较低,不易对纤维造成损伤。因此,无机聚合转化法可望成为一种低成本制备性能优良陶瓷基复合材料(CMC)的新途径。本章主要探讨高温处理即陶瓷化处理对几种铝硅酸盐聚合物基复合材料,如单向碳纤维 $C_{uf}/K(Cs)GP$、二维层叠短碳纤维 C_{sf}/KGP 和二维不锈钢纤维网/K – PSS 的相组成、组织结构、力学性能以及断裂行为影响的变化规律。

9.1 C_{sf}/K – PSS 复合材料陶瓷化处理后的组织与性能

9.1.1 C_{sf}/K – PSS 复合材料陶瓷化处理后的物相

(1)处理温度对 KGP 聚合物基体物相的影响。

由铝硅酸盐聚合物材料 KGP 的 TG – DTA 曲线(图9.1)可见,在200 ~ 600 ℃ 有一个较宽的吸热峰,对应失重约为11.8%,这与其他类型碱激发铝硅酸盐聚合物材料在此温度区间存在类似的吸热峰(Foden et al 1996)相似,与无机聚合物材料本身的构成有关。铝硅酸盐聚合物中结合水脱除温度可达500 ℃ 或者更高。因此,复合材料在热载荷作用下,首先是自由水(free water)脱除吸热(100 ~ 200 ℃),紧接着是200 ~ 600 ℃ 范围对应的材料中结合水、羟基基团的逐步脱除吸热(Duxson et al 2006)。

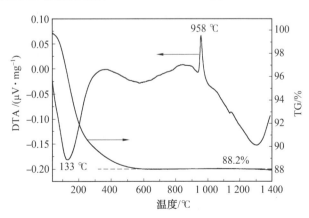

图 9.1 铝硅酸盐聚合物材料 KGP 的 TG – DTA 曲线 (Lin, Jia et al 2009)

　　TG – DTA 曲线中大约 958 ℃ 时吸热峰对应着一个微小的失重,是由铝硅酸盐聚合物材料的相变所致。由不同温度陶瓷化处理后铝硅酸盐聚合物材料 KGP 的 XRD 图谱(图 9.2)可见,在 800 ℃ 处理后已明显出现了白榴石(leucite) 相。TG – DTA 曲线中其结晶吸热峰(endothermic peak) 对应的温度明显高于 XRD 图谱中白榴石相形成所对应的温度,这是TG – DTA 分析时无保温过程,使其结晶吸放热效应相比有保温过程的处理来得迟些,而铝硅 酸 盐 聚 合 物 材 料 高 温 处 理 时 的 保 温 时 间 较 长, 这 是 材 料 有 足 够 的 析 晶(devitrification/crystallization) 时间所致。当处理温度超过 800 ℃ 时,晶相没有明显变化,这也说明在 800 ℃ 高温处理 2 h 材料已经基本完成晶化,且白榴石相高温下比较稳定。

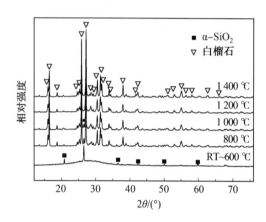

图 9.2　铝硅酸盐聚合物材料 KGP 在不同温度处理后的 XRD 图谱(Lin, Jia et al 2009)

　　(2)C_{sf}、α – Al_2O_{3p} 对 K – PSS 陶瓷化处理后物相的影响。

　　与单纯的铝硅酸盐聚合物材料 KGP 的 TG – DTA 曲线(图 9.1)相比,引入 α – Al_2O_{3p} 后 α – Al_2O_{3p}/K – PSS 复合材料的 TG – DTA 曲线(图 9.3)中差热曲线与热重曲线的形状基本没有变化,只是结晶峰从 958 ℃ 提高到 985 ℃,且整体材料对应失重从 11.8% 降至 9.2%。

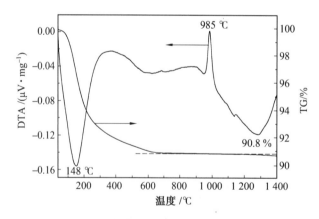

图 9.3　α – Al_2O_{3p}/K – PSS 复合材料的 TG – DTA 曲线(Lin, Jia et al 2009)

　　在室温至 600 ℃,α – Al_2O_{3p}/K – PSS 复合材料的物相未发生变化(图 9.4),主要为偏高岭土原料中残留的 α – SiO_2、非晶铝硅酸盐聚合物 KGP 以及 α – Al_2O_3 相。当处理温度达到 800 ℃ 时,出现了晶态白榴石相,但基体未完全转化为白榴石,还遗留部分非晶无机聚合物;处理温度升至 1 000 ℃,非晶特征峰消失,白榴石相特征峰得到全面体现;处理温度继续升高,相组成几乎不再变。自始至终,α - Al₂O₃ 相并未随着处理温度的变化与 KGP 基体发生反应或发生相变,说明 α - Al₂O₃ 在复合材料中非常稳定,对 KGP 晶化产物也没有影响。这同样说明,α - Al₂O₃ₚ 掺入到该聚合物中未参与聚合反应(polymerization reaction),只是以填料的方式存在。与 KGP 相比,α - Al₂O₃ₚ/K - PSS 复合材料中基体聚合物完全晶化温度明显升高。这说明 α - Al₂O₃ₚ 的掺入不仅提高了聚合物的起始晶化温度,同时降低了晶化速率。这可能是 α - Al₂O₃ₚ 在非晶聚合物网络中形成了一种"嵌入效果",在一定程度上妨碍了聚合物中原子扩散,因而延迟了聚合物的晶化、降低了晶化速率。

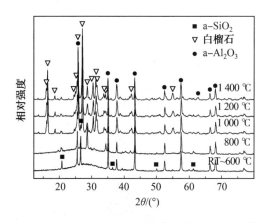

图9.4　不同温度处理后 α - Al₂O₃ₚ - K - PSS 复合材料的 XRD 图谱(Lin, Jia et al 2009)

C_sf/K - PSS 复合材料(C7A0),基体聚合物晶化起始温度(onset crystallization temperature)为 1 000 ℃,与单独掺入 α - Al₂O₃ₚ 复合材料的析晶起始温度大致相同;处理温度升至 1 200 ℃,复合材料晶化基本完成。而碳纤维与 α - Al₂O₃ₚ 复合强韧化的 C_sf - Al₂O₃ₚ/K - PSS 复合材料(C7A3)的晶化起始温度则达到 1 200 ℃,高于 C_sf 或 α - Al₂O₃ₚ 单独强韧化复合材料约200 ℃,即二者复合添加增强了对 K - PSS 基体晶化的抑制效应。图9.5 为 C7A0 和 C7A3 复合材料不同处理温度后的 XRD 图谱。

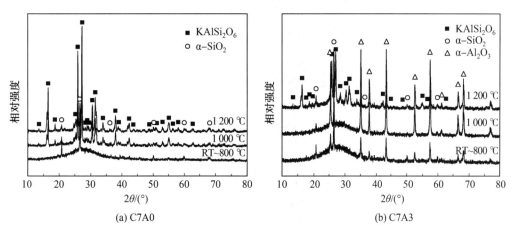

图9.5　C_sf - Al₂O₃ₚ/K - PSS 复合材料经过不同温度处理后的 XRD 图谱(Lin, Jia et al 2009;林铁松 2009)

9.1.2　C_{sf}/K – PSS 复合材料高温处理后的显微组织

　　仅引入 Al_2O_3 的复合材料（A3）在 600 ℃ 高温处理时，由于聚合物内部吸附水、结晶水以及羟基基团的脱除，使材料中气孔呈增加趋势；在 800 ℃ 处理后，表面气孔迅速减少，可能与液相辅助烧结（Zuda et al 2006）有关，因为 $K_2O – CaO – Al_2O_3 – SiO_2$ 系在 800 ℃ 时很容易观察到液相，而 $K_2O – CaO – SiO_2$ 的共晶温度（eutectic temperature）更是只有710 ℃（Levin et al 1964）。当处理温度为 1 000 ℃ 时，晶化伴随材料进一步烧结致密化，材料本应更加密实，但情况却相反，具体原因尚有待深入分析；处理温度增至 1 200 ~1 400 ℃，材料变得更为致密。图 9.6 为 A3 复合材料不同温度处理后的表面形貌。

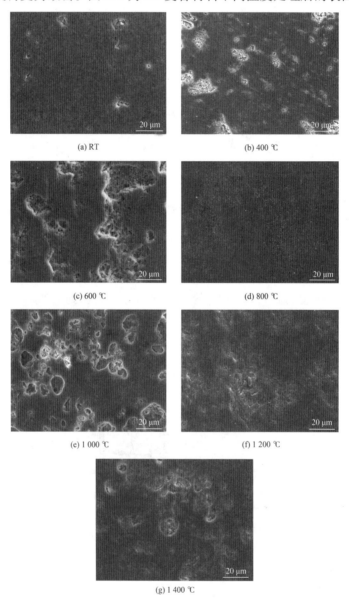

(a) RT　　　　　　(b) 400 ℃

(c) 600 ℃　　　　　(d) 800 ℃

(e) 1 000 ℃　　　　(f) 1 200 ℃

(g) 1 400 ℃

图 9.6　不同温度处理后的 Al_2O_{3p}/K – PSS 复合材料（A3）表面形貌（林铁松 2009）

在掺入 Al_2O_3 的基础上进一步引入碳纤维后的 $C_{sf} - Al_2O_{3p}/K - PSS$ 复合材料（C7A3），经过高温处理后表面形貌（图 9.7）变化规律有很大不同，网状裂纹成为最大的特征。从 400 ℃ 处理开始，复合材料表面即产生大量均布的网状微裂纹；到 600 ℃ 时，裂纹宽度似稍有增加，这是聚合物基体吸附水和结晶水排除导致的体积收缩与纤维约束相互作用的结果。800 ℃ 高温处理后反而表面裂纹减少或不甚明显了，可能是基体因液相产生流变能力增强协调了与纤维之间的热失配所致，但具体原因仍有待深入分析。处理温度继续升高，网状裂纹再次变得突出，这是基体烧结收缩、晶化，导致和碳纤维之间的热失配应力进一步增大的结果。由 1 200 ℃ 高温处理后的表面形貌（图 9.7(e)）清楚可见，碳纤维仍很好地桥连在裂纹之间，并未发现纤维被拉断的情况。

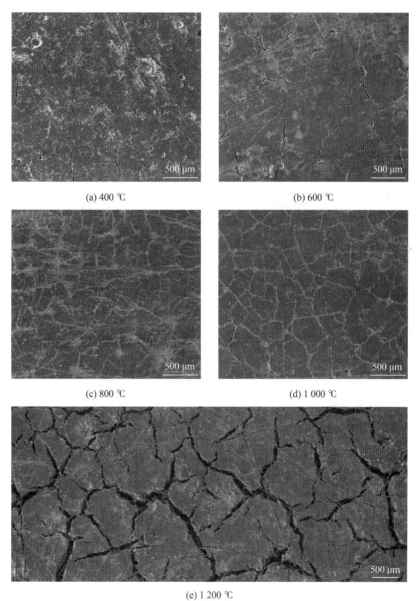

(a) 400 ℃　　　　　　　　　　(b) 600 ℃

(c) 800 ℃　　　　　　　　　　(d) 1 000 ℃

(e) 1 200 ℃

图 9.7　不同温度处理后的 $C_{sf} - Al_2O_{3p}/K - PSS$ 复合材料（C7A3）表面形貌（林铁松 2009）

9.1.3　C$_{sf}$/K – PSS 复合材料高温处理后的尺寸变化

引入 α – Al$_2$O$_{3p}$ 的 K – PSS 基复合材料高温处理后各个方向的收缩比较接近,从体积变化情况看,引入量超过 3％(体积分数)时,才和单纯基体聚合物表现出较大差别,即随处理温度升高,体积收缩变得比较小,因而在体积变化率曲线上表现得比较平缓,未出现基体在 400 ~ 800 ℃ 迅速减小的情况。而 1 400 ℃ 处理后体积收缩也明显低于基体的收缩,如 A3 的 34.6％ 明显小于 A0 的 46.5％。图 9.8 为 α – Al$_2$O$_{3p}$/K – PSS 复合材料高温处理后体积变化率。与体积的变化趋势相对应,A3 与 A5 复合材料在 600 ~ 800 ℃ 的处理温度区间,密度(图 9.9)升高得也没有基体 A0 和 A1 的那么显著,最终经 1 400 ℃ 处理后,虽然 A3 与 A5 复合材料含有密度较高的氧化铝较多,但是复合材料最终密度较基体材料低。

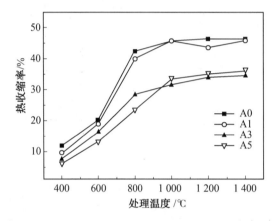

图 9.8　α – Al$_2$O$_{3p}$/K – PSS 复合材料高温处理后的体积变化率(Lin, Jia et al 2009)

(A0、A1、A3、A5 分别指 α – Al$_2$O$_3$ 的体积分数分别为 0％、1％、3％ 和 5％)

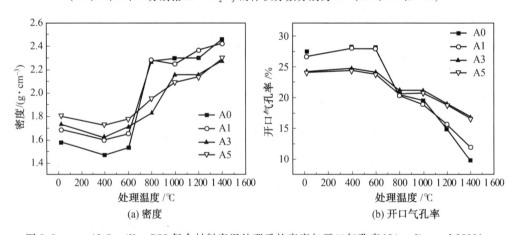

(a) 密度　　　　　　　　　　　　　　(b) 开口气孔率

图 9.9　α – Al$_2$O$_{3p}$/K – PSS 复合材料高温处理后的密度与开口气孔率(Lin, Jia et al 2009)

C$_{sf}$ 与 α – Al$_2$O$_{3p}$ 复合增强 K – PSS 复合材料在高温处理后的试样尺寸在不同方向上的变化率如图 9.10 所示。可见,无论在垂直还是在平行 C$_{sf}$ 层铺方向上,明显的尺度变化均发生在 1 000 ℃ 之后,只不过,在垂直 C$_{sf}$ 层铺方向上的收缩率(shrinkage rate)较大,而在平行 C$_{sf}$ 层铺方向上的收缩率明显小。这是该方向上收缩受到了更大的来自纤维的阻碍所致,这与单向连续碳纤维增强复合材料的沿垂直纤维和平行纤维方向上的差别基本类似。而随着

$\alpha - Al_2O_{3p}$ 含量的增加,1 000 ℃ 之前收缩的差别不大,直到 1 200 ℃ 时,收缩率才呈较为明显的减小趋势。

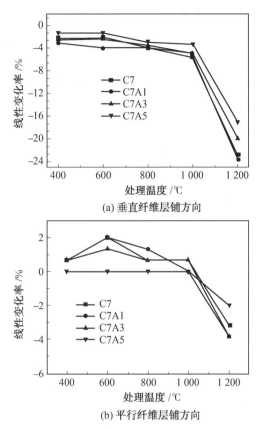

(a) 垂直纤维层铺方向

(b) 平行纤维层铺方向

图 9.10　$C_{sf} - Al_2O_{3p}/K - PSS$ 复合材料高温处理后试样尺寸在不同方向的线性变化率(林铁松 2009)

9.1.4　$C_{sf}/K - PSS$ 复合材料陶瓷化处理后的力学性能与断裂行为

(1)$\alpha - Al_2O_{3p}/K - PSS$ 复合材料的力学性能。

$\alpha - Al_2O_{3p}/K - PSS$ 复合材料高温处理后的抗弯强度如图 9.11 所示。可以看出,在处理温度低于 600 ℃ 时,抗弯强度仍然呈小幅升高趋势,虽然此阶段复合材料气孔率稍有增加;处理温度从 600 ℃ 增加到 1 200 ℃,无机聚合物的抗弯强度呈快速增加趋势,特别是 600 ~ 800 ℃,如 800 ℃ 处理后的抗弯强度 61.7 MPa,相比 600 ℃ 处理后的 27.4 MPa 提高了 1 倍以上。这与图 9.9 所示复合材料密度快速提高、气孔率快速下降相对应;在 1 200 ℃ 处理后,无机聚合物陶瓷化后的抗弯强度达到峰值;在 1 400 ℃ 处理后,抗弯强度反而又有所减小,这可能是低熔点相的挥发或者晶粒过度长大引起的。另外,在每个处理温度下,不同 $\alpha - Al_2O_{3p}$ 掺入量的复合材料的抗弯强度的差别不太明显,且规律性不强。

由一系列处理温度下 A3 复合材料与未经处理材料弯曲断口形貌对比情况(图 9.12)可见,复合材料未处理时断口较为疏松。在基体中存在部分未完全反应的偏高岭土颗粒,同时断口上存在微裂纹,这与复合材料的强度在常温下较低一致。处理温度升高,复合材料断口表面气孔增多。从 800 ℃ 开始,较为致密组织出现。处理温度进一步升高,气孔逐步减少,断口趋于致密平滑;当处理温度为 1 400 ℃ 时,断口表面又变得较为粗糙,这可能是此温度下一些低熔点的物相挥发造成的。断口致密程度的变化结合材料陶瓷化的进程,可以较好地解释复合材料抗弯强度的变化规律。

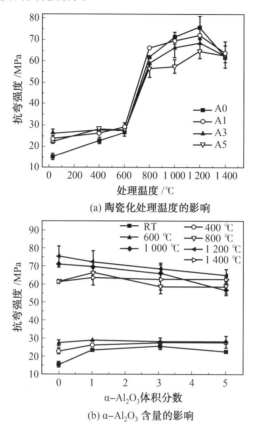

(a) 陶瓷化处理温度的影响

(b) α–Al₂O₃ 含量的影响

图 9.11　α – Al₂O₃ₚ/K – PSS 复合材料高温处理后的抗弯强度(Lin, Jia et al 2009)

　　从图 9.13 所示 C_{sf} 与 α – Al₂O₃ₚ 复合强韧化 K – PSS 复合材料的抗弯强度和断裂功随处理温度的变化情况可见,抗弯强度随处理温度升高,总体上呈现下降趋势,这和单纯基体或单独 α – Al₂O₃ₚ 强化 K – PSS 复合材料的明显不同,这主要是产生的网状热失配裂纹抵消了基体陶瓷化强度增高的作用所致。

　　铝硅酸盐聚合物材料是由硅氧四面体与铝氧四面体共同分享氧离子而形成的无机聚合网络结构(贾德昌 何培刚 2007)。在网络中,K^+ 和 H_3O^+ 分布其中,起到平衡电荷的作用(Davidovits 2002, Guan et al 2009)。一旦聚合物基体中的吸附水以及结合水随着处理温度的提高而失去,这种平衡就会被破坏。聚合物基体的缩聚程度降低必然会降低复合材料的强度。与此同时,如图 9.7 所示网状微裂纹对复合材料的强度也有重要负面影响。聚合物中结合水挥发结束大约在 600 ℃,与此对应在处理温度为 600 ℃ 或 800 ℃ 时复合材料的抗弯强度达到最小值。

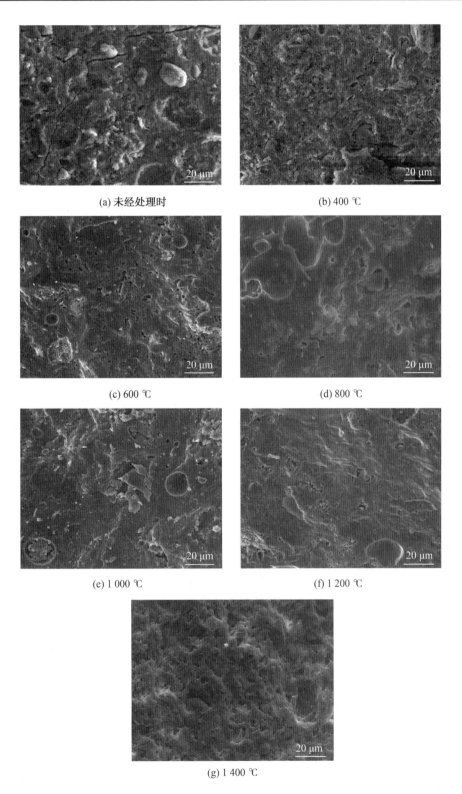

(a) 未经处理时　　　　　　　　　　(b) 400 ℃

(c) 600 ℃　　　　　　　　　　(d) 800 ℃

(e) 1 000 ℃　　　　　　　　　　(f) 1 200 ℃

(g) 1 400 ℃

图 9.12　不同温度处理后 A3 复合材料与未经处理材料断口形貌比较（林铁松 2009）

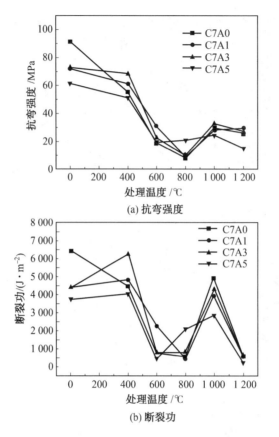

图 9.13　不同温度处理后 $C_{sf} - Al_2O_{3p}/K - PSS$ 复合材料的
抗弯强度与断裂功（Lin，Jia et al 2009）

（2）$C_{sf} - Al_2O_{3p}/K - PSS$ 复合材料高温处理后力学性能与断裂行为。

在 1 000 ℃ 下处理时，复合材料抗弯强度有一定程度的提高。这可能是由在此温度下复合材料被烧结导致气孔率减小引起的。在 1 200 ℃ 下处理后复合材料抗弯强度的迅速降低，主要是因为复合材料此时收缩率急剧增大（图 9.10），破坏了纤维预制体的结构以及可能的纤维与基体间脱粘造成的。

随陶瓷化处理温度的提高，断裂功的变化规律同抗弯强度的变化趋势较为类似，即在 600 ~ 800 ℃ 处理后出现低谷，1 000 ℃ 处理后出现峰值区（图 9.13）；不同的是断裂功在 400 ℃ 也出现了峰值。表 9.1 列出了不同温度陶瓷化处理后 C_{sf} 与 $\alpha - Al_2O_{3p}$ 复合强韧化铝硅酸盐基复合材料的力学性能数据。

表 9.1　不同温度处理后 $C_{sf} - Al_2O_{3p}/K - PSS$ 复合材料的力学性能（Lin，Jia et al 2009）

材料代号	抗弯强度/MPa						断裂功/(J·m⁻²)					
	25 ℃	400 ℃	600 ℃	800 ℃	1 000 ℃	1 200 ℃	25 ℃	400 ℃	600 ℃	800 ℃	1 000 ℃	1 200 ℃
C7A0	91.3	55.1	18.3	8.2	29.6	26.4	6 435.3	4 472.3	785.6	549.8	4 974.6	557.0
C7A1	72.4	61.6	31.0	9.3	28.0	29.5	4 446.4	4 864.5	2 253.0	466.5	3 957.8	619.4
C7A3	73.0	68.4	22.8	10.6	32.6	27.7	4 407.4	6 273.7	827.5	807.8	4 324.4	681.1
C7A5	61.8	51.3	19.4	21.1	24.7	15.0	3 739.9	4 080.1	442.7	2 098.5	2 858.3	239.7

C_{sf} – Al_2O_{3p}/K – PSS 复合材料高温处理后,在抗弯强度测试过程中仍旧呈现非灾难性断裂(non-catastrophic failure)行为,其典型的载荷 – 位移曲线(load-displacement curve)如图 9.14 所示。虽然与未高温处理的复合材料相比,其所承受的最大载荷有所降低,但是承受最大载荷时所对应的位移在处理温度为 400 ℃、800 ℃ 以及 1 200 ℃ 时都有所增加。这也说明了在以上温度陶瓷化处理后,复合材料的 C_f/ 基体界面结合强度还比较适中,纤维未受到大的损伤,能起到较好的桥连(bridging)、拔出(pulling out)等强韧化作用(strengthening and toughening effect)。

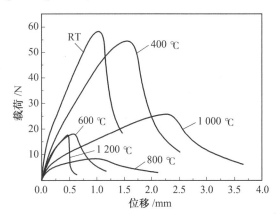

图 9.14　不同温度处理后 C7A3 复合材料的载荷 – 位移曲线(林铁松 2009)

1 000 ℃ 陶瓷化处理 2 h 后 C_{sf} – Al_2O_{3p}/K – PSS 复合材料(C7A3)的断口形貌如图 9.15 所示。可以看出,复合材料断裂表面有大量的纤维拔出,拔出长度为 200 μm ~ 1 mm。甚至比未高温处理复合材料的纤维拔出(fiber pull-out)长度更大,这与其最大载荷对应的位移增加是一致的。如此明显的纤维拔出是导致复合材料仍然呈现非灾难性断裂(non-catastrophic failure)的根本原因。

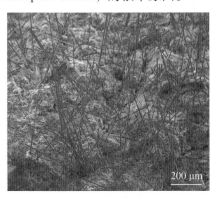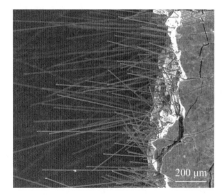

(a) 断口正面　　　　　　　　　　　　　　(b) 断口侧面

图 9.15　C7A3 复合材料 1 000 ℃ 处理 2 h 后垂直和平行于断口表面的 SEM 照片(Lin, Jia et al 2009)

9.1.5　本节小结

(1) C_{sf}、α – Al_2O_{3p} 未影响 K – PSS 的聚合反应以及高温处理后的晶化即陶瓷化产物类型。K－PSS 高温晶化后的产物是白榴石相,引入 C_{sf}、α － Al_2O_{3p} 后不仅提高了聚合物的晶化温度,降低了晶化速度;而且 C_{sf} 与 α － Al_2O_{3p} 同时加入作用更为明显。

(2)K－PSS 在低于 800 ℃ 处理时由于内部吸附水以及结合水的挥发伴随着明显的失重,致密度下降以及体积收缩;超过 800 ℃ 处理时其致密度以及体积的收缩增加缓慢。

(3)α － Al_2O_{3p} 的掺入在一定程度上对 K－PSS 的失重、体积收缩起到了抑制作用,并且随 α － Al_2O_{3p} 含量增加,这种作用越明显。C_{sf} 单独以及与 α － Al_2O_{3p} 复合强化的 K－PSS 明显降低了其在高温处理后的体积收缩率,改善了复合材料的高温尺寸稳定性。

(4)Al_2O_{3p}/K－PSS 在 800 ℃ 下陶瓷化处理后,强度明显增加;处理温度继续增至 1 200 ℃ 时,复合材料伴随着陶瓷化使抗弯强度仍继续增加至峰值;然而当处理温度达到 1 400 ℃ 时,抗弯强度因低熔点相挥发及晶粒长大而有所减小。该复合材料上述抗弯强度与处理温度的变化趋势与 K－PSS 基体材料的基本一致。

(5)C_{sf} 单独以及与 α － Al_2O_{3p} 复合强化 K－PSS 基复合材料的抗弯强度随高温处理温度升高而降低,且在 600 ～ 800 ℃ 处理后显示最低值;在 1 000 ℃ 处理后,抗弯强度和断裂功均明显回升,尤其是断裂功回升幅度较大;在 1 200 ℃ 下处理后又有所下降。C_{sf} － Al_2O_{3p}/K－PSS 复合材料高温陶瓷化处理后,C_{sf} 仍起到有效的桥连和拔出作用,使其呈典型非灾难性断裂特征。

9.2 C_{uf}/K－PSS 材料陶瓷化处理后的组织结构和力学性能

9.2.1 成分设计与处理工艺

以连续单向碳纤维(C_{uf}) 为增强相,分别以 K － PSS($K_2O \cdot Al_2O_3 \cdot 5SiO_2 \cdot 15H_2O$) 和 CsKGP(($(Cs_{0.2}K_{0.8})_2O \cdot Al_2O_3 \cdot 5SiO_2 \cdot 15H_2O$) 为基体,采用超声辅助料浆浸渍工艺制备复合材料 C_{uf}/KGP 和 C_{uf}/CsKGP,碳纤维的体积分数为 20%。

根据 C_{uf}/KGP 和 C_{uf}/CsKGP 的热收缩曲线(图 9.16) 可知,两种复合材料表现出类似于

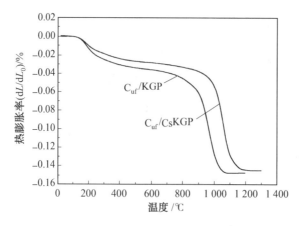

图 9.16　连续加热条件下复合材料 20%C_{uf}/KGP 和
20%C_{uf}/CsKGP 的热收缩曲线(何培刚 2011)

铝硅酸盐聚合物基体的热收缩(thermal shrinkage)规律,并且至 1 200 ℃时均实现了充分收缩密实化,故陶瓷化处理温度范围选择在 1 000 ~ 1 400 ℃。陶瓷化处理在气氛烧结炉中进行,升降温速率为 5 ℃/min,处理气氛为 0.1 MPa Ar,处理工艺曲线如图 9.17 所示。将在 1 000 ℃、1 100 ℃、1 200 ℃、1 300 ℃和 1 400 ℃下处理之后 20%(体积分数)C_{uf}/KGP 复合材料试样的代号分别记为 KC – 1000、KC – 1100、KC – 1200、KC – 1300 和 KC – 1400。

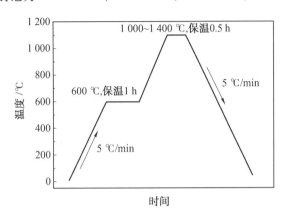

图 9.17　20%C_{uf}/KGP 复合材料的陶瓷化处理工艺曲线图(何培刚 2011)

9.2.2　陶瓷化处理后复合材料的收缩率与表观密度

(1)陶瓷化处理后复合材料的收缩率。

经 1 100 ℃陶瓷化处理前后 C_{uf}/KGP 复合材料试片的宏观照片如图 9.18 所示。可见,复合材料试样在沿纤维方向(纵向)尺寸变化不明显,这是因该方向陶瓷化收缩受到纤维的制约所致;而在垂直纤维方向上(横向)因收缩相对自由得多,故有较大尺寸变化。

(a) 陶瓷化处理前

(b) 陶瓷化处理后

图 9.18　20%C_{uf}/KGP 复合材料试片经 1 100 ℃陶瓷化处理前和处理后的宏观形貌(何培刚 2011)

图 9.19 所示给出了 20%(体积分数)C_{uf}/KGP 复合材料经不同温度陶瓷化处理后平行和垂直纤维方向上收缩率(shrinkage),同时对应 KGP 的收缩率也画在图中以便比较。可见,KGP 经陶瓷化处理后最大收缩率在 19.5%附近,且来得较早,在 1 000 ℃时即出现了显著收缩。复合材料显著收缩的起始温度明显滞后(到 1 100 ℃附近),这主要是碳纤维的引

入阻碍了聚合物高温下的黏滞收缩和致密化过程所致。另外,从图9.19中可知,平行纤维方向上复合材料的收缩率小于1.8%,而垂直纤维方向上收缩率很大,达15%以上。

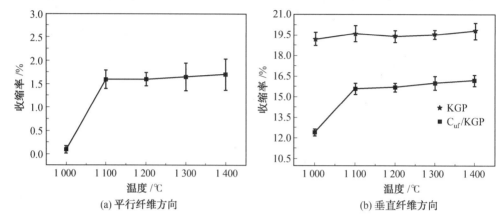

(a) 平行纤维方向　　　　　　　　(b) 垂直纤维方向

图9.19　20%C_{uf}/KGP复合材料不同温度陶瓷化处理后在平行

和垂直纤维方向上的收缩率(何培刚 2011)

(2)陶瓷化处理后复合材料的表观密度(apparent density)。

高温下陶瓷化处理首先会使基体非晶相晶化、致密度提高,进而伴随基体由起始低密度(1.42 g/cm³)铝硅酸盐聚合物相转变为较高密度(2.49 g/cm³)的白榴石(leucite)玻璃陶瓷(glass ceramics)相,所以表观密度无疑会升高,这与实测结果一致(图9.20)。经1 100~1 300 ℃处理后复合材料的表观密度达到较高的水平;处理温度升至1 400 ℃,材料表观密度反而有所降低,可能是由于碳纤维和基体界面反应(关于界面反应在本章9.2.5节中有专门介绍),放出CO气体所致。

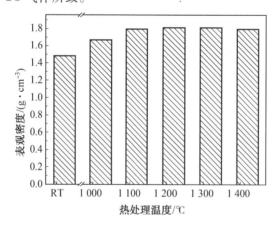

图9.20　C_{uf}/KGP复合材料经不同温度陶瓷化处理后的表观密度(何培刚 2011)

9.2.3　陶瓷化处理后复合材料的物相组成

复合材料的基体铝硅酸盐聚合物在陶瓷化处理过程中,非晶态基体将发生晶化,伴随有石英、白榴石等陶瓷相的析出和长大。图9.21为不同温度陶瓷化处理保温30 min后铝硅酸盐聚合物KGP与C_f/KGP复合材料的XRD图谱。可见,未处理时KGP与C_f/KGP基体均为非晶相(amorphous phase)和石英相杂质。经1 000 ℃保温处理后,KGP生成四方白榴石

(tetragonal leucite) 晶相;处理温度升至 1 300 ℃ 之前,物相组成变化甚微;处理温度达 1 400 ℃ 时,四方白榴石又有增加趋势。

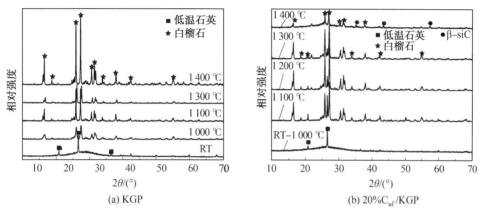

(a) KGP　　　　　　　　　　　　(b) 20%C_{uf}/KGP

图 9.21　KGP 和 20％C_f/KGP 经不同温度陶瓷化处理保温 30 min 后的
XRD 图谱(He, Jia et al 2010;何培刚 2011)

C_f/KGP 经 1 000 ℃ 处理基体仍保持非晶结构,当处理温度达到 1 100 ℃ 时,才生成了四方白榴石晶相,表明此时复合材料转变为 C_f/ 白榴石基复合材料。这说明复合材料中基体晶化较 KGP 基体滞后约 100 ℃,这可能是碳纤维非晶结构抑制了基体形核所致;当处理温度为 1 300 ℃ 时,复合材料中的主相基本保持不变;经 1 400 ℃ 高温处理后,出现了 SiC 相,这来源于碳纤维和铝硅酸盐聚合物间的界面反应(interfacial reaction);此外,1 400 ℃ 高温处理的复合材料中,白榴石相量反而减少,伴随着非晶相的衍射峰又重新出现,这可能与碳纤维存在造成的基体成分改变、高温玻璃化提前所致。

复合材料 20％C_{uf}/KGP 和 KGP 在相同条件下的热重实验(图 9.22)表明,低温区二者的失重趋势很相似,这是物理吸附水脱附以及化学吸附的羟基缩聚(polycondensation) - 挥发(volatilization)所致;显著不同的是,C_f/KGP 高温区即从 1 170 ℃ 开始出现进一步失重,这最有可能是碳纤维和铝硅酸盐聚合物中的 Si—O 基团之间发生了化学反应,反应式为

$$SiO_2 + 3C \longrightarrow SiC + 2CO(g) \tag{9.1}$$

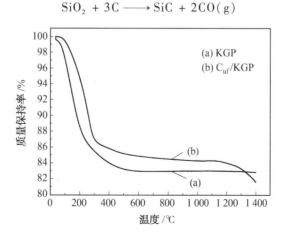

图 9.22　KGP 和 C_{uf}/KGP 的热重曲线(He, Jia et al 2010)

　　表 9.2 给出了Si - C—O 体系中各物质的反应生成吉布斯自由能(Liang et al 1993),
推导出反应(9.1) 的吉布斯自由能为

$$\Delta G^\circ = 605\,250 - 339.61T \tag{9.2}$$

　　如果忽略 CO (g) 的平衡分压(equilibrium partial pressure),上述反应在$\Delta G^\circ \leqslant 0$ 时才
能发生,据此计算出的理论反应温度为1 782 K(1 509 ℃)。然而从 TG 曲线可知,C_f/KGP 中
的界面反应始于 1 170 ℃,这远低于理论反应温度,也低于传统的 C_f/SiO_2 体系(温广武,
1996),这主要归因于不同的基体化学组成。将 KGP 体系简化为 K_2O - SiO_2 - Al_2O_3,对于
C_f/SiO_2 界面反应体系,K_2O 和 Al_2O_3 则分别起到促进和阻碍界面反应(interfacial reaction)
的作用。高温下在纯熔融石英(fused silica) 中,$n(O)/n(Si) = 2 : 1$,$[SiO_4]$ 形成架状高聚
物,但是大量 K_2O 的存在会使这种架状高聚物分解形成多种低聚物。这是因为 K—O 键的
键能比 Si—O 的键能弱得多,Si^{4+} 能把 K—O 上的氧离子拉在自己的周围,使桥氧(与两个
Si^{4+} 相连的氧) 断裂,导致 $[SiO_4]$ 由架状结构变为层状、链状、环状甚至岛状结构,其熔点和
高温下的黏度均下降;高温下 Al_2O_3 主要以四配位形式存在,在碱金属离子存在的情况下,
Al_2O_3 以 $[AlO_4]$ 配位与 $[SiO_4]$ 联成较复杂的硅铝氧负离子团使黏度增加,会降低碳纤维和
SiO_2 的接触面积,阻止界面反应发生(周亚栋 1992)。但 K_2O 降低黏度的作用远大于 Al_2O_3
的作用,从而使复合材料在高温下黏度显著低于 C_f/SiO_2 体系。在复合材料体系中,低黏度
基体会使基体中原子扩散速度更为迅速,致使反应(9.1) 在较低温度下即可发生,且随温度
升高反应越来越剧烈。

表 9.2　Si - C—O 体系存在反应的生成标准吉布斯自由能(何培刚 2011)

反应式	标准吉布斯自由能 /(J·mol^{-1})
C (s) + 0.5O_2(g) ═══ CO (g)	– 114 400 – 85.77T
Si (s) + C (s) ═══ SiC (s)	– 73 050 + 7.66T
Si (s) + O_2(g) ═══ SiO_2(s)	– 907 100 + 175.73T

9.2.4　陶瓷化处理后 C_{uf}/KGP 复合材料的显微组织形貌

　　陶瓷化处理使复合材料表面产生大量垂直于纤维方向的裂纹,这是致密化陶瓷化基体
产生较大收缩与碳纤维之间交互作用的结果(何培刚 2011);基体收缩在沿碳纤维方向上受
到纤维的强烈约束而承受拉应力,当其超过基体强度时基体即发生断裂;而垂直于纤维方
向,基体收缩不受纤维的约束,能自由进行,所以最终形成横向裂纹。在较低处理温度下
(1 000 ~ 1 100 ℃),裂纹相互连通将复合材料分割成若干100 ~ 200 μm 的区间(图
9.23(a)、(b))。另外,从对 KC - 1100 的高倍照片还可以观察到,裂纹的长宽分别约为
100 μm 和 50 μm,但在裂纹之间有大量保持完好的桥连纤维(图 9.23(b)、(c)),说明纤维
对存在裂纹的复合材料的整体性、可靠性有很大的保障作用。

　　当陶瓷化处理温度提高至 1 300 ℃ 和 1 400 ℃,基体材料高温收缩导致了复合材料内部
应力的进一步增大,由此材料表面的裂纹逐步扩展,并且桥连纤维变细,纤维受损严重(图
9.23(d)、(e))。其原因可能有两种:一是界面反应,即如热分析所示,温度高于 1 170 ℃ 时
界面反应开始发生,生成 CO 气体,严重损害碳纤维完整性(fiber integrity);二是碳纤维的引
入使铝硅酸盐聚合物成分偏析,从而使高温下低熔点物质如 $K_2O \cdot xSiO_2$ 挥发,与桥连纤维
反应而使纤维弱化(何培刚 2011)。

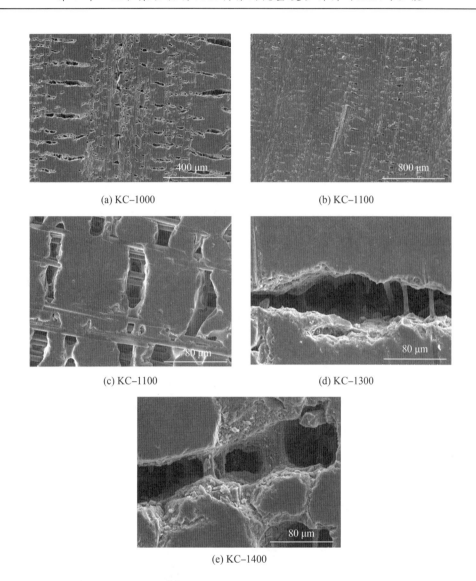

(a) KC-1000　　　　　　　　　　(b) KC-1100

(c) KC-1100　　　　　　　　　　(d) KC-1300

(e) KC-1400

图 9.23　20%C_{uf}/KGP 复合材料经不同温度处理后的
表面显微形貌(He, Jia et al 2010;何培刚 2011)

关于陶瓷化处理后微裂纹的形成进行如下计算分析。试样经 1 100~1 400 ℃ 陶瓷化处理后,基体已演变为具有高热膨胀系数的四方白榴石晶相,在降温过程中复合材料内必然会产生由于热失配(thermal mismatch)而导致的残余应力(residual stress)。残余应力可以通过式(9.3)进行预估(Kerans, et al, 1991)。

$$\sigma = \frac{(\alpha_m - \alpha_f) \times \Delta T E_f V_f}{V_f \times \left(\dfrac{E_f}{E_m} - 1\right) + 1} \tag{9.3}$$

式中,ΔT 为温差;V_f 为纤维的体积分数;α_m 和 α_f 为基体和纤维的热膨胀系数;E_m 和 E_f 分别为基体和纤维的弹性模量。

对于 C_{uf}/白榴石基复合材料体系,$\alpha_m = 15.4 \times 10^{-6}$ ℃$^{-1}$,$\alpha_{轴向} = 0$,$\alpha_{径向} = 10 \times 10^{-6}$ ℃$^{-1}$,

$E_m = 65$ GPa，$E_f = 220$ GPa，$\Delta T = 1\,100 \sim 1\,400\ ℃$。

表 9.3 给出了复合材料沿纤维轴向残余应力(σ_a)和径向残余应力(σ_r)的计算结果。可见，复合材料在纤维轴向和径向均存在较大残余应力。其中轴向残余应力远高于基体强度(约 70 MPa)，故导致在降温过程中使基体中的初始裂纹进一步扩展，并在纤维附近基体内形成新的尖锐微裂纹。对于复合材料 KC－1100，轴向残余应力远低于纤维强度(约 2 200 MPa)，因此纤维能够保持完整，起到桥连作用。而处理温度再高，则轴向残余应力显著提高，而且纤维损伤加剧，纤维对裂纹的抑制力降低，导致基体开裂更为明显；同时纤维被拉断的概率也显著提高，使桥连纤维数量显著降低，与断口形貌(见后面相关部分)观察结果一致。径向残余应力的产生，可以提高基体和纤维之间的握裹力，这对提高无界面反应的复合材料性能有利；但当温度超过 1 170 ℃ 时，界面反应发生，纤维／基体界面结合已经过渡为强界面结合，此时，径向残余应力的增加对复合材料性能影响不大。

表 9.3　C_{uf}/KGP 复合材料高温处理、冷却后纤维轴向和径向残余热失配应力(何培刚 2011)

陶瓷化处理温度 T /℃	1 100	1 200	1 300	1 400
轴向残余应力 σ_a /MPa	557.5	608.2	658.9	709.6
径向残余应力 σ_r /MPa	195.5	213.3	231.0	248.8

9.2.5　陶瓷化处理后复合材料的纤维／基体 TEM 界面结构

图 9.24 所示为 KC－1100 复合材料的典型 TEM 组织结构形貌。SAD 标定结果进一步证明，1 100 ℃ 处理后材料基体转变成白榴石晶相。从界面形貌上来看，KC－1100 复合材料中碳纤维和基体之间的界面直接结合，界面较为清洁光滑，未发现界面反应产物。另外，在基体中产生了尖锐的裂纹，并且裂纹垂直于纤维方向，这主要是由于二者间热失配造成的。

(a) 界面形貌

(b) (a)中B点的选区衍射花样

(c) (a)中C点的选区衍射花样

图 9.24　KC－1100 复合材料 C_f/KGP 界面形貌和选区电子衍射花样照片(何培刚 2011；He, Jia 2012)

图 9.25 分别给出了 KC－1200、KC－1300 和 KC－1400 的 C_f/KGP 界面形貌。可见，随陶瓷化处理温度升高，复合材料中的界面反应越来越严重，界面层是由基体中的 Si—O 基团与碳纤维中的 C 原子发生相互扩散反应的结果(He, Jia 2012)，过渡层明显变厚，即由 KC－1200 中的约 50 nm 增至 KC－1300 中的 100 ~ 150 nm；尤其是 1 300 ~ 1 400 ℃ 时界面层增厚更为显著，如 1 400 ℃ 时其厚度已达约 1 000 nm；界面反应产物为 β－SiC(He, Jia 2012)。高分辨电镜 HRTEM 研究(图 9.26)进一步确认了界面反应产物为 β－SiC，且其中存在明显的位错结构。

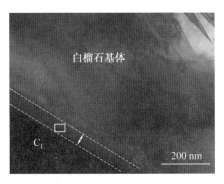

(a) KC–1200

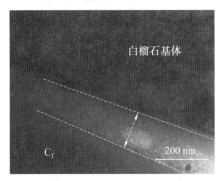

(b) KC–1300

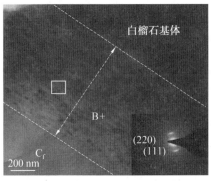

(c) KC–1400

图 9.25　KC – 1200、KC – 1300 和 KC – 1400 复合材料的 C_f/ 基体界面 TEM 结构与物相观察(He，Jia 2012)

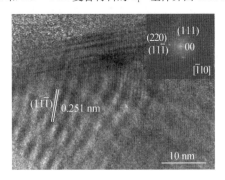

图 9.26　KC – 1400 复合材料中界面区域 B(图 9.25(c)) 的高分辨相和内嵌的傅里叶变换结果(He，Jia 2012)

　　能谱分析(图9.27)证明了界面处发生了Si、Al和K原子的扩散,并随陶瓷化处理温度升高,原子扩散程度更大,尤其当温度升至1 400 ℃时最为显著,这是界面反应(interfacial reaction)生成β-SiC的基础。

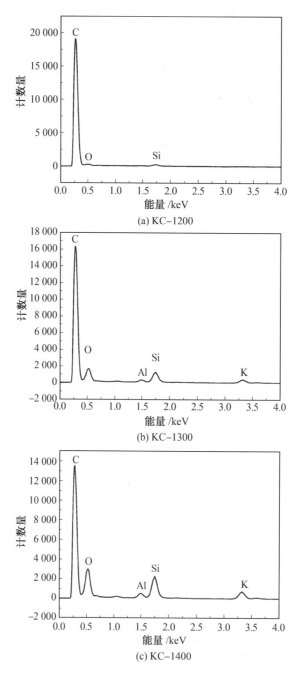

(a) KC-1200

(b) KC-1300

(c) KC-1400

图9.27　不同温度陶瓷化处理后复合材料内的界面区域元素能谱分析(He, Jia 2012)

(所选区域为图9.25中标识方框区域)

9.2.6　陶瓷化处理对 C_{uf}/KGP 复合材料力学性能与断裂行为的影响

KGP 基体陶瓷化之后生成白榴石相有利于 C_{uf}/KGP 复合材料强度的提高,这可从单纯 KGP 陶瓷化之后强度由 12.3 MPa 提高至 70 MPa 得到证实。但陶瓷化处理温度提高,会出现严重的界面反应(interfacial reaction)导致过强的界面结合,甚至是碳纤维的弱化,反而会影响复合材料的力学性能(mechanical properties)和断裂行为(fracture behavior)。

(1)陶瓷化处理后复合材料的力学性能。

图 9.28 给出了 C_{uf}/KGP 复合材料经不同温度陶瓷化处理后抗弯强度(bending/flexural strength)和断裂功(work of fracture,WOF)的变化趋势,具体性能数据列于表 9.4 中。可见,高温处理温度对复合材料力学性能的影响非常显著,在宽阔的处理温区内,尤其是 1 100 ~ 1 200 ℃ 进行陶瓷化处理,复合材料的力学性能均可实现明显改善。经 1 100 ℃ 处理之后,抗弯强度、断裂功和弹性模量均达到最大值,分别为 268.9 MPa、5 003.4 J/m^2 和 67.4 GPa,较未陶瓷化处理复合材料分别提高了 102.3%、29.1% 和 84.7%。

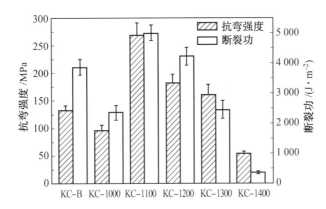

图 9.28　20%C_{uf}/KGP 复合材料经不同温度陶瓷化处理后
抗弯强度和断裂功的变化(He,Jia et al 2010)

表 9.4　20%C_{uf}/KGP 经不同温度陶瓷化处理后的力学性能汇总 (He, Jia et al **2010**)

试样	抗弯强度 /MPa	弹性模量 /GPa	断裂韧性 /(MPa·$m^{1/2}$)	断裂功 /(J·m^{-2})
KGP 无机聚合物	12.3 ±1.2	10.3 ±1.2	0.2 ±0.04	—
白榴石陶瓷	70.0 ±6.8	65.0 ±6.3	1.3 ±0.16	—
KC – B	132.9 ±8.2	36.5 ±3.4	—	3 874.5 ±266.8
KC – 1000	95.6 ±10.5	30.4 ±4.1	—	2 354.8 ±243.6
KC – 1100	268.9 ±14.6	67.4 ±4.2	7.21 ±0.87	5 003.4 ±254.4
KC – 1200	181.7 ±16.3	55.9 ±4.8	6.57 ±0.64	4 233.4 ±299.5
KC – 1300	160.3 ±19.2	50.6 ±3.6	4.9 ±0.57	2 444.6 ±283.2
KC – 1400	54.6 ±3.7	41.5 ±4.2	1.05 ±0.31	366.6 ±37.5

注:KC – B 指未陶瓷化处理的复合材料

在 1 300 ℃ 下处理后,复合材料的抗弯强度和弹性模量(Young's modulus)仍比未处理复合材料高很多,且分别相当于 1 100 ℃ 处理后所获峰值强度和模量的 70% ~ 80% 和 80% ~90%。但当处理温度升至 1 400 ℃ 时,处理后复合材料抗弯强度、断裂功和弹性模量则均急剧下降,仅为 54.6 MPa、366.6 J/m² 和41.5 GPa,这是界面处碳纤维与基体反应严重,导致碳纤维力学性能退化所致。

值得指出的是,经 1 100 ℃ 处理后,基体收缩导致复合材料中的纤维体积分数增加(由初始的约20%提高至约25%)对复合材料的性能改善也有一定贡献。

(2)陶瓷化处理后复合材料的断裂行为。

比较应力-位移曲线(图9.29)可见,除了基体 KGP 和 KC-1400 复合材料为明显的脆性断裂(brittle failure/fracture)外,其他陶瓷化处理后的复合材料均为明显的韧性断裂(ductile failure/fracture),且承载过程均出现了明显的非线弹性(non-linear elasticity)特征,且峰值应力过后,仍然保持较高承载能力,这也是其具有很高断裂功(WOF)的主要原因。

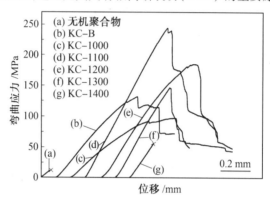

图9.29　20%C_f/KGP复合材料经不同温度陶瓷化处理后的弯曲应力-位移曲线(何培刚 2011)

复合材料的力学性能和断裂行为变化规律,可从复合材料断口形貌(图9.30)的变化规律上得到很好的支持。未陶瓷化处理的复合材料 KC-B 和 KC-1000 的断口中裸露纤维很长,基体碎屑分布在纤维束丝之间,说明基体与纤维之间结合很弱,因此纤维无法充分发挥其强韧化作用。陶瓷化处理温度再高,KC-1100 的断口上观测到大量的纤维拔出,纤维拔出(fiber pull-out)长度较长为 40 ~100 μm,而且纤维表面光滑没有损伤,表明基体和纤维之间为机械结合,纤维未受到损失和削弱;KC-1200 和 KC-1300 的纤维拔出仍然十分显著,虽然较 KC-1100 的拔出长度短;陶瓷化的基体握裹纤维更加紧密,适度的界面反应又进一步加强了界面结合强度,保证了载荷传递的效果,改善了纤维对基体的强韧化作用。陶瓷化处理温度为 1 400 ℃ 时,KC-1400 的断口则变得十分平滑,几乎观察不到纤维拔出,说明主裂纹面倾向比较平直地穿过碳纤维,导致材料发生低应力脆断(low stress brittle fracture),界面反应使碳纤维严重受损的情况在图 9.31 所示高倍断口照片可清楚地显现。

唯一异常的是与未陶瓷化处理的复合材料(KC-B)相比,1 000 ℃下处理的复合材料 KC-1000 性能反而更低。经 1 000 ℃ 高温处理后,基体只是基本完成了吸附水以及羟基的脱除,尚未开始晶化(由图9.21可知)和进一步致密化,却也在复合材料内生成较多的大裂纹。因此,此时复合材料的强度不但未升高,反而进一步降低。

$$\sigma_c = \sqrt{\frac{2E(\gamma_s + \gamma_p)}{\pi c}} \tag{9.4}$$

式中,σ_c 为临界断裂应力;E 为弹性模量;γ_s 为表面能;γ_p 为纤维拔出功;c 为临界裂纹半长度;$\gamma_p \gg \gamma_s$。

(a) KC–B

(b) KC–1000

(c) KC–1100

(d) KC–1200

(e) KC–1300

(f) KC–1400

图 9.30　20％C_f/KGP 复合材料经不同温度陶瓷化处理后的典型断口形貌（He, Jia et al 2010）

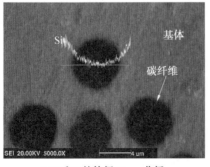

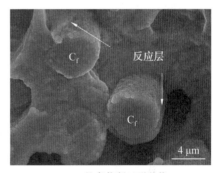

(a) C和Si的特征 X-ray分析

(b) 20%C_f/KGP的高倍断口形貌像

图 9.31　C 和 Si 的特征 X – ray 分析与 20％C_f/KGP 复合材料KC – 1400 高倍断口形貌（He, Jia et al 2010）

值得提出的是,虽然此时在复合材料中生成了大量的微观裂纹,但由于其是垂直于纤维方向的横向裂纹,且尺寸尚明显小于根据 Griffith 理论公式(9.4)计算出的裂纹失稳扩展尺寸(约 1 mm),所以复合材料中的初始裂纹并不能造成材料低应力破坏,而纤维"钉扎"和拔出是阻止裂纹扩展的重要因素。

9.2.7 本节小结

本节研究了处理温度对 $20\%C_{uf}$/KGP 复合材料组织结构和力学性能的影响,主要结论如下:

(1)经过 1 100 ℃ 以上高温处理后,$20\%C_{uf}$/KGP 复合材料实现致密化(伴随 C_{uf} 体积分数增加)、基体陶瓷化生成四方白榴石相;相比 KGP 基体,碳纤维的存在使非晶基体稳定能力有所增加。

(2)$20\%C_{uf}$/KGP 复合材料经 1 100 ℃ 处理后力学性能达到最大值,其抗弯强度、断裂功和弹性模量比未处理复合材料分别提高了 102.3%、29.1% 和 84.7%,这主要基于 C_f/KGP 界面结合强度提高,同时,碳纤维保持了较好的完整性。

(3)$20\%C_{uf}$/KGP 复合材料随陶瓷化处理温度从 1 100 ℃ 到 1 300 ℃,C_f/KGP 界面反应层厚度从 10 nm 增至 1 000 nm;界面反应产物主要为 β–SiC 相;1 400 ℃ 下处理后,C_f/KGP 界面反应使碳纤维严重受损,纤维拔出很少,导致复合材料发生低应力脆断。

9.3 C_{uf}/CsKGP 复合材料陶瓷化处理后的组织结构与性能

9.3.1 C_{uf}/CsKGP 复合材料的热分析

对复合材料 C_{uf}/CsKGP 及其对应基体 CsKGP 进行热分析,结果(图9.32)与 C_{uf}/KGP 和 KGP 的非常类似。C_{uf}/CsKGP 的失重分为 3 个阶段:第一阶段(RT ~700 ℃)是由吸附水和羟基脱除所致;第二阶段(800 ~1 200 ℃)缓慢失重,可能是自由 Cs^+ 的挥发所致;第三阶段(1 200 ~1 400 ℃)再次明显失重,是由 C_f/ 基体界面反应所引起。

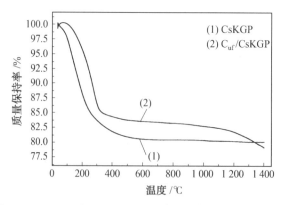

图 9.32 CsKGP 和 C_{uf}/CsKGP 的热失重曲线(何培刚 2011)

考虑到 Cs^+ 高温下会挥发以及界面反应的不良作用,对复合材料的高温处理温度选择为 1 000 ~1 300 ℃,保温时间为 30 min。

9.3.2　陶瓷化处理后 $C_{uf}/CsKGP$ 复合材料的物相组成

经 1 000 ℃ 处理后,$C_{uf}/CsKGP$ 中即生成立方白榴石(cubic leucite)相(图 9.33),这低于 C_{uf}/KGP 的晶化初始温度(onset crystallization temperature),表明 Cs^+ 的引入使复合材料的晶化初始温度降低;随陶瓷化处理温度升至 1 300 ℃,立方白榴石晶相稳定存在。高温处理后 Cs^+ 固溶至立方白榴石的晶体结构中,从而使其在室温下仍能稳定存在,其稳定高温立方相白榴石的机制与前述(详见第 8 章 8.3 节)一致。

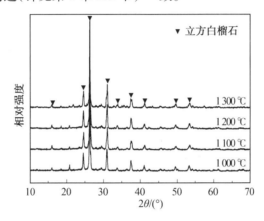

图 9.33　$C_{uf}/CsKGP$ 复合材料经不同温度处理后的 XRD 图谱(何培刚 2011)

9.3.3　陶瓷化处理后 $C_{uf}/CsKGP$ 复合材料的收缩率与表观密度

与 C_{uf}/KGP 一样,$C_{uf}/CsKGP$ 陶瓷化处理后显示类似的收缩变形的规律(图 9.34),即纵向上复合材料的收缩很小,而横向上收缩显著。在 1 000 ~ 1 200 ℃,垂直纤维方向上的收缩率几乎呈线性快速增大到较高值,之后变化很小;而在纵向上,只在 1 000 ~ 1 100 ℃ 的初始阶段小幅增加,之后几乎不再上升。与 C_{uf}/KGP 相比,$C_{uf}/CsKGP$ 复合材料接近最密实对应的陶瓷化温度要高约 100 ℃,即从 C_{uf}/KGP 的 1 100 ℃ 提高至 $C_{uf}/CsKGP$ 的 1 200 ℃。这说明 Cs^+ 引入后,复合材料的致密化变得困难。

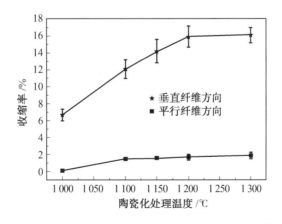

图 9.34　$C_{uf}/CsKGP$ 复合材料经不同温度陶瓷化处理后的收缩率(何培刚 2011)

　　图 9.35 所示给出了经不同温度陶瓷化处理后复合材料的密度(apparent density)。在 1 000 ~ 1 200 ℃ 高温处理范围内,C_{uf}/CsKGP 的表观密度随处理温度升高呈线性升高,之后,提高幅度变得很小。与原始材料相比,陶瓷化材料的表观密度均有显著提高,这主要是由于高温下基体由起初 CsKGP 转变为致密的立方白榴石玻璃陶瓷。

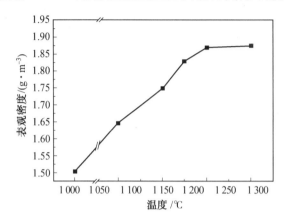

图 9.35　C_{uf}/CsKGP 复合材料经不同温度陶瓷化处理后的表观密度(何培刚 2011)

9.3.4　陶瓷化处理后 C_{uf}/CsKGP 复合材料的界面形貌

　　图 9.36 所示为 C_{uf}/CsKGP 复合材料经 1 100 ℃、1 200 ℃ 和 1 300 ℃ 陶瓷化处理后的界面形貌。可以看出,经高温处理后纤维附近基体内仍然存在微裂纹,但是均小于 KC - 1100 中的裂纹长度和宽度。C_{uf}/CsKGP 经高温处理后生成立方白榴石(cubic Leucite)晶相,其热膨胀系数为四方白榴石(tetragonal leucite)的 1/2,根据残余应力计算公式(9.3)可知,CsKC - 1100 中残余应力仅为 KC - 1100 中的 1/2,因此与 KC - 1100 相比,CsKC - 1100 中的碳纤维和基体间的热匹配程度较高。

　　CsKC - 1100 界面处存在一定空隙,而 CsKC - 1200 中基体和纤维紧密结合在一起,这与复合材料的烧结致密化程度有关。根据复合材料经不同温度处理后的热收缩(thermal shrinkage)值可知,CsKC - 1100 复合材料的致密化程度仅为 CsKC - 1200 的 75%,因此 CsKC - 1200 中基体更牢固地握裹碳纤维。从 CsKC - 1200(图 9.36(b))的界面形貌中也可以看出,二者的界面结合比较光滑,没有界面反应产物的生成,表明两种复合材料内的界面结合为机械结合。这不仅可以降低裂纹尖端应力集中(stress concentration)程度,而且可以使裂纹沿界面扩展,从而降低复合材料的裂纹敏感性(crack sensitivity),有利于提高复合材料的韧性和强度。而复合材料经过 1 300 ℃ 处理后在碳纤维表面生成了明显的约 200 μm 厚的界面层(interface layer),容易导致过强的界面结合,进而减小碳纤维的拔出桥连增韧效应。

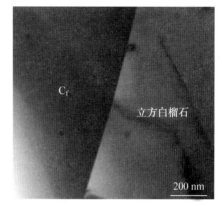

(a) CsKC-1100   (b) CsKC-1200

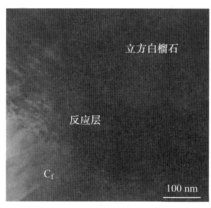

(c) CsKC-1300

图 9.36   不同温度陶瓷化处理后 C_{uf}/CsKGP 复合材料的界面形貌(何培刚 2011)

9.3.5   陶瓷化处理后 C_{uf}/CsKGP 复合材料的力学性能与断裂行为

C_{uf}/CsKGP 经不同温度陶瓷化处理后抗弯强度、断裂功、弹性模量和断裂韧性的变化趋势(图 9.37)同 C_{uf}/KGP 的(图 9.28)相似,即随处理温度升高,复合材料的力学性能首先降低(在 1 000 ℃ 下处理),随后升高;经 1 200 ℃ 处理后各项力学性能值达到峰值,之后降低。

表 9.5 汇总了 C_f/CsKGP 复合材料经不同温度陶瓷化处理后的力学性能数据。CsKC -1200 复合材料表现出最高的抗弯强度、弹性模量、断裂韧性和断裂功,分别为 278.7 MPa、71.4 GPa、8.37 MPa·$m^{1/2}$ 和 5 977.4 J/m^2;与未高温处理复合材料 CsKC - B 相比,抗弯强度、弹性模量和断裂功分别提高了 115.2%、123.1%、63.3%。比 KC - 1200 分别提高了 53.4%、27.7%、27.4% 和 41.2%;而且较 KC - 1100 也分别提高了 4.3%、11.9%、16.1% 和 34.4%。CsKC - 1200 较高的力学性能主要归因于基体陶瓷化、复合材料充分致密化、较高的界面结合强度和更佳的界面匹配度以及状态完好的碳纤维。

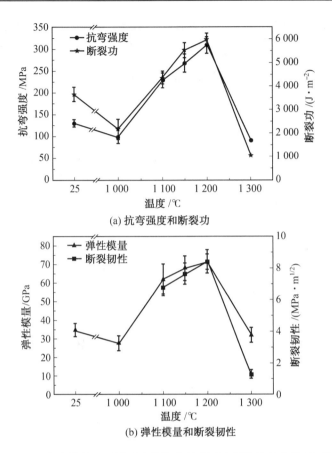

(a) 抗弯强度和断裂功

(b) 弹性模量和断裂韧性

图 9.37　C_{uf}/CsKGP 复合材料经不同温度陶瓷化处理后力学性能的变化(何培刚 2011)

表 9.5　C_{uf}/CsKGP 复合材料经不同温度陶瓷化处理后的力学性能(何培刚 2011)

试样代号	抗弯强度 /MPa	弹性模量 /GPa	断裂韧性 /($MPa \cdot m^{1/2}$)	断裂功 /($J \cdot m^{-2}$)
CsKC-B	129.6 ±7.5	34.7 ±3.4	—	3 659.9 ±314.7
CsKC-1000	98.8 ±13.4	27.7 ±4.1	—	2 158.7 ±431.5
CsKC-1100	229.2 ±16.8	61.9 ±8.4	6.79 ±0.57	4 357.9 ±267.7
CsKC-1150	268.0 ±20.7	67.8 ±6.7	7.65 ±0.66	5 538.4 ±327.5
CsKC-1200	278.7 ±18.9	71.4 ±6.3	8.37 ±0.53	5 977.4 ±297.1
CsKC-1300	90.9 ±7.4	31.8 ±4.2	1.26 ±0.24	1 054.8 ±106.7

图 9.38 显示了高温处理前后复合材料的典型载荷 – 位移曲线。除 CsKC-1300 试样外,其他试样均表现为韧性断裂特征,并且断裂曲线表现出类似的规律:首先应力线性增加,随后出现非线性应力应变阶段,应力达到最高值后呈阶梯状下降。CsKC-B 和 CsKC-1000 为典型的弱基体复合材料,其断裂模式与 KC-B 和 KC-1000 相同,为剪切断裂(shear fracture) 模式。而随处理温度升高,CsKC-1100、CsKC-1150 和 CsKC-1200 应力达到最大值后,呈现明显的阶梯状下降,并且破坏主要发生在受拉面,因此其断裂模式为抗弯断裂模式。当处理温度升至 1 300 ℃ 时,纤维和基体发生界面反应,使纤维和基体以高强度的化学结合,且界面反应对碳纤维造成了严重损伤,致使复合材料发生低应力下的脆性断裂,故抗弯强度迅速下降。

　　C_{uf}/CsKGP 复合材料的断口形貌如图 9.39 所示。与应力 – 位移曲线所示的韧性断裂行

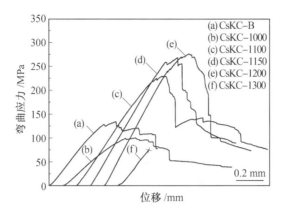

图 9.38　C_{uf}/CsKGP 复合材料经不同温度陶瓷化处理后的弯曲应力－位移曲线(何培刚 2011)

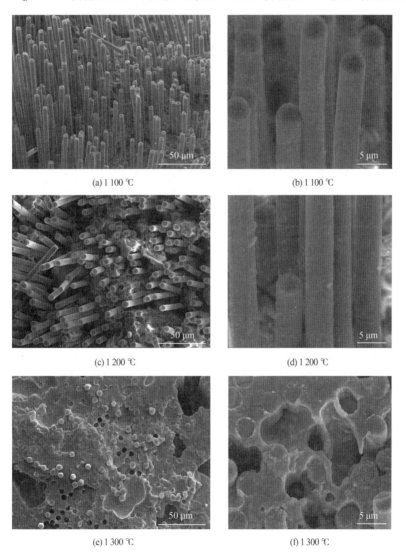

图 9.39　经不同温度陶瓷化处理后 C_{uf}/CsKGP 复合材料的断口形貌(何培刚 2011)

为一致,CsKC – 1100 和 CsKC – 1200 的断口中有大量的纤维拔出;而且随温度升高,纤维拔出长度逐渐变短,表明界面结合强度逐渐增强。高倍照片也显示纤维表面光滑,保持了原始碳纤维的形貌,表明复合材料中的界面状态为机械结合;较高的界面结合强度和机械界面结合状态,保证了碳纤维发挥较好的强韧化作用,使 CsKC – 1200 表现出最高的力学性能和韧性断裂特征。而在 CsKC – 1300 的断口中,纤维拔出长度明显变短,且纤维退化严重,造成复合材料的低强度和低韧性。

9.3.6　陶瓷化处理后 C_{uf}/CsKGP 复合材料的热膨胀性质

C_{uf}/CsKGP 的热膨胀性质主要取决于基体陶瓷化形成的白榴石的热膨胀特性。由图 9.40 给出的 CsKC – 1200 和 KC – 1200 平行纤维方向的热膨胀曲线可以看出,KC – 1200 在 400 ℃ 附近存在一个显著的体积膨胀,这是白榴石的四方→立方相变所致;而这种体积膨胀现象在 CsKC – 1200 中没有观察到,说明白榴石完全被稳定为立方相结构(何培刚 2011),这与 XRD 分析结果一致。在 100 ~1 200 ℃,两种复合材料的热膨胀系数分别为 $11.3 \times 10^{-6}\ ℃^{-1}$ 和 $4.5 \times 10^{-6}\ ℃^{-1}$。而两种复合材料中基体的热膨胀系数分别为 $15.4 \times 10^{-6}\ ℃^{-1}$ 和 $7.8 \times 10^{-6}\ ℃^{-1}$,说明 Cs^+ 引入后,可在引入碳纤维降低热膨胀系数的基础上,进一步减小热膨胀系数。

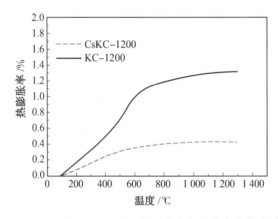

图 9.40　CsKC – 1200 和 KC – 1200 平行纤维方向的热膨胀曲线(何培刚 2011)

9.3.7　本节小结

(1)Cs^+ 掺入 KGP 后,复合材料 C_{uf}/CsKGP 在 800 ~1 200 ℃ 的失重稍高于 C_{uf}/KGP;在 1 200 ~1 400 ℃,失重更为明显。相比 C_{uf}/KGP,C_{uf}/CsKGP 复合材料致密化更为困难,对应最致密化所需处理温度提高约 100 ℃。

(2)在 K^+ 作为激发离子的基础上,引入 Cs^+ 有利于减缓 C_f/KGP 界面反应,同时利于促进基体陶瓷化,陶瓷化温度由 1 100 ℃ 降至 1 000 ℃;陶瓷化产物变为立方白榴石相,相比四方相白榴石基体,明显减小了与碳纤维 C_f 间的热失配。

(3)C_{uf}/CsKGP 复合材料经 1 100 ~ 1 200 ℃ 甚至更高温度范围内处理后,力学性能包括抗弯强度、弹性模量和断裂功均显著改善,并在 1 200 ℃ 陶瓷化处理后达最大值,较未处理材料分别提高 115.2%、63.3% 和 123.1%。这主要是 Cs^+ 引入改善了基体和纤维之间的物理和化学相容性所致。

9.4　不锈钢纤维网/K – PSS 复合材料陶瓷化处理后的组织与力学性能

9.4.1　不锈钢纤维网/K – PSS 复合材料陶瓷化处理后的物相变化

图 9.41 所示分别给出了不锈钢纤维网/K – PSS 复合材料 W7* 和 C80*(在 W7 基础上额外添加了 Cr_p)经过 800 ℃、1 000 ℃ 和 1 200 ℃ 常压高温陶瓷化处理后的 XRD 图谱。经 800 ℃ 处理后,与未高温处理的材料物相无明显区别,基体仍保持非晶相;经 1 000 ℃ 和 1 200 ℃ 处理后,无机聚合物基体发生了陶瓷化转变,生成晶态白榴石相 $KAlSi_2O_6$。另外,从图 9.41(b)还可以看到,增强相金属颗粒 Cr 仍以单质状态存在,说明不锈钢纤维网和 Cr_p 均与 K – PSS 基体间化学相容性(chemical compatibility)良好。

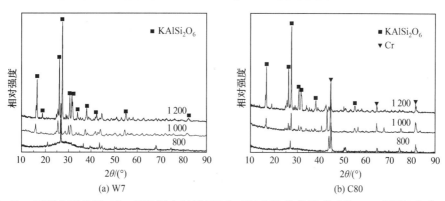

图 9.41　不锈钢纤维网/K – PSS 复合材料 W7 与 C80 经陶瓷化处理后的 XRD 图谱(高蓓 2008)

9.4.2　不锈钢纤维网/K – PSS 复合材料陶瓷化处理后的密度及质量损失

不锈钢纤维网/K – PSS 复合材料 W7 和 C80 高温陶瓷化处理后的密度和质量损失率的变化趋势如图 9.42、9.43 所示。表 9.6 和 9.7 列出了具体密度和质量损失率的数值。可见,

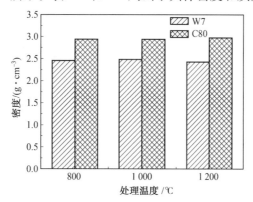

图 9.42　不锈钢纤维网/K – PSS 复合材料 W7 和 C80 高温陶瓷化处理后的
密度与处理温度的关系(高蓓 2008)

---

*　W7 为引入 7 层 80 目的不锈钢纤维网作为增强相,其体积分数约为 16%;C80 为在 W7 的基础上再向铝硅酸盐基体中引入 200 目的 Cr 粉,其质量分数为 70%。

随着处理温度的提高,W7 的密度在 1 000 ℃ 出现最大值,而其质量损失率一直呈上升趋势;而 C80 的密度和质量损失率则均随陶瓷化处理温度的升高呈增加趋势,且复合材料的密度值要高于 W7,但其质量损失率却均较 W7 明显偏低,可见,Cr_p 在此处理温度下较不锈钢纤维网更为稳定,这也印证了 XRD 衍射分析结果。

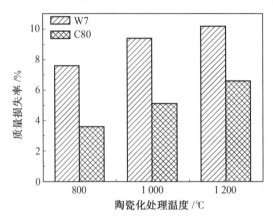

图 9.43　不锈钢纤维网/K – PSS 复合材料 W7 和 C80 的质量损失率与陶瓷化处理温度的关系(高蓓 2008)

表 9.6　不锈钢纤维网/K – PSS 复合材料 W7 高温处理后的密度和质量损失率(高蓓 2008)

处理温度 /℃	800	1 000	1 200
密度/(g·cm^{-3})	2.46	2.49	2.43
质量损失率/%	7.6	9.4	10.2

表 9.7　(不锈钢纤维网 – Cr_p)/K – PSS 复合材料 C80 高温处理后的密度和质量损失率(高蓓 2008)

处理温度 /℃	800	1 000	1 200
密度/(g·cm^{-3})	2.94	2.94	2.98
质量损失率/%	3.6	5.1	6.6

9.4.3　不锈钢纤维网/K – PSS 复合材料陶瓷化处理后的组织形貌

图 9.44 为不同温度下处理后不锈钢纤维网/K – PSS 复合材料的表面形貌。可见,在材料表面均产生明显的网状裂纹,但增强相种类及组合不同,二者的网状裂纹特征也有明显区别。单独采用不锈钢方格网增强的复合材料 W7,经 800 ℃ 处理后由于基体失水脱羟基(dehydroxylation)带来严重的体积收缩,与增强纤维网之间产生严重的收缩失配,萌生了大量方格形态的网状裂纹,局部甚至发生了明显的剥落。由于不锈钢纤维网和无机聚合物基体膨胀系数和弹性模量的较大差异,从而材料在由高温冷却到室温的过程中会产生较大的热应力,容易沿纤维网产生裂纹。而额外再添加 Cr 粉颗粒的复合材料 C80,因基体中含有大量的 Cr 颗粒,明显降低且分散了基体的收缩。这是因为材料中加入了膨胀系数比较小的 Cr 能在一定程度上缓解材料内部的热失配,因而萌生的裂纹相对细微弥散、数量多,且未遗传不锈钢纤维网网格状裂纹特征。

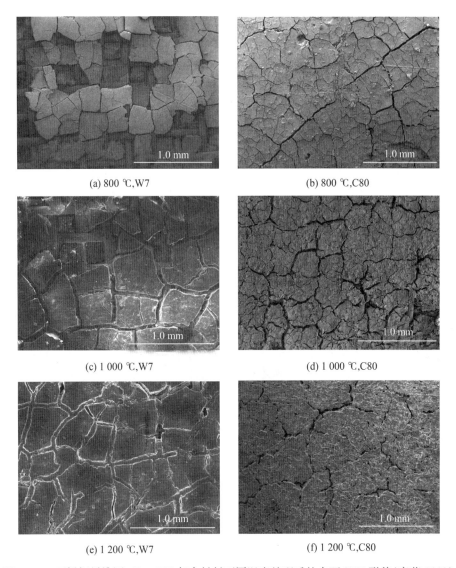

(a) 800 ℃,W7　　　　　　　　　　(b) 800 ℃,C80

(c) 1 000 ℃,W7　　　　　　　　　　(d) 1 000 ℃,C80

(e) 1 200 ℃,W7　　　　　　　　　　(f) 1 200 ℃,C80

图 9.44　不锈钢纤维网/K-PSS 复合材料不同温度处理后的表面 SEM 形貌(高蓓 2008)

纵向对比不同温度下高温处理的同种材料,而两种材料经 1 200 ℃ 高温处理后,均出现较明显的裂纹弥合现象。推断其原因是,在 1 200 ℃ 下,伴随无机聚合物陶瓷化转变的烧结过程,具体来说,其非晶相结晶析出白榴石 $KAlSi_2O_6$,同时伴随着烧结致密化过程发生,因而产生了裂纹愈合效应(crack healing effect)。相比来看,加入 Cr_p 后(C80)较未加 Cr_p 的复合材料(W7)裂纹弥合变得更缓慢些,可以推断弥散分布的 Cr_p 阻碍了基体烧结。

9.4.4　不锈钢纤维网/K-PSS 复合材料陶瓷化处理后的室温力学性能

表 9.8 列出了复合材料 W7 和 C80 不同温度处理后的抗弯强度。可见,经过高温处理后两种复合材料的力学性能均出现了先上升后下降的趋势。但总体强度比高温处理前都有了大幅度的降低。复合材料强度主要取决于基体本身和不锈钢纤维网强度,不锈钢纤维网经高温处理后性能下降;此时,基体强度也因吸附水挥发和结合水脱除,且尚未发生陶瓷化和

致密化而导致其强度降低,材料整体性能随之下降。当随处理温度升高时,基体陶瓷化和致密化效果显现,强度增大,故 1 000 ℃ 处理后材料强度比 800 ℃ 处理的材料强度高。1 200 ℃ 处理后,因不锈钢纤维网的性能明显退化,故复合材料整体性能比 1 000 ℃ 处理后的又有所下降。

表 9.8　不锈钢纤维网/K - PSS 复合材料不同温度处理后的抗弯强度(高蓓 2008)

处理温度/℃	800	1 000	1 200
W7	35.6	46.1	41
C80	37.7	44.3	39.3

图 9.45 为不锈钢纤维网/K - PSS 复合材料的抗弯强度与高温陶瓷化处理温度的关系。C80 与 W7 相比,仅在 800 ℃ 处理后的抗弯强度有所提高;而 1 000 ℃ 和 1 200 ℃ 处理后,引入 Cr_p 后的抗弯强度反而比未加 Cr_p 的稍有降低,未达到预期的效果。这主要是前文提到的 Cr_p 引入后延缓削弱了基体裂纹的弥合作用所导致的。

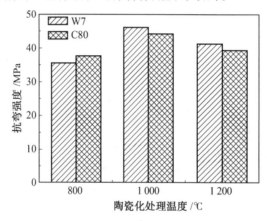

图 9.45　不锈钢纤维网/K - PSS 复合材料的抗弯强度与高温陶瓷化处理温度的关系(高蓓 2008)

9.4.5　本节小结

本节研究了高温处理温度对不锈钢纤维网/K - PSS 复合材料陶瓷化和力学性能的影响,主要结论如下:

(1) 不锈钢纤维网/K - PSS 复合材料分别在 800 ℃、1 000 ℃、1 200 ℃ 高温处理,其密度和质量损失率随温度升高而增加,抗弯强度也比高温处理前有所下降;3 个温度下高温处理后,在 1 000 ℃ 处理的材料因基体陶瓷化与致密化效果较好,抗弯强度达到最大值。

(2) 在不锈钢纤维网基础上再添加铬粉 Cr_p 复合增强 K - PSS,在高温下处理后的质量损失率明显减小,表面龟裂程度减轻,但力学性能未得到预期改善效果。

9.5　本章小结

本章主要探讨了高温处理即陶瓷化处理温度对几种铝硅酸盐无机聚合物基复合材料,如二维层叠短碳纤维 C_{sf}/KGP、单向碳纤维 C_{uf}/K(Cs)GP 和二维不锈钢纤维网/K - PSS 的相组成、组织结构、力学性能以及断裂行为影响的变化规律,发现适当温度(1 100 ~ 1 200 ℃)下陶瓷化处理,可以有效兼顾无机聚合物的陶瓷化、致密化和碳纤维完整性之间的矛盾,虽然陶瓷化处理后的基体上生成了微裂纹,依然可使获得的纤维尤其是连续碳纤维增强的榴石系陶瓷基复合材料的强度和韧性达到可观的水平,因而获得了以无机聚合物为先驱体低成本制备纤维增强陶瓷基复合材料的新途径。

参考文献

[1] DAVIDOVITS J, 2002. 30 Years of successes and failures in geopolymer applications. market trends and potential breakthroughs[C]. *Geopolymer Conference*, 10(28-29):1-16.

[2] DUXSON P, LUKEY G C, JANNIE S J, et al, 2006. The thermal evolution of metakaolin geopolymers: part 1-physical evolution[J]. *J. Non-Cryst. Solids*, 352:5541-5555.

[3] FODEN A J, BALAGURU P, LYON R E, 1996. Mechanical properties and fire response of geopolymer structural composites[C]. *Int SAMPE Symp. Exhib.*, (41):748-758.

[4] GUAN Feng, ZHONG Hong, LIU Guangyi, et al, 2009. Flotation of aluminosilicate minerals using alkylguanidine collectors[J]. *Transaction of Nonferrous Metals Society of China*, 19:228-234.

[5] HE Peigang, JIA Dechang, 2013. Interface evolution of the C_f/leucite composites derived from C_f/geopolymer composites[J]. *Ceramics International*, 39(2):1203-1208.

[6] HE Peigang, LIN Tiesong, JIA Dechang, et al, 2010. Effects of high-temperature heat treatment on the mechanical properties of unidirectional carbon fiber reinforced geopolymer composites[J]. *Ceramics International*, 36(4):1447-1453.

[7] KERANS R J, PARTHASARATHY T A, 1991. Theoretical analysis of the fiber pull out and push out test[J]. *J. Am. Ceram. Soc.*, 74:1585-1589.

[8] LEVIN E M, ROBBINS C R, MCMURDEE H F, 1964. Phase diagram for ceramists[M]. Columbus:Am. Ceram. Soc.

[9] 叶大伦,胡建华,2002. 实用无机物热力学手册[M]. 北京:冶金工业出版社.

[10] LIN Tiesong, JIA Dechang, HE Peigang, et al, 2009. Thermal-mechanical properties of short carbon fiber reinforced geopolymer matrix composites subjected to thermal load[J]. *Journal of Central South University of Technology* (English edition), 16(6), 881-886.

[11] LIN Tiesong, JIA Dechang, HE Peigang, et al, 2009. Thermo-mechanical and microstructural characterization of geopolymers with alpha-Al_2O_3 Particle Filler[J]. *International Journal of Thermophysics*, 30(5):1568-1577.

[12] ZUDA L, PAVLÍK Z, ROVNANÍKOVA P, et al, 2006. Properties of alkali activated aluminosilicate material after thermal Load[J]. *International Journal of Thermophysics*, 27(4):1251-1263.

[13] 高蓓,2008. 不锈钢纤维网增强无机聚合物基复合材料[D]. 哈尔滨:哈尔滨工业大学.

[14] 贾德昌，何培刚，2007. 矿聚物及其复合材料研究进展[J]. 硅酸盐学报，35(S1)：157-166.

[15] 贾德昌，宋桂明，2008. 无机非金属材料性能[M]. 北京：科学出版社.

[16] 何培刚，2011. C_f/铝硅酸盐聚合物及其转化陶瓷基复合材料的研究[D]. 哈尔滨：哈尔滨工业大学.

[17] 何培刚，林铁松，王美荣，等，2010. 高温处理对短碳纤维增强无机聚合物基复合材料力学性能的影响[J]. 硅酸盐通报，29(2)：319-328.

[18] 林铁松，2009. $C_{sf}(Al_2O_{3p})$ 强韧铝硅酸盐聚合物基复合材料的力学性能及断裂行为[D]. 哈尔滨：哈尔滨工业大学.

[19] 温广武，1996. 不连续体增强熔石英陶瓷复合材料的研究[D]. 哈尔滨：哈尔滨工业大学.

[20] 周亚栋，1992. 无机材料物理化学[M]. 武汉：武汉工业大学出版社.

第 10 章 氧化气氛高温暴露对 SiC$_f$/K–PSS 复合材料性能的影响

碳纤维(C fiber)在 400 ℃ 开始氧化(oxidation),力学性能(mechanical properties)明显下降,导致碳纤维增强的复合材料的强韧性显著下降。与碳纤维相比,碳化硅纤维(SiC fiber)的最大优势在于其优异的抗氧化性。因此,采用 SiC 纤维增强的复合材料在高温氧化气氛下暴露(expose)后,复合材料具有较高的质量保持率和剩余强度(张立同 2009)。因此,碳化硅纤维增强铝硅酸盐聚合物复合材料可在高温、氧化的恶劣条件下服役,有望成为综合性能优异的高温结构材料。

SiC$_f$/K–PSS 复合材料的制备工艺为:将单向碳化硅纤维预制片放入铝硅酸盐聚合物(aluminosilicate polymer)料浆中,采用超声辅助浸渍料浆 8 min,然后捞出铺层,依次叠层,制得多层碳化硅纤维预制片的复合材料坯体。将制得的复合材料坯体进行真空除气,然后置于 60 ℃ 干燥箱中固化 48 h,基体充分固化后即制得纤维体积分数为 20% 的单向碳化硅纤维强韧的铝硅酸盐聚合物基复合材料(制备工艺详见 6.3.2)。本章将 SiC$_f$/K–PSS 复合材料分别于 500 ℃、700 ℃、900 ℃、1 100 ℃ 下空气中暴露 60 min(材料的代号分别为 SG – 500、SG – 700、SG – 900、SG – 1100);探讨了 SiC$_{uf}$/K–PSS 复合材料氧化后的组织结构、力学性能和断裂行为、强韧化与断裂机制。

10.1 SiC$_{uf}$/K–PSS 复合材料空气中高温暴露后的组织结构

10.1.1 SiC$_{uf}$/K–PSS 复合材料空气中高温暴露后的物相

SiC$_{uf}$/K–PSS 复合材料在空气中经不同的高温暴露后,其物相随暴露温度的变化如图 10.1 所示。分析得知,在 500 ~ 700 ℃,复合材料的物相未发生明显变化,仍主要为非晶的铝硅酸盐聚合物以及残留的 α – SiO$_2$。当暴露温度达到 900 ℃ 时,开始出现了白榴石(leucite)晶相,但非晶相(amorphous phase)依旧存在,这说明铝硅酸盐聚合物在此温度下并未完全转化为白榴石晶相。当温度升至 1 100 ℃ 时,在 $2\theta = 28.15°$ 附近的铝硅酸盐聚合物"馒头峰"基本消失,可以说明在此温度下铝硅酸盐聚合物不断发生有序化。同时,白榴石含量明显增加,并出现了新的物相——钾霞石(kaliphilite)(郑斌义 2013)。从 XRD 图谱中可以发现,除白榴石和钾霞石的特征峰外,还有方石英相的衍射峰存在,而且强度很高。这说明原铝硅酸盐聚合物中非晶的氧化硅在此温度下发生了晶化(crystallization)。

碳纤维增强的铝硅酸盐聚合物复合材料在 700 ℃ 的高温暴露时就析出了白榴石相(何培刚 2011)。相比之下,SiC$_{uf}$/K–PSS 复合材料的晶化起始温度(onset crystallization temperature)明显升高。这种现象可能是由于碳化硅纤维对非晶的聚合物结构和黏度的影响作用大于碳纤维,从而拖延了此晶化反应。

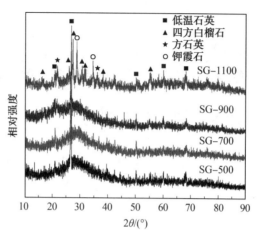

图 10.1　复合材料在不同温度下空气中暴露 60 min 后的 XRD 图谱(王金艳 2012)

10.1.2　SiC$_{uf}$/K-PSS 复合材料空气中高温暴露后的表面形貌及界面特征

图 10.2 给出了不同温度暴露后的 SiC$_{uf}$/K-PSS 复合材料的表面显微形貌。可以看出,空气中高温暴露使得复合材料表面产生了大量垂直于纤维方向的裂纹,并且,暴露温度升高,裂纹密度增加,裂纹张开宽度逐渐增大,而且增幅明显。例如,500 ℃暴露后的复合材料裂纹平均宽度为 2 μm 左右,到 1 100 ℃时裂纹平均宽度已达到 13 μm 左右。从显微组织照片中还可以观察到,裂纹之间有保持良好的桥连纤维,对裂纹产生后的复合材料的整体性起到了一定的保障作用。

产生如此特征裂纹的原因与 C$_{uf}$/K-PSS 复合材料高温暴露后的裂纹生成情况相一致(见 9.2.4 节)。其产生的原因归因于铝硅酸盐聚合物基体在高温环境下的质量和体积的变化。图 10.3 为铝硅酸盐聚合物基体热收缩(thermal shrinkage)曲线(王美荣 2011)。铝硅酸盐聚合物基体的热演化可分为 4 个阶段:第 I 阶段为 25 ~ 200 ℃,在多孔的铝硅酸盐聚合物中不仅含有吸附水,并且还存在层间水,所以需要加热到 200 ℃左右才能完全脱掉。在第 I 阶段温度范围内,由于吸附水和层间水的排出,使颗粒之间距离缩短,因此,基体收缩,大约占总收缩值的 11.7%。当温度继续升高,在 200 ~ 800 ℃,为热演化的第 II 阶段,此温度区间内基体脱羟基并以水分子形式失去,大约占总收缩值的 21.5%。当在 800 ~ 1 008 ℃,基体收缩最大,约占总收缩值的 67.8%,主要是由于黏性烧结所引起,为热演化的第 III 阶段。在 1 008 ~ 1 100 ℃,为热演化的第 IV 阶段,呈现出膨胀的特征,这主要是因为原材料偏高岭土中含有一定量的石英,在聚合过程中未发生反应,残留在基体中,当温度高于 1 000 ℃时发生三方 → 六方的晶型转变产生体积膨胀,使基体热膨胀。

相对于 SiC$_{uf}$/K-PSS 复合材料,在 I ~ III 阶段,硅酸盐聚合物基体体积不断收缩及致密化,但 SiC 纤维收缩很小,因而在聚合物沿纤维方向上产生了应力集中(stress concentration)。而铝硅酸盐聚合物本身的强度相对较低,韧性较差,因此应力集中很容易导致基体开裂,从而形成裂纹。当在 1 100 ℃空气中高温暴露时,铝硅酸盐聚合物基体的致密化虽加剧了应力增大,裂纹宽度增加,但基体的致密化也减缓了裂纹尖端的尖锐程度,甚至部分裂纹呈现了一定程度的弥合(图 10.2)。

图 10.2　不同温度暴露后的 SiC$_{uf}$/ 铝硅酸盐聚合物复合材料的表面显微形貌（王金艳 2012）

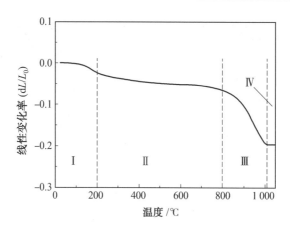

图 10.3　铝硅酸盐聚合物基体材料的高温收缩曲线(何培刚 2011)

　　与碳纤维增强的铝硅酸盐聚合物复合材料相比(何培刚 2011),最显著的区别在于高温氧化后的复合材料中碳化硅纤维并没有出现变细、受损的现象。相反,在 1 100 ℃ 的高温下,碳化硅纤维与基体间发生了界面反应(interfacial reaction),基体很好地包覆了纤维,这将有利于阻止氧气向纤维内部扩散。关于不同温度暴露后复合材料的界面特征,也可以从图 10.4 中看出,复合材料经 500 ~ 900 ℃ 处理后并未出现明显的界面反应,界面结合较弱,仍为弱机械结合。温度到达 1 100 ℃ 时,可以看到界面结合发生了明显的变化。

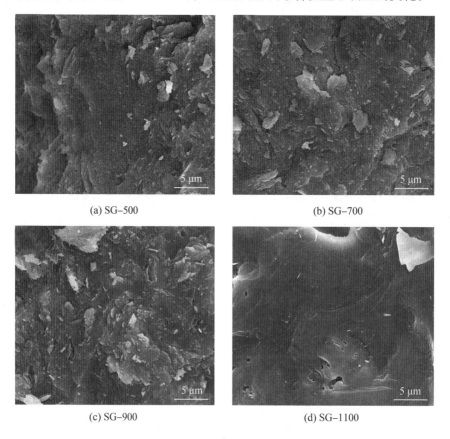

(a) SG-500　　　　　　　　　　　(b) SG-700

(c) SG-900　　　　　　　　　　　(d) SG-1100

图 10.4　不同温度暴露后铝硅酸盐聚合物基体材料的表面显微形貌(王金艳 2012)

在高温暴露过程中,铝硅酸盐聚合物基体发生了脱水(dehydration)及非晶相转化为白榴石玻璃陶瓷(glass ceramics)和钾霞石相等变化。对于 SiC 纤维,在高温暴露过程中,纤维与 O_2 发生氧化。SiC 纤维氧化主要有如下化学反应:

$$SiC(s) + O_2(g) \Longrightarrow SiO_2(s,l) + C(s) \tag{10.1}$$

$$\frac{2}{3}SiC(s) + O_2(g) \Longrightarrow \frac{2}{3}SiO_2(s,l) + \frac{2}{3}CO(g) \tag{10.2}$$

$$\frac{1}{2}SiC(s) + O_2(g) \Longrightarrow \frac{1}{2}SiO_2(s,l) + \frac{1}{2}CO_2(g) \tag{10.3}$$

$$SiC(s) + O_2(g) \Longrightarrow Si(s,l) + CO_2(g) \tag{10.4}$$

$$\frac{2}{3}SiC(s) + O_2(g) \Longrightarrow \frac{2}{3}SiO(g) + \frac{2}{3}CO_2(g) \tag{10.5}$$

$$SiC(s) + O_2(g) \Longrightarrow SiO(g) + CO(g) \tag{10.6}$$

$$2SiC(s) + O_2(g) \Longrightarrow 2Si(s,l) + 2CO(g) \tag{10.7}$$

$$2SiC(s) + O_2(g) \Longrightarrow 2SiO(g) + 2C(s) \tag{10.8}$$

经过热力学计算(图 10.5),在常压状态下,上述反应的吉布斯自由能均为负值,而反应式(10.1)的 Gibbs 自由能最低,SiC 氧化生成固体的 SiO_2 和 C。

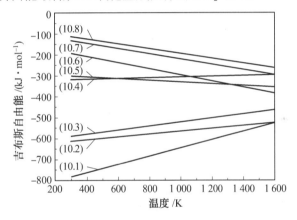

图 10.5　SiC 陶瓷的氧化吉布斯自由能与温度的关系(杨治华 2008)

由先驱体裂解方法制备的 SiC 纤维,其氧含量较高。国内产品如苏州赛力菲陶纤有限公司生产的牌号为 SLFC1 的 SiC 纤维,其氧的质量分数高达 15%。国外高质量的 SiC 纤维中往往其氧的质量分数也比较高,如日本碳公司生产的 Hi - Nicalon 或 Nicalon 纤维的氧的质量分数分别为 0.5% 和 11.7%。SiC 纤维虽具有优异的抗氧化性能,但在高温有氧的条件下,表面仍然发生氧化,形成 SiO_2 薄膜(图 10.6、10.7)。生成的 SiO_2 与基体材料发生反应,所以在 1 100 ℃ 高温空气暴露后,纤维与基体材料之间发生了粘连,此时碳化硅纤维与基体近似融为一体,形成强界面结合。

在复合材料的高温空气中暴露后,同样可以观察到 SiC 纤维与基体在高温时发生了粘连现象,并采用透射电子显微镜证实了此现象(郑斌义 2013)。图 10.8 所示为 SiC$_f$ 增强铝硅酸盐聚合物基复合材料(SiC$_f$/KGP 复合材料)在不同温度下暴露处理后界面区域的 SEM 界面形貌像。在 1 000 ℃ 之前,SiC 纤维表面比较光滑,与铝硅酸盐聚合物的界面结合是机械结合。但在 1 000 ℃,纤维的表面出现与基体粘连的现象。

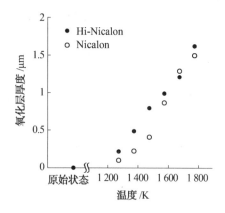

图 10.6　　不同种类 SiC 纤维在高温有氧环境下（水的质量分数为 2％）
暴露 10 h 后氧化层厚度（Takeda 1999）

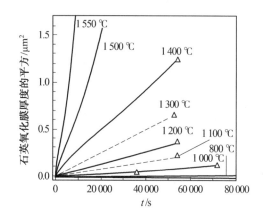

图 10.7　　Hi-Nicalon SiC 纤维在不同温度氧化（100 kPa 的干燥氧气）后氧化层厚度（Chollon 1997）

　　复合材料 SiC_f/KGP 复合材料经 800 ℃ 和 1 000 ℃ 空气中暴露后的界面形貌的透射照片如图 10.9 所示。经 800 ℃ 暴露后，纤维与基体间的界面十分光滑，没有界面反应层。而在 1 000 ℃ 暴露后，纤维与基体间出现界面反应层，厚度约为 70 nm，而且界面不光滑，出现一定的弧形。

　　SiC_f/KGP 复合材料经 1 000 ℃ 暴露后各区域的元素分布如图 10.10 所示。Si 元素在 SiC 纤维（A 区域）、界面反应层（B 区域）和基体（C 区域）中有着明显的差异。界面反应层的 Si 原子小于 SiC 纤维中 Si 原子的含量，这说明界面处的 Si 原子向基体发生了扩展。然而，O 元素则与 Si 元素的分布恰好相反，界面反应层的 O 元素含量相比基体的 O 元素低。A 区域和 B 区域的 Al 元素含量基本为零，说明 Al 元素基本不参与扩展反应。

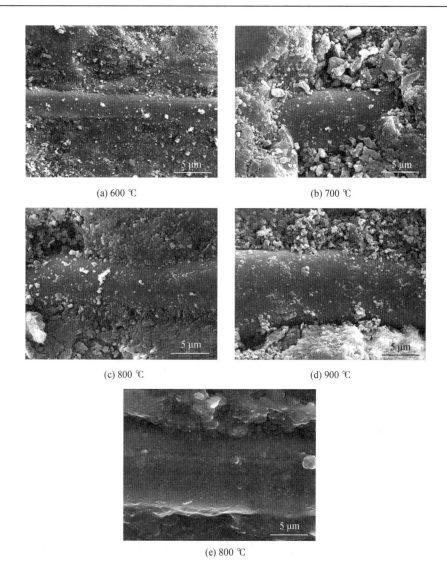

(a) 600 ℃　　　　　　　　　　　(b) 700 ℃

(c) 800 ℃　　　　　　　　　　　(d) 900 ℃

(e) 800 ℃

图 10.8　SiC$_f$/ 铝硅酸盐聚合物基复合材料在不同温度下暴露处理后界面区的 SEM 形貌（郑斌义 2013）

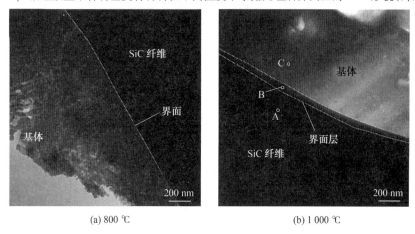

(a) 800 ℃　　　　　　　　　　　(b) 1 000 ℃

图 10.9　SiC$_f$/KGP 复合材料高温暴露后界面区域的 TEM 形貌（郑斌义 2013）

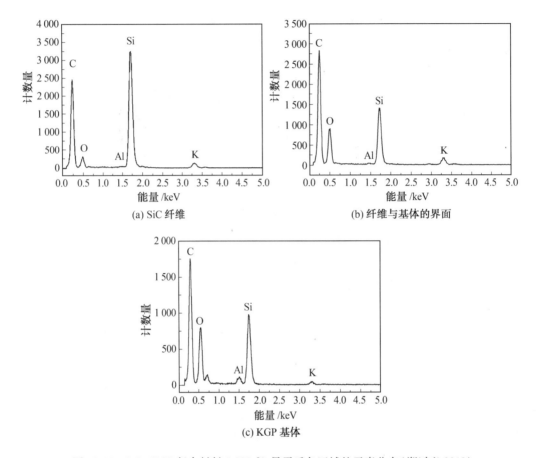

图 10.10　SiC_f/KGP 复合材料 1 000 ℃ 暴露后各区域的元素分布（郑斌义 2013）

10.1.3　SiC_{uf}/K-PSS 复合材料空气中高温暴露后的线性收缩及质量亏损

由 10.1.2 节内容可知，SiC_{uf}/K-PSS 复合材料在空气的高温暴露过程中发生了明显的收缩。图 10.11 分别给出了 SiC_{uf}/K-PSS 复合材料经不同温度暴露后垂直纤维方向和平行纤维方向的收缩率。图 10.12 所示为 SiC_{uf}/K-PSS 复合材料经不同温度暴露后的体积收缩率。

从图 10.11(a) 中可以看到，随暴露温度升高，垂直于纤维方向的收缩率明显增加，且收缩速度由 500 ℃ 到 700 ℃ 的缓慢增加转变为从 700 ℃ 到 1 100 ℃ 的成倍增加。当暴露温度为 1 100 ℃ 时收缩率已由 500 ℃ 时的 2.12％ 增加到了 9.14％，表明了复合材料随温度升高进行连续致密化的过程。

在平行于纤维方向（图 10.11 (b)），从 500 ℃ 到 900 ℃，非但没有收缩，反而呈现伸长的趋势及微弱的膨胀行为，但伸长率很小，且随温度升高其伸长趋势并不一致，从 500 ℃ 到 700 ℃，伸长率降低，在 700 ℃ 时几乎未观察到明显的膨胀，当温度升到 900 ℃ 时伸长率增大，且略超过 500 ℃ 时的伸长率。然而当温度到达 1 100 ℃ 时，复合材料在这一方向上开始呈现明显的收缩现象。造成这一系列现象的原因是复杂的，它与基体的收缩膨胀、纤维与基体间结合力对收缩膨胀的影响以及纤维本身的收缩膨胀等诸多因素都有关。

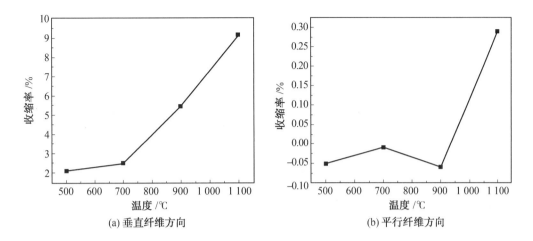

(a) 垂直纤维方向　　　　　　　　　　　　(b) 平行纤维方向

图 10.11　SiC$_{uf}$/K-PSS 复合材料经不同温度暴露后垂直纤维方向和平行纤维方向的收缩率(王金艳 2012)

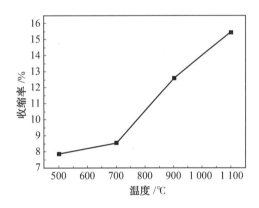

图 10.12　SiC$_{uf}$/K-PSS 复合材料经不同温度暴露后的体积收缩率(王金艳 2012)

对于定向纤维增强的复合材料,由于纤维在纵向与横向两个方向上的热膨胀系数差别较大,因此复合材料在两个方向上体积膨胀或收缩均表现出较明显的差异。例如,石墨纤维增强的镁基复合材料(王宁 2007),在 20 ~ 100 ℃ 时,在 0° 方向(平行纤维轴向)上的平均线膨胀系数为 1.0×10^{-6} K^{-1},仅为基体镁合金的 1/27,而 90° 方向(垂直纤维轴向)上的平均线膨胀系数为 19.0×10^{-6} K^{-1},约为基体镁合金的 2/3。

从图 10.12 中可以看出,500 ℃ 到 1 100 ℃,体积收缩率一直增加,且温度越高,收缩率增加越显著。当温度升至 1 100 ℃ 时,体积收缩率达到了 15.45%,是 500 ℃ 时收缩率的 2 倍。其收缩变化与材料的致密化(densification)及物相转变是分不开的,从图 10.1 的物相分析的结果可知,从 900 ℃ 开始出现白榴石晶相,材料进一步致密化,当到达 1 100 ℃ 时有大量的白榴石晶相产生,并且有更加致密的方石英相产生,从而使得 700 ℃ 到 900 ℃、900 ℃ 到 1 100 ℃ 两个区间的收缩率显著增加。

SiC$_{uf}$/K-PSS 复合材料经不同温度暴露后的质量变化情况如图 10.13 所示。可见,复合材料的质量损失率随着温度的升高而增加。造成失重的主要原因是铝硅酸盐聚合物的脱水。铝硅酸盐聚合物材料制备完成后其中含有的水分约占总体质量的 15%,其中包括自由水(free water)和结合水(bound water)。自由水的挥发(volatilization)在较低的温度下就能完成,而结合水的挥发由于需要克服能量扩散到表面,因此其挥发温度可达 500 ℃ 或更高。

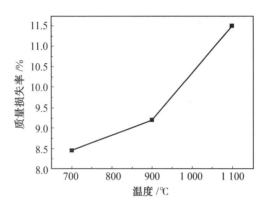

图 10.13　SiC$_{uf}$/K–PSS 复合材料经不同温度暴露后的质量变化情况(王金艳 2012)

从铝硅酸盐聚合物的 TG – DTA 曲线(图 10.14)可以看出,在连续加热的情况下,材料发生了一定的失重,1 200 ℃ 时的失重约为 12%。这主要是由于材料中自由水的挥发和脱羟基作用导致的。在常温到 220 ℃,DTA 曲线出现了一个明显的吸热峰,表明材料中的自由水挥发过程是一个吸热反应。在此阶段,材料表现出最大的失重。在 220 ~ 600 ℃,材料表现出进一步的失重,主要是由于羟基缩聚生成水分子挥发所引起。从 DTA 曲线上可以看出,脱羟基过程是一个放热的过程,而且由于羟基的扩散过程需要一定的能量才能摆脱结合能,因此该放热峰相对比较宽化。羟基缩聚生成水分子的反应式为

$$X\text{—}OH + HO\text{—}X \longrightarrow X\text{—}O\text{—}X + H_2O \tag{10.9}$$

式中,X 代表 Al 或 Si。无机聚合物中不同的价键具有不同的缩聚能:$G_{Si-O-Al} > G_{Si-O-Si} > G_{Al-O-Al}$。在缩聚过程中,缩聚能越小,缩聚反应越容易发生。

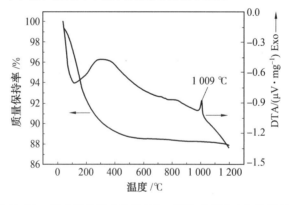

图 10.14　铝硅酸盐聚合物的 TG – DTA 曲线(王金艳 2012)

同时,从图 10.14 可以看出,随温度的升高,复合材料的质量亏损较之基体(图 10.3)的收缩有一定程度的滞后。这可能是因为碳化硅纤维的引入导致聚合反应(polymerization reaction)的滞后,进而使得复合材料的失水滞后。

10.1.4　SiC$_{uf}$/K–PSS 复合材料空气中高温暴露后的表观密度

从 10.1.3 节可知,SiC$_{uf}$/K–PSS 复合材料在空气中高温暴露过程中出现了体积收缩和质量亏损现象,SiC$_{uf}$/K–PSS 复合材料的表观密度也随之发生了变化。图 10.15 所示给出了经

不同温度暴露后 SiC$_{uf}$/K-PSS 复合材料的表观密度。可见,高温暴露后复合材料的表观密度与常温相比均有提高。产生这一现象的原因是随着温度的升高基体不断发生致密化。且从 900 ℃ 开始,基体开始发生物相转化,由低密度的铝硅酸盐聚合物非晶相转化为较高密度的白榴石玻璃陶瓷相,在 1 100 ℃ 时还生成了更为致密的方石英相和钾霞石相(2. 59 g/cm^3),表观密度自然随之更高。

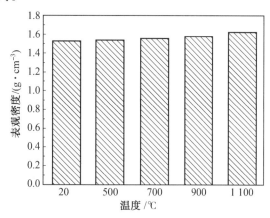

图 10. 15　不同温度暴露后 SiC$_{uf}$/K-PSS 复合材料的表观密度(王金艳 2012)

10. 2　SiC$_{uf}$/K-PSS 复合材料空气中高温暴露后的力学性能

图 10. 16 分别给出了不同温度暴露后 SiC$_{uf}$/K-PSS 复合材料的抗弯强度、弹性模量和断裂功(work of fracture)。可以看出,抗弯强度随着温度的升高整体呈现下降的趋势。与原始材料的抗弯强度的对比可知,500 ℃ 暴露后材料的抗弯强度略有下降。这主要是由于在此条件下,基体中的自由水基本挥发完全,结晶水也部分脱除,孔隙率增大,同时暴露温度相对较低,还不足以导致材料的晶化及致密化,虽然随着温度升高,界面结合力有所增加,但还不能弥补材料孔隙率增大引起的强度下降,故总体上看,强度有所下降。当暴露温度升高到 700 ℃ 时,基体中的自由水的蒸发和结合水的脱水过程基本结束,由此气孔率增加。然而随着温度升高,基体收缩也增强,由此在一定程度上降低了气孔率,使得复合材料进一步致密化,与此同时,纤维与基体间的界面结合也进一步得到改善,综合看来,此温度条件下的抗弯强度有所提高。随着温度的进一步提高,基体虽然进一步致密化,但由于基体与纤维的界面结合力进一步提升,这严重阻碍了纵向上基体的收缩,因此导致内部微裂纹的扩展、变宽(这一现象可以从图 10. 2 高温暴露后的表观形貌中看出),这也是导致抗弯强度急剧下降的根本原因。

从图 10. 16(b)可以看出,随着暴露温度的升高,复合材料的弹性模量呈现先降低后升高的趋势。经分析,从常温到 500 ℃,降低的主要原因是气孔率的增加,而基体致密化程度不高,到 700 ℃ 时,弹性模量有所升高,这是由于随温度升高,基体致密度增加,横向收缩增加,从而导致基体与界面结合增强,进而使得材料弹性模量增加。到 900 ℃、1 100 ℃ 时,模量进一步升高并超过基体,这主要是由于:一方面,基体晶化,生成了更加致密、弹性模量更高的物相;另一方面,基体横向进一步收缩,基体与纤维发生反应,界面结合力显著增强(王金艳 2012)。

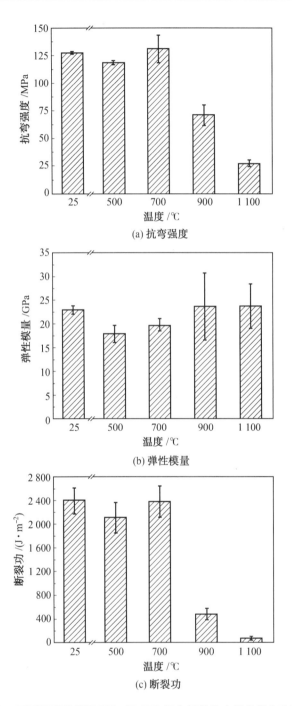

(a) 抗弯强度

(b) 弹性模量

(c) 断裂功

图 10.16　不同温度暴露后 SiC$_{uf}$/K-PSS 复合材料的力学性能(王金艳 2012)

同 C 纤维增强的无机聚合物材料相比(何培刚 2011),采用 SiC 纤维作为增强相,复合材料在高温空气中暴露后,强度和弹性模量的保持率明显提高。SiC$_{uf}$/K-PSS 复合材料在 700 ℃ 暴露后强度比原始值还略高,1 100 ℃ 暴露后的剩余抗弯强度为原始值的 20%。而 C$_f$/KGP 在 700 ℃ 和 1 100 ℃ 暴露后的强度为原始值的 65.1% 和 11.2%。在弹性模量方面,SiC$_{uf}$/K-PSS 复合材料在 1 100 ℃ 暴露后模量同样比原始值略高,而 C$_f$/KGP 在 1 100 ℃

暴露后的模量为原始值的 15%。

　　从图 10.16(c) 中可以看出,与基体相比,经空气中高温暴露后,复合材料的断裂功均有所下降。在 500 ℃ 和 700 ℃ 时,下降不是很明显。且在 700 ℃ 时,其断裂功有所升高。这从其抗弯强度及弹性模量的变化趋势中也可推断出来。当温度升高至 700 ℃,弹性模量下降,但抗弯强度增大,故其断裂功会有所增加。此温度下虽已转变为脆性断裂(brittle fracture),但其抵抗裂纹扩展的能力却还是很强的。但当温度升高至 900 ℃ 时,断裂功开始急剧下降,仅为室温值的 20%。当暴露温度达到 1 100 ℃ 时,断裂功的值仅为 75.1 J/m^2,与未经高温暴露的复合材料的断裂功相比下降了 97%。此时复合材料的断裂机制已由伪塑性(pseudoplasticity)断裂完全转变为脆性断裂。由此可见,高温氧化对复合材料韧性的影响之大。不过,此时的断裂功,依旧比常温下的铝硅酸盐聚合物基体的断裂功(其值为 54.2 ±8.1 J/m^2) 略高一些。

　　可见,C 纤维在高温氧化性气氛中损伤严重,造成了性能的大幅度下降,而 SiC 具有更高的抗氧化性能使得复合材料的高温力学性能更加优异。该研究结果与 C 纤维和 SiC 纤维增强的碳化硅陶瓷在氧化性气氛中的性能变化规律一致。如图 10.17 所示,三向或三维碳纤维增强碳化硅陶瓷材料 3D C/SiC 在不同氧分压的环境中氧化 10 h 后,材料的剩余抗弯强度(bending/flexural strength) 在 500 ℃ 后开始明显下降(张立同 2009)。采用 3D SiC 纤维增强的 SiC 陶瓷材料,在小于等于 1 200 ℃ 的高温空气中暴露 15 h 后,复合材料的力学性能仍能基本保持不变(图 10.18)(张立同 2009)。

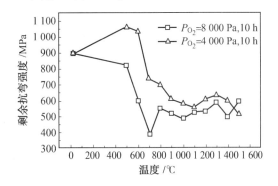

图 10.17　3D C/SiC 在两种氧分压下剩余抗弯强度与温度的关系(张立同 2009)

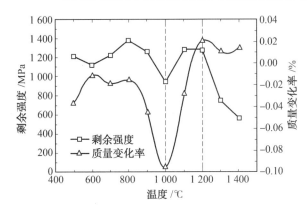

图 10.18　3D SiC/SiC 在空气中氧化 15 h 后的剩余强度和质量变化率与温度的关系(张立同 2009)

10.3　SiC_{uf}/K–PSS 复合材料空气中高温暴露后的断裂行为

图 10.19 所示为 SiC$_{uf}$/K–PSS 复合材料经不同温度空气中高温暴露后的弯曲载荷 – 位移曲线。当暴露温度为 500 ℃ 时,复合材料依旧表现出韧性断裂(ductile fracture)特征,弹性阶段载荷随位移线性增加,随后进入非弹性阶段,载荷达到最大值后呈阶梯状下降,呈现非灾难性断裂行为。但当温度升高到 700 ℃ 时,材料的非弹性阶段不是很明显,但从图 10.20 的断口形貌来看其还未完全转化为脆性断裂。随着温度进一步升高,抗弯强度急剧下降,材料的力学性能显著降低,断裂行为也由韧性断裂转变为脆性断裂。这主要是由于基体与界面发生反应,纤维和基体间的界面结合由弱的机械结合转变为较强的化学结合,造成了复合材料的脆性断裂,且由于纤维对基体在纵向上的收缩引起了材料内部大量裂纹的产生及残余应力的存在,故而使得材料的力学性能急剧下降。

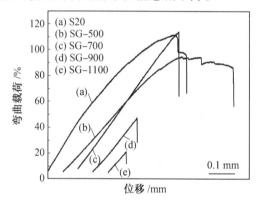

图 10.19　SiC$_{uf}$/K–PSS 复合材料经不同温度氧化后的弯曲载荷 – 位移曲线(王金艳 2012)

图 10.20 所示显示了不同温度暴露后复合材料的横向及纵向断口形貌。这与载荷 – 位移曲线所示的断裂行为一致。暴露温度为 500 ℃ 时,其断裂方式仍为韧性断裂,与常温下的断裂行为基本一致,也表现为基体的破碎、纤维脱粘,并出现了少量的纤维拔出(pulling out)现象;当暴露温度升高到 700 ℃ 时,纤维拔出现象明显增加,拔出长度变短,此时主要的破坏方式还是基体的破碎、纤维脱粘,基体与纤维间的结合仍为弱的机械结合,但对比500 ℃ 的断口形貌可知,基体的致密度已显著增高,承载能力也有所增强。

当暴露温度为 900 ℃ 时,几乎观测不到纤维脱粘现象,断口也较为平整,纤维和基体作为一个整体断裂,从横向断口可以看出,纤维的存在有效地阻止了裂纹的扩展。此时由于大量裂纹的出现,基体的性能一定比常温基体的性能差,然而此时观察到了大量的纤维断裂,说明此温度下纤维严重退化,性能显著降低。

当暴露温度为 1 100 ℃ 时,纤维与基体几乎融为一体,断口十分平整,有明显的气孔均匀分布。仔细观察可以看到纤维表面有一层致密的物质包覆,说明基体与纤维发生了界面反应,使得纤维与基体间以高强度的化学键结合。气孔率增加及强界面结合等因素直接导致了材料抗弯强度的迅速下降。

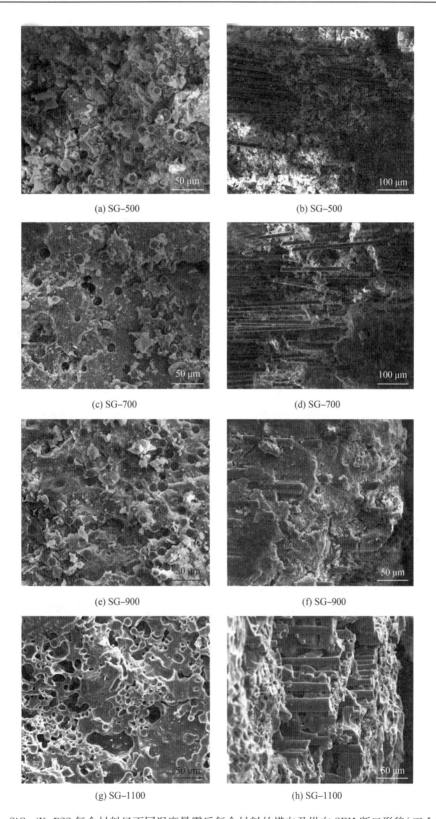

(a) SG–500

(b) SG–500

(c) SG–700

(d) SG–700

(e) SG–900

(f) SG–900

(g) SG–1100

(h) SG–1100

图 10.20　SiC$_{uf}$/K–PSS 复合材料经不同温度暴露后复合材料的横向及纵向 SEM 断口形貌（王金艳 2012）

10.4　SiC$_{uf}$/K-PSS 复合材料空气中高温暴露后的强韧化机理及断裂机制

采用环境扫描电子显微镜对 SiC$_{uf}$/K-PSS 复合材料试样在三点弯曲过程中进行了原位观察,记录了高温热暴露后的复合材料在断裂过程中的裂纹萌生、扩展过程及断裂行为与载荷 – 位移曲线的对应关系。图 10.21 所示为 700 ℃ 空气中高温暴露的复合材料测试试样的载荷 – 位移曲线。

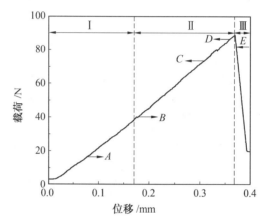

图10.21　SG – 700 复合材料测试试样的载荷 – 位移曲线(王金艳 2012)

与未经空气中高温暴露的复合材料位移 – 载荷曲线相比,其第 Ⅱ 阶段非弹性阶段并不显著,且第 Ⅲ 阶段也并未出现阶梯状下降并缓慢下降的“伪塑性”断裂特征,相反,超过最大载荷后呈现急剧下降的现象,并且其断裂前移动的位移明显减小,呈现脆性断裂的特征。

图 10.22 所示为 SG – 700 复合材料测试试样载荷 – 位移曲线中各点对应的复合材料试样侧面的显微图片。从图 10.22 中可以看出,在复合材料破坏前,并未发现明显的裂纹萌生和扩展的过程,而是在载荷达到最大值后瞬间产生,如图 10.22(d)、(e) 所示的显微照片,其拍摄时间差仅为 5 s,而图 10.22(d) 中试样表面并无明显的裂纹,而图 10.22(e) 中有明显的裂纹,纤维断裂现象明显,可见裂纹是瞬间产生的。

导致这一现象的原因可能是由于高温氧化使得基体材料收缩加剧,内部产生缺陷,随着外加载荷的增加,在缺陷处产生应力集中,并不断积累能量,当达到材料的承载极限时,能量释放,使得材料瞬间断裂。

图 10.23 为三点弯曲测试结束后复合材料试样侧面的扫描照片。从图 10.23 中可以看到一条主裂纹,由抗拉面向抗压面扩展,且伴有裂纹偏转和分支的现象。这是由于裂纹在扩展过程中遇到纤维,裂纹扩展受阻,向阻力较弱的方向偏转。裂纹偏转使得主裂纹尖端的扩展能量降低,主裂纹一分为二,这一过程吸收了能量,提高了材料的断裂韧性。较之常温下复合材料的断裂行为,700 ℃ 暴露后的复合材料,其纤维断裂现象明显且占主导,纤维的拔出及脱粘现象明显减少,这说明界面结合明显增强,其断裂模式由伪塑性破坏转变为完全脆性断裂模式。

(a) 对应图10.21中A点时刻

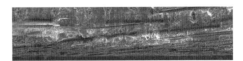

(b) 对应图10.21中B点时刻

(c) 对应图10.21中C点时刻

(d) 对应图10.21中D点时刻

(e) 对应图10.21中E点时刻

图 10.22　SG – 700 复合材料试样弯曲强度测试过程中对应载荷 – 位移曲线(图 10.21)
上 A ~ E 点时刻试样侧面裂纹萌生、扩展的环境扫描照片(王金艳 2012)

图 10.23　SG – 700 复合材料试样三点弯曲测试结束后试样侧面的扫描照片(王金艳 2012)

10.5　本章小结

本章研究了空气中高温暴露对单向 SiC$_{uf}$/K–PSS 复合材料力学性能及断裂行为的影响,主要结论如下:

(1) 在 900 ℃ 下热暴露时,复合材料中开始有白榴石相产生;暴露温度升高至 1 100 ℃

时,基体进一步晶化,生成方石英相。

(2)高温暴露温度的升高,SiC_{uf}/K–PSS 复合材料试样横向收缩加剧,在 900 ~ 1 100 ℃ 时收缩最为明显,这主要是铝硅酸盐聚合物 K–PSS 的晶化和致密化所致。

(3)随着空气下高温暴露温度的升高,SiC 纤维与 K–PSS 基体间的界面结合强度增加,在 900 ℃ 下热暴露后,复合材料的断裂方式由韧性断裂转变为脆性断裂;且暴露温度达 1 100 ℃ 时,界面结合由弱的物理结合转变为更强的化学结合。

(4)SiC_{uf}/K–PSS 复合材料在 900 ℃ 以内的空气中表现出较优异的抗氧化性能,在 900 ℃ 暴露 60 min 后,复合材料仍能保持约 56％ 的初始强度。

(5)SiC_{uf}/K–PSS 界面结合状态和反应产物的情况以及纤维的性能退化情况尚需深入研究。

参考文献

[1]CHOLLON G, PAILLER R, NASLAIN R, et al, 1997. Thermal stability of a PCS-derived SiC fibre with a low oxygen content (Hi-Nicalon) [J]. *Journal of Materails Science*, 32: 327-347.

[2]DUDESCU C, NAUMANN J, STOCKMANN M, et al, 2006. Characterisation of thermal expansion coefficient of anisotropic materials by electronic speckle pattern interferometry [J]. *Strain*, 42: 197-205.

[3] KRIVEN W M, JONATHANB L. Effect of alkali choice on geopolymer properties [J]. *Ceramic Engineering and Science Proceedings*, 25(4):99-104.

[4]NEGITA K, 1986. Effective sintering aids for silicon carbide ceramics: reactivities of silicon carbide with various additives [J]. *Journal of the American Ceramic Society*, 69(12): C308-C310.

[5]TAKEDA M, SAKAMOTO J, IMAI Y, et al, 1999. Thermal stability of the low-oxygen-content silicon carbide fiber, Hi-Nicalon^{TM} [J]. *Composites Science and Technology*, 59: 813-819.

[6]SHIMOO T, OKAMURA K, MORISADA Y, 2002. Active-to-passive oxidation transition for polycarbosilane-derived silicon carbide fibers heated in Ar-O_2 gas mixtures [J]. *Journal of Materials Science*, 37(9): 1793-1800.

[7]何培刚, 2011. C_f/铝硅酸盐聚合物及其转化陶瓷基复合材料的研究 [D]. 哈尔滨:哈尔滨工业大学.

[8]李世波, 徐永东, 张立同, 2001. 碳化硅纤维增强陶瓷基复合材料的研究进展 [J]. 材料导报, 15(1):45-49.

[9]马江, 周新贵, 张长瑞, 等, 2001. 纤维类型对纤维增强 SiC 基复合材料性能的影响 [J]. 复合材料学报, 18(3): 72-75.

[10]王金艳, 2012. SiC_f/铝硅酸盐聚合物复合材料的力学性能和断裂行为 [D]. 哈尔滨:哈尔滨工业大学.

[11]郑斌义,2013. 单向连续 SiC_f 增强铝硅酸盐聚合物基复合材料的力学性能[D]. 哈尔滨:哈尔滨工业大学.

[12]王宁,2007. Gr_f/ZM6 复合材料的力学和热膨胀性能研究[D]. 哈尔滨:哈尔滨工业大学.

[13]杨治华,2008. Si-B-C-N 机械合金化粉末及陶瓷的组织结构与高温性能[D]. 哈尔滨:哈尔滨工业大学.

[14]张立同,2009.纤维增韧碳化硅陶瓷复合材料——模拟、表征与设计[M]. 北京:化学工业出版社.

第 11 章　Sol–SiO$_2$ 浸渍处理对 C$_f$/K–PSS 陶瓷化复合材料力学性能的影响

由第 10 章可知,单向碳纤维增强的铝硅酸无机聚合物基复合材料 C$_f$/KGP 经过高温处理后因基体陶瓷化,力学性能大幅提高。然而伴随基体在陶瓷化过程中的致密化和碳纤维的约束,所生成的榴石基复合材料在垂直于纤维长轴方向产生大量裂纹,即垂直于纤维的横向裂纹。裂纹内碳纤维直接裸露出来,这无疑会使碳纤维在高温有氧气氛条件下容易氧化,不利于复合材料的高温力学性能(high temperature mechanical properties)及其稳定性。采用低黏度、低成本 Sol–SiO$_2$ 对高温处理后的榴石基复合材料进行浸渍处理(dipping/immersion /impregnation/infiltration treatment),发现其对复合材料中的裂纹具有弥合或愈合作用(healing effect)。这一方面使复合材料的力学性能得到进一步提高,还有利于减缓碳纤维在高温有氧气氛下的氧化损伤(oxidative damage),进而提高其在高温尤其是在有氧环境下的力学性能稳定性。本章即在分析 Sol–SiO$_2$ 浸渍处理对复合材料致密度、物相和组织形貌影响的基础上,探讨该系复合材料高温力学性能与损伤机制(damage mechanism)的变化与抗氧化性(oxidation resistance)。

11.1　C$_f$/K–PSS 复合材料陶瓷化后的 Sol–SiO$_2$ 浸渍处理与室温力学性能

11.1.1　C$_f$/K–PSS 陶瓷化复合材料的 Sol–SiO$_2$ 浸渍处理工艺

(1)Sol–SiO$_2$ 浸渍液(impregnation liquid)原料。Sol–SiO$_2$ 为江苏夏港轻工助剂厂生产,性能参数见表 11.1。配置 Sol–SiO$_2$ 浸渍液,质量分数为 20%、30% 和 40%。

(2)浸渍工艺。在真空条件下,对陶瓷化处理(1 100 ℃/60 min/Ar)后复合材料,采用 Sol–SiO$_2$ 浸渍 6 h,之后于 200 ℃烘干 2 h;重复上述过程 6 次。

(3)后处理工艺。为改善浸渍相 SiO$_2$ 和复合材料基体间的结合状况,最后将浸渍完毕的复合材料试样再置于 900 ℃下保温处理 60 min。

表 11.1　浸渍液原料 Sol–SiO$_2$ 的性能参数(何培刚 2011)

w_{SiO_2}/%	pH 值	密度 /(g·cm^{-3})	黏度 /(mPa·s)	w_{Na_2O}/%
40 ~ 41	9.33	1.29 ~ 1.295	5 ~ 12	0.25

Sol–SiO$_2$ 浸渍液的浓度、浸渍次数对复合材料致密度的影响情况如图 11.1 所示。可见,浸渍第一次时,浸渍液浓度越高,浸渍效果越好;但随浸渍次数增加,效果会逐渐发生改变:起初浸渍效果较好的质量分数为 40% 的 Sol–SiO$_2$ 浸渍液,使复合材料进一步增重的幅度变缓,而质量分数为 20% 和 30% 的 Sol–SiO$_2$ 浸渍液,依然使复合材料保持较高的增重效率;到浸渍第 4 次时,30% 和 40% 质量分数的浸渍液,已失去浸渍能力;而质量分数最低的

20％的浸渍液尚未停滞,到第 5 次才稳定下来。可见,质量分数为 30％ Sol-SiO₂浸渍液浸渍效果最好,能用最少的次数实现最佳浸渍效果,如经过 6 次重复浸渍后,复合材料获得了最高的致密度 93.6％。但由于在浸渍过程中,纤维束／纤维束之间的孔隙存在中间大、两头小的瓶颈效应,材料内部总会存在一定量的残余孔隙。

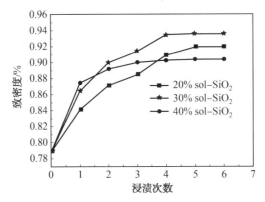

图 11.1　不同浓度 Sol-SiO₂浸渍后复合材料致密度随浸渍次数的变化规律(He and Jia et al 2010)

选用 30％ Sol-SiO₂的浸渍液对复合材料 HKC 和 HCsKC 进行浸渍处理,致密度变化结果如图 11.2 所示。HKC 和 HCsKC 经 30％ Sol-SiO₂浸渍后(代号分别变为 ImHKC 和 ImHCsKC),致密度分别为 93.6％和 92.9％,与浸渍前相比分别提高了 15％和 14.1％,浸渍效果非常明显。

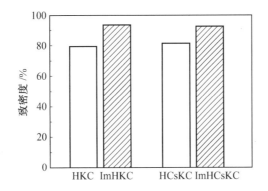

图 11.2　复合材料 HKC 和 HCsKC 浸渍前后致密度的变化(何培刚 2011)

(注:HKC 指经 1 100 ℃ 处理后的 C_f/KGP 复合材料(即 KC - 1100),HCsKC 指经 1 200 ℃ 处理后的 C_f/CsKGP 复合材料(即 CsKC - 1200),后同)

11.1.2　Sol-SiO₂ 浸渍处理后C_f/K-PSS 陶瓷化复合材料的物相

HKC 复合材料在 Sol-SiO₂ 浸渍后经过了高温处理,其物相变化随处理温度的变化情况如图 11.3 所示。可见,HKC 复合材料经 30％ Sol-SiO₂ 反复浸渍 6 次后,经 900 ℃ 处理后没有观测到方石英(cristobalite) 的衍射峰,说明浸渍氧化硅仍主要为非晶态;而在 1 000 ℃ 和更高的温度下处理时,试样中已经明显出现了方石英的衍射峰,尤其经 1 100 ℃ 处理后,方石英晶化更为明显。由于 SiO₂ 晶体(尤其是方石英),在高低温转变时存在较大的相变体积效应(phase transformation induced volume effect),在材料体系内部容易导致微裂纹

（microcrack）生成（范亚明 2006），因此在复合材料中应避免熔石英（fused silica）的晶化（crystallization），优先选择在 900 ℃ 下进行浸渍后的高温处理。

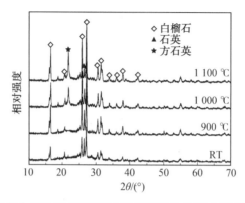

图 11.3　浸渍后复合材料经不同温度高温处理后的 XRD 图谱（何培刚 2011）

11.1.3　Sol–SiO₂ 浸渍处理后 C_f/K–PSS 陶瓷化复合材料的显微组织

对比浸渍处理前（HKC）后（ImHKC）复合材料的显微组织形貌如图 11.4 所示。可见，HKC 复合材料中在平行纤维方向上生成垂直纤维方向的热失配裂纹（thermal mismatch crack），经过 Sol–SiO₂ 浸渍处理后被有效地得到填充弥合，使复合材料中原来那些裸露的碳纤维多数被 SiO₂ 所覆盖，这有利于减缓复合材料中碳纤维在高温下的氧化。

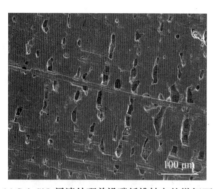
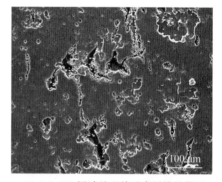

(a) Sol–SiO₂ 浸渍处理前沿碳纤维轴向的纵切面　　　(b) Sol–SiO₂ 浸渍处理前垂直纤维的截面

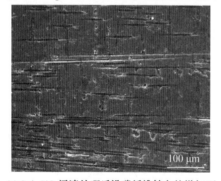
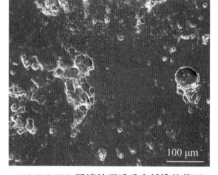

(c) Sol–SiO₂ 浸渍处理后沿碳纤维轴向的纵切面　　　(d) Sol–SiO₂ 浸渍处理后垂直纤维的截面

图 11.4　复合材料高温陶瓷化处理后即 Sol–SiO₂ 浸渍处理前（HKC）与 Sol–SiO₂
浸渍处理后（ImHKC）显微组织（He, Jia et al 2010）

　　然而弥合消除所有裂纹等缺陷（defect）是不可能的，在浸渍后复合材料的横截面上（图11.5（a））仍然可以观察到少量离散分布于纤维束丝间的残余气孔。这是因为随着Sol–SiO₂浸渍过程增加，纤维束间及束丝间的残余气孔的尺寸和数量逐渐降低和减少，有一定黏性的Sol–SiO₂溶液很难进入这些小气孔，致使其残留在复合材料中。同样的现象在先驱体（precursor）浸渍 – 裂解制备的复合材料中也存在（Dong et al 2002，Ma et al 2005，Halbig et al 2008，Lee et al 2008）。

　　SiO₂填充相经过高温处理后会产生一定收缩，致使其和基体之间会萌生微裂纹（图11.5（b）），但从后面关于力学性能、抗氧化性的实测结果发现，这种微裂纹对复合材料浸渍处理后的性能未产生明显影响。

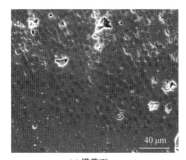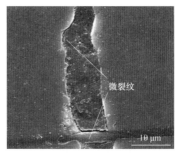

(a) 横截面　　　　　　　　　　　　(b) 纵截面某一区域高倍像

图 11.5　Sol–SiO₂ 浸渍处理后复合材料（ImHKC）的 SEM 显微组织形貌（何培刚 2011）

　　引入碱金属 Cs 离子激发复合材料（HCsKC），Sol–SiO₂ 浸渍处理后（ImHCsKC）的 SEM 显微组织形貌如图 11.6 所示。可以看出，绝大多数微裂纹和气孔都被氧化硅所填充弥合，浸渍效果非常显著。

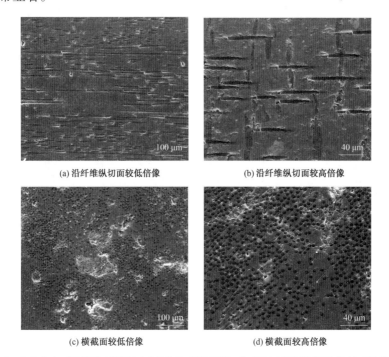

(a) 沿纤维纵切面较低倍像　　　　　　　(b) 沿纤维纵切面较高倍像

(c) 横截面较低倍像　　　　　　　　　　(d) 横截面较高倍像

图 11.6　Sol–SiO₂ 浸渍处理后复合材料（ImHCsKC）的 SEM 显微组织形貌（何培刚 2011）

11.1.4 Sol-SiO₂ 浸渍处理后Cf/K-PSS 陶瓷化复合材料的室温力学性能

Sol-SiO₂ 浸渍处理可全面大幅度地提高前述两种(HKC 和 H CsKC) 复合材料的力学性能,包括抗弯强度、弹性模量、断裂韧性和断裂功。图 11.7 分别给出了 HKC 和 HCsKC 两种复合材料经过Sol-SiO₂ 浸渍处理后的力学性能变化情况柱状图。ImHKC 的抗弯强度、断裂韧性、弹性模量和断裂功比浸渍处理前的 HKC 复合材料分别提高了36.6%、22.6%、16.4%和 30.1%,而 ImHCsKC 也比浸渍处理前的 HCsKC 分别提高了 33.7%、20.7%、10.9% 和 18.3%。可见,浸渍处理弥合基体裂纹,有效改善了复合材料的力学性能。

表 11.2 综合给出了这两种复合材料经Sol-SiO₂ 浸渍处理前后的力学性能数据。可见,两种复合材料因具有较低的密度,分别为2.16 g/cm³ 和2.28 g/cm³,因此具有较高的比强度(抗弯强度 / 密度),分别为 168.8 J/g 和 165.1 J/g。

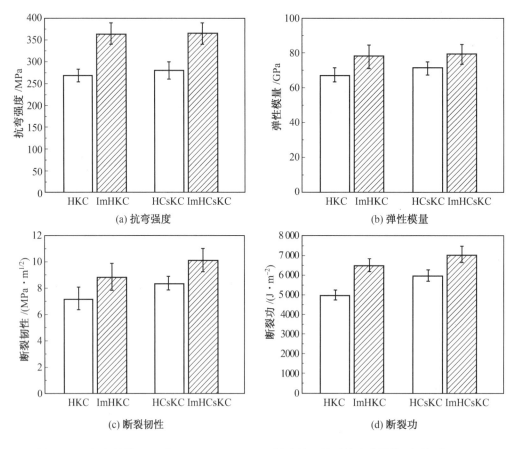

(a) 抗弯强度

(b) 弹性模量

(c) 断裂韧性

(d) 断裂功

图 11.7　复合材料 HKC 和 ImHKC 经Sol-SiO₂ 浸渍处理前后的力学性能(何培刚 2011)

表 11.2　复合材料 HKC 和 ImHKC 经 Sol–SiO₂ 浸渍处理前后的力学性能(何培刚 2011)

试样代号	HKC	ImHKC	HCsKC	ImHCsKC
密度/(g·cm⁻³)	1.81	2.16	1.85	2.28
相对密度/%	79.0	93.4	81.4	92.9
抗弯强度/MPa	268.9 ±14.6	364.7 ±24.4	278.7 ±18.9	376.4 ±21.3
弹性模量/GPa	67.4 ±4.2	78.0 ±6.9	71.4 ±3.8	79.2 ±5.7
断裂韧性/(MPa·m¹ᐟ²)	7.21 ±0.87	8.84 ±1.04	8.37 ±0.53	10.14 ±0.89
断裂功/(J·m⁻²)	5 003 ±254	6 527 ±342	5 977 ±297	7 069 ±414

11.2　Sol–SiO₂ 浸渍处理后复合材料的高温力学性能和断裂行为

11.2.1　Sol–SiO₂ 浸渍处理后复合材料的高温力学性能

复合材料的高温力学性能采用岛津 AG – 50KNIS 型电子材料万能试验机进行测试,万能力学试验机及其附带高温炉和试样安装于高温卡具的过程如图 11.8 所示。所用试样尺寸:3 mm × 4 mm × 36 mm;测试条件:跨距为 30 mm, 上压头移动速率为 0.5 mm/min;测试气氛:空气;加热条件:以 10 ~ 15 ℃/min 的速率加热升温, 到达测试温度后保温 10 min 后开始加载测试;每个温度同一种试样测试 2 ~ 3 根,然后取平均值。

图 11.8　万能力学试验机与附带高温炉及试样安装于高温卡具的过程

对于复合材料 HKC，Sol-SiO$_2$ 浸渍处理前后的高温力学性能（high temperature mechanical property）包括高温抗弯强度、高温弹性模量和高温断裂功，随温度升高呈现的变化趋势如图 11.9 所示。可见，700 ℃ 时较室温性能稍有增加；900 ℃ 升幅最大，到达峰值；之后随温度升高，逐渐下降，但在 1 100 ℃ 时仍基本保持其室温性能水平。另外，浸渍处理后较原始状态复合材料的性能优势可一直保持到 1 200 ℃，可见，sol-SiO$_2$ 浸渍处理对于改善复合材料的高温力学性能也非常有效。

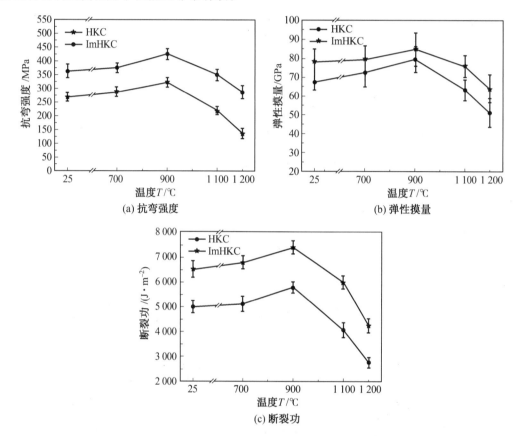

图 11.9　Sol-SiO$_2$ 浸渍处理前后复合材料 HKC 和 ImHKC 的高温力学性能对比（何培刚 2011）

表 11.3 列出了 HKC 和 ImHKC 复合材料各项力学性能指标的具体数值与其常温力学性能对照。可见，在 900 ℃ 下两种复合材料的抗弯强度达到峰值（分别为 322.1 MPa 和 425.8 MPa），为它们各自的室温强度的 119.8% 和 116.8%；而 1 100 ℃ 下，强度仍然保持较高的水平，分别为 221.9 MPa 和 350.1 MPa，为各自室温强度的 82.5% 和 96.0%；在 1 100 ℃ 下，两种复合材料的弹性模量分别为 63.2 GPa 和 75.8 GPa，仍各自保持其室温弹性模量的 79.7% 和 89.5%；断裂功则分别达到 4 072 J/m^2 和 6 010 J/m^2，仍各自保持其室温断裂功的 70.3% 和 81.1%。可见，通过硅酸盐聚合物转化法获得的碳纤维增强榴石基复合材料在浸渍处理后，表现出更为优良的中高温力学性能，较原始聚合物基复合材料高温力学性能优势更加显著。

Davidovits et al（1991）对以两种无机聚合物基体（F，M – PSDS 和 K – PSDS）制备的纤维增强复合材料的高温强度进行了研究，结果如图 11.10 所示。对于两种基体，当采用

E – Glass 和 Carbon 作为增强纤维时,复合材料的高温强度均不理想,在 200 ~ 400 ℃ 即开始大幅下降,至 600 ℃ 时强度已损失殆尽。而采用 SiC 纤维作增强相时,高温强度有明显改善:对于 F,M – PSDS 基体,高温强度在 600 ℃ 时出现峰值,之后才快速下降,但到 800 ℃ 时基本损失殆尽;对于 SiC 纤维增强 K – PSDS,强度最高值虽比不上 SiC 纤维增强的 F,M – PSDS 基复合材料,但强度在高温下的保持能力更胜一筹,在 400 ~ 1 000 ℃ 仍保持在 100 MPa 左右的水平上,甚至在 800 ~ 1 000 ℃ 小幅上扬,1 000 ℃ 下保持了室温强度的 66%,表现出较好的耐高温性能。但无论是高温抗弯强度的绝对值,还是高温强度的稳定性,即使是与作者本人课题组所研制的 HKC 和 ImHKC 复合材料在 1 100 ℃ 下的水平 (221.9 MPa 和 350.1 MPa,约为自室温强度 82.5% 和 96.0%) 相比,仍然有较大差距。

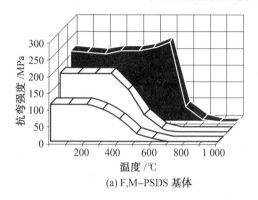

(a) F,M-PSDS 基体

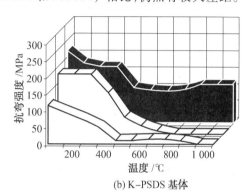

(b) K-PSDS 基体

图 11.10　不同纤维增强铝硅酸盐聚合物基复合材料的室温和高温抗弯强度(Davidovits,Davidovics 1991)

表 11.3　**Sol-SiO₂ 浸渍处理前后复合材料 HKC 和 ImHKC 的高温力学性能**(He,Jia et al **2010**)

试样	密度 /(g·cm⁻³)	相对密度 /%	T/℃	力学性能		
				抗弯强度 /MPa	弹性模量 /GPa	断裂功 /(J·m⁻²)
HKC (浸渍前)	1.81	79.0	25	268.9 ±14.6	67.4 ±4.2	5 003 ±254
			700	286.6 ±16.8 (106.6%)*	72.3 ±7.6(107.3%)*	5 128 ±314(102.5%)*
			900	322.1 ±18.2 (119.8%)*	79.3 ±6.7(109.7%)*	5 796 ±241(113.0%)*
			1 100	221.9 ±12.2 (82.5%)*	63.2 ±5.6(79.7%)*	4 072 ±308(70.3%)*
			1 200	138.2 ±19.8 (49.3%)*	51.2 ±7.6(81.0%)*	2 767 ±215(68.0%)*
ImHKC (浸渍后)	2.16	93.4	25	364.7 ±24.4	78.0 ±6.9	6 527 ±342
			700	374.7 ±17.6 (112.9%)*	79.3 ±7.4(101.7%)*	6 795 ±269(104.1%)*
			900	425.8 ±20.1 (116.8%)*	84.7 ±8.8(106.8%)*	7 408 ±276(109.0%)*
			1 100	350.1 ±21.3 (96.0%)*	75.8 ±5.9(89.5%)*	6 010 ±260(81.1%)*
			1 200	247.4 ±25.6 (72.2%)*	64.1 ±7.3(84.6%)*	4 257 ±288(70.8%)*

* 括号中的百分数为相对于室温力学性能的百分比率

　　Davidovits et al (2011) 对 Cf 和 SiCf 增强的铝硅酸盐基复合材料的研究还发现,基体种类对于增强纤维的抗氧化性、使复合材料在高温下保持自身强度的能力有重要影响。如 K – nano – poly(sialate) 较 K – PSDS 和(F,M) – PSDS 基体,使复合材料表现出更高好的高温稳定性,即强度的高温保持率更高(图 11.11)。Davidovits 认为这是由于后两种基体不能为增强碳纤维提供有效的抗氧化保护。对于层叠 SiC 纤维增强的复合材料,服役温度在

600 ℃ 以上时,K-PSS/K - PSDS 和 K - nano - PSS 基体比较适合,而非(F,M) - PSDS(图 11.12)。导致上述差别的原因除了基体对纤维的抗氧化性的影响外,基体和纤维之间的高温化学相容性也同样不可忽视,即不同种类的基体在高温下与增强纤维之间的界面化学反应轻重也会不同,从而直接影响纤维的性能衰减退化的程度、纤维的强韧化效果。

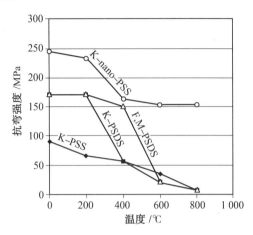

图 11.11 层叠碳纤维(C_f)增强的几种铝硅酸盐(KGP)基复合材料的高温抗弯强度(Davidovits 2011)

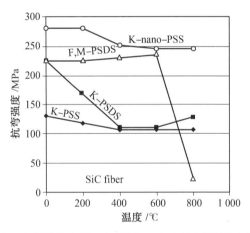

图 11.12 层叠碳化硅纤维(SiC_f)增强的几种铝硅酸盐(KGP)基复合材料的高温抗弯强度(Davidovits 2011)

对于基体中引入 Cs^+ 的铝硅酸盐聚合物,经过陶瓷化和再浸渍处理(impregnation treatment)后得到的榴石基复合材料,表现出更加优良的高温力学性能(图11.13、表11.4),尤其是在 1 100 ℃ 和 1 200 ℃ 下。1 100 ℃ 下复合材料的强度仍达 374.8 MPa,较其室温强度还高 0.4%,弹性模量仍有 80.6 GPa,断裂功为 7 025 J/m²;1 200 ℃ 下仍能保持室温强度的 87.4%,为 329.1 MPa,弹性模量仍有 74.1 GPa,断裂功为 6 025 J/m²。ImHCsKC 较 ImHKC 高温力学性能更加优良,这主要归因于 Cs^+ 的引入,基体高温陶瓷化处理后,形成了耐热性较白榴石($KAlSi_2O_6$)玻璃陶瓷更好的铯榴石(pollucite)($CsAlSi_2O_6$)玻璃陶瓷(glass ceramic),基体与碳纤维的界面物理相容性(physical compatibility)也更加优良。因此,其高温力学性能较 Davidovits,Davidovics (1991) 报道的几种纤维增强的铝硅酸盐聚合物基复合材料的高温力学性能具有更大的优势。

需要指出的是,后面对 HKC 复合材料在空气中的热重分析表明,至 1 057 ℃ 复合材料内的碳纤维完全耗尽。而在空气环境下的高温弯曲强度测试时,复合材料在 1 100 ℃ 下碳纤维仍未耗尽且保持较高的增强效果。造成上述差异的原因主要有 3 点:① 两个实验所用试样形状大小不同。高温三点抗弯强度实验所用试样为 3 mm × 4 mm × 40 mm,而热重分析试样为 2 mm × 3 mm × 3 mm,后者试样尺寸小且较薄,故碳纤维更容易被氧化掉。② 试验气氛也略有差异。高温抗弯强度试验虽是在非密封高温炉内进行的,但试样是在紧扣密闭的陶瓷高温卡具内(ϕ45 mm × 30 mm),导致空气流通不畅(图 11.8);而热重分析实验采用流动空气气氛(30 mL/min),因此高温强度试验中试样和氧原子的接触概率低于热重实验。③ 在密闭系统中碳纤维氧化生成的 CO_2 气体在纤维表面形成惰性气体层,能够降低氧原子的扩散速率,从而对纤维起到一定程度的保护作用;而在流动空气气氛中 CO_2 生成后即被带走,因而碳纤维氧化更为迅速。

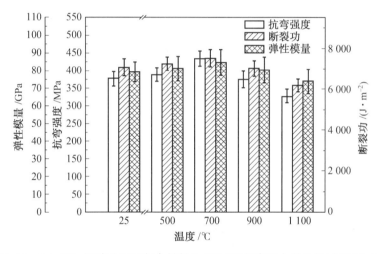

图 11.13　Sol-SiO₂ 浸渍处理后复合材料 ImHCsKC 的高温力学性能(何培刚 2011)

表 11.4　Sol-SiO₂ 浸渍处理后复合材料 ImHCsKC 的高温力学性能(何培刚 2011)

密度 /(g·cm⁻³)	相对密度 /%	T /℃	力学性能		
			抗弯强度 /MPa	弹性模量 /GPa	断裂功 /(J·m⁻²)
2.16	92.9	25	376.4 ±21.3	79.2 ±5.7	7 069 ±414
		700	388.6 ±19.4 (103.2%)*	81.2 ±6.8(102.5%)*	7 250 ±327(102.6%)*
		900	434.3 ±22.7 (115.4%)*	84.7 ±7.4(104.3%)*	7 524 ±428(103.8%)*
		1 100	374.8 ±24.2 (100.4%)*	80.6 ±7.6(95.2%)*	7 025 ±379(93.4%)*
		1 200	329.1 ±19.3 (87.4%)*	74.1 ±6.9(91.9%)*	6 205 ±318(88.3%)*

＊:括号中的百分数为相对于室温力学性能的百分比率

11.2.2　Sol-SiO₂ 浸渍处理后复合材料的高温断裂行为

图 11.14 所示给出了不同温度测试下 HKC 和 ImHKC 两种复合材料的弯曲应力 - 位移曲线。可见,在所有测试温度下,材料都表现为伪塑性断裂的特征。具体来说,在材料经过弹性变形阶段以后,由于纤维脱粘、桥连和滑移作用,曲线进入非线性变形阶段,此时抗拉面附近的纤维因为缺陷存在(部分氧化)可能会发生断裂,导致断裂曲线呈锯齿状上升;在应力超过最大值后,可观测到应力呈阶梯状下降且延伸出很长的"尾巴",这主要是纤维断裂和拔出引起的。在中高

温区如 900 ℃ 和 1 100 ℃ 下,复合材料强度、模量出现明显的反常同步回升,这使弹性应变能积累到较高的程度,一旦达到裂纹扩展临界值时,发生裂纹动态扩展的概率增高,即在应力越过峰值后表现出更为明显的下降趋势,尤其是 900 ℃ 时,发生裂纹动态扩展后,残余的承载能力已经很低了;但随测试温度进一步升高,至 1 200 ℃ 时,由于基体中玻璃陶瓷相开始发生明显粘性流动(viscous flow),两种复合材料断裂均表现出明显屈服现象。

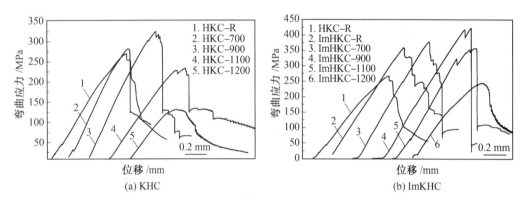

图 11.14　Sol-SiO$_2$ 浸渍处理前(KHC)后(ImKHC)复合材料的弯曲应力 – 位移曲线(何培刚 2011)

ImHKC 复合材料试样高温弯曲强度测试后的宏观照片如图 11.15 所示。可见,复合材料的主要破坏发生在受拉面,表明复合材料的断裂方式为弯曲破坏模式;另外,裂纹初始扩展方向多数与受拉面成 30° 左右,说明纤维与基体结合强度适中,避免了主裂纹面直接垂直穿过碳纤维,确保碳纤维起到了很好的诱导裂纹偏转(crack deflection)的增韧效果。

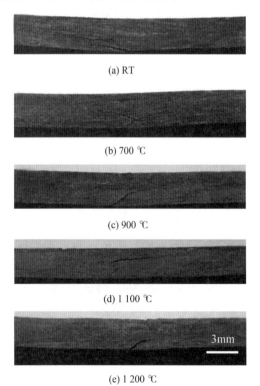

图 11.15　ImHKC 复合材料三点抗弯强度在不同温度测试后的宏观形态照片(He,Jia et al 2010)

Reis et al（2007）分别研究了碳纤维和玻璃纤维强韧高硅铝比铝硅酸盐聚合物复合材料的断裂行为。发现破坏主要发生在抗压面,复合材料的断裂是因为复合材料抗压区域产生压应力集中造成该区域低抗压强度的纤维产生径向压缩破坏。在这种情况下,纤维不能有效发挥强韧化作用(strengthening and toughening effect)。

Sol–SiO₂浸渍处理前后复合材料 ImHKC 的破坏模式之所以与 Reis 等报道的碳纤维和玻璃纤维强韧高硅铝比铝硅酸盐聚合物复合材料的破坏模式不同,主要归因于相组成、基体性能、界面结合状况、增强纤维的体积分数等的不同。ImHKC 的基体经陶瓷化后变成白榴石玻璃陶瓷(leucite glass ceramic),其强度和硬度比铝硅酸盐聚合物高很多;ImHKC 中碳纤维／基体的界面结合强度适中;另外,ImHKC 纤维的体积分数(25％)远低于 Reis et al（2007）所用的 55％。强化的复合材料基体、适中的界面结合强度(interface bonding strength)和纤维含量,不仅能够有效避免试样受拉面低应力破坏(low stress failure),也更有利于发挥纤维的强韧化作用,从而使复合材料表现出正常的弯曲断裂模式。

根据以上分析可知,复合材料的塑性变形温度(T_p)在 1 200 ℃ 附近。在温度低于 T_p 时裂纹扩展为复合材料断裂的决定因素,然而当温度超过 T_p 时,塑性变形应力决定了复合材料的断裂过程。在温度超过 T_p 时,基体白榴石的位错运动使复合材料的性能下降,但此时 ImHKC 复合材料的强度仍能保持室温强度的 72％,说明纤维的强韧作用仍能发挥。另外,复合材料的陶瓷化处理温度为 1 100 ℃,而当测试温度超过制备温度 100 ℃ 后,复合材料仍能保持较高的力学性能,因此其作为一种优异的高温结构材料具有很大工程应用潜力。

不同测试温度下 ImHCsKC 复合材料的应力 – 位移曲线如图 11.16 所示。可以看出,ImHCsKC 复合材料的断裂行为和 ImHKC 复合材料类似,所有的温度测试下材料均未出现纯粹的脆性断裂特征。但不同的是:① 直至 1 200 ℃ 时,材料基体仍未出现明显的塑性变形迹象;② 接近脆性断裂的温度从 ImHKC 的 900 ℃ 延迟到 ImHCsKC 的 1 200 ℃。这说明 Cs⁺ 引入后生成的立方白榴石基体具有更高的耐热性,因而也需要在更高的温度下才能发生塑性变形。

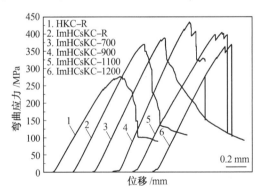

图 11.16　Sol–SiO₂浸渍处理后复合材料 ImHCsKC 在不同温度下抗弯强度测试的应力 – 位移曲线(何培刚 2011)

图 11.17 所示给出了浸渍后复合材料 ImHKC 经不同温度抗弯强度测试后的断口形貌,观测位置在抗压面附近。很明显,所有的试样断口均很粗糙,有大量纤维拔出以及纤维拔出后留下的孔洞。700 ℃ 和 900 ℃ 测试后,多数纤维仍能保持较好的状态,然而 1 100 ℃ 测试后可以清楚地观察到纤维表面氧化严重,这种现象在 ImHKC – 1200 的断口中更为明显,以至观察不到碳纤维的剩余。断口形貌还表明,随测试温度升高,纤维拔出长度逐渐变短,这是高温下纤维更容易在被氧化的部位优先断裂所致。

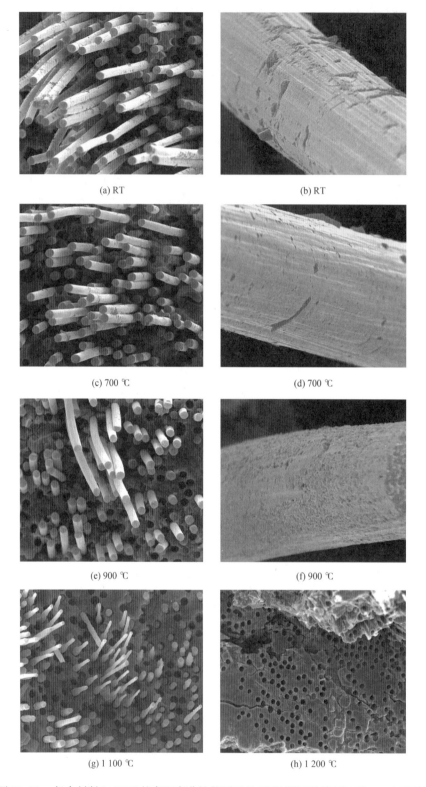

(a) RT

(b) RT

(c) 700 ℃

(d) 700 ℃

(e) 900 ℃

(f) 900 ℃

(g) 1 100 ℃

(h) 1 200 ℃

图 11.17　复合材料 ImHKC 的高温弯曲性能测试的 SEM 断口形貌(He,Jia et al 2010)

高温强度在某一特定温度范围内呈现反常增高的现象对于脆性材料来说并不少见。例如,熔石英陶瓷的抗弯强度由室温下的 49.8 MPa 升至 1 000 ℃ 时的 76.9 MPa,强度提高了 54.4%(Lyons et al 1994);SiO_2 + 5%(体积分数)Si_3N_4 和 SiO_2 + 5%(体积分数)Si_3N_4 + 10%C_f 两种复合材料在 1 000 ℃ 均获得强度大幅度增长,比它们各自的室温强度分别提高了 77.0% 和77.4%(Jia et al 2003);52%(体积分数)C_f + SiC + 20%(质量分数)Y_2O_3 – Al_2O_3 – CaO 复合材料的强度在 1 000 ℃ 增加了 62.5%(Yoshida et al 2000)。这种强度的增加都归因于高温下非晶相软化(softening of amorphous phase)所引起的裂纹钝化(crack blunting)。但对于没有非晶相存在的脆性材料,如 AlN 和反应烧结 SiC 等(周玉 2004)、3D 碳/碳复合材料(3D – C/C)(陈强 李贺军 2006)、TiC_p/W 和 ZrC_p/W 钨基复合材料(宋桂明 1999,王玉金 2002)等,也都发现类似的抗拉或抗弯强度反常升高的现象。作者(贾德昌 宋桂刚等,2008)认为,温度升高使原子热激活运动能力加强导致缺口敏感性(notch sensitivity)降低,避免了材料发生低应力脆断才是该现象的根本原因所在。

前面介绍的复合材料 HKC、ImHKC、HCsKC、ImHCsKC,在某一中高温范围内,均出现了明显的高温强度反常升高的现象,而一旦基体发生明显的塑性变形时,强度反而出现明显的下降。可见,非晶相的软化也好、晶相的位错开动能力增强也好,都是基于原子活动能力的增强,这更接近于脆韧转变(brittle-ductile transition)条件,因而使材料对裂纹的敏感性降低,在基体表现出良好塑性变形能力之前,纤维更能有效地发挥其对基体的强化作用,因此,才导致高温强度升高。温度继续升高,基体软化塑性变形能力进一步加强,但强度随之明显下降,材料对裂纹敏感性(crack sensitivity)虽然降低,纤维也不能维持其原有的强化效果,复合材料的强度自然随之下降。至于高温下碳纤维的完整性、浸渍后复合材料更为致密的显微结构(能够有效避免碳纤维的快速退化),则是其必备的条件,而非最根本的原因。

11.3 C_f/K–PSS 陶瓷化复合材料 Sol–SiO₂ 浸渍处理后的氧化损伤行为与机制

复合材料中能够发生氧化的组元只有增强相碳纤维,其体积分数约占整个复合材料的 25%,所以碳纤维的氧化特性从某种程度上决定着复合材料整体的氧化特性。本节首先探讨碳纤维的氧化动力学(oxidation kinetics),再讨论复合材料的氧化损伤(oxidation damage)行为与损伤机制。

11.3.1   碳纤维在空气中的氧化动力学

图 11.18 所示给出了 TX – 3 型碳纤维在空气气氛中 500 ~ 900 ℃ 下的热重分析结果。可见,在 550 ℃ 下,碳纤维氧化速率较慢,完全氧化时间高于 2 h;而当温度高于 575 ℃ 时,碳纤维氧化速率较快,在 2 h 内氧化完全;到 650 ℃ 之前,随氧化温度的升高,氧化后期氧化速率升高很快;超过 650 ℃ 后,随温度继续升高,碳纤维的氧化速率升高不再显著。因此,将碳纤维的氧化可以归纳为两种模式:500 ~650 ℃ 区间的模式 Ⅰ;650 ~900 ℃ 区间的模式 Ⅱ。

针对两个温度区间,通过测定碳纤维的氧化质量损失,根据 Arrhenius 型公式(11.1),分别计算碳纤维氧化反应的激活能(activation energy)。

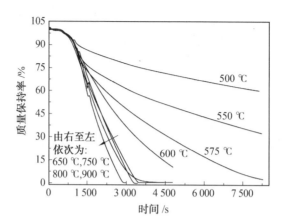

图 11.18   空气气氛中 500 ~900 ℃ 下碳纤维的氧化失重-时间关系曲线(何培刚 2011)

$$k = k_0 \times \exp\left(-\frac{E_a}{RT}\right) \tag{11.1}$$

式中,k 为失重速率,g/s;E_a 为激活能, kJ/mol;R 为气体常数,8.32 J/(mol·K)$^{-1}$;T 为绝对温度。

对式(11.1)两边取自然对数,可得

$$\ln k = \ln k_0 - \frac{E_a}{RT} \tag{11.2}$$

以 $\ln k$ 对 $-1/(RT)$ 作图,并进行线性拟合, 如图 11.19 所示,其斜率即为反应激活能(reaction activation energy)。计算出的激活能分别为:模式 Ⅰ 为 108.2 kJ/mol,而模式 Ⅱ 仅仅为2.8 kJ/mol。

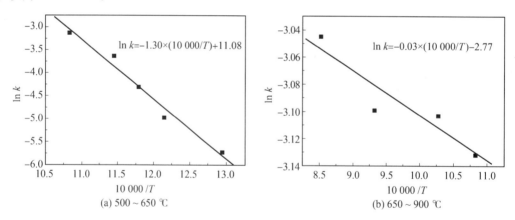

图 11.19   碳纤维两种氧化模式激活能的计算曲线(何培刚 2011)

这表明,在氧化模式 Ⅰ 中,气氛提供了充足的氧,碳纤维氧化速率取决于碳纤维表面活性基团和氧的反应速率,因此该温度区间碳纤维的氧化为反应控制过程,氧化速率与时间呈线性关系。在氧化模式 Ⅱ 中,碳纤维表面已经充分活化,C 与 O 反应速率取决于氧穿过黏滞气体层到达碳纤维表面的能力,因此该温度区间氧化模式为基于氧扩散的扩散控制模式,C 与 O 反应速率与时间呈抛物线关系(parabolic relation)。因采用线性方法来分析一种抛物线氧化模式,因此模式 Ⅱ 的活化能计算值为有效活化能,仅仅证明碳纤维在不同温度下确实存在不同的氧化模式。研究表明氧的扩散系数依赖于 $T^{2/3}$,并且也指出将其拟合为 Arrhenius 形式仅仅可以计算出扩散过程中的理论有效活化能(Eckel et al 1998)。

由碳纤维氧化动力学分析可知,即使在较低温区碳纤维也容易被氧化,温度超过 650 ℃,裸露的碳纤维氧化就更快了。因此从减缓增强碳纤维的氧化损伤,提高复合材料整体的抗氧化能力,改善其氧化性服役的可靠性来看,弥合复合材料高温处理后产生的裂纹十分必要。

11.3.2　Sol–SiO₂浸渍处理复合材料在空气中的非等温氧化行为

图 11.20 所示为 Sol–SiO₂ 浸渍前后复合材料 HKC 和 ImHKC 在流动空气气氛下的非等温氧化(non-isothermal oxidation)过程中的失重曲线(weight loss curve)(何培刚 2011)。可见,浸渍前复合材料 HKC 的氧化初始温度约为 489 ℃,碳纤维氧化完全的温度为 1 057 ℃;而浸渍后复合材料 ImHKC 氧化初始温度和氧化完全温度分别为 596 ℃ 和 1 261 ℃,比 HKC 分别提高了 107 ℃ 和 204 ℃;同时,在高温段,浸渍后复合材料氧化速率更缓慢。可见,Sol–SiO₂ 浸渍处理后复合材料的抗氧化性得到显著改善,达到了预期的效果。

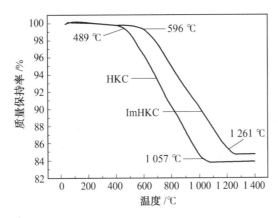

图 11.20　复合材料 HKC 和 ImHKC 在空气中的非等温氧化失重曲线(何培刚 2011)

11.3.3　高温空气中复合材料增强碳纤维的氧化损伤行为

在液氮中将各温度下氧化处理后的复合材料试样折断,在扫描电镜下观察试样边缘附近的断口形貌,以探讨不同温度下碳纤维的损伤程度,结果如图 11.21 所示。可以看出,在 700 ℃ 和 900 ℃ 测试后,纤维绝大部分仍然保持完整,氧化损伤较轻,纤维状态接近室温弯曲断口的纤维状态,纤维表面可见少许氧化形成的凹坑;但到 1 100 ℃ 时,纤维和基体之间能够观察到明显的间隙,纤维明显变细,说明纤维氧化损伤比较严重。在这种情况下,复合材料的性能急剧恶化在所难免。

1 100 ℃ 下抗弯强度测试后复合材料试样的断口形貌由表及里的情况如图 11.22 所示。可见,纤维并没有被完全氧化掉,氧化主要发生在复合材料表面附近(如图 11.22(b)所示)。随着距离复合材料试样表面深度的增加,碳纤维的完整性逐渐提高(图 11.22(b)~(e))。距离复合材料表面200 μm 以下的纤维依然完好保持其原始形貌,未出现氧化迹象(图 11.22(e))。

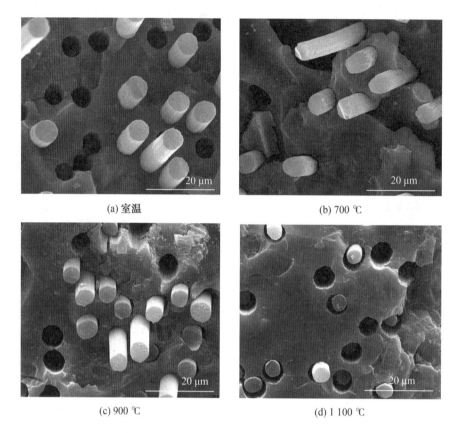

图 11.21　经不同温度下抗弯强度测试后复合材料试样在室温折断后的断口形貌(He,Jia et al 2010)

根据碳纤维的直径变化,采用式(11.3)对其氧化程度进行定量计算。

$$氧化程度 = \left(1 - \frac{R_d}{R_0}\right) \times 100\%　　　　　　(11.3)$$

式中,R_d 为纤维的平均直径;R_0 为纤维的初始平均直径。

图 11.23 所示为 HKC 和 ImHKC 复合材料中碳纤维的氧化程度的对比。可见,在 1 100 ℃ 下,ImHKC 的抗氧化能力明显优于 HKC。ImHKC 的纤维损伤仅仅发生在约 200 μm 深的表层,而 HKC 的氧化深度可达约 400 μm。因此,高温下 ImHKC 中碳纤维的强韧化作用受影响程度明显低于 HKC,这与它们的高温力学性能优劣相一致。

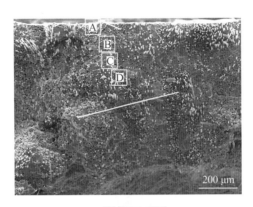

(a) 低倍SEM照片

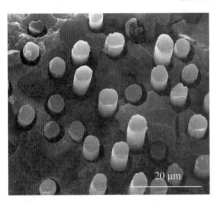

(b) 低倍照片(a)中A区域的局部放大

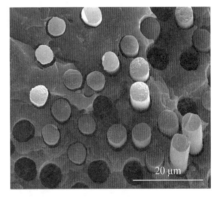

(c) 低倍照片(a)中B区域的局部放大

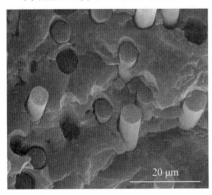

(d) 低倍照片(a)中C区域的局部放大

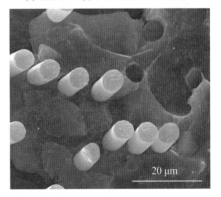

(e) 低倍照片(a)中D区域的局部放大

图 11.22　复合材料 ImHKC 在 1 100 ℃ 抗弯强度测试后的 SEM 断口形貌照片(He,Jia et al 2010)

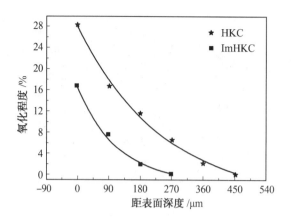

图 11.23　HKC 与 ImHKC 复合材料中碳纤维在 1 100 ℃ 的氧化程度与距表面深度的关系(He,Jia et al 2010)

11.3.4　复合材料浸渍处理后的等温氧化行为

众多研究表明,连续碳纤维强韧陶瓷基复合材料具有优异的抗热震性能(thermal shock resistance),而抗氧化性能(oxidation resistance)较差,因此纤维强韧陶瓷基复合材料与温度有关的氧化行为是材料高温使用必须考虑的重要性能指标之一。

(1) 等温氧化(isothermal oxidation)后的表面形貌。

图 11.24 所示为 ImHKC 复合材料在不同温度下氧化 60 min 后的表面形貌。可以发现,低温下($T \le 700$ ℃)复合材料表面较为致密平滑,是 sol-SiO$_2$ 浸渍后生成的致密氧化硅包覆层;700 ℃ 下氧化的材料试样表面,观察到了极少数的冷却过程中产生的热失配裂纹(thermal mismatch crack);900 ℃ 氧化后,表面氧化硅层内热失配裂纹迅速增多,除网状微裂纹外,还出现较大的长裂纹;经 1 100 ℃ 氧化后,裂纹尺寸进一步扩大,同时部分氧化硅发生剥落,露出白榴石基体相;在 700 ~1 100 ℃ 氧化后的试样中,均观察到垂直于纤维方向的长裂纹(各放大图中箭头所示),并且裂纹宽度逐渐变大,图 11.24(i)表明这些裂纹起源于复合材料内白榴石基体,它是冷却过程中白榴石和碳纤维的热失配过大所致。图 11.24(i)中也可观察到碳纤维被氧化后留下的凹槽(图中双箭头所示)及白榴石基体中生成的热失配裂纹(圆圈区域)。

经不同温度氧化后复合材料 ImHKC 呈现出截然不同的表面形貌,主要归因于不同的物相组成。由图 11.25 给出的物相分析结果可知,当 $T \le 700$ ℃ 氧化处理时,复合材料结晶相以四方白榴石为主,没有或者仅含有极少量方石英相,说明此时氧化硅主要以非晶形式存在。900 ℃ 氧化处理后,初始非晶氧化硅晶化生成方石英相。方石英热膨胀系数(19.4×10^{-6} ℃$^{-1}$)较高,与复合材料之间热失配较大,更易诱发裂纹,甚至出现氧化硅层剥落损失。

(2) 复合材料在空气中的等温氧化损伤。

在 ImHKC 复合材料中,O$_2$ 扩散到基体内部纤维表面可以通过 3 种方式进行:① 通过基体的体扩散;② 通过纤维／基体界面;③ 直接进入基体微裂纹或碳纤维氧化后残留的鞘孔。O$_2$ 在玻璃陶瓷中的扩散速率非常低(高积强 等 1998),所以,复合材料氧扩散导致碳纤维氧化的主导方式应该是后两种,而非第 ① 种。

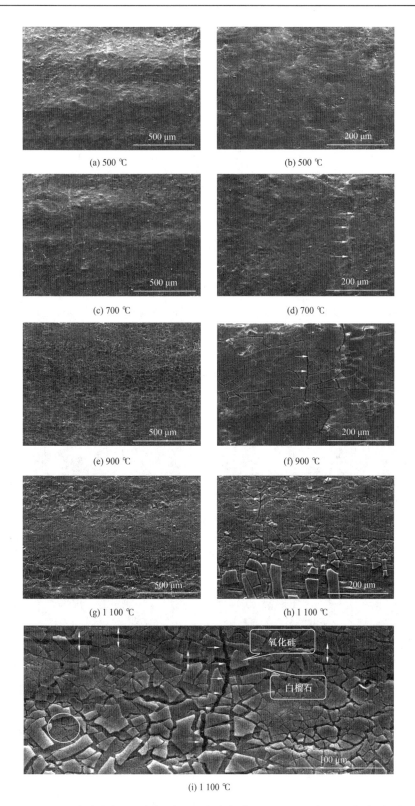

(a) 500 ℃　　　　　　　　　　　(b) 500 ℃

(c) 700 ℃　　　　　　　　　　　(d) 700 ℃

(e) 900 ℃　　　　　　　　　　　(f) 900 ℃

(g) 1 100 ℃　　　　　　　　　　(h) 1 100 ℃

(i) 1 100 ℃

图 11.24　ImHKC 复合材料在不同温度下空气中氧化 60 min 后的表面形貌(何培刚 2011)

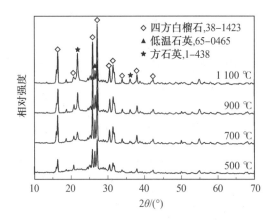

图 11.25　　ImHKC 复合材料在不同温度下空气中氧化 60 min 后的 XRD 图谱（何培刚 2011）

　　图 11.26 所示给出了 ImHKC 复合材料预先经不同温度空气中氧化 60 min 后的 SEM 断口形貌。可见，经 500 ℃ 氧化 60 min 后，复合材料表面深度约 60 μm 范围内的碳纤维完全被氧化掉，遗留许多鞘孔；由外到内纤维氧化逐渐减弱。距表面超过 200 μm，纤维氧化程度已经很弱。当氧化温度为 700 ℃ 和 900 ℃ 时，严重氧化区深度分别增至 150 μm 和 300 μm 左右，过渡层逐渐向内部延伸，但仍能观察到纤维拔出现象；氧化温度升至 1 100 ℃ 时，严重氧化区达到 1 000 μm，且大部分碳纤维已经被氧化掉，且内层遗留的纤维也都明显变细。

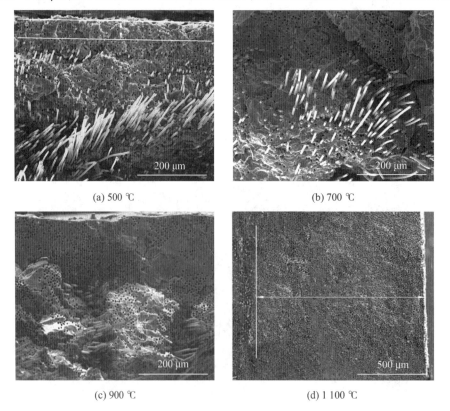

图 11.26　　ImHKC 复合材料经不同温度空气中氧化 60 min 后的 SEM 断口形貌（何培刚 2011）

对应于上述试验,测算的 ImHKC 复合材料中碳纤维氧化损失程度随距离试样表面深度的变化情况如图 11.27 所示。可见,各个温度下纤维完全氧化掉的层深(即各条曲线初始点对应的深度)更加直观;各温度下总体的变化趋势类似,但 1 100 ℃ 较 900 ℃ 有一个明显跨越。说明复合材料的等温氧化快速转折的敏感温度介于两者之间。这对于将来选择该系复合材料长时间在氧化性环境下服役时的温度范围是一个重要提示。

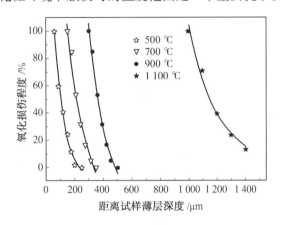

图 11.27 ImHKC 复合材料空气中不同温度氧化 60 min 后碳纤维的氧化损伤程度
随距离试样表层深度的变化情况(何培刚 2011)

11.4 C_f/K-PSS 陶瓷化复合材料在空气中高温暴露后的力学性能与断裂行为

Sol-gel浸渍处理后的25%C_f/榴石基陶瓷复合材料,经500~1 100 ℃ 空气中等温氧化(isothermal oxidation)60 min 后的力学性能变化趋势如图11.28所示。在500 ℃ 暴露60 min后,与未热暴露的榴石基复合材料相比,复合材料的抗弯强度仅下降9.4%;在 700 ℃ 和 900 ℃ 热暴露后复合材料的抗弯强度则分别下降34.9% 和 53.4%,降至237.5 MPa 和 164.9 MPa;1 100 ℃ 热暴露60 min 后,复合材料的抗弯强度陡然下降,仅仅保留了复合材料原始强度的11.2%,说明此时绝大多数碳纤维氧化损伤严重,已起不到强韧化的作用。

总体上,该复合材料在空气中不同温度热暴露(thermal exposure)后复合材料的断裂功和弹性模量也表现出类似于抗弯强度的变化趋势,只是恶化速度明显要慢。具体来说,断裂功下降得最慢,弹性模量次之。比如,900 ℃ 下热暴露60 min 后的复合材料的断裂功仍能保持其原始水平的近70%,大大高于弯曲强度53.4% 的保持率;而 700 ℃ 热暴露60 min 后复合材料的弹性模量更是高达83.8%,更是明显高于同种条件下弯曲强度约65% 的保持率。可见,在氧化性服役条件下,该 C_f/榴石基陶瓷复合材料保持刚性的能力和抵抗灾难性裂纹扩展的能力更强。表 11.5 列出了该系复合材料在空气中不同温度下热暴露后抗弯强度、弹性模量和断裂功的保持率。

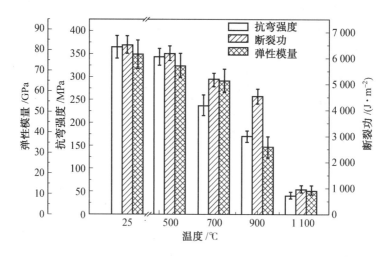

图 11.28　25％Cf/ 榴石基陶瓷复合材料不同温度氧化处理 1 h 后的力学性能(何培刚 2011)

表 11.5　25％Cf/ 榴石基陶瓷复合材料在空气中不同温度下热暴露
1 h 后的力学性能及保持率(何培刚 2011)

热暴露温度 /℃	力学性能		
	抗弯强度 /MPa	弹性模量 /GPa	断裂功 /(J·m⁻²)
25	364.7 ±24.4	78.0 ±6.9	6 527 ±342.1
500	342.8 ±18.6 (94.0％)*	72.5 ±6.1 (92.9％)*	6 199 ±279 (95.0％)*
700	237.5 ±23.2 (65.1％)*	65.1 ±5.8 (83.5％)*	5 176 ±267 (79.3％)*
900	169.9 ±12.2 (49.6％)*	32.7 ±5.3 (41.9％)*	4 534 ±297 (69.5％)*
1 100	40.9 ±6.8 (11.9％)*	11.7 ±2.2 (15.0％)*	965 ±138 (14.8％)*

＊ 括号中的百分数为相对于室温力学性能的保持率

从 25％(体积分数)Cf/ 榴石基陶瓷复合材料在空气中经不同温度等温氧化后的应力－位移曲线(图 11.29) 可以看出,氧化温度不同,复合材料呈现不同的断裂特征。经 500 ℃ 和 700 ℃ 氧化 60 min 后,表现为明显的脆性断裂特征,即复合材料在弹性变形至应力达到最高值后,几乎未发生伪塑性变形而直接发生灾难性的突然断裂;而经过 900 ℃ 下热暴露处理的复合材料,则表现出明显的伪塑性变形(peudoplastic deformation) 行为,即非灾难性断裂(non-catastrophic failure) 特征,强度明显降低,且这种变化趋势随热暴露温度升高至 1 100℃ 处理后表现更为明显。

上述力学性能与断裂行为的变化特征主要与碳纤维的性能、复合材料的内部和表面状态有关。复合材料在 500 ℃ 和 700 ℃ 氧化 60 min,这已使空气中氧获得足够的能量和时间扩散进复合材料内部侵蚀碳纤维,在碳纤维表面形成点蚀坑等缺陷,使其在较高的应力作用下,碳纤维整体发生断裂,对应复合材料即表现出脆性断裂特征。

当复合材料经过 900 ℃ 的氧化后,不仅碳纤维受损严重,而且在复合材料表面和内部生成大量垂直于纤维方向的热失配裂纹、表层纤维氧化后遗留大量空洞,因而使复合材料弹性模量大幅降低。在应力增高到一定值后,除了主裂纹在测试过程中延伸、扩展外,拉伸面存在的那些热失配裂纹、空洞等也会随应力增加而相继逐渐启动扩展,致使复合材料在本已较低的弹性模量下,进一步产生伪塑性变形(pseudoplastic deformation) 行为,表现为弹性模量继续大幅降低,直至应力跨越峰值后,裂纹发生动态扩展(dynamic propagation),最终又进入准静态扩展(quasi-static propagation)阶段;类似的原因,使复合材料在 1 100 ℃ 热暴露后,承载过程中表现为更为明显的伪塑性(pseudoplasticity),且因纤维氧化损伤殆尽,使其不能实现弹性应变能的足够积累,表现为低应力下的破坏。

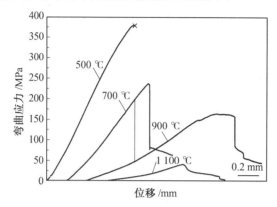

图 11.29　25％C$_f$/榴石基陶瓷复合材料在空气中经不同温度等温氧化 60 min 后的
弯曲应力－位移曲线(何培刚 2011)

11.5　本章小结

探讨了 Sol–SiO$_2$ 浸渍处理对 C$_f$/K-PSS 陶瓷化复合材料——C$_f$/榴石复合材料室温与空气气氛下的高温力学性能的影响及其高温抗氧化行为,主要结论如下:

(1) Sol–SiO$_2$ 浸渍处理可有效弥合 C$_f$/榴石复合材料内的裂纹和气孔等缺陷,提高了复合材料致密度,复合材料力学性能全面大幅改善:如 ImHKC 和 ImHCsKC 的抗弯强度、弹性模量和断裂功分别较浸渍处理前的复合材料 HKC 提高了35.6％、15.7％、30.5％和40.0％、17.5％、41.3％;ImHKC 和 ImHCsKC 在 900 ℃ 下力学性能达到峰值,抗弯强度、弹性模量和断裂功分别为 425.8 MPa、84.7 GPa、7 408 J/m^2 和 434.3 MPa、84.7 GPa、7 524 J/m^2,较HKC 的 268.9 MPa、67.4 GPa、5 003 J/m^2 分别提高了 58.3％、25.7％、48.4％ 和 61.5％、25.7％、50.4％;而在 1 100 ℃ 下的抗弯强度、弹性模量和断裂功仍可分别达到 350.1 MPa、75.8 GPa、6 010 J/m^2 和 374.8 MPa、80.6 GPa、7 025 J/m^2。

(2)C$_f$ 在空气中的氧化主要存在低温反应控制模式和高温扩散控制模式。浸渍后 C$_f$/榴石基陶瓷复合材料中 C$_f$ 表现出更为优异的抗高温非等温氧化性,复合材料具有更优良的高温力学性能。在 1 100 ℃ 下,浸渍后复合材料内 C$_f$ 的氧化主要发生在试样表层 200 μm 深度以内,抗弯强度保持率为 96％;在 1 200 ℃ 下,抗弯强度保持率为 72.2％。

(3)C$_f$/K-PSS 无机聚合物转化法制备的 C$_f$/榴石复合材料在 900 ℃ 以内表现出较好的抗等温氧化性能,经过 900 ℃ 氧化 60 min 后复合材料强度仍能保持原始强度的 53.4％;温度再升高,抗等温氧化能力开始明显下降。

参考文献

[1] DAVIDOVITS J, DAVIDOVICS M, 1991. Geopolymer: ultra-high temperature tooling material for the manufacture of advanced composites[J]. *SAMPE.*, 2(36): 1939-1949.

[2] DAVIDOVITS J, 2011. Geopolymer chemistry & applications [M]. 3rd ed. Saint-Quentin: Institut Géopolymère.

[3] DONG Shaoming, KATOH Y, KOHYAMA A, et al, 2002. Microstructural evolution and mechanical performances of SiC/SiC composites by polymer impregnation/microwave pyrolysis (PIMP) process[J]. *Ceram. Int.*, 28(8): 899-905.

[4] ECKEL A. J., 1998. Rate laws for material recession resulting from gas-solid interactions in multiphase ceramics[D]. Ph. D. Dissertation, Case Western Reserve University.

[5] HE Peigang, JIA Dechang, WANG Meirong, et al, 2010. Improvement of high-temperature mechanical properties of heat treated C_f/geopolymer composites by Sol-SiO$_2$ impregnation [J]. *J. Eur. Ceram. Soc.*, 30 (15): 3053-3061.

[6] HALBIG M C, ECKEL J D, BREWER D N, 2008. Oxidation kinetics and stress effects for the oxidation of continuous carbon fibers within a microcracked C/SiC ceramic matrix composite[J]. *J. Am. Ceram. Soc.*, 91 (2):519-526.

[7] JIA Dechang, ZHOU Yu, LEI Tingquan, 2003. Ambient and elevated temperature mechanical properties of hot-pressed fused silica matrix composite[J]. *J. Eur. Ceram. Soc.*, 23(5): 801-808.

[8] LEE S H, WEINMANN M, ALDINGER F, 2008. Processing and properties of C/Si-B-C-N fiber-reinforced ceramic matrix composites prepared by precursor impregnation and pyrolysis [J]. *Acta. Mater.*, 56(7):1529-1538.

[9] LYONS J S, STARR T L, 1994. Strength and toughness of slip-cast fused-silica composites [J]. *J. Am. Ceram. Soc.*, 77(6): 1673-1675.

[10] MA Qingsong, CHEN Zhaohui, ZHENG Wenwei, et al, 2005. Effects of pyrolysis processes on microstructure and mechanical properties of C_f/Si-O-C composites fabricated by preceramic polymer pyrolysis[J]. *Ceram. Int.*, 31(2): 305-314.

[11] REIS P N B, FERREIRA J A M, ANTUNES F V, et al, 2007. Flexural behaviour of hybrid laminated composites[J]. *Compos. Part A-Appl. S.*, 38: 1612-1620.

[12] YOSHIDA K, YANO T, 2000. Room and high-temperature mechanical and thermal properties of SiC fiber-reinforced SiC composite sintered under pressure[J]. *J. Nucl. Mater.*, 283-287: 560-564.

[13] 陈强, 李贺军, 2005. C/C 复合材料的结构与性能[M]//益小苏, 杜善义, 张立同, 2006, 中国材料工程大典(第10卷)复合材料工程, 649-657.

[14] 范亚明, 2006. 2D-SiO$_{2f}$/SiO$_2$-BN 陶瓷基复合材料的制备和力学性能[D]. 哈尔滨: 哈尔滨工业大学.

[15]高积强,黄清伟,1998. 碳纤维增强玻璃陶瓷氧化行为的研究[J]. 西安交通大学学报,32(12):76-80.

[16]何培刚,2011. C_f/铝硅酸盐聚合物及其转化陶瓷基复合材料的研究[D]. 哈尔滨:哈尔滨工业大学.

[17]贾德昌,宋桂明,等,2008. 无机非金属材料性能[M].北京:科学出版社.

[18]宋桂明,1999. TiC_p/W 及 ZrC_p/W 复合材料的组织性能与热震行为[D]. 哈尔滨:哈尔滨工业大学.

[19]王玉金,2002. ZrC_p/W 复合材料的组织结构与抗热性能研究[D]. 哈尔滨:哈尔滨工业大学.

[20]周玉,等,2004. 陶瓷材料学[M]. 北京:科学出版社.

第12章　无机聚合物及其复合材料的工程应用

无机聚合物及其复合材料综合性能优异,如质轻、比强度(specific strength)高、抗疲劳(ant-fatigue)、耐腐蚀(corrosion resistance)、耐热性(heat resistance)好、抗热震性(thermal shock resistance)好、抗低温、阻燃性(fire resistance)好、抗核辐射性(nuclear radiation resistance)好、不溶于有机溶剂(organic solvent)等,同时还具有原料来源广、成本低,易于成型、制备过程能耗低、绿色环保等特点,所以,近年来得到世界各国的广泛重视,并已在新型环保建筑装饰材料、耐火材料等领域得到应用,在有毒废料(toxic waste)或放射性废料(radioactive waste)的固封、化工用耐腐蚀材料、防火阻燃、高性能航空航天轻质结构和防热材料等方面的应用研究探索也正在进行。相信在不远的将来,必将更广泛地服务于各类工业乃至航空航天领域,为建设低能耗、低二氧化碳排放、环保、节约型、可持续发展的社会做出贡献。

12.1　在基础设施与建筑物上的应用

无机聚合物材料成本低,加之密度低、抗低温、耐久性、保温隔热性好,且制备过程能耗低、绿色环保、易于成型等特点;同时它也是一种理想的纤维增强混凝土(fiber reinforced concrete)结构的基体材料(王旻 等2004),非常适合于成为新一代节能型环保型建筑材料,在基础设施(infrastructure)和建筑物等方面应用前景广阔。

12.1.1　新型建筑与装饰材料

新型建筑与装饰材料包括人造装饰石材、瓷砖、建筑砌块、建筑黏结剂、雕像等。图12.1为无机聚合材料用于新型装饰材料手工艺品的实例(Davidovits 2002)。

图 12.1　无机聚合物用于新型装饰材料手工艺品的实例(Davidovits 2002)

王旻等(2004)研制的改性矿聚物材料在纤维增强混凝土结构中应用可以替代树脂粘结材料;张云升、孙伟等(2003)制备的钢纤维增强矿聚物 – 粉煤灰基混凝土(RPC)与其他水泥混凝土材料相比具有优异的力学性能和耐久性,可在耐久混凝土领域得到大量应用。

清华大学(王昊 等 2004)对制备的地聚物材料进行了耐火试验,并与普通硅酸盐水泥的耐火性能进行了对比。试验方法如下:将地聚物试块和普通硅酸盐水泥试块在室内空气中养护 28 d,再将它们放在电炉中自然升温到规定的温度并保温 120 min,然后自然降温到室温,再按《水泥胶砂强度检验方法》测试其剩余抗压强度。试验获得的煅烧温度与剩余强度的关系曲线如图 12.2 所示。可见,随温度升高,地聚物的强度不仅没有降低,反而有所提高,尤其是在 800 ℃ 以上;而对比的硅酸盐水泥(Portland cement/silicate cement),随处理温度升高持续线性下降;虽然原始强度较高,但经 800 ℃ 煅烧后,强度已经低于地聚物水泥的强度水平,到 1 000 ℃ 煅烧后,地聚物的强度水平已经是硅酸盐水泥的 2 倍以上。

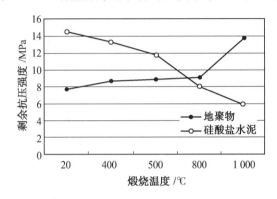

图 12.2　地聚物同硅酸盐水泥耐火试验对比(王昊等,2004)

Rangan et al(2006)加热熟化的低钙粉煤灰基混凝土具有优异的抗压强度,适宜结构方面的应用。其强化混凝土的弹性性质、增强复合材料的弹性行为、强度均与波特兰混凝土(Portland concrete)的相似。因此,在现行混凝土标准和规范中所包含的设计条款可用于设计粉煤灰基混凝土结构件。同时,他们指出,这种粉煤灰无机聚合物混凝土也同样表现出良好的抗硫酸盐侵蚀抗力、耐酸抗力、低蠕变、很小的干燥收缩等性质,且使用它在经济方面也大有益处。

12.1.2　快速固化材料

无机聚合物可代替部分快硬水泥,用于通信设施和机场跑道的快速修复。

1983 年,Davidovits 与美德克萨斯休斯敦孤星(Lone Star)研究实验室的负责人 James Sawyer 开始开发早高强无机聚合物黏结剂和水泥。发现磨细的高炉矿渣(grand blast furnace slag, GBFS)添加到聚硅酸盐类无机聚合物中,可以加速其养护过程,并大大提高压缩和弯曲强度。Davidovits(1984)与 James Sawyer(1985)就此研究成果申请了一项名为"早高强矿物聚合物(early high-strength mineral polymer)"的美国专利,1985 年申请了欧洲专利,名称为"早高强混凝土(early high-strength concrete)的组成"。

1984 年,Heitzmann 与 James Sawyer 同样将波特兰(Portland)水泥与无机聚合物混合,得到了 Pyrament® Blend Cement (PBC),非常接近于碱激发 Pozzolanic 水泥,它包含 80% 波特兰水泥和 20% 的无机聚合物原材料(Heifzmannetal 1989)。它是理想的水泥跑道、工业道路和高速公路的修复材料(repair materials/restorative materials),如修复机场跑道,在

4 ~ 6 h 的养护硬化就足以承受一架空客或波音飞机的降落,因这种无机聚合物水泥 20 ℃下养护 4 h 即可接近 20 MPa 的抗压强度水平(图 12.3),而普通水泥达到同等强度需要几天时间;该系无机聚合物水泥养护 28 d 后,最终的抗压强度可以达到 70 ~ 100 MPa 的水平。

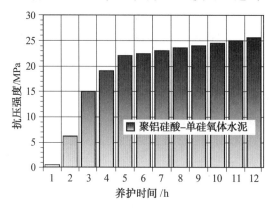

图 12.3   (K,Ca) 激发聚铝硅酸盐早高强水泥在 20 ℃ 下养护时抗压强度的变化

此外,与传统 Portland 水泥(波特兰水泥,即硅酸盐水泥) 不同,无机聚合物水泥不依靠石灰激发固化,因而在酸溶液中不溶解,表现出良好的耐酸性能(acid resistance)。图 12.4 所示为美国将 Pyrament® Blend Cement 用作道路修补材料的实例之一(Davidovits 2002)。截至 1993 年秋天,仅在美国已经用该种水泥建设了多达 50 项工业设施、57 个军用设施以及 7 个其他国家的非军用机场设施上。1994 年,美国军方工程师机构发布一项 Pyrament® Blend Cement(PBC) 基混凝土的性能研究报告,认为它甚至比此前的高质量混凝土的表现还要好(Husbands 1994)。

图 12.4   美国将 Pryament® Blend Cement 用于道路的修补(Davidovits 2002)

12.1.3   传统建筑物的加固防腐处理

对混凝土和砖石结构建筑物进行修复或加固的一种引人注目的新技术,即是在其下表面粘贴柔韧性复合材料薄板(图 12.5),粘贴碳纤维增强无机聚合物薄板后的水泥梁的承重能力随粘贴层数的变化如图 12.6 所示(Davidovits 2002)。可见,其加固作用非常明显。

图 12.5　　在下表面粘贴了碳纤维增强无机聚合物复合材料薄板的混凝土梁(测试前)(Davidovits 2002)

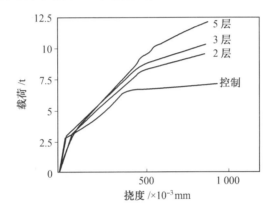

图 12.6　粘贴碳纤维增强无机聚合物薄板后水泥梁的破坏载荷随粘贴薄板层数的变化(Davidovits 2002)

　　Christian et al [2] 使用矿聚物作为混凝土柱体的包覆层起到增强和防腐蚀的作用。在日本和美国,一种类似的技术即采用连续纤维增强的复合材料加固基础设施的应用方兴未艾,即是在地震或飓风多发地区,采用复合材料对新建建筑物混凝土柱子和受损的桥梁或建筑进行包裹处理。在此应用中,尤其是建筑物内部裸露的柱子,可燃性是一个十分受人关注的问题,尤其是那些对基础设施和建筑工业中使用复合材料持怀疑态度的人,防火安全性更是被经常提起。纤维增强无机聚合物复合材料在防火阻燃性方面较传统的有机高分子复合材料具有较大优势(详见 12.5 节)。在欧洲,对于珍贵的历史文化遗产建筑的修复和翻新,防火安全也同样是一个主要关注的问题(Davidovits 2002)。

12.1.4　建筑工程用保温防火材料

　　无机聚合物的首次应用是在建筑产品上,这些产品由 Davidovits 同 Legrand 共同研发(Davidovits 2002),比如其中一款即是防火刨花板(fire-resistant wood-chipboards),它包括普通木质刨花板芯层和两个铝硅酸盐无机聚合物材质的名为"SILIFACE Q"的纳米复合材料贴面层(图 12.7(a)),实物图如图 12.7(b)所示。包含无机聚合物贴面的整个刨花板采用一步工艺进行制造,即在所采用的有机树脂热养护工艺条件下,夹心层刨花板(含木质刨花和有机树脂)的强化与贴面铝硅酸盐／石英纳米复合材料的固化同步实现。

　　在中试工业化设备上(图 12.8)所用的热固化工艺参数:温度为 130 ~ 200 ℃;压力较所用固化温度对应水的饱和蒸汽压更高的压力,如 1 ~ 3 MPa。在此条件下,固化所用时间较短。防火刨花板正式产品(图 12.9)于 1972 ~ 1976 年间被研制出来。工业伙伴是法国公司 A. G. S. 和 Sait – Bobain，当时客户是法国政府，用于高中和大学建筑。当时已经决定建造一个试点工厂，但随着 1976 年建设政策和政治决策的改变，试点工厂建设尚未完成，项目即被迫停止。

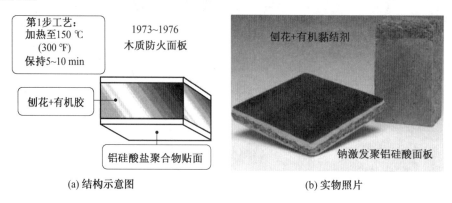

(a) 结构示意图　　　　　　　　　　　　　　　　(b) 实物照片

图 12.7　　具有 Na⁺ 激发铝硅酸盐无机聚合物贴面的防火刨花板（Davidovits 2002）

图 12.8　　具有无机聚合物贴面防火刨花板的中试厂房及温压的工业化设备（Davidovits 2002）

图 12.9　　具有无机聚合物贴面防火刨花板产品（Davidovits 2002）

王昊等（2004）还对在钢板表面制备的地聚物涂层材料进行了耐火保温试验，发现涂刷在钢板的单侧表面的无机聚合物为 1 ~ 2 mm 厚时，用酒精喷灯灼烧有涂层一面 40 min 后，向火面与背火面温度分别为 490 ℃ 和 200 ℃，而且表面无裂纹，冷却后也不开裂；而对比的无涂层钢板，两侧温度分别为 520 ℃ 和 500 ℃。可见，无机聚合物涂层材料耐热保温性能良好。

近年来，国内广西大学崔学民课题组（刘震 等 2011）以地聚物材料的合成原理为基础，通过调整地聚物浆料与聚苯乙烯泡沫颗粒的配比,制得了一种新型的有机 – 无机复合建筑外墙保温材料。当压缩比控制在 0.37,密度控制在 140 kg/m³ 时,制得的保温材料具有优异的保温性能,防火性能突出,各项检测结果均达到了 JG 158—2004 标准的要求。同时该保温材料制备工艺简单,有利于工业化生产。表 12.1 为所研制地聚物基保温材料的性能测试结果。

表 12.1　地聚物基保温材料性能测试结果(刘震 等 2011)

检验项目		标准要求	实测结果
干表观密度 /(kg·m⁻³)		110 ~ 118	145
抗压强度 /kPa		≥ 200	214
压剪黏结强度 /kPa		≥ 50	229
热导率 /(W·(m·K)⁻¹)		≤ 0.060	0.040
蓄热系数 /(W·(m²·K)⁻¹)		≥ 0.95	1.02
胶接性	软化系数	≥ 0.5	0.9
	断裂弯曲负荷 /N	≥ 25	51
	弯曲变形 /mm	≥ 20	20
	氧指数 /%	≥ 30	33.9
吸水量(浸水 1 h)/(g·m⁻²)		≤ 1 000	692
耐冻融性		30 次冻融循环,表面无裂纹、起泡、空鼓、剥离现象	30 次冻融循环,表面无裂纹、起泡、空鼓、剥离现象
水蒸气湿流密度 /(g·(m²·h)⁻¹)		≥ 0.85	1.30
耐候性		不得出现开裂、空鼓或脱落现象	未出现开裂、空鼓或脱落现象
		抗裂防护层与保温层的拉伸黏结强度不应小于 0.1 MPa,破坏界面应位于保温层	拉伸黏结强度 0.1 MPa,破坏界面位于保温层
不透水性		试样防护层内侧无水渗透	试样防护层内侧无水渗透
耐磨损,500 L 砂		无开裂、龟裂或表面保护层剥落、损伤	无开裂、龟裂或表面保护层剥落、损伤
系统抗拉强度(C)型	干燥状态	≥ 0.1 MPa,且破坏部分不得位于各层界面	0.11 MPa,保护层破坏
	浸水 48 h,干燥 50 ℃,7 d	≥ 0.1 MPa,且破坏部分不得位于各层界面	0.10 MPa,保护层破坏
饰面砖黏结强度 /MPa		≥ 0.40	0.43
难燃性		B1 级	B1 级

崔学民课题组(刘泗东 等 2011)还以水玻璃碱激发偏高岭土制备的地质聚合物为基料,通过添加绢云母粉、滑石、二氧化钛和中空玻璃微珠(hollow glass beads)等填料,制备了反射隔热无机涂料。该涂料施工性、流平性良好,强度高,耐久性好,耐沾污,反射效率高,隔热效果显著。当钛白粉的质量分数为 12%,中空玻璃陶瓷微珠的质量分数为 6% 时,涂层机械性能均能达到国家标准(表 12.2),反射率达 90% 以上,隔热温差可达到 24 ℃。

胡志华等(2010)以工业废渣粉煤灰作为配制聚苯乙烯泡沫塑料(EPS)板基体材料地聚合物的主要原料,磷渣(phosphorus slag)作为调节基体体系凝结硬化的掺合料,制备了具有不同密度的地聚物为基的轻质隔热板,发现碱激发剂(alkali-activator)模数和养护制度对地聚合物基体材料强度影响较大。当磷渣中值粒径为 17 μm、掺量为 10％，激发剂中 R_2O 的质量分数为 9％，激发剂模数为 1.2，养护制度为 60 ℃ 蒸养时所得材料性能最优。

表 12.2　　地聚物基反射隔热涂料性能检测结果（刘泗东 等 2011）

项　　目	技术指标
容器中状态	搅拌后无结块，呈均匀状态
施工性	涂刷二道无障碍
涂膜外观	涂膜外观正常
对比率（白色和浅色）	> 0.95
热储存稳定性	无结块、霉变现象，有些凝聚
低温储存稳定性	无结块、有些凝聚
表干时间 / h	< 2
实干时间 / h	< 6
耐洗刷性 / 次	> 2 000
耐水性（168 h = 7 d），可 > 30 d	无气泡、裂纹、剥落，允许轻微掉粉
耐碱性（168 h = 7 d），可 > 14 d	无气泡、裂纹、剥落，允许轻微掉粉
耐温变性（10 次）	无气泡、裂纹、剥落，允许轻微掉粉
耐沾污性 / ％	≤ 20
耐人工老化性（白色和浅色）	无气泡、裂纹、剥落，粉化 ≤ 1 级，变色 ≤ 2 级
反射率 / ％	>85
隔热性（温差）ΔT/℃	24

国内某家公司[14]也开发出了一种以复合硅酸盐聚合物发泡水泥保温隔热板为保温层，用聚合物粘结砂浆黏结于结构外墙，用保温锚栓辅助锚固，再于保温板表面设聚合物抗裂砂浆及耐碱涂覆玻纤网格布保护层。其耐候性与混凝土结构一致。该体系保温板以硅酸钠、粉煤灰、水等多种原料经溶解、混合、振动成型、低温养护、脱模、切割而成，之前通过硅酸盐无机胶凝材料物理发泡。其密度为 200 ～ 400 kg/m^3，热导率为 0.04 ～ 0.08 W/(m·K)，抗压强度为 2.5 ～ 4.0 MPa，具有体积密度低、热导率低、隔热、隔声、不燃、耐酸雨、抗压强度高、施工简便等特点，阻燃级别为国家 A 级。此外，该保温板对粉煤灰利用率达 90％ 以上，生产工艺简单，成本低廉。

12.2　有毒及放射性废料的固封

无机聚合物具有环状分子链构成"类晶体"结构，这种环状分子之间结合形成的密闭笼状空腔，可以把金属离子和其他有毒物质分割包围其中，同时骨架中的铝离子也能吸附稳固金属离子。前面曾提到 1983 年，Davidovits 与美德克萨斯休斯敦孤星（Lone Star）研究实验室的负责人 James Sawyer 合作开发的早高强无机聚合物水泥，是具有沸石（zeolite）性质的耐酸腐蚀的胶结材料，即可用于危险和有毒废料的长期隔离。Canmet（1988）对无机聚合物材料封存金属元素的效率进行了调研统计，发现其对 Hg、As、Fe、Mn、Zn、Co、Pb、Cu 和 V 的固定作用都非常突出，其中，对 As、Fe、Mn、Zn、Co 和 Pb 的固封率超过 90％（详见第 4 章 4.3 节）。Mallow（1999）认为金属离子还参与无机聚合物结构的形成，因此可以更加有效地固定体系中的金属离子。Phair et al（2004）研究了由飞灰制成的无机聚合物固化 Pb、Cu 的效果;Xu et al (2006) 也比较研究了 Cu、Cd、Pb 和 Cr 4 种金属离子在无机聚合物中的溶出情况。

核电站放射性废液和废料中主要含有 ^{137}Cs、^{90}Sr 等元素。^{137}Cs 通过发射 β - 粒子以 94.6% 的概率衰变至 ^{137}mBa 激发态,并通过发出 0.662 MeV 的 γ - 光子,从而快速转变为 ^{137}Ba 的基态。它也可直接衰变至 ^{137}Ba,衰变能为 1.176 MeV,但概率要小得多 (5.4%);^{90}Sr 发生 β - 衰变,放出电子和 ^{90}Y,^{90}Y 会进一步 β - 衰变生成稳定的 ^{90}Zr。核素在衰变过程中会释放出高能粒子,所以一旦核废料发生泄漏,将对生态环境造成巨大影响,因此核废料的吸附、固封显得尤为重要。

Ofer - Rozovsky et al (2019) 研究了 $^{133}Cs^+$ 在含 $NaNO_3$ 的低 $n(Si)/n(Al)$ 比 ($n(Si)/n(Al) < 1$) 的偏高岭土基无机聚合物中的固封,研究表明长时间养护后 Cs^+ 浸出率明显降低。Wang et al (2016) 以硅酸钠溶液作为碱活化剂,以含高炉矿渣、粉煤灰、偏高岭土的固体废弃物作为基质,用来固化模拟的中低放射性废物。采用水热法研究了水热产物的物相组成、微观形貌、抗压强度及固封性能。标准静态浸出试验结果表明,Cs^+ 和 Sr^{2+} 在 28 d 时的浸出速率分别保持在 3×10^{-4} g/(m² · d) 和 5×10^{-4} g/(m² · d) 以下,说明无机聚合物是一种很有发展潜力的用于固化中低放射性废物的材料。Kuenzel et al(2015) 以偏高岭土为基质制备无机聚合物,用其包裹负载 Cs^+/Sr^{2+} 的斜发沸石以实现固封。Lee et al(2019) 以高炉矿渣等为基质制备无机聚合物,用以包裹负载 Cs^+ 和 Sr^{2+} 的离子交换树脂实现固封。无机聚合物通过适当的高温处理可转化为陶瓷材料,如白榴石、铯榴石等,其中铯榴石由于含有约 40% 铯(质量分数),核素包容率高,是理想的 Cs^+ 固封材料,并且铯榴石的密度比玻璃陶瓷或沸石高,相应的储存体积更小;更显著的是,铯被固定在晶格中,结构特性稳定,浸出率低。然而高温陶瓷化处理有可能使铯高温挥发(1 100 ℃),造成二次污染,因此需要降低无机聚合物转化铯榴石陶瓷的温度。哈尔滨工业大学特种陶瓷研究所采用 Li、Na、K 分别等量替代 30% Cs(原子数分数)合成无机聚合物后(0.3M - 0.7CsGP,M 为 Li、Na、K),可显著降低铯榴石的生成温度,且随着替代离子半径降低,铯榴石生成温度逐渐降低,最低为 891.3 ℃(0.3Li - 0.7CsGP)。固体废物毒性浸出实验(TCLP)表明经 1 000 ℃ 处理后的 CsGP(已转变为铯榴石陶瓷)对 Cs^+ 的固封率从高温处理前的 58.26% 提高至 97.82%,混合激发组达到了 99.60% 以上,其中 0.3Na - 0.7CsGP 效果最好,固封率达到 99.93%。

另外,无机聚合物网络骨架即使在核辐射作用下仍然比较稳定,所以其具有较好的抗辐射性;同时无机聚合物还具有耐久性、可快速凝固等特点,因而成为放射性核废料(radioactive waste)等固封的重要候选材料,被封存物质可以是液体,也可以是固体。2011年,日本"311"大地震导致福岛核电站爆炸和核泄漏事故,引发了世人对核能安全利用和应对核泄漏事故的空前关注。其中福岛第一核电站 1 号反应堆发生了核泄漏,2 号反应堆建筑外壳出现的"裂缝"(图 12.10),造成含有大量放射性污水泄漏至太平洋。先后向竖井中灌入混凝土,向连接竖井的地下坑道中投入过吸水性聚合物(吸水后会膨胀的聚合物)、木屑和报纸,即所谓的"水泥封堵"和"高分子聚合物封堵"但均宣告失败。最后,通过往竖井下方的碎石层注入水玻璃(sodium silicate solution) – 聚氨酯双液注浆体系新材料成功实现了封堵,阻止了高放射性污水入海。此种"高分子聚合物"为水玻璃 – 聚氨酯双液注浆体系,该物质吸水后,体积将膨胀50倍。采用水玻璃 – 聚氨酯双液注浆堵漏止水方案堵水率达到90％以上,实现了封闭裂隙,减少漏水通道,控制渗流量,确保填堵核反应堆外壳裂缝,阻止核污染泄漏。

图12.10　　日本福岛第一核电站2号反应堆建筑外壳出现的"裂缝"

从20世纪90年代初开始,我国相继建成了浙江秦山核电站、广东大亚湾核电站、广东岭澳核电站和江苏田湾核电站,在建的核电站尚有10余座,而拟建的还有20余座。核电事业的迅猛发展,核电站运行过程中产生的大量高、中、低放射性废料的处理问题将会越来越突出,对无机聚合物系核废料固封材料的需求也将越来越紧迫,急需开展相关方向的研究。

青岛新宇田化工有限公司推出了水玻璃 – 聚氨酯双液注浆体系,主要应用于永久密闭、巷道或回采工作面围岩冒落空间的充填,井下有害气体的快速堵截,瓦斯抽排巷、高位钻场充填及密闭,封堵围岩或煤壁裂隙,防止空气渗流,在一定范围内构筑密闭墙及防火墙,沿空留巷支架的壁后充填和沿空掘巷的小煤柱裂隙封堵。

12.3　　耐火材料工业方面的高温铸造模具材料

无机聚合物及其复合材料的质轻、耐热性好、保温隔热性好、成本低、节能环保等特点,使其成为新型耐火材料的前景非常光明,可以用于窑炉保温砖、铝铸造模具等。

低温无机聚合养护(low temperature geopolymeric setting, LTGS)在碱性溶液条件下,在50 ~ 250 ℃的干燥温度范围即可发生,虽然这种低聚铝硅酸盐前驱体(Na)仅占陶瓷糊料的2％ ~ 6％(质量分数)。通过低温无机聚合养护,黏土中的高岭石被转变成具有方钠石类型的聚铝硅酸盐三维网络化合物Na – PS,它对水具有良好的稳定性,同时具有较高的力学性能(French Patents 2,490,626; 2,528,822),由此得到的砖及其抗压强度随养护处理温度的变化如图12.11所示。LTGS工艺可望迅猛地加强和促进传统陶瓷工业的现代化。125 ~ 250 ℃下一旦聚合形成含Na或K的聚铝硅酸盐,陶瓷块体将可能在1 000 ~ 1 200 ℃

＊ 水玻璃是一种水溶性硅酸盐——硅酸钠的水溶液。硅酸钠的化学式为$Na_2O \cdot nSiO_2$,n为SiO_2和Na_2O摩尔数的比值,通常称水玻璃的模数。从理论上说,n可以是任何一个数,不同模数的硅酸钠的特性也不一样。市场上的水玻璃的模数n为1.60 ~ 3.85,在此范围之外的水玻璃不稳定,也无使用价值(史才军 2008)。可溶性的碱硅酸盐是大多数碱激发胶凝材料即无机聚合物最有效的激发剂。

下实现超迅速的烧结(图 12.12),从而制得高质量的陶瓷材料,且能耗较传统的陶瓷烧制工艺显著降低(Davidovits 2002)。

(a)砖块照片

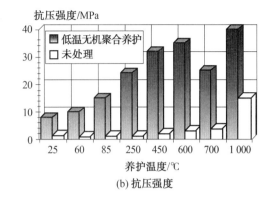

(b)抗压强度

图 12.11　以高岭土为原料通过低温无机聚合养护制备的砖及其抗压强度随养护处理温度的变化
(未处理与聚合的高岭土砖(添加了 3‰(质量分数)的 Na_2O))(Davidovits 2002)

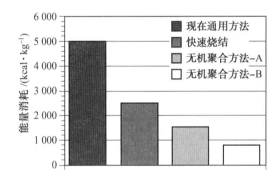

图 12.12　不同瓷砖烧制方法的能量消耗与无机聚合方法在 1 000 ~ 1 200 ℃ 下
烧制的能量消耗对比(Davidovits 2002)

另外,在真空条件下,浇注无机聚合物可以快速、方便地制造复杂形状的模具;同时,无机聚合物的使用可以保证模具表面的硬度、光洁度以及模具强度。浇注模具通常在 40 ℃下固化 12 h,之后脱模,再在相同温度下烘干一天。无机聚合物浇注模具可进行机械加工,表面破损处还可以采用无机聚合物树脂进行修复。图 12.13 所示为一无机聚合物材质的铝合金铸造模具(Davidovits 2011)。

图 12.13　无机聚合物材质的铝合金铸造模具(Davidovits 2011)

美国伊利诺伊大学香槟分校(UIUC)的 Kriven et al [8] 发明了碳纤维/Cr_p/Ta_p 增强的无机聚合物基复合材料材质的铸造模具。结果发现,在偏高岭土中添加 Cr、Ta 金属颗粒,可大大增强材料的机械稳定性及热传导率;选用粒径为 0.5 μm 的偏高岭土颗粒可加强反应;除加金属外,再在黏土材料中加入锂蒙脱石(montmorillonite)、短切碳纤维(chopped carbon fiber)可以得到最适宜的性能。实际测试表明,该模具能够承受室温至 1 438 ℃ 的金属熔体的多次浇铸,虽然产生一些微裂纹,但模具整体依然完好;复合材料中的碳纤维依然稳定存在;FeSi 熔渣很容易去除掉。图 12.14 所示为 Kriven 课题组所发明无机聚合物基复合材料材质的钢铸造模具及其浇注试验图片。他们通过 SEM 进一步观察显示,从材料表面到 8 mm 深的区域有微裂纹产生,且出现局部融化,但不影响模具的宏观性能。这为一些特殊金属构件或制品的铸造成型提供了一种选择,尤其是它可以多次重复使用,对减小劳动强度、节约成本非常有利。

(a) 浇注前　　　　　　　(b) 浇注过程中　　　　　　(c) 浇注后

图 12.14　美国伊利诺伊大学香槟分校(UIUC)Kriven 教授课题组发明的无机聚合物基复合材料材质的钢铸造模具及浇注钢液试验图片[8]

自 1986 年以来,法国达索航空公司(Dassault Aviation)研发阵风(Rafale)战斗机(图 12.15)时,就使用了无机聚合物材料模具(Vautey 1990,Davidovits et al 1991,Davidovits 2002),具体来说是采用碳纤维等增强的 F,M – PSDS 无机聚合物基体制造。该无机聚合物材料模具的热膨胀系数可以根据生产制造的产品进行调控,以保证其与产品的热膨胀系数相一致。

图 12.15　法国达索航空公司(Dassault Aviation)生产的阵风(Rafale)战斗机(Davidovits 2002)

12.4　汽车、船舶等发动机排气管轻质保温隔热材料

无机聚合物及其复合材料质轻、耐热性好、保温隔热性好等也使其在汽车、船舶等发动机排气管热护罩(江尧忠 等 1998, 陆际清 等 1997) 或赛车发动机热保护罩(Davidovics et al 1999) 等方面具有较好应用前景。图 12.16 所示为一些保温隔热用无机聚合物多孔材料(porous materials) 样块照片。

图 12.16　一些泡沫无机聚合物保温隔热材料样块 (Davidovits 2002)

清华大学从1991 年起承担了国家教委"八五"公关课题"125 风冷柴油机排气管外包无机聚合物陶瓷隔热材料的研制",研制出了 F8L413F 风冷非增压柴油发动机的外包无机聚合物陶瓷套管,其热导率(0.1 ~ 0.4 W/(m·K)) 与轻质耐火黏土砖相当,比氧化铝空心球砖低(0.78 ~ 0.94 W/(m·K)),而其抗弯强度高达27 ~ 32 MPa,远高于其他几种保温材料(thermal insulation materials)(江尧忠 潘伟 等 1998)。

为了解决与金属热膨胀系数不匹配的问题,陶瓷管套采用了分块组合设计(图 12.17)。为了进一步改善隔热效果,在外包陶瓷套和排气管的两端接触,中间段留出 1 mm 左右的空隙(图12.18)(因空气的热导率更低,500 ℃ 时为0.057 W/(m·K),仅为无机聚合物陶瓷的 25%)。发动机上台架试验表明:在磨合 60 h 后进行了 142 h 的试验,发动机以2 500 r/min 满负荷和1 500 r/min 满负荷两种工况交替运行(每隔4 h 换工况)。对比未包陶瓷管套的左侧排气管出口处管内排气温度为 640 ±10 ℃,而右侧外包陶瓷管套排气管排气温度提高到 730 ℃,陶瓷管套外表面只有 150 ~ 160 ℃,表明其隔热效果显著(陆际清 等 1997);同时其抗机械振动、抗热负荷以及抗老化性能均好(江尧忠 潘伟 等 1998)。其成果:在连云港市航运公司的"兰波"号拖轮的 6160C 柴油机排气管上,替代原来包裹石棉布的隔热方法,从1995 年7 月运行一年多,陶瓷管套完整无损,隔热效果良好,管内废弃温度约为 460 ℃,陶瓷套外表面温度约为 120 ℃(陆际清 等 1997)。

无机聚合物引入碳纤维后在保持其良好隔热、耐热性的同时,还能显著改善其韧性,提高制品的可靠性和抵抗机械振动的能力。1994 年,J. Davidovits 等为赛车制造商开发了热屏蔽用 C_f 增强无机聚合物基复合材料,设计寿命为 2 ~ 3 h。在 1999 年设计更为精细的该系复合材料应用到了美国 All Racers CART(Indy – Cart)(图 12.19)。具体来说,采用模制的 C_f/ 无机聚合物复合材料用作钛排气系统(exhaust system)的隔热防护罩(图 12.20),结果比预期的效果还要好,经受住了剧烈机械振动与高温的考验,使用了一整个赛季(共 10 场比赛)而未发生损坏。所以,所有的 F1 赛车均采用了这项新技术。

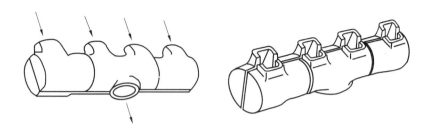

图 12.17　F8L413F 柴油发动机的外包无机聚合物陶瓷套管结构形式(江尧忠 潘伟 等 1998, 陆际清 等 1997)

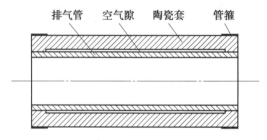

图 12.18　F8L413F 柴油发动机的外包无机聚合物陶瓷套管隔热层示意图(陆际清 等 1997)

图 12.19　排气管热防护罩用了 C_f / 无机聚合物复合材料的美国全美 Eagle1999 赛车(Davidovics et al 1999)

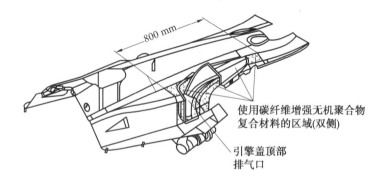

图 12.20　Eagle1999 赛车安装 C_f / 无机聚合物复合材料排气系统所在车身位置示意图(Davidovics et al 1999)

12.5　飞机和轮船等防火阻燃内衬材料

据统计,20％的空难事故是由于火灾引起的,与此同时,在飞机失事时,40％幸存的乘客会由于随后引发的大火而遇难。因此,飞机防火阻燃设计越来越受到飞机设计师和材料工作者的关注。

　　美国联邦航空管理局 Lyon et al (1997) 概括总结了碳纤维增强无机聚合物复合材料在火焰辐照下的反应情况,并同用于交通运输、军事和基础设施中常用的有机聚合物基复合材料进行了比较,在典型旺火火焰热流水平($50\ kW/m^2$)的情况下,玻璃纤维或碳纤维增强的聚酯、乙烯基酯、环氧树脂、双马来酰亚胺、氰酸酯、聚酰胺、酚醛和工程塑料层压板等复合材料均轻易地燃烧并释放大量的热和烟,而碳纤维增强无机聚合物复合材料即使在进一步延长其在热流下暴露时间,仍不能点燃或释放烟气,将其在模拟大火下暴露后依然能保持其原始强度的 67%,显示出非常优良的防火阻燃及耐热性能。表 12.3 即为 Lyon et al (1997) 总结的纤维增强热固性塑料、纤维增强先进热固性塑料、纤维增强酚醛树脂、纤维增强工程塑料和碳纤维增强无机聚合物等几类正交层板在火焰热辐射功率为 $50\ kW/m^2$ 时的点燃时间、热释放率、热释放量和烟气释放率等数据比较。可见,碳纤维增强无机聚合物基复合材料在防火、阻燃、不释放热量和烟气等方面具有非常大优势。Davidovits (2002) 试验发现,碳纤维增强有机高分子树脂很容易被点燃,而碳纤维增强无机聚合物能抵抗 1 200 ℃ 火焰不燃烧(图 12.21)。

　　笔者也对自行研制的二维碳纤维布 2D – C_f 增强的 K–PSS 铝硅酸盐聚合物复合材料的阻燃性、耐热性进行了试验。采用厚约 2 mm 的 2D – C_f/K–PSS 复合材料试片,用酒精喷灯对试片正面和角部分别进行加热考核。当从试片正面持续加热 5 min 的情况下,试片未燃烧,且未发生烧损、变形或萌生裂纹等损坏的情况,只是试样表面被火焰灼烧后有些泛白的迹象(图 12.22)。当灼烧试片角部时,虽然试片被火焰直接灼烧部分温度已经达到了很高温度(900 ~ 1 200 ℃),仍未出现燃烧的情况,也仅仅是直接灼烧部位出现些泛白的痕迹(图12.23)。这表明 2D – C_f/K–PSS 复合材料具有非常优良的阻燃和耐热特性。

　　而 Giancaspro et al (2007) 报道,针对木料的变形和防火性能不足的问题,通过在其表面贴加高模量碳纤维增强无机聚合材料面板,可以获得高强度、高刚度和优异防火性能的三明治夹层结构板材。分别依照俄亥俄州立大学标准、美国国家标准局(National Bureau of Standards, NBS)对其以热量散射和烟气释放特性为主的防火性能进行了测试,这种复合结构的板材只要表层无机聚合物基复合材料有 2 mm 厚,就能提供达到美国联邦航空管理局(Federal Aviation Administration)的高温防火性能要求。此外,无机聚合物基复合材料面板仅采用碳纤维增强,较引入玻璃纤维的复合材料具有更好的烟雾释放性能。图 12.24 所示为制备均匀无机聚合物防火胶糊模具和典型防火样品的横切面。上述这种三明治夹层复合材料也非常适合于大型客机、轮船乃至航空母舰等内舱的防火阻燃内衬材料。

表 12.3　正交层板在热辐射功率为 50 kW/m² 时的燃烧热数据 (Lyon et al 1997)

基体树脂种类	增强纤维种类	失重 /%	点燃时间 /s	热释放速率 (HRR) 峰值 /(kW·m⁻²)	300 s 内热释放速率平均值 /(kW·m⁻²)	总热释放量 /(MJ·m⁻²)	烟气释放率 /(m²·kg⁻¹)
异邻苯二甲酸聚酯	玻璃纤维	—	77	198	120	—	378
乙烯基酯	玻璃纤维	—	78	222	158	—	861
乙烯基酯	玻璃纤维	26	74	119	78	25	1 721
环氧树脂	玻璃纤维	—	105	178	98	30	580
环氧树脂	玻璃纤维	19	18	40	2	29	566
环氧树脂	玻璃纤维	28	49	181	108	39	1 753
环氧树脂	玻璃纤维	22	50	294	135	43	1 683
环氧树脂	碳纤维	24	94	171	93	—	—
纤维增强热固塑料的均值		24	68	175	99	33	1 077
氰酸酯	玻璃纤维	22	58	130	71	49	898
聚酰亚胺 (PMR – 15)	玻璃纤维	11	175	40	27	21	170
双马来亚酰胺	玻璃纤维	25	141	176	161	60	546
纤维增强先进热固性塑料的均值		24	124	115	86	43	538
酚醛树脂	玻璃纤维	—	210	47	38	14	176
酚醛树脂	玻璃纤维	12	214	81	40	17	83
酚醛树脂	玻璃纤维	6	238	82	73	15	75
酚醛树脂	玻璃纤维	10	180	190	139	43	71
酚醛树脂	玻璃纤维	3	313	132	22	12	143
酚醛树脂	碳纤维	28	104	177	112	50	253
酚醛树脂	碳纤维	9	187	71	41	14	194
纤维增强酚醛树脂的均值		11	206	111	66	23	142
聚苯硫醚	玻璃纤维	13	244	48	28	39	690
聚苯硫醚	碳纤维	16	173	94	70	26	604
聚芳砜	碳纤维	3	122	24	8	1	79
聚醚砜	碳纤维	—	172	11	6	3	145
聚醚醚铜	碳纤维	2	307	14	8	3	69
聚醚酮酮	碳纤维	6	223	21	10	15	274
纤维增强工程塑料的均值		8	207	35	22	15	310
碳纤维增强无机聚合物		0	∞	0	0	0	0

图 12.21　碳纤维增强树脂(左)与碳纤维增强无机聚合物基复合材料(右)可燃性比较
(前者被点燃,而后者能抵抗 1 200 ℃ 的火焰而不燃烧 (Davidovits 2002))

 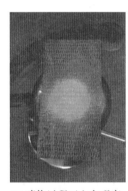 

(a) 喷烧侧面观察　　　　　(b) 喷烧过程正上方观察　　　　(c) 喷烧后试片

图 12.22　哈工大特种陶瓷研究所研制的 2D - C_f/K-PSS 复合材料试片
正面经酒精喷灯喷烧过程及喷烧 5 min 后试片形貌

(a) 喷烧试片过程　　　　(b) 喷烧试片离开火焰后瞬间　　　(c) 喷烧后试片

图 12.23　哈工大特种陶瓷研究所研制的 2D - C_f/K-PSS 复合材料试片角部经酒精喷灯喷烧过程及喷烧后形貌

　　图 12.25 所示给出了这些材料在燃烧火焰下(50 kW/m^2)暴露后剩余抗弯强度的比较。可见,碳纤维增强无机聚合物基复合材料即使在更强火焰(75 kW/m^2)的热暴露下,剩余强度率仍比其他几种复合材料要高,其耐热性能优势也显而易见。

　　Davidovits et al(1996)制备的碳纤维增强无机聚合物复合材料在 1 000 ℃ 下不氧化,在 815 ℃ 时抗弯强度仍有 154 MPa,而密度只有 1.85 g/cm^3,与水泥(1.85 g/cm^3)非常接近,比铝(2.7 g/cm^3)和钢(7.8 g/cm^3)小得多。(K,Ca) - PSS 在 900 ℃ 下,抗弯强度仍达 40 MPa,而水泥在 400 ℃ 下仅剩 15 ~ 25 MPa,570 ℃ 下抗弯强度为零。

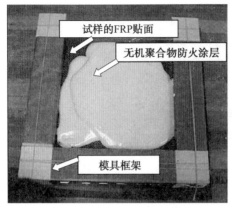
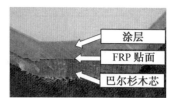

(a) 无机聚合物防火面板胶糊模具　　　(c) 切掉一角的复合防火板样品

图 12.24　无机聚合物防火面板胶糊模具、典型防火样品的横切面
和切掉一角的复合防火板样品（Giancaspro et al 2007）

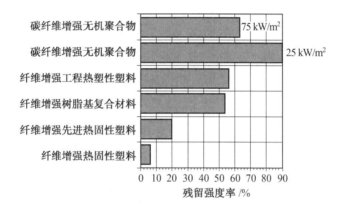

图 12.25　碳纤维增强无机聚合物同其他一些纤维增强复合材料在燃烧火焰下（50 kW/m²）暴露后的
残余抗弯强度比较（Lyon et al 1996）
（注：前两个为同一种材料在两种不同强度火焰下暴露后的剩余强度）

　　作者所在课题组研制的单向碳纤维（C_{uf}）增强铝硅酸盐无机聚合物复合材料及其转化陶瓷基复合材料，在 1 100 ℃ 的强度仍高达 221.9 MPa；而对其通过硅溶胶进行缺陷弥合处理后，1 100 ℃ 的强度更是高达 350.1 MPa，且抗氧化性得到大幅改善（详见第 11 章相关内容）。

　　正因为碳纤维增强的铝硅酸盐聚合基复合材料很好地继承了基体材料防火阻燃的特性，在受热过程中还不释放毒气、耐热性能优良，而且它具有强度高、密度低的特点，因此作为民用飞机新型机舱的防火阻燃内衬材料，被人们寄予厚望。尤其是当前我国在研制自主知识产权大飞机、航空母舰等的需求背景下，开展相关研究具有更加迫切的现实意义。

　　另外，采用 SiC 纤维增强铝硅酸盐聚合物，也会有防火阻燃的功能，且其抗氧化性（oxidation resistance）由于 SiC 纤维替代 C 纤维，会比 C 纤维增强铝硅酸盐聚合物更加优异。因此，它在防火阻燃领域也会有光明的应用前景。

12.6　航空航天器吸波屏蔽或隐身／防热／结构一体化材料

通过改性处理陶瓷化或复合化进一步提高矿聚物的力学性能和耐热性,从而制备高性能矿聚物基复合材料,使它代替树脂基复合材料,满足部分航空航天产品的使用要求,如发动机防热罩、机舱隔板、壳体包覆层、热障涂层(thermal barrier coating, TBC) 等,既能够提高机械动力效率,又可提高安全系数;通过改变飞行器的外形和结构,同时采用吸收雷达波的涂敷材料和结构材料,能有效减少雷达反射面积(radar cross-section, RCS),从而可以避开雷达,实现隐身。B - 2 轰炸机即是通过优化机身、机翼、进气道等结构,同时在机翼前后缘、进气道唇口部分采用了吸波材料,整个飞机表面又施以吸波涂料达到隐身的目的,其雷达反射面积不足 $0.1~m^2$,成为隐形飞机的典范。

我国新型飞机和航天飞行器也面临突破敌方雷达探测,增强自身生存能力和突防能力的需要,尤其是随着马赫数的增大,对于飞行器外蒙皮材料的要求越来越高,铝合金、纤维增强树脂基复合材料的耐热性越来越难以满足要求;在某些需求背景下,甚至钛合金的耐热性都捉襟见肘,且存在密度高的不足。而无机聚合物基复合材料刚好能胜任此温度范围,且具有密度低的特点;在此需求背景下,最重要的一点还有,无机聚合物基复合材料可以比较容易地通过引入功能性第二相如碳纤维、碳纳米管、石墨、磁性金属颗粒等,来使其赋予良好的电磁屏蔽(electromagnetic shielding)、微波吸收(microwave absorption) 特性,从而达到电磁屏蔽或隐身的要求。另外,相比树脂基复合材料用于吸波屏蔽或隐身来说,无机聚合基复合材料还具有耐热温度高、抗老化能力强等优点,可以预见,无机聚合物基复合材料在结构／吸波屏蔽或隐身／防热多功能一体化方向具有很好的发展潜力。因此,它在新型高速军用飞机用大面积防热、兼具隐身需求方面,无机聚合物基复合材料可望具有很大的优势,发展前景光明、广阔。

12.7　海上石油钻井平台上的应用

2007 年 11 月 25 日,瑞典林丁石油公司位于英国北海的一个钻井平台(drilling platform)发生火灾,英国海岸警卫队调集 7 架直升机紧急撤离平台上的 159 名受困工作人员;2010 年4 月 20 日,英国石油公司租赁的美国墨西哥湾"深水地平线" 海上石油钻井平台发生爆炸失火(图 12.26),导致 11 名工人死亡、7 人重伤的惨剧,并引发了美国历史上最严重的原油泄漏事故;同年 9 月 2 日,美国墨西哥湾又一钻井平台发生爆炸……这一系列海上石油钻井平台的失火事件,使海上石油开采的安全问题一度成为世人关注的焦点。实际上,根据美国矿产资源管理局的消息,自 2006 年以来,收到 500 多起墨西哥湾钻井平台起火的报告。石油钻井平台的失火问题确确实实成了家常便饭,不能不引起人们的注意。因此,石油钻井平台的阻燃(flame retardance)、防火(fireproof)、耐热(heat resistance) 等性能,成为不可或缺的技术指标。另外,石油钻井平台常年在海上,持续面对海水腐蚀或是盐雾的腐蚀或侵蚀。可见,海上石油钻井平台的所有系统和部件均需具有耐盐水、盐雾腐蚀,阻燃、防火和耐热的特性,以满足生命安全、保证生产安全、减小原油泄漏(oil leakage)、减弱对环境污染等要求。

而无机聚合物基复合材料及其转化陶瓷基复合材料刚好具有抗腐蚀性、比强度高等特点,相比纤维增强树脂基复合材料又具有耐热性好、阻燃、防火等优势,因而能够满足海上石油钻井平台系统的技术要求,可望在平台上的消防水、饮用水、采出水、冷却水、压舱水、污水等低压管线(小于 4 MPa)及气象平台下的立管、电缆导管及海底油气输送管线等高压管(大于 4.9 MPa)上获得应用。另外,在气象平台、直升机平台等支承结构、围栏、扶手和通道等方面,无机聚合物基复合材料及其转化陶瓷基复合材料也有机会一显身手。

图 12.26　2010 年美国墨西哥湾海上石油钻井平台起火[13]

12.8　海上风力发电机叶片上的应用

风电与其他种类能源发电相比,具有一些明显的优势和特色:与煤、石油等化石能源比,风能可再生、没有环境污染和温室气体排放;与水力发电比,风电不需大规模改变环境;与生物质发电比,风电几乎不占用耕地;而和太阳能比,风能发电(wind power generation)技术简单,能量转化率高(风能的能量转换率可达 59%,而太阳能最高只有 18%);与核能发电相比,风力发电更安全。因此,风能可谓名副其实的绿色、高效、安全能源。

风能可以来自陆地,也可来自海上。相比陆上风力发电,海上风力发电没有各种地形的影响,风力资源也丰富得多,同时不占用土地、对景观和生态影响比较小。可以预见,电能的未来在风电;而风电的未来在海上。据专门从事风电行业咨询的 BTM 公司估计,从 2010 年到 2014 年,海上风力发电的装机容量将增加 15 000 MW。而我国风能资源分布不均,且人口多、耕地少,但我国海岸线长,海域辽阔,耗电多的经济发达地区又多是沿海省份,所以,发展我国海上风力发电,更是未来明智的选择。图 12.27 所示为一组海上风力发电机照片。

图 12.27　海上风力发电机组的照片[12]

风机叶片长度每增加 6％,其发电量可增加 12％(刘人怀 2012)。为了追求发电机更高的最大功率,对风机叶片长度的要求越来越长,从 30 多米已经增大到 120 多米。所以对其材质的要求既需要质量轻,又要求强度高。目前,我国陆上风力发电机的风轮叶片一般用玻璃钢或碳纤维增强树脂等复合材料来制造,但最近浙江一家公司采用竹子纤维代替了玻璃纤维,据说比玻璃钢(glass reinforced plastic, GRP 或 fiber reinforced plastic, FRP)材料质量减轻了 10％,而效力却提高了 20％。但对海上发电来说,海上的盐雾对材料的腐蚀性很大,因此还要求其具有良好的抗腐蚀性(corrosion resistance)。树脂基复合材料不仅容易老化,同时对抵抗盐雾的腐蚀能力也不足。而无机聚合物材料或本质上具有抗盐水、盐雾腐蚀(salt-mist corrosion)的特点,同时又兼具强度高、质量轻的特性,因此它可望在长寿命风力发电机叶片等相关构件中占有一席之地。2006 年,我国的风力发电事业也开始进入高速发展时期。目前,风电每年以 25％ 以上的速度递增发展(刘人怀 2012)。统计显示,到 2020 年,我国风力发电能力将达到 3 万 MW,风电设备市场规模将达 2 000 亿元。按风机叶片占风机装置总成本 15％ ~ 20% 计算,风机叶片复合材料市场将达到 400 亿元[15]。这也为无机聚合物基复合材料在风力发电行业上的应用提供了良好的发展契机。

12.9　其他领域的潜在应用

法国《宇航防务》2004 年 7 月 9 日报道:美国陆军皮察提尼兵工厂已经授予古德里奇(Goodrich)公司一份合同,研制采用一种无机聚合物基复合材料的迫击炮炮管,因为 FyreRoc 这种轻型复合材料具有独特的耐高温能力,可以承受 1 000 ℃ 的高温,故可以减轻迫击炮钢身管的质量,以便于士兵携带。根据此合同,古德里奇公司将采用无机聚合物基复合材料 FyreRoc 技术的 81 mm 迫击炮炮管进行实弹射击试验,以评估该种材料的性能。第一批身管已于 2004 年 8 月生产出来(李松 2007)。

矿聚物能够与部分金属和陶瓷材料相粘结,不仅具有较高的粘结强度,而且能够耐高温,例如 Mah T(2003)等人用矿聚物作黏结剂(binder)制备了 SiC/Si_3N_4 光学玻璃,这方面的应用具有重要的工程应用价值,但是研究仍处于初始阶段,尤其是粘结机制研究仍有待深入。李海红等(2004)制备了石磨填充高岭石基矿聚物复合材料,可应用于耐磨损领域;Hussain 等(2005)制备了矿聚物与有机聚合物的复合材料,进一步拓宽了这类材料的应用范围,但在这方面尚需更深入研究。

此外,无机聚合物及其复合材料还可望能在高铁防火内饰、海水淡化工程管道和脱硫环保工程的烟道(尺寸可达 8.5 m × 42 m)、烟囱(尺寸可达 4 m × 180 m)等领域也具有重要潜在应用价值。

12.10　本章小结

本章介绍并展望了无机聚合物、无机聚合物基复合材料及其转化陶瓷基复合材料在以新型建筑与装饰材料、快速固化材料、传统建筑物的加固防腐处理和建筑工程用保温防火材料等为代表的基础设施与建筑领域,在有毒或放射性废料的固封、耐火材料工业中的高温铸造模具材料、汽车、船舶发动机等轻质保温隔热材料、飞机和轮船等防火阻燃内衬材料、海上石油钻井平台设施、航空航天器吸波屏蔽或隐身／防热／结构一体化材料、海上风力发电系统等领域的应用和潜在工程应用。

参考文献

[1] CANMET, 1988. Preliminary examination of the potential of geoplymers for use in mine tailings management[R]. Comcor Waste Management Consultants contract report to CANMET Canada, DSS Contract No. 23440-6-9195/01SQ (unpublished). See also the Final Report, 1988. Preliminary Examination of the Potential of Geopolymers For Use in Mine Tailing Management[R]. D. Comrie Consulting Ltd.

[2] CHRISTIAN D, BALAGURU P N, MOHAMED D A,2006. Geopolymer Column Wrapping. http://www. cait. rutgers. edu/ project-briefs/Geopolymer Column Wrapping. pdf.

[3] DAVIDOVITS J, DAVIDOVICS M, 1991. Geopolymer: ultra-high temperature tooling materials for the manufacture of advanced composites[C]. *International SAME symposium and Exhibition*,36(2):1939-1949.

[4] DAVIDOVITS J, DAVIDOVICS M , DAVIDOVITS N, 1998. Alkaline alumino-silicate geopolymer matrix for composite materials with fiber reinforcement and method for obtaining same: US,5798307[P].

[5] DAVIDOVICS M, BRUNO M , DAVIDOVITS J, 1999. Past and present exerience on the use of carbon-géopolymère composite in formula one and CART racing Cars [C]. *Geopolymer'99 Proceedings*, 141-142.

[6] DAVIDOVITS J, 2002. 30 Years of successes and failures in geopolymer applications. market trends and potential breakthroughs. , geopolymer 2002 conference[C]. Australia Melbourne, October 28-29.

[7] DAVIDOVITS J. , 2011. Geopolymer chemistry & applications [M]. 3rd ed. Saint-Quentin: Institut Géopolymère.

[8] KRIVEN W M, GORDON M, JONATHON B L,2005. Comparison of natural and synthetically derived, potassium-based geopolymers[J]. *Ceramic Transactions*,165:95-106.

[9] LYON R E, BALAGURU P N, FODEN A,et al, 1997. Fire resistant aluminosilicate composites[J]. *Fire Mater*,21:67-73.

[10] GIANCASPRO J W, BALAGURU P N, CHONG K, 2007. High strength fiber composites for fabricating fire-resistant wood with improved mechanical properties[J]. *in Advances in Construction Materials*, *Part* IV,Heidelberg:Springer,289-297.

[11] HELTZMANN R F,GRAITT B B,SAWYER J L,1989. Cement composition curable at low temperature: US,4842649[P].

[12] HUSBANDS T B, MALONE P G, WAKELEY L D, 1994. Performance of concretes proportioned with pyrament blended cement[M]. Vickersburg:US Army Corps of Engineers.

[13] HUSSAIN M, VARELY R, 2005. Synthesis and thermal behavior of inorganic-organic hybrid geopolymer composites[J]. *J. Appl. Polym. Sci.*, 96(2): 112-121.

［14］MALLOW W A, 1999-11-02. Fixation of hazardous wastes and related products：USA, 5976244［P］.

［15］OFER-ROZOVSKY E, HADDAD M A, BAR-NES G, et al, 2019. Cesium immobilization in nitrate-bearing metakaolin-based geopolymers［J］. Journal of Nuclear Materials, 514： 247-254.

［16］WANG J, WANG J, ZHANG Q, et al, 2016. Immobilization of simulated low and intermediate level waste in alkali-activated slag-fly ash-metakaolin hydroceramics［J］. Nuclear Engineering and Design, 300：67-73.

［17］KUENZEL C, CISNEROS J F, NEVILLE T P, et al, 2015. Encapsulation of Cs/Sr contaminated clinoptilolite in geopolymers produced from metakaolin［J］. Journal of Nuclear Materials, 466：94-99.

［18］LEE W, CHENG T, DING Y, et al, 2019. Geopolymer technology for the solidification of simulated ion exchange resins with radionuclides［J］. Journal of Environmental Management, 235：19-27.

［19］PHAIR J W, van DEVENTER J S J, SMITH J D, 2004. Effect of Al source and alkali activation on Pb and Cu immobilization in fly-as based "geopolymers"［J］. Applied Geochemistry, 19：423-434.

［20］RANGAN B V, SUMAJOUW D, WALLAH S, et al, 2006. Reinforced low-calcium fly ash-based geopolymer Concrete beams and columns, 31st conference on OUR WORLD IN CONCRETE & STRUCTURES［C］. Singapore, August 16-17.

［21］VAUTEY, 1990. Thermoplastic and thermosetting composites for structural applications, comparison of mechanical properties, french aerospace'90 aeronautical conference［C］. Washington, D. C. ,6(12-14):1-22.

［22］XU Jianzhong,ZHOU Yunlong,et al, 2006. Study on the factors of affectiong the immobilization of heavy metals in fly ash-based geopolymers［J］. Materials Letters, 60 ：820-822.

［23］胡志华,林华强,马菊英,等,2010. 地聚合物基 EPS 轻质隔热板的研究［J］.新型建筑材料,6:47-49.

［24］贾德昌, 何培刚, 2007. 矿聚物及其复合材料研究进展［J］. 硅酸盐学报, 35(S1)： 157-166.

［25］江尧忠,潘伟,孔宪清,等,1998. 无机聚合物陶瓷材料的制备及隔热性能研究［C］// 《现代技术陶瓷》编辑部.第十届全国高技术陶瓷学术年会论文集,447-451.

［26］李海红, 王鸿灵, 阎逢元, 2004. 石墨填充高岭土基矿物聚合物复合材料的摩擦学性能研究［J］. 材料科学与工程学报, 22(6)：889-892.

［27］李松, 2007. 无机聚合物-地聚合物材料的现状［J］.功能材料(增刊),38：3549-3552.

［28］刘人怀,2012. "复合材料"十一五"创新成果荟萃"的前言［M］//杜善义. 复合材料"十一五"创新成果荟萃.北京:中国科学技术出版社.

［29］Liu Sidong,Li Xinfeng,Cui Xuemin,et al,2011. Research on preparation properties of reflective and heat insulation coatings based on geopolymer［C］. Proceedings of 2011 China Functional Materials Technology and Industry Forum (CFMTIF 2011),175-179.

[30]刘震,盛世亮,崔学民,等,2012.地质聚合物基外墙外保温材料的研制[J].新型建筑材料,1:82-84.

[31]陆际清,孙宪清,黄实,1997.内燃机排气管外包无机聚合物陶瓷套隔热[J].车用发动机,1:34-36.

[32]王旻,冯鹏,叶列平,等,2004.用于纤维片材加固混凝土结构的无机粘结材料——地聚物[J].工业建筑,34(z1):16-20.

[33]翁履谦,宋申华,2005.新型地质聚合物胶凝材料[J].材料导报,19(2):67-68.

[34]张云升,孙伟,2003.粉煤灰地聚合物混凝土的制备、特性及机理[J].建筑材料学报,6(3):237-242.

[35]张云升,孙伟,2003.地聚合物基活性粉末混凝土的制备及特性研究[J].建筑技术,34(2):131-132.

英文专业词汇索引

（按英文字母顺序排列）

第 1 章　绪　论

第2章 无机聚合物的晶体化学基础

第3章　铝硅酸盐无机聚合物的聚合反应机理

第 4 章　无机聚合物的制备工艺、组织结构与性能

第 5 章　无机聚合物基复合材料的制备工艺方法

第 6 章　K-PSS 无机聚合物基复合材料的组织性能与断裂行为

第7章 短纤维增强 K-PSS 无机聚合物复合材料的力学性能预测

第8章 铝硅酸盐无机聚合物热演化行为机制与晶化动力学

第 9 章　无机聚合物转化法制备陶瓷基复合材料的组织与性能

第 10 章　氧化气氛高温暴露对 SiC$_f$/K-PSS 复合材料性能的影响

第 11 章　Sol-SiO$_2$ 浸渍处理对 C_f/K-PSS 陶瓷化复合材料性能的影响

第 12 章 无机聚合物及其复合材料的工程应用

附部分彩图

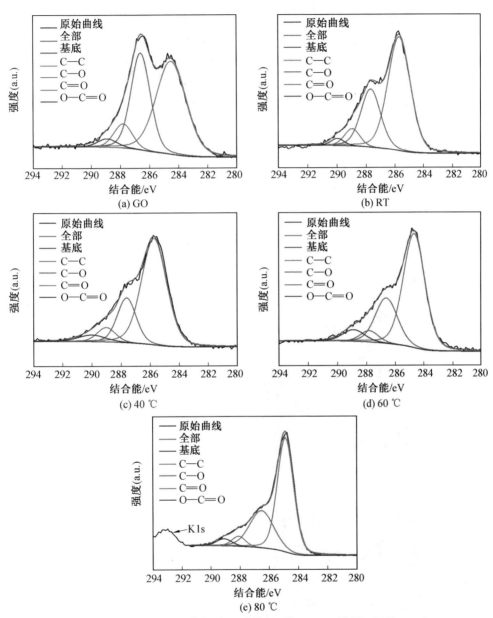

图 6.175 GO和不同温度还原3 h后的rGO的C1s XPS谱图（闫姝 2016）

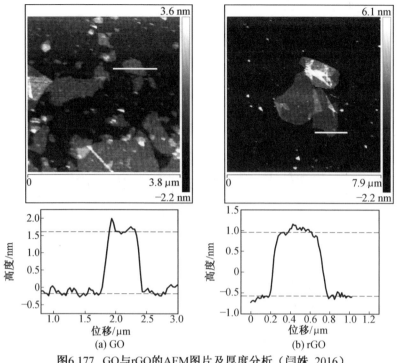

(a) GO

(b) rGO

图6.177 GO与rGO的AFM图片及厚度分析（闫姝 2016）

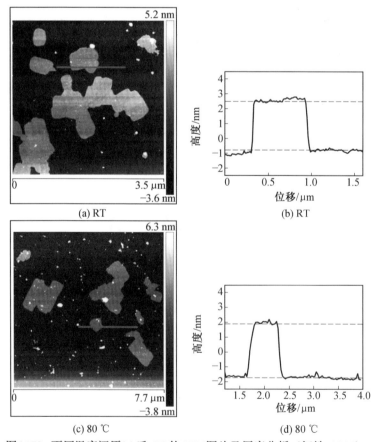

(a) RT

(b) RT

(c) 80 ℃

(d) 80 ℃

图6.178 不同温度还原3 h后rGO的AFM图片及厚度分析（闫姝 2016）

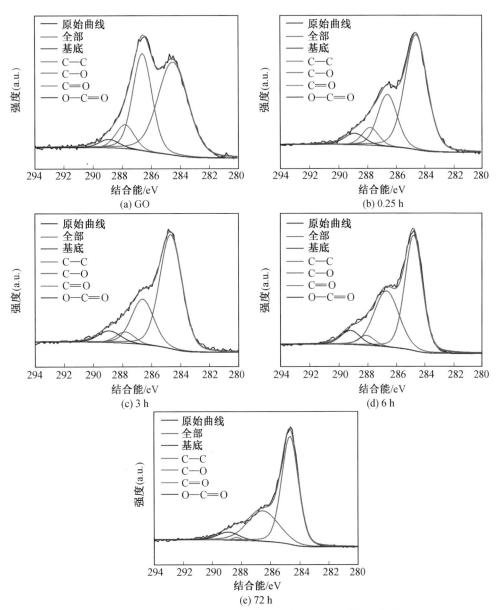

图6.183　GO和60 ℃还原不同时间的rGO的C1s XPS谱图（闫姝 2016）